国家科学技术学术著作出版基金资助出版

作物模拟与数字作物

朱 艳 曹卫星 等 编著

科学出版社

北 京

内 容 简 介

本书针对数字农业与智慧农业的发展需求，综合运用系统分析原理和定量建模技术，以农作生产系统中品种-环境-技术-生长的动态关系为主线，全面介绍有关作物模拟模型与数字作物系统的基本原理、研究方法、关键技术，并展望未来的发展趋势与应用前景，突出基于生理生态过程的综合性和普适性作物生长与生产力形成模型，基于作物模型的决策支持技术及数字化作物模拟预测系统，为作物生产力预测预警、气候变化效应评估、生产管理方案优化、适宜品种性状设计等提供定量化和智能化工具，对于发展现代农业和保障粮食安全具有重要意义。全书在框架结构与内容体系上兼顾前沿性与知识性、机理性与应用性，反映了作者团队在作物模拟领域的最新研究成果及未来发展愿景。

本书主要面向有关数字农业与智慧农业领域的教育、科研、管理人员及高校研究生和高年级本科生，特别适合作为现代农学方面的教学、科研参考书。

审图号：GS(2021)7018号

图书在版编目 (CIP) 数据

作物模拟与数字作物/朱艳等编著. —北京：科学出版社，2022.11
ISBN 978-7-03-073349-8

Ⅰ. ①作… Ⅱ.①朱… Ⅲ. ①作物–生长发育–建立模型②数字技术–应用–作物–生长发育　Ⅳ.①S126

中国版本图书馆 CIP 数据核字（2022）第 182331 号

责任编辑：李秀伟 / 责任校对：郑金红
责任印制：赵 博 / 封面设计：刘新新

科 学 出 版 社 出版
北京东黄城根北街 16 号
邮政编码：100717
http://www.sciencep.com

涿州市殷润文化传播有限公司印刷
科学出版社发行　各地新华书店经销

*

2022 年 11 月第 一 版　开本：720×1000 1/16
2024 年 1 月第二次印刷　印张：25 1/4
字数：506 000
定价：328.00 元
(如有印装质量问题，我社负责调换)

主要编著人员及分工

朱　艳　第 1、2、11、16 章

曹卫星　第 1、2、15、16 章

刘蕾蕾　第 1、4、5、13 章

汤　亮　第 3、7、8、9 章

刘　兵　第 2、6、10、14 章

张小虎　第 12、16 章

姜海燕　第 11 章

邱小雷　第 15 章

前　言

随着现代科技的快速发展及其与农业科技的交叉融合，数字农业与智慧农业正成为现代农业创新发展的重大趋势，催生深刻的农业产业变革，并呈现广阔的应用前景。其中，农业系统模拟与设计是数字农业系统中的关键核心技术，是智慧农业系统中的智能"大脑"模块，可为发展现代农学和优化农作管理提供重要的数字化支撑，有助于推进农业生产数字化和农业产业现代化。在当今适度规模经营及人工智能快速发展的背景下，对农业大数据的深度挖掘、智能建模、精确管理等显得尤为迫切和意义重大。

农业生产受到土地、气候、技术、作物等诸方面的影响，表现为时空变异性大、经验性强、定量化程度低。农业模拟模型的发展与应用，可以对复杂的农业生产系统进行定量解析和整体综合，建立动态的模拟模型和管理决策系统，实现农业生产的模拟预测、精确设计和科学决策，从而促进传统农业的创新发展和转型升级。20世纪90年代以来，国内外有关农业系统模型的研究工作已经取得了重大进展，并在科研与生产上获得了广泛应用，促进了数字农业和智慧农业的发展。其中，作物生长模型及决策支持系统作为核心技术和基础平台，在农作系统的模拟、预测、设计、管理等方面具有重要的理论价值和应用前景，已经在国内外获得充分认可，并显示出强大的生命力和影响力。

在数字农业与智慧农业快速发展的进程中，广大农业科教人员及高校学生迫切需要了解和掌握有关作物系统模型构建与应用的基本原理、方法和技术。然而，国外已有的作物生长模拟书籍，或偏重作物生长的数学分析和理论模拟，缺少预测性和适用性；或偏重作物生长系统的某些方面，缺少整体性和过程性。本书在框架结构与内容体系上兼顾系统性、前沿性、知识性，旨在推动我国作物生长模拟与数字作物系统的研究与发展，实现农作生产系统的定量化模拟和精确化管理，进而为发展现代农学和保障粮食安全提供数字化工具与平台。

本书综合运用系统分析原理和定量建模技术，以农作生产系统中品种-环境-技术-生长的动态关系为主线，全面介绍有关作物模拟模型与数字作物系统的基本原理、研究方法和关键技术，突出基于生理生态过程的综合性和普适性作物生长与生产力形成模型，基于作物模型的决策支持技术及数字化作物模拟预测系统，为作物生产力预测预警、气候变化效应评估、生产管理方案优化、适宜品种性状设计等提供定量化和智能化工具。全书着力反映作者团队在作物模拟领域的最新研究成果及未来发展愿景，尤其是充实了有关作物三维形态建成模拟、籽粒品质形成模拟、气候变化效应预测、生产力分析评估、决策支持技术及数字作物系统等方面的新进展。本书的出版对于深化我国农作系统分析与模拟研究，推进数字农业与智慧农业的快速发展和规模应用等具有重要的理论和实践意义。

在本书的准备和编写过程中，南京农业大学智慧农业研究院的相关教师及博士后和研究生给予了大力支持和帮助。书中所用素材主要来自作者团队 20 余年在作物模拟与数字作物研究领域的学术论文、成果积累、科研规划等，这些工作主要得到国家杰出青年科学基金、国家自然科学基金（创新群体、重点项目、面上项目、国际合作）、国家 863 计划及重大专项、教育部长江学者奖励计划、江苏省重大科技计划等国家及省部级科研项目的资助。在此，作者一并表示诚挚的感谢。

由于作者水平有限，书中不足之处在所难免，敬请读者提出宝贵意见和建议。

作　者

2021 年 5 月

目　录

第1章 作物模拟发展概述

作物模拟研究自 20 世纪 60 年代由荷兰的 de Wit（1965）和美国的 Duncan 等（1967）开创以来，随着系统科学和计算机技术的快速发展及作物学、土壤学、大气科学等知识的不断积累，发展十分迅速，经历了从定性的概念模型到定量的模拟模型、从单一的生理生态过程模型到完整的作物生长与产量形成的综合性模拟模型的发展过程，并逐步协调了模型的机理性与预测性之间的矛盾，使作物生长模拟从萌芽逐步走向成熟。进入 90 年代以来，作物生长模型开始与其他农业信息技术，如"3S"技术［地理信息系统（GIS）、遥感（RS）、全球定位系统（GPS）的统称和集成］、决策支持技术及网络技术等相耦合，在现代农业研究与应用领域中发挥日益重要的作用，呈现出广阔的发展和应用前景。本章主要介绍作物模拟的基本概念、发展历程、内涵特征及功能作用，为了解作物模拟技术原理及应用前景奠定基础。

1.1 作物模拟的产生与发展

作物模拟是一门新兴的交叉学科，融合了作物生理生态研究的重大进展。它是以系统分析方法和计算机模拟技术来定量描述作物生长、发育和产量形成的过程及其对环境和管理技术的响应，是作物生理生态知识的高度综合与有效集成，有助于理解、预测和调控作物生长发育及其与环境和管理技术之间的关系（朱艳等，2020；Penning de Vries et al.，1989），是数字农业与智慧农业的核心内容之一。

1.1.1 作物模拟的定义

农业生产系统是一个复杂而独特的多因子动态系统，受基因型、环境和管理技术等多种因素的影响，具有显著的时空变异性和区域性，从而使得农业生产管理专家难以综合考虑多因子互作来预测农业生产趋势并量化生产管理措施。作物模拟（模型）又称为作物生长模拟（模型）或作物系统模拟（模型），是利用系统分析方法和计算机模拟技术，综合作物生理学、生态学、气象学、土壤学和农学等学科的最新研究成果，对作物生长发育过程及其与环境和管理技术之间的动态关系进行定量描述和预测。因此，作物生长模拟能够克服传统农业生产研究中较强的地域性和时空局限性，为不同条件下的农业生产预测提供有力的定量化工具。

在作物生长模拟中，作物生理生态知识是模型建立的关键，系统分析方法是模拟研究的基础，而计算机软件技术则是模型实现不可缺少的辅助工具。作物生长模拟研究的核心是对整个作物生长和生产系统进行知识综合，并对作物生理生态过程进行量化表达（Bouman and van Laar，2006）。

作物生长模拟模型（Crop Growth Simulation Model）是把作物生长过程的各种生理生态机制概括为数学表达式，把其中非结构性问题表达为知识性逻辑关系，通过程序设计形成综合的计算机仿真系统（曹卫星，2008）。作物生长模型具有较强的机理性、系统性和通用性。作物生长模型的成功开发和应用实现了作物生长发育规律由定性描述向定量分析的转化，为作物生产决策支持系统的开发与应用奠定了定量化基础，特别是为数字农业和智慧农业发展提供了关键核心技术。

1.1.2 作物模拟模型的类型

作物模拟模型按不同的功能特征及建模的目的和方法大致可以分为经验模型与机理模型、描述模型与解释模型、统计模型与过程模型、应用模型与研究模型等。其中，前一类模型相对简单一些，经验性的成分多一些，注重模型的预测性和应用性；后一类模型则要复杂一些，机理性的成分多一些，强调模型的解释性和研究性。

1. 经验（empirical）模型与机理（mechanistic）模型

经验模型建立在数据统计分析的基础上，较少涉及过程性和机理性，偏重模型的预测性和应用性；机理模型对内在过程与机理有较好的阐释，强调模型的解释性和研究性。

2. 描述（descriptive）模型与解释（explanatory）模型

描述模型以简单的方式描述一个系统的行为，而对引起行为的机理，模型较少或不予反映，描述模型可以通过测定的试验数据推导出来，其建立过程相对比较简单；解释模型侧重对引起系统行为的机理和过程的定量描述，这些描述即为科学理论和假设的清晰表达，模型是通过综合整个系统的机理和过程描述建立的。例如，解释性的作物生长模型包括光合作用、呼吸作用、同化物积累与分配、形态发生与器官建成、产量与品质形成等过程，作物生长则是这些基本过程的综合结果。建立解释模型，需要对整个系统进行分析，并分别对其整个过程和机理进行定量化表达。

3. 统计（statistical）模型与过程（process）模型

统计模型是一种最常使用的模型，主要通过对数据进行多重回归和拟合来预测系统的表现，其解释性较差，并且局限于试验资料所在地特定的大气环境、土壤条件和品种类型，难以推广到不同的环境条件和品种类型；过程模型用于定量描述生物与非生物的一些基本过程，具有较好的机理性和解释性，适用于不同的环境条件和生产系统。

4. 应用（application）模型与研究（research）模型

应用模型主要倾向于应用推广，因而具有便于使用、较为粗放和方向比较单一的特点；研究模型主要用于科研，对其机理性要求较高，因而具有操作复杂、参数较多、灵敏度高等特点。

总体上看，所有作物模拟模型从更微观的层次上都可认为是经验性模型，而从更宏观的层次上又都可看作是机理性模型。因此，任何一个模拟模型都体现了经验性和机理性的相对平衡与协调。

1.1.3　作物模拟的发展历程

作物模拟的发展经历了从定性的概念模型到定量的模拟模型，从数量植物生理学中的生理生态过程模拟慢慢发展成为综合的作物生长模拟模型。20 世纪 60 年代以来，随着系统科学和计算机技术的发展及作物学知识的积累，作物模拟研究得到了快速发展，进而促使作物生产系统的综合分析和科学决策也成为现实。作物模型发展的动力主要来源于计算机科学与技术的发展、作物学的知识积累、管理决策的定量要求、农业推广中的技术转移及作物生产系统固有的独特性和变异性。

国际上有关作物模拟研究的发展，大体上可以概括为以下 4 个主要阶段。

1. 过程建模期

20 世纪 60~80 年代，生理生态过程的数量分析与模拟研究的诞生与发展，为作物生长模型的研究奠定了基础。荷兰的 de Wit（1965）及美国的 Duncan 等（1967）相继发表了冠层光能截获与群体光合作用的模拟模型，从系统论的角度，以作物生理学和作物生态学为主要学科基础，研究了作物生长发育与光合产量形成的过程及与生态环境因子之间的定量关系，把作物生长过程的各种生态与生理机制概括为简单的数学表达式，成为作物生理生态过程模拟的经典之作。此后的一二十年间，作物模拟研究迅速发展，进一步趋向于系统性、机理性，实现了从不同生育过程的模拟到完整的生长周期的模拟，作物模型在深度与广度上都得到了较好的发展。这一时期，关于作物生长与产量模型的研究以荷兰和美国最为突出，特别是 80 年代提出的 CERES（Jones et al., 1986）、GOSSYM（Baker et al., 1983）、SUCROS（Penning de Vries and van Laar, 1982）、MACROS（Penning de Vries et al., 1989）等作物模型，都能完整地描述和预测作物生长及产量形成的全过程。在此期间，我国的科学家也开始了作物模拟模型方面的研究工作，并在植物生理生态过程的模拟方面取得了可喜的成绩，初步提出了水稻等作物产量形成模型（黄策和王天铎，1986）。

2. 系统模拟期

20 世纪 80~90 年代，在过程模型的基础上，运用整体性系统方法，围绕作物生产系统，构建了作物生长与生产力预测模型，发展了作物-土壤-大气系统的模拟模型。这一时期，作物模拟进一步向机理性和应用性方向拓展。一方面，作物模拟工作者对系统进行不断的分解和细化，如澳大利亚的 Evans 和 Vogelmann（2003）及 Buckley 和 Earquhar（2004）建立的电子传递速度与光强、大气 CO_2 浓度、气孔 CO_2 分压、水汽压等的关系模型，将作物光合作用的模拟深入到了生物化学领域。美国的 Norman 和 Arkebauer（1991）提出的 Cupid 模型，详细地模拟了每张叶片每分钟的光合、呼吸、蒸腾等过程，在模拟的精度上大大超过了 70~80 年代的模型。另一方面，模拟研究强调系统的通用性与可靠性，因此对系统的机理性与通用性之间的矛盾表现出一定的困惑和失望。虽然在美国、荷兰、英国、澳大利亚等国家已研制出多种作物的模拟模型及特定作物的不同模拟模型，并开始应用于生产实践，但多数生长模型经过不断扩展和细化，过分偏重理论或假说对生长发育和产量形成等生理过程的解释而缺少必要的验证和广泛的测试。

3. 模型应用期

20 世纪 90 年代至 21 世纪前 10 年，人们对模型的应用价值和局限性有了比较客观的认识，模型被视为一种启发式的工具，成为整个农业科学领域普遍接受与采用的方法。在此期间，模拟工作者对模型系统进行持续的改进完善和示范应用，在指导作物管理、育种、施肥、灌溉等方面获得了成功的实践。例如，Hearn（1994）研制出棉花决策支持系统 OZCOT，为澳大利亚地区的棉花生产提供风险分析、水分管理和虫害控制等方面的决策咨询。该时期，我国也涌现出若干各具特点、自主研发的作物生长模型及决策系统（Tang et al.，2011；Cao et al.，2002；殷新佑和戚昌瀚，1994），并在模型示范应用方面做了大量的开发研究。另外，20 世纪 90 年代以来，许多研究利用作物模型探索全球气候变化的影响及农业生产可持续发展的策略等（Asseng et al.，1998）。这一时期作物模型还开始与其他信息技术如遥感（RS）、地理信息系统（GIS）、网络技术等相结合，在信息农业和现代农业发展中表现出更好的应用价值（Daly et al.，1994）。

4. 算法拓展期

2011 年至今，着重提升模型的预测性和可靠性。虽然过去的 50 年间，作物生长模拟有了长足的发展，但是由于影响作物生长发育的主要因子存在显著的时空变异，因此需要拓展和深化作物生长模型与 GIS、RS 技术的耦合机制与方法，以更好地实现区域粮食生产力的准确预测。同时，随着全球变暖，极端气候事件（如高温、低温、干旱、寡照等）的发生强度和频率不断增强，探讨极端气候条件对作物生长发育与产量品质形成影响的生理机制，提高模型在极端气候环境下的模拟精度，也是目前作物模拟关注的重点之一（Liu et al.，2017）。此外，现代基因测序技术的飞速发展使得作物基因信息的高通量快速获取变成现实，进而为量化作物生长模型中品种遗传参数与基因效应之间的关系奠定了良好基础（Wang et al.，2019；Yin et al.，2018）。因此，利用基因效应定量模拟作物生长模型中的品种遗传参数，探索主要性状基因效应与环境效应之间的互作机制与定量方法，进一步明确不同基因型品种对生态环境及管理措施的响应模式，有效提升作物生长模型对作物表型的预测潜能等，也是目前作物模拟研究的热点。

1.1.4　作物模拟不同学派的发展特点

国际上的作物模拟研究基本上可以概括为 4 个学派，分别以荷兰、美国、澳大利亚和中国为突出代表，尤其是荷兰和美国的作物模拟研究早期在国际上奠定了良好的学术地位，并获得了较高的评价和较大范围的应用。近年来，随着作物模拟研究工作的不断发展和完善，不同学派及国家间的作物模拟研究逐步表现为相互渗透、借鉴与融合。

荷兰作物模拟研究的特点是强调作物生长过程的机理性。20 世纪 60 年代，以 de Wit 为首的荷兰学者提出了作物生长动力学学说，并研制出第一个完整的作物生长模型 ELCROS，极大地推动了世界作物模拟研究的发展（de Wit et al.，1970）。ELCROS 模型可以根据作物的基本物理、生理、化学特性及常规气象资料计算作物营养生长阶段的总生物量，该模型还首次模拟了作物的呼吸作用。此后，van Keulen 等（1982）建立了 SUCROS 模型，该模型以太阳辐射为影响作物生长的主要因子，以 CO_2 同化物向植株各器官的分配为基本生物学理念，模拟了小麦根、茎、叶、籽粒的潜在干物质生产。荷兰的作物模拟研究注重模型的机理性和数学性，因此模型多偏重于理论假设和定量算法，对生理生态过程具有较好的解释性和研究性，即一般利用现有理论或假说构造生理生态过程模型或子模型，然后将数学模拟结果与有关试验数据相比较，评价现有理论或假说对生长发育和产量形成等生理过程的解释性。另外，荷兰模型的研制者在建模过程中还会对现有理论或假说进行修改和补充，直至最后提出新的理论、假说或见解。目前广泛应用的 ORYZA 系列水稻生长模型，也是在继承了 "School of de Wit" 建模原则的基础上，由国际水稻研究所（IRRI）与荷兰瓦赫宁根大学合作研制的（Bouman et al.，2001）。

美国的作物模拟研究工作几乎是与荷兰同步发展起来的，但美国科学家提出的模型更强调系统性和预测性，且尤以小麦、水稻、玉米、棉花等主要作物的生长模型为主导。此外，美国的作物模拟研究还充分考虑了不同作物类型的品种特性，综合量化了作物生长发育过程及其与环境因子和管理技术之间的动态关系；既有地上部的生长发育和产量形成，又有地下部的根系生长及氮素、水分的吸收和利用；既有较微观的过程模块，又有较宏观的产量预测和技术评价。模型的运用不受地点、时间、品种、技术等因子的限制，具有广泛的适用性。例如，由密歇根州立大学 Ritchie 和 Otter（1985）在 20 世纪 80 年代初建立的 CERES（Crop Environment Resource Synthesis）及 SIMCOT（Simulator of Cotton）和 SICM（Soybean Integrated Crop Model）等系列模型，不仅能模拟作物生长与发育的主要过程，还能模拟土壤养分平衡（矿化、硝化、反硝化、固氮、淋溶、吸收、利用等）与水分平衡（有效降水、径流、蒸发、蒸腾、土壤水分的垂直流动与渗漏等）。然而，美国开发的大多数作物模型仍需要进一步提升作物生长过程的机理性，强化模型综合知识的功能。

澳大利亚的作物模拟研究在借鉴和吸收美国作物模型优点的基础上，致力于将农业模型的各个环节结合起来，形成综合性的农作系统模型。较为突出的例子是由澳大利亚联邦科学与工业研究组织（CSIRO）和昆士兰州政府的农业生产系统研究组（Agricultural Production System Research Unit，APSRU）联合研制的 APSIM（Agricultural Production System Simulator）系统。APSIM 实际上是一个农业生态系统模型，它的功能是模拟气候与土壤管理对作物、种植制度及土壤资源的影响。整个模型由若干模块组成，包括气候模块、土壤模块、水分模块、作物残茬模块、管理模块、作物模块、灌溉模块和施肥模块等，可以应用于不同的环境条件和不同的作物类型。目前 APSIM 模型已经广泛应用于模拟农业生产系统中的作物产量形成及土壤水氮动态，特别适用于评价农作系统生产潜力、农业决策支持、气候变化等对农业生产的影响（Keating et al.，2003），但对作物品质生产力形成的模拟等还有待拓展。

中国的作物模拟研究虽然起步较晚，但发展很快，比较注重模型的实用性和预测性，因此具有较强的地域性和经验性。20 世纪 80 年代初期，中国科学家开始了作物生长模拟及优化决策等方面的研究工作，并取得了较好的研究进展，先后提出了水稻、小麦、玉米、棉花等作物模拟模型及优化栽培系统。例如，江苏省农业科学院高亮之等（1992）提出的水稻栽培计算机优化决策系统（RCSODS），将水稻生长模型与栽培优化决策相结合，有一定的系统特色和应用价值。南京农业大学曹卫星（2008）以小麦和水稻等作物为主要研究对象，针对现有作物模型存在的问题及国内外发展趋势，在作物生长过程模拟、极端气候效应量化、区域生产力预测分析、基于模型的数字化设计与决策支持等方面开展了深入系统的研究，形成了具有中国特色、与国际接轨的作物生长模拟模型 CropGrow。该模型能定量描述和动态预测不同环境、品种、技术条件下作物的生长发育和产量品质形成过程，并构建了高温和低温胁迫对稻麦生育进程、光合生产与同化物分配、结实率与籽粒生长等过程影响的模拟算法（肖浏骏等，2021；Liu et al.，2020，Sun et al.，2018；Shi et al.，2015a），提高了 CropGrow 模型对极端温度环境下作物生长发育及生产力形成的预测精度。当前，该模拟系统正加强高温干旱互作条件对作物生产力形成影响的定量模拟和农田温室气体排放等生态过程的定量模拟。

1.2　作物模拟的主要特征

作物生产系统是由作物、土壤、大气等组成的有机系统，综合了作物遗传潜力、环境效应和技术调控之间的因果关系。作物模拟就是运用系统分析的原理和方法，对作物生长发育及生产力形成过程与环境条件、技术措施、品种遗传特性之间的动态关系进行定量表达，并构建作物生长模拟算法。因此，通过作物模拟人们能够理解和认识作物生长发育过程的基本规律和量化关系，并对作物生产系统的动态行为和产量品质进行定量预测，从而辅助作物生长和生产系统的优化管理和定量调控，实现高产、优质、高效的作物生产目标。

1.2.1　作物系统模拟的意义

作物模拟最重要的意义是对整个作物生产系统的知识进行综合，并量化生理生态过程及其相互关系，即综合知识和量化关系。作物模拟研究的实质是利用计算机强大的信息处理和计算功能，对不同生长发育过程进行系统分析和合成，相当于对所研究系统最新知识的积累和综合。在这种知识合成的过程中，还能发现知识空缺，从而明确新的研究方向。同时，作物模拟研究在理解作物生理生态过程及其变量间关系的基础上，进行量化分析和数理模拟，从而促进对作物生长发育规律由定性描述向定量分析的转化，深化了对作物生育过程的定量认识。因此，基于过程的作物生长模型可为作物系统的动态模拟和决策支持提供数字化内核和智能化"大脑"。

1.2.2　作物生长模型的基本特征

作物生长模型是对作物生长和发育过程的基本规律及其与环境和技术之间关系的量化表达，具有基础性和一般性的意义。较理想的作物生长模型应具有以下几个特征。

1）系统性。对作物生育过程进行系统的、全面的分析与描述。

2）动态性。包括受环境因子和品种特性驱动的各个状态变量的时间过程变化及不同生育过程间的动态关系。

3）机理性。通过进行深入的支持研究，模拟较为全面和多层次的系统等级水平，并将其进行有机融合，从而提供对作物主要生理过程的理解或解释。

4）预测性。通过确立模型的主要驱动变量及其与作物状态变量之间的动态关系，为系统行为提供可靠的定量描述。

5）通用性。原则上所构建的作物生长模型应适用于不同地点、时间和品种，可利用一般的气候要素、土壤理化特性及作物品种特征资料等来驱动模型。

6）灵活性。可方便地进行修改和扩充及与其他系统相耦合，适用于相关领域的模拟研究与应用。

在上述若干特征中，动态性和预测性是作物生长模型最显著和最重要的特征。

1.2.3　生长模拟与生长分析的比较

作物生长模拟与生长分析相比，具有显著不同的特点：作物生长模拟研究的主要对象是作物生产系统的过程及过程间的相互关系，因此具有生理生态上的解释性及连续的时空变化特征；作物生长分析的主要研究内容是不同时段作物生产系统的整体输出结果，并未涉及系统内不同成分的生理过程及其机理关系，因此具有简单描述性和间断性的特点。例如，研究叶面积及作物生长速率等生长指标的变化特征是作物生长分析的主要目标，可以通过定期测定叶面积和干重而计算获得不同的生长曲线；而生长模拟研究则必须解析影响叶面积和生长速率的生理过程及机理关系，包括叶片的分化、出现和扩展、光能截获、光合作用、呼吸作用等。因此，生长模拟除了要阐明系统的输入和输出结果外，还要重点研究系统的结构成分、量化关系及时空特征，解释生长过程是怎样进行的、生长曲线是如何得到的。

1.2.4　生长模型与统计模型的比较

田间试验与统计方法是分析和比较科学试验结果必不可少的工具，对农业科学的发展产生了极大的推动作用。但依据生物统计建立的数学模型仍有较大的局限性，而作物生长模型研究恰恰能够克服生物统计方法一些固有的弱点。

生物统计一般只对作物系统的最终结果（如产量）进行比较，而不揭示结果形成的生理生态过程及其因果关系，而作物生长模型可以揭示作物生育过程及其与环境和技术之间的动态关系，帮助人们更好地理解作物生长和生产的机制与结果。

生物统计一般只考虑与产量有关的少数技术措施（如品种、肥料、密度等），但客观上影响作物生长发育的因子很多，无法用生物统计的方法综合研究和分析，而作物模拟可以对作物生产系统进行综合分析，能同时考虑多个因子的作用，并可进行大量的计算机模拟试验。

生物统计的研究结果地域性和季节性较强，且局限于特定的品种和管理条件，很难应用于不同地区、时间和品种，而作物模型受环境和基因型驱动，因而具有较强的动态性和灵活性，可应用于不同的地点、时间和品种。

当然，作物模型的建立、验证和改进都需要以田间试验与生物统计为基础。但是，作物模拟研究并不能替代田间试验与生物统计。可以认为，作物模拟研究实际上是作物科学中的一种新方法、新技术，通过与生物统计相结合，将作物科学的研究提升到一个新的数字化和机理性水平。

1.3　作物模拟的功能与作用

作物生长模型可以动态模拟作物生长发育过程及其与气候因子、土壤特性、品种性状和管理技术之间的关系，从而能有效克服传统农业生产管理研究中较强的时空局限性，为不同条件下的作物生产力预测预警与效应评估等提供量化工具，具有其他研究手段不可替代的功能。

1.3.1　作物模型的功能

成功的作物模型之所以受到作物科学家的肯定和重视，主要是因为其具有理解、预测和设计这三大功能。

1）理解：作物模拟模型是以作物生长发育的内在规律为基础，综合作物遗传潜力、环境效应、调控技术之间的因果关系，能够定量描述和预测作物生长发育过程及其与环境、品种和技术之间的动态关系，因此能够帮助人们理解和认识作物生育过程的基本规律和量化关系。

2）预测：农业生产过程是随时间和空间而发展的，表现为明显的时空变化特征。建立作物模型主要不是为了解释农业系统的过往历史，而是为了指导当前与今后的农业生产管理。因此，一个成功的作物模型应当具有良好的预测功能，能对不同条件下作物生产系统的动态行为和最后产量进行可靠的预测。

3）设计：作物模型可以辅助实现作物生长和生产系统的优化设计与合理调控，实现高产、优质、高效和可持续发展的目标。例如，通过不同播期、密度、氮肥、灌溉等单一或组合方案的多年情景模拟试验，可以确定不同概率下的最适管理方案；通过评价不同品种遗传参数组合下生育期、株型、光合作用及产量等方面的表现，可以生成理想的品种遗传参数组合，为作物优良品种的设计与选育提供有效支撑。

1.3.2 作物模型的应用领域

作物模型的应用主要有 4 个方面，即教学、研究、管理和评估。较理想的作物生长模型，不仅具有良好的机理性和预测性，还具有较强的通用性和灵活性，因此适用于不同的生态地区和各种层次的用户。

1）教学：应用作物模型开展现代农学的辅助教学和科技推广活动，提供有关作物生长过程及其与环境和技术关系的直观动态教学及科普工具。

2）研究：利用作物生长模型在计算机上进行假设测验和模拟试验，研究生理生态过程的响应模式、栽培管理的技术途径及品种改良的目标性状等，可以弥补试验研究中干扰因素多、周期长、费用高等不足。

3）管理：基于作物模型建立管理决策支持系统等，可在播前进行栽培方案的数字化设计，并在生长过程中优化管理调控措施，为数字农业的实施提供系统动力学工具和决策支持平台。

4）评估：计算机模拟试验有助于评估作物生产系统的综合表现及可持续发展能力，进行土地生产力的定量预测、资源利用与环境质量的动态模拟、全球气候变化效应的量化评估、农业政策分析与策略制定等研究。

1.3.3 作物模型与其他技术的耦合

作物模型是模拟农业生产过程的系列定量化算法，而要面向应用还有赖于研发基于模型的业务化应用系统，这就需要模拟模型与其他高新技术的耦合与集成。

1. 与专家知识的结合

作物模型在实际应用中主要是发挥系统综合和预测功能，处理和提供"土壤-作物-大气"系统的深层知识信息，但难以表达许多经验性及定量化的作物栽培理论和技术并实现智能化管理决策；专家系统是一种能模拟人类专家运用知识和推理解决某一特定领域复杂问题思维过程的计算机软件系统，在实际应用中具有较强的推理决策能力。知识模型是运用系统建模的方法来研究专家系统中的知识表达体系，可用于生成不同条件下的作物生产管理方案，实现作物生产管理决策的定量化。因此专家系统或知识模型可弥补作物生长模型在管理决策方面的不足。例如，将作物模型与知识模型相结合，有助于充分发挥作物模型的预测功能和知识模型的决策功能，可实现作物播前的栽培方案设计和产中的动态管理调控两大决策支持，从而使栽培管理知识化、定量化和科学化（曹卫星等，1998），其技术原理如图 1-1 所示。作物模型与专家系统或知识模型的结合方面，比较成功的案例是美国的棉花生长模拟模型 GOSSYM 和专家管理系统 COMAX 的结合（Mckinion et al.，1989）。

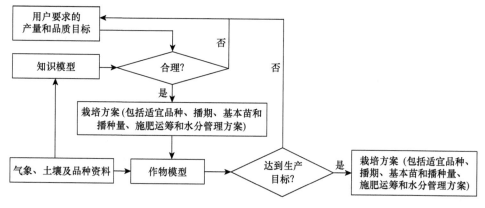

图 1-1　作物管理方案设计流程图

2. 与遥感技术的结合

遥感（RS）能提供地表状况的实时观测图像和数据，即对探测目标具有实时监测功能。因此，遥感在农业资源调查、农业环境评价、作物长势监测、农业灾害评估、农作物产量预报等方面得到了广泛的应用。遥感可在田块到区域等不同尺度，利用多种传感器快速实时准确获取作物、土壤等状态信息，具有突出的时效性和空间性，而作物生长模型是对作物生长过程及其与环境、技术、品种之间的动态关系进行定量表达，具有较强的机理性和时序性。遥感信息与作物模型相结合，可实现遥感空间监测功能与模型时序预测功能的互补，提高对区域作物生长和生产力的预测精度。遥感信息与作物模型的耦合主要涉及 3 种策略，包括直接以遥感观测值替换模型模拟值（中间变量更新策略），通过调整模型初始输入参数值以使模型模拟值逼近遥感观测值（初始参数反演策略），以及以某时刻遥感观测值优化同时刻模型模拟值并改变优化时刻之后的模型模拟状态变量（生长过程同化策略）（Jin et al., 2018）。遥感与模型的耦合过程中，常用的耦合参数有作物生长或生理指标，如叶面积指数、叶片氮含量等（Guo et al., 2019；Zhang et al., 2016b；Wang et al., 2014）。

3. 与地理信息系统的结合

地理信息系统（GIS）是在计算机软硬件的支持下，对各类空间数据及描述这些空间数据特征的属性数据进行处理、显示、运算和应用，并研究和处理各种空间关系的计算机软件平台，其技术重点是支持空间分析和辅助决策的地理数据库和空间预测、评估、决策等模型库及其管理系统，向用户提供易于学习和掌握、界面友好的应用集成系统。作物模型是基于特定区域内作物生长环境变量一致的假设条件而构建的，属于单点水平的模拟系统。而实际研究区的环境与管理变量普遍存在空间差异（Lv et al., 2017），因此需要结合 GIS 技术将作物生产力预测模型从单点模拟拓展到区域应用。基于作物模型与 GIS 耦合实现区域生产力预测有两种策略，即基于空间插值的升尺度策略和基于空间分区的升尺度策略。空间插值作为一种重要的"由点到面"数据生成的空间分析方法，常用于观测点数据到区域数据的升尺度转换，可获取作物生长模型运行所需输入参数的区域化栅格数据，并逐栅格运行模型获得整个区域的模拟结果（Zhang et al.，2018a）（图 1-2a）。空间分区则是根据研究区环境和管理变量的空间差异，将区域划分为多个假定的均质模拟单元，通过每个模拟单元内典型生态点模拟结果"以点代面"，获取整个区域模拟结果（吕尊富等，2013a；Liu et al.，2012）（图 1-2b）。

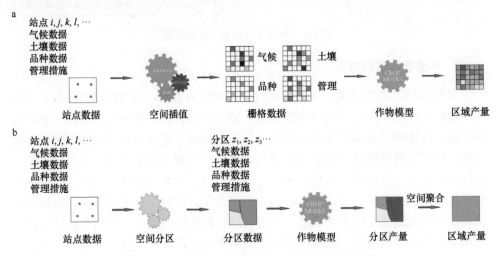

图 1-2　基于模型与 GIS 耦合的模拟尺度优化策略
a. 基于空间插值的升尺度；b. 基于空间分区的升尺度与虚拟现实技术的结合

4. 与虚拟现实技术的结合

可视化技术主要运用计算机图形图像处理技术，将复杂的科学现象和自然景观等图形化，便于理解现象、发现规律和传播知识。虚拟现实技术是一种由计算机生成的高级人机交互系统，构成一个可感知的计算机环境，实现观测、触摸、操作、检测等模拟试验，达到身临其境之感。虚拟现实技术实际上是可视化技术的最好应用形式。因此，在作物模型的基础上，进一步构建基于过程的形态发生模拟模型（Zhang et al.，2014；张永会等，2012；雷晓俊等，2011），并与可视化技术及虚拟现实技术相结合，构成一个可感知的预测和显示植物生长动态过程、群体景观和产量形成等的计算机可视化环境（徐其军等，2010；伍艳莲等，2009a），对于探索作物理想株型、优化生长调控措施、深化植物景观设计、开展虚拟实验教学等具有重要意义。

5. 与人工智能技术的结合

近年来，机器学习等人工智能技术的快速发展为探索如何进一步提升作物模型预测精度、降低模拟结果的不确定性等提供了有效手段，其主要思路是利用机器学习方法对以作物系统模型为代表的知识驱动机理模型的残差进行定量分析与智能建模，进而降低模型的预测误差（Pagani et al.，2017）。例如，可将作物生长模拟过程中出现的中间变量或特征引入机器学习模型中，利用新环境、新技术下获得的实测生长参数驱动构建机器学习模型，进一步表征目标生长参数与环境或技术变量、品种遗传特征之间存在的非线性关系，虽然这些特征之间相互影响的机理并不清晰，但是作物生长模型与人工智能技术的结合可进一步提高作物模型的预测能力，改善模型的泛化性能，为机理过程模型走向实际应用提供新的路径和方法。

6. 与网络技术的结合

将作物模型与网络技术相结合，形成网络化的作物模拟模型及决策支持系统，远程用户通过输入当地基础农作系统数据，就可以模拟农业生产过程，预测未来变化趋势，获得适宜的农业生产管理方案和产量目标，从而实现作物生长状况的动态预测和终端显示，以及农业生产管理的在线指导和科学决策，满足不同范围和层级的用户需求，推进作物模拟系统的规模化应用（曹卫星等，2007）。

第 2 章　作物模拟原理与方法

作物模拟模型的研究涉及农学、气象学、土壤学、植物营养学、生态学、系统学、统计学、计算机科学等多学科原理和知识的综合运用，因此对模拟科学家的专业领域提出了较高要求。对于一个面向过程的作物生长模型而言，最重要的理论和技术基础可能是作物生理生态学原理、系统分析方法、软件工程及情景模拟技术。其中，作物生理生态学原理是建立作物生产系统的概念模型直至量化模型的专业基础，系统分析方法是作物模拟研究的科学理论，软件工程是模拟模型实现的辅助工具，而情景模拟技术是作物模型应用的重要途径。

2.1　作物生产系统特征分析

作物生产系统是一个复杂而独特的多因子动态系统，受气象条件、土壤特性、品种遗传特征、技术措施等多种因素的综合影响，具有显著的时空变异性和区域性。因此，在构建作物系统模拟模型之前，必须对作物生产系统进行整体分析。运用系统分析的原理和方法可以更好地解析作物生产系统的特征，简化作物生长与环境、技术之间的复杂动态关系，从而建立作物生产系统的动力学模型（Wallach et al.，2019）。任何一个系统都有不同的纵向层面和等级属性，因而具有不同的模拟研究水平，可以构建出不同尺度和不同内容的计算机模拟模型（Jones et al.，2017）。对于特定层面的作物生产系统，不同环境下影响生物与非生物过程的限制因素不尽相同，模拟研究的生态范围和系统覆盖面也有所不同。因此，开展作物系统特征分析，就是要明确所研究系统的成分、环境及界面，进而确定所模拟系统的生产水平及各个水平下作物生产系统的限制因子，为作物生长模型构建奠定架构基础。

2.1.1　作物生产系统分析方法

系统是一个包含相关成分的集合体。因此，系统既有结构性，又有整体性，可以分解成不同的结构成分，也可合成为一个整体系统。系统研究的主要目的是预测系统的行为，改善系统的控制或设计新的系统。系统研究可分为两个主要领域或阶段，即系统分析和系统合成。系统分析是将一个系统分解成主要成分，研究系统的成分及其关系，提供系统的定量描述（系统模型）来预测系统的行为。系统合成主要研究如何运用从系统分析中获得的知识或算法来改良系统（系统控制或系统管理）或设计新系统（系统设计）。描述系统组成的基本属性是系统的成分、界面和环境（Wallach et al., 2019）。其中，系统成分是构成系统的内在实体元素，系统环境是影响系统行为的外部因素，系统界面是系统的内在成分与系统环境之间的分界线。例如，在作物系统中，系统成分一般包括作物和土壤，系统环境包括气象条件、管理措施等系统的输入及生育期、生物量、生产力等系统的输出（图 2-1）（Wallach et al., 2019）。

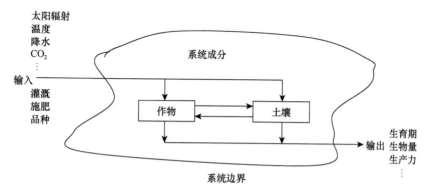

图 2-1 作物生产系统的主要成分、界面和环境

系统的输入与输出即系统的源与库，而输入与输出之间的关系，即源与库之间的关系，涉及系统成分的许多过程及其互作关系。系统输入是影响系统行为而不受系统影响的环境因子，如气象变量等，又称为驱动变量。开放系统有 1 个以上的输入，封闭系统没有输入。系统输出代表系统的特征和行为，是模拟者最感兴趣的部分。

系统的参数是模型成分的特征，通常在模拟中恒定不变，而输入则随时间而变，为变数。系统中的状态变量主要描述系统成分的状况或水平，具有动态特征，如生物量。如果状态变量随时间而变，为动态模型；如果状态变量受到不同过程的影响而变，如生物量受光合作用和呼吸作用而变，称为过程模型或连续模型。

2.1.2 作物生产系统的等级性

根据系统分析的原理，作物生产系统一般可分解成区域、农区、农田生态、作物群落、群体、个体、器官、组织、细胞、分子、基因等不同层次或等级，如图 2-2 所示。在这些不同的系统层面上，可以构建出不同尺度和不同内容的计算机模拟模型（Jones et al., 2017）。

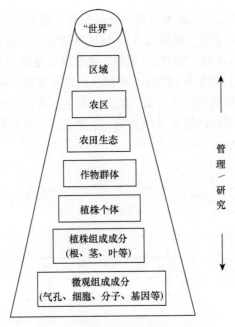

图 2-2 作物生产系统的等级性

作物系统模拟研究的一般规则是,对于一个机理性和经验性兼顾的作物系统模拟模型而言,模拟的层次应低于研究目标的 2 个级别。例如,研究作物群体产量表现的模型,必须能模拟个体与器官的生长发育过程。当然,对于一个机理性和解释性较强的模型来说,其模拟研究的层面可能低于目标的 3 个水平,这取决于资料的可用性和精确性及对系统的理解和解析程度。

2.1.3 作物生产系统的水平和过程

对于特定层面的作物生产系统,不同环境下影响生物与非生物过程的限制因素不尽相同,模拟研究的生态范围和系统覆盖面也有所不同。根据生态限制因子对作物生理过程和生产系统的影响进行分类,按照产量递减的顺序,可以把作物生产系统分为 5 个生产水平。

1. 第一生产水平:光温潜力

即使在最优栽培条件下,作物生产系统通常也要受到光照和温度的制约,因此光温条件是任何作物生长模型最基本的驱动因子或驱动变量。如果作物生长具有丰富的水分和营养条件,则作物的生长速率只取决于当时的作物状态和当时的天气状况,尤其是辐射与温度。这是作物发挥"潜在生长速率"所产生的"潜在产量"。这些生长条件只有在精耕细作的作物系统中或在温室控制条件下才能实现。

在第一生产水平，辐射强度、光能截获和利用效率是影响生长速率的关键因子。图 2-3 指出了在第一生产水平下模型基本要素之间的关系。光是驱动变量，光合同化物通常以一种易利用的形式贮存下来，如淀粉（贮存物），以后用于维持或生长。温度是外界变量，能改变生长速率和光合作用。在生长过程中，贮存物以一种特殊效率转变为结构生物量。结构生物量由那些不再在植株中因维持或生长过程而向其他处运转的成分组成。生物量在根、叶、茎、贮藏器官间的分配与作物的生理年龄密切相关，而生理年龄本身又是温度的函数。

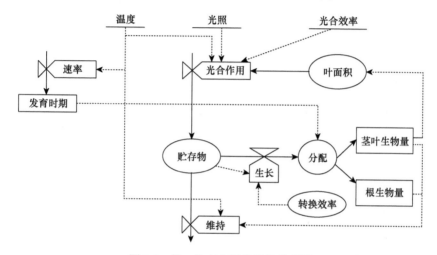

图 2-3　第一生产水平的系统关系图

光照和温度为驱动变量，光合效率是常数；矩形代表数量（状态变量），阀符号代表流速（速率变量），
圆形代表辅助变量；下划线表示驱动变量和其他外界变量；实线表示物质流，虚线表示信息流

2. 第二生产水平：水分限制

作物生长至少在部分生长季里受到水分可用性的限制。这是干旱和半干旱地区雨养作物生产系统的主要特点之一。另外，在土壤肥力较好及施肥水平较高的条件下，作物生长还会受到灌溉条件的显著影响。

在第二生产水平，关键因子是土壤水分的蒸发程度和作物的水分利用效率（图 2-4）。缺水会导致气孔关闭，同时 CO_2 同化量减少，蒸腾作用降低。水分利用效率是光合作用与蒸腾速率的比值。实际蒸腾速率与潜在蒸腾速率的比值表明了碳素和水分平衡间的联系。潜在蒸腾作用及随后的潜在光合速率可能实现的程度取决于水分的有效性。土壤中的贮水量是降雨、毛管上升水与水分损失过程间的缓冲库，其缓冲能力及同时发生的由蒸腾和非生产性过程导致的水分损失，使得作物生长速率仅间接地依赖于降雨量。因此，植物生长与该系统中主要驱动变量的关系是间接的。

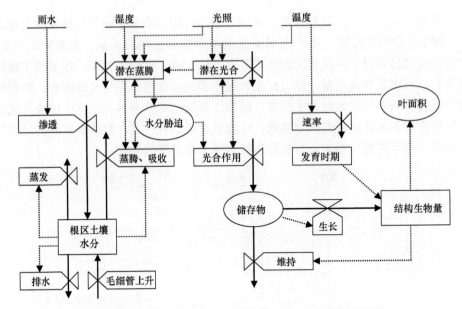

图 2-4 第二生产水平的系统关系图，缺水是主要限制因子

矩形代表数量（状态变量），阀符号代表流速（速率变量），圆形代表辅助变量；
下划线表示驱动变量和其他外界变量；实线表示物质流，虚线表示信息流

3. 第三生产水平：氮素调控

作物生长在部分生长季受氮素不足的制约，或同时还受水分短缺或恶劣天气的影响。施氮不足是各种作物生产系统经常发生的问题，特别是在多熟制的耕作制度下，作物更易表现出缺氮的现象。

在第三生产水平，植物组织内的氮分为两部分：可运转的氮与固定的氮（图 2-5）。可运转的氮经降解以氨基酸的形式输出，组织中的固定氮被固定于稳定态的蛋白质中。用于新生器官生长的可运转的氮素含量通常是相当多的。成熟组织的含氮量，可能在它丧失功能前，会减少到其最大值时的 1/2 或 1/4。只有在内部贮存氮素被利用完时，植物生长才与氮素吸收率有直接关系。总体上，这一生产水平上的生长速率取决于植株内部贮存氮和土壤中氮的可利用性。土壤氮的可利用性与水分相似，其中无机氮数量是易变的，大部分能被靠近的根系利用。土壤中的有机氮是作物不能利用的，但通过矿化作用对有机物的分解，可转变为无机氮。

4. 第四生产水平：磷钾等养分的调控

作物生长还受土壤中磷、钾及其他矿物元素的影响。这种情况通常发生在土壤过度利用的作物生产系统或特殊土壤理化性状的地区。

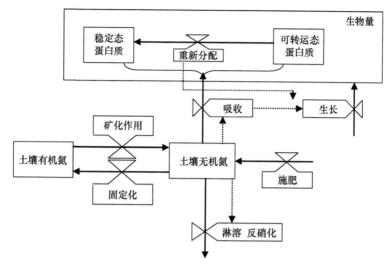

图 2-5　第三生产水平的系统关系图，氮素不足是主要限制因子

矩形代表数量（状态变量），阀符号代表流速（速率变量）；实线表示物质流，虚线表示信息流

在第四生产水平下，作物生长的关键过程与第三生产水平相似（图 2-6）。例如，对磷素而言，衰老组织中磷的浓度以与氮相似的方式降低；与氮一样，植物内部也贮存磷，但是，磷被根系利用的过程与氮不同。植株需要有更稠密的根系才能充分摄取土壤中的磷。而土壤中溶解磷的数量是如此之少，以至于它的补充速率决定着供应给根系的磷。通过增加土壤的容积，菌根很可能促进磷的吸收。土壤中无机与有机化合物均可能提供也可能截获溶解的磷。

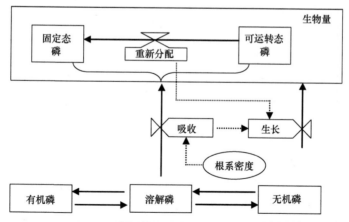

图 2-6　第四生产水平的系统关系图，如磷素不足是主要限制因子

矩形代表数量（状态变量），阀符号代表流速（速率变量），圆形代表辅助变量；
实线表示物质流，虚线表示信息流

5. 第五生产水平：病虫草害等生物灾害的影响

在这种生产水平下，作物系统除受到气候、水分和矿质营养等非生物环境因素的影响外，还受到病虫草害等生物因子或逆境的干扰和抑制。

在实际作物生产系统中，很少有情况完全符合以上任一种生产水平，但把一些具体情形归入不同的类型，就可集中研究主要环境因子的动态变化及作物的生理反应。那些没有限制效应的环境因子可以不考虑在内，因为它们不决定作物的生长速率。相反，生长速率可能制约着非限制因子的吸收速率或利用效率。例如，如果植物生长由氮素营养制约，那么研究 CO_2 同化或蒸腾作用的意义就不大，而应将重点放在氮素的可利用性、氮素平衡和植物对氮的响应上。可见，植物生产系统的限制因子分析，可简化生产系统，缩小研究主题，从而加快研究进程。

在上述生产水平的基础上，荷兰科学家进一步提出了作物生产系统分类的修订方法。这种方法的核心是将作物生长状况分为潜在生长、可获得生长、实际生长三大类（van Ittersum and Rabbinge，1997）（图 2-7）。其中，潜在生长主要由大气 CO_2 浓度、太阳辐射、温度和作物性状确定（生长确定）；可获得的生长主要受到水分和养分（如氮、磷、钾）等限制因子的影响（生长限制）；实际生长由于受到杂草、病虫害及污染物的影响而低于可获得的生长（生长下降）（van Ittersum et al.，2003）。在这些不同生产状况下，作物生长模型的建立具有不同的层级和路径，因研究工作的目的而各有特点。

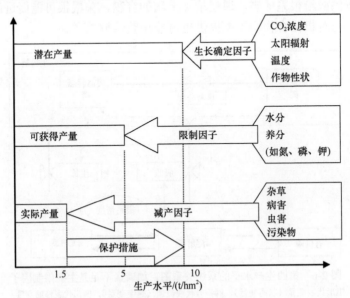

图 2-7　不同生产水平下作物潜在产量、可获得产量、实际产量与生长确定因子、
限制因子、减产因子的关系

应当指出，现代作物生产系统中，病虫草害通常能得到一定程度的控制，且作物生长一般通过施肥、灌溉等投入来进行管理调控，其中肥料的影响又以氮素为主。因此模拟受水分和氮素影响的作物生长状况最有现实意义和应用价值。只有光温反应的作物生长模型则有助于探索作物的最优生长动态与光温生产潜力。

2.2　作物模拟的数据支撑

作物模拟是对不同条件下作物生产系统的定量化、数字化描述，因此，构建所模拟的作物生产系统输入、输出、中间状态等相关变量的数据资料库，是开展作物系统模拟研究的首要与关键。一般而言，模型构建所需的数据资料大多来源于历史资料及试验研究。直接利用以往的历史资料可以节省大量的人力和物力，但此类资料通常难以全面涵盖作物生产系统的各个方面。此外，尽管已有的文献资料和数据积累可以提供许多作物生长发育的基本规律及其与环境和技术之间的相互关系，但较多算法的推导和构建还必须依赖于逻辑性的理论假说和试验性的研究分析。因此，需要有针对性地组织实施大量试验研究服务于作物生长模拟算法的构建，被称为模拟的支持研究（曹卫星和罗卫红，2003）。根据模拟需要，成功获取以下这两类数据资料才能有效支撑作物模拟研究。

2.2.1　历史资料获取

为支撑作物模拟研究，通常用到的不同类型历史资料如下。

1）辅助模型运行所需的历史资料。主要是指模型的输入变量及模拟结果变量，如历史的气象观测资料、土壤观测资料、作物观测资料、作物管理技术资料等。这类历史资料一方面是支撑模型运行的输入资料，另一方面部分观测资料可用于模型参数的校正。资料来源主要是各种气象资料共享网站、土壤数据库、作物观测数据集等。

2）支持模型算法构建的历史资料。主要是指作物生长发育和生产力形成过程相关的数据资料。通过对这类历史资料的收集和利用，可以总结分析作物生长发育某些过程的规律性认识并在此基础上提出部分模型算法。这类资料通常来自已有的工作积累、文献资料或科研成果，可以通过检索已公开的文献数据库获得，也可以通过合作途径从同行科学家那里获取部分未公开的相关资料。

此外，在当前全球科技数据共享与再利用的趋势下，越来越多的科技数据资料得以公开，这也成为获取历史资料的一个重要途径。目前主要的公开科研数据资料的方式包括 3 种：①科学家在发表相关科研成果的同时可以选择将相关研究的详细数据库作为研究成果的补充材料进行公开；②部分科学家选择将数据上传到相关的数据仓储设施。例如，哈佛大学 Dataverse 平台即属于典型的通用科学数据仓储设施（https://dataverse.harvard.edu/）；③近年来，数据期刊的出现也使得科学家可以将相关研究数据集以正式期刊论文形式进行公开发表，通常被称为数据论文。此类论文的重点并非报道研究结果，而是介绍相关科学数据集及对科学数据集的描述和使用说明等。总体而言，上述 3 类数据公开方式的根本目的均是更好地发现、获取、理解、再利用数据（刘灿等，2018）。对于作物模拟领域而言，近年来有不少作物模拟科学家选择将相关试验和模拟数据集发表在荷兰瓦赫宁根大学图书馆支持创办的数据期刊 *Open Data Journal for Agricultural Research*（https://odjar.org/）。

2.2.2　模拟支持研究

一般认为，作物模拟支持研究主要有两个方面：一是已知因果关系或基本模式，但缺乏特定的数量表达或算法程序；二是相对不了解而有待探索的某些过程，称为黑箱。前者如作物器官建成与阶段发育的关系；后者如根系生长与土壤环境及叶片生长的关系。因此，随着研究工作的不断深入，作物生长发育过程中的未知成分及模型中的假设会逐渐具体化、实质化和定量化。在此基础上，建立系统数据库，并实现资源交流和共享是作物模拟研究成功的关键。

开展作物模拟的支持研究，主要是围绕作物系统模拟的某一方面开展针对性的试验研究。与传统农学试验相比，作物模拟支持研究的试验更加注重以下几方面。

1）研究设施的多样性。由于作物生产系统受到气象、土壤、管理、品种等多方面的影响，所以模拟的支持研究中涉及的试验环境和条件也是多样的。典型的试验设施包括人工温室、防雨设施、田间试验小区等。特别是模拟作物生长发育对气象环境因子的响应，经常需要开展环境控制试验。此外，为模拟作物根系的生长发育，可能还需要开展土柱试验等。

2）试验因素的系统性。虽然模拟的支持研究通常是围绕某一方面开展试验研究，但由于研究对象为作物生产系统，而作物生产系统受到多因素的影响且部分因素在生理生态过程中存在显著的交互作用。因此，支持研究的试验在设计过程中应该注重处理因素的系统性，特别是注重多因素的交互作用，以便所构建的模型更具综合性。例如，研究作物生长对氮素水平响应时，应该同时考虑不同氮素利用效率的品种对氮素响应的差异性。

3）处理水平的连续性。作物系统模拟注重作物生长发育和生产力形成对影响因素的过程性响应，且构建的模型算法理论上应该适用于该因素的所有水平，而非局限于某一特定范围。作物生长过程对部分因素通常存在非线性响应，且部分过程对某些因素的响应存在临界阈值（如高温胁迫对作物结实率的影响）。因此，在处理水平的设置上要更加注重多个处理水平的连续性，以尽可能涵盖该因素在作物生长发育过程中可能面临的全部范围。如表 2-1 所示，为定量模拟水稻生长发育和产量品质形成对花后低温胁迫的响应规律，试验在低温胁迫的设置上既考虑了低温发生的不同时期的差异，还考虑了不同持续时间和不同温度水平的影响。

表 2-1　人工气候室水稻低温胁迫试验设计

品种	处理时期	低温持续时间（d）	低温水平（最高温/最低温，℃）
淮稻 5 号	开花初期（S1） 开花盛期（S2） 灌浆中期（S3）	3（D1），6（D2），9（D3） 3（D1），6（D2） 3（D1），6（D2），9（D3）	T1（27/21） T2（23/17）
南粳 46	开花初期（S1） 开花盛期（S2） 灌浆中期（S3）	3（D1），6（D2），9（D3） 3（D1），6（D2） 3（D1），6（D2），9（D3）	T3（19/13） T4（15/9）

4）观测指标的过程性。为构建具有较强机理性和解释性的作物生长模型，需要明确作物生长发育和产量品质形成的不同生理生态过程对试验处理因素的动态响应。因此，测试指标通常更有系统性，涉及作物生长发育和产量品质形成的各个过程，如生育期、光合速率、叶面积、器官碳/氮含量、器官生物量、产量结构、品质指标等，而不是仅关注最终的作物产量与品质水平。同时，对部分指标（如光合速率、叶面积、器官碳氮含量、器官生物量等）还需要多次连续观测，以明确其在不同时间尺度上的动态变化模式。

作者团队在收集已有文献资料的基础上，通过持续实施不同品种、播期、密度、水分、养分等处理的多年大田试验及不同处理水平和持续时间的温度、光照、水分等单因子或多因子的人工气候室试验等，探究了作物生长发育及产量品质形成的动态规律，明确并量化了作物生理过程对环境因子及管理措施响应的机理特征，从而构建了不同因子及其互作与作物生长发育、产量品质形成之间关系的模拟算法。

2.3　作物关系定量表达

作物生长模拟的本质是构建描述作物生长发育过程与环境因素及管理措施之间关系的定量公式。而定量这些关系并建立公式，首先需要考虑定量表达的时间与空间尺度，即模拟研究的尺度。其次需要考虑如何定量不同因素之间的相互作用，以及这些定量关系在不同作物基因型之间的差异。

2.3.1　模拟研究的尺度

作物生长模拟不仅需要对不同学科的复杂问题进行横向的关联，而且需要在不同的时空尺度上对模拟对象进行纵向整合。因此作物模拟的尺度具有三维特性：时间性、空间性、复杂性。尽管这些量纲像三维图上的 X、Y、Z 轴一样相对独立，但其复杂性趋向于随时间推移和空间转换而增加。因此，作物模拟必须面对不同的尺度和研究范围，即研究较长的时间宽度、较广的空间领域、较复杂的系统成分。随着一些解决实际问题的模拟工具的进一步发展，人们更加需要具有不同尺度的模拟系统。

模拟的时空尺度决定了适宜模型的选择及模拟方法的采用。大尺度模型往往注重宏观的经验性和描述性，而小尺度模型则注重微观的机理性和解释性。对于作物生长模拟研究来说，时间步长的确定取决于作物生长状态变化的速率，在生长相对快的时期，步长宜短一些；在生长相对慢的时期，步长宜长一些。作物生长模拟研究的时间步长一般为 1d，且一般不超过 10d。例如，土壤水分含量是一个重要的时间变量，在几天内可能有很大的变化。短时间的水分逆境可能会降低光合作用，因此用较长时间内的平均土壤水分状况模拟作物的光合作用或生长速率不如逐日计算的精度高。此外，气象资料通常是逐日观测和输入的，从而为以"天"（d）为单位的时间尺度的模拟研究奠定了基础。因此，时间步长为 1d，是大多数作物生长模型采用的合理尺度。

从一天内的温度变化来看，作物生长季内的温度波动一般在反应曲线的极限值以内。在这个范围内，作物的生长反应几乎是线性的，因此 24h 内的平均值是易于接受的模拟尺度。在这种情况下，考察作物在少于 1d 时间内的状态变化，通常没有实际意义。然而，如果温度经常超过特定过程响应的临界值，或者对环境条件的反应是非线性时，则需要应用更短的时间步长，以精确地量化昼夜温度的不同效应。例如，按昼夜温度变化模式将一天 24h 分成均等的 8 个时段，分别计算不同时段的响应值，就能比日平均温度更好地反映昼夜温差的实际效应。

2.3.2 析因法与系数化

作物生长发育与产量形成是品种遗传特征、气候因子、土壤特性及管理措施综合作用的结果，涉及复杂的过程和众多的影响因子。为了简化影响因子的相互作用，可以采用建模的层次性理论：首先建立由太阳辐射、CO_2 浓度、温度和作物遗传特性所决定的潜在生长状况下的生长模型；然后在潜在生长模型的基础上视情况添加氮素、水分、磷钾、杂草等影响因子的限制效应，进而得到实际生长条件下的生长模型。

定量不同环境因子的互作主要是通过单个因子的系数互作而非复合因子的多元回归。析因法的主要特征是以系数的形式分别建立不同单因子的响应模型或效应因子模型，然后以一定的数学方法定量这些系数间的互作，即将多因子响应模式进行简化处理。系数化方法是指将效应因子的特征值一般设定在 0～1（图 2-8）。单因子效应模型应尽可能地基于生理生态和生物学规律。对于暂时难以获取详细资料的部分，可采用经验性较强的方法代替，以使模型的分辨能力大体上与观测资料的精细程度相匹配。

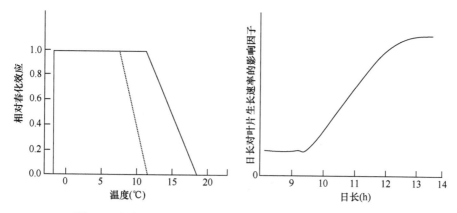

图 2-8　小麦作物生长过程对不同因子的响应系数和效应因子

系数互作的计算方法主要有最小法和乘积法。最小法依据最小因子法则，认为系统的表现主要受最小系数的限制。乘积法则依据不同因子的相互作用原则，认为系统的表现同时受多因子的影响，而并非与最小因子的水平呈线性关系。因此，不同的方法所得结果差别很大。目前尚难证明哪一种方法最好，主要靠模型的预测性来评判。一般情况下，当系统的因子水平较低或表现限制因子作用时，最小法可能更合适。但当因子水平较高或表现报酬递减作用时，乘积法在理论和实践上都更合适。

2.3.3　遗传参数

遗传参数是指描述非逆境下种或品种基本遗传性状的一组特征值。为使得模型适用于不同的基因型，需要选用适当的一组遗传参数来表征不同品种的典型遗传性状。一个品种的遗传系数一般选 10～15 个比较合适。遗传参数既要符合作物生理学的认识和规律，又要为作物育种学家所理解和接受，主要是量化品种间最基本的遗传性状差异。例如，在小麦的发育模型中，一般包括生理春化时间、光周期敏感性因子、灌浆持续期因子、温度敏感性因子、基本早熟性因子 5 个品种遗传参数，分别体现了不同品种小麦在春化作用、光周期反应及灌浆期长短、热效应方面的遗传特性。遗传参数一般依据试验数据通过试错法、最小二乘法等确定。有条件时，也可直接通过控制环境下的试验研究获得，如不同小麦品种的生理春化要求（表 2-2）。

表 2-2 **WheatGrow** 模型中小麦品种遗传参数及其含义

参数名称	参数含义
PVT	生理春化时间（d）
PS	光周期敏感性
FDF	灌浆持续期因子
TS	温度敏感性
IE	基本早熟性
AMX	理想条件下的最大光合速率 $[kg/(hm^2 \cdot h)]$
TA	潜在分蘖能力
SLA	比叶面积（hm^2/kg）
GW	千粒重（g）
HI	收获指数

2.4 作物模拟模型研制程序

作物模拟模型研制的步骤可简要概括为模型选择与系统定义、资料获取与算法构建、模块设计与模型实现、模型检验与改进完善 4 个方面。其中，工作的重点和难点是在深入解析和科学把握系统内涵与特征的基础上，研究和建立作物模拟模型的算法结构。

2.4.1 模型选择与系统定义

对所模拟的作物生产系统进行明确定义和综合分析是建立一个概念模型甚至量化模型的关键。首先要清楚模拟研究的目的、水平及对象，以明确模拟研究的范围和成分。如果建模的主要目的是过程研究和机理解释，那么模拟的系统水平和层次就应该低一些，模拟的对象可能包括器官及亚器官。反之，对于一个应用性较强或注重宏观预测的模型而言，研究的系统水平就要高一些，系统的成分简单一些。通过这项工作，可以先建立一个描述系统结构与组分关系的概念模式或概念模型。

2.4.2 资料获取与算法构建

建立模型所需的资料大概有 3 个来源：一是已有的工作积累及文献资料，其中文献资料主要包括国内外相关领域的科研成果、出版的专著与教材、科技期刊及学术会议上发表的论文等，以及各地的土壤志、品种志、气象资料等。二是通过合作途径，从同行科学家那里获取感兴趣的相关资料。三是通过补充试验或支持研究，围绕某个方面获得全新的资料。其中，成果积累或文献资料，如果相对比较完整和可靠，主要用于模型算法的构建；合作途径所获得的资料，主要用于模型参数的调试及系统测试；补充试验或支持研究的资料，一部分用于模型算法的构建，另一部分用于模型参数的调试及系统测试。

在资料获取的基础上，即可进行数理统计分析，构建算法公式。对于一些暂时无法获得的资料或难以量化的过程，必须采用黑箱模拟的方法，通过逻辑性的合理假设和数学推导，得出描述系统过程的理论公式。应当指出的是，黑箱模拟运用的程度，完全取决于对系统的正确理解和可靠把握。

2.4.3　模块设计与模型实现

模块设计和模型实现主要是借助软件工程技术在计算机软硬件环境下开发实现模拟系统。首先要选择恰当的编程语言组织模拟系统，编程语言包括模拟算法编程语言和界面编程语言。目前应用比较广泛的模拟算法编程语言主要有 Visual Fortran、Visual C++、Visual C#等。Fortran 是按功能设置模块，以过程为主线，如作物的发育、生物量同化与分配、生长和产量等通过过程函数封装实现；C++和 C#等是按植株与器官等实体设置模块，以对象为主线，如作物植株、叶片、茎、根、花、籽粒等以面向对象模式构建。

模块设计与编程须注意以下几个问题：①将主程序和亚程序设置成合理的模块化结构，②突出模块的可读性与解释性，以及可编辑性与灵活性，③友好的人机界面和可操作性，④将模型的运行时间降低到最短。

此外，作物模型的实现还须研究模型的输入输出内容和形式。模型的输入资料要以最少为原则，既可容易获得，又可简化模拟运算。总体上，可分为气象、土壤、作物、管理四大类。其中，气象资料主要是指每日的最高温度和最低温度、降雨量、辐射量或日照时数等。有些机理性模型还要求风速和相对湿度等气象资料。土壤资料是指土壤的基本理化特性及不同深度土层的养分含量等，一般包括耕层厚度、黏粒含量、容重、凋萎系数、田间持水量、饱和含水量，以及作物生长季开始时不同深度土层的水分和养分状况，包括土壤实际含水量、有机质含量、全氮含量、矿化无机氮含量、速效磷含量、速效钾含量及盐分含量等。作物资料是指与作物品种相关的遗传系数，可参考特定作物品种的性状描述。管理资料是指作物生长过程中所实施的栽培技术措施，一般包括播期（或移栽期）、播种量、施肥量、施肥日期、灌水量、灌水日期等。对于输入误差大的资料，要尽量少用。

模型的输出结果要求直观、综合、易分析比较。输出的步长一般以"天"（d）为单位。同时，输出步长和方式可由用户设定。一般采用表格和图形两种主要输出形式。随着计算机技术的快速发展，作物模型的三维图形输出、可视化虚拟、多媒体技术等也得到成功应用。

2.4.4 模型检验与改进完善

模型检验包括对模型的敏感性分析、校正、核实、测验 4 个主要过程；模型的改进完善则是在检验模型的过程中，对模型进行必要的改进与完善。

1. 敏感性分析（sensitivity analysis）

敏感性分析是对模型灵敏度和动态性的测验，分析模型对主要参数和变量反应的灵敏度，测验模型的结构与过程及系统成分，也可看成是某种形式的假设模拟试验。一般是通过改变参数或变量来观察输出变量的响应，结果通常以±值来表示模型的反应程度，如表 2-3 所示小麦发育阶段的敏感性分析。通过模型的敏感性分析，一方面可以分析模型的平衡性与稳健性，用于支撑模型的未来改进与发展；另一方面可以确定对模型模拟结果影响最大的参数，在后期的模型参数校正中需要对这些参数重点关注。

表 2-3　小麦发育阶段对环境温度和日长及品种春化要求和光周期敏感性的反应

参数	变幅*	发育阶段变化（d）		
		二棱期	顶小穗形成期	抽穗期
温度	−2	+25	+10	+10
	+2	−14	−15	−11
日长	−2	+10	+6	+4
	+2	−7	−5	−4
春化要求	−10	−9	−3	−2
	+10	+8	+3	+1
光周期敏感性	−0.002	−9	−5	−4
	+0.002	+9	+5	+3

*以小麦在南京地区种植为模拟对照，春化要求天数为 20d，光周期敏感性为 0.004

敏感性分析一般可分为局部敏感性分析和全局敏感性分析。局部敏感性分析是通过一次改变一个输入参数或变量同时保持其他输入固定来获得输出变量的局部敏感性。该方法高效且易于使用，因此已被普遍应用于早期许多模型的敏感性研究中。而随着作物生长模型结构和参数的复杂性日益增加，不同参数和变量之间的相互作用受到广泛关注，进而发展出了全局敏感性分析方法，主要分析输出变量在整个输入参数空间上的综合敏感程度。

2. 校正（calibration）

校正是调整模型的参数和关系，使得模型的输出符合特定的环境和资料，主要检验模型系统的综合表现及对综合变量的反应。在作物模拟模型中，许多描述作物生长发育和产量形成过程的公式均含有大量的参数，而这些参数可能是因时、因地、因品种类型而异，在实际应用模型之前需要对这些参数进行修正，即参数校正。参数校正是运用实际观测数据验证模型和运行模型的前提。参数校正的原则是首先应保证参数的生理生态意义符合实际，其次是具体数值的准确。模型建立过程中一般会确定各个遗传参数在所有基因型中可能的取值范围，参数校正的过程即是获取某一基因型遗传参数具体数值的过程。对于不同类型的品种，其遗传参数范围可能随着遗传基础差异表现为不同取值范围。

参数校正一般是利用研究区域里获得的实测数据，通过改变模型的参数值，减小实测值与模拟值之间的误差，提高模拟值与实测值之间的符合度，从而找到符合度最高时的参数值，而此时的参数值即是最优参数值。不同的参数校正路径和校正方法对参数校正结果有较大影响。

作物生长模型利用一系列的公式来描述作物生长的过程，这些公式可以单独描述作物生长过程中的某一部分，也可以把这些单独的部分组合在一起形成一个整体的模拟系统。因此，参数校正一般有两个路径：一是按照一定步骤循环试错模型的初始参数，调整一部分参数的同时，固定其他部分参数值，从而单独估计与该过程相关的参数值，即局部最优算法；二是研究整个模拟系统，通过使整个系统的模拟值接近实测值来估计所有的参数，即全局最优算法。目前，在实际参数调试过程中，很多模型通过局部最优算法进行参数调试，主要包括手工试错法、循环替代法等。模型使用者往往通过手工或者借助计算机等方式，按照一定的步骤循环试错模型设置的初始参数，利用专家经验知识来比较模型模拟的生育期、产量、叶面积指数等关键变量的实际状况与模拟结果之间的拟合程度，从而确定最优参数值。该方法要求参数调试人员具备良好的作物品种知识、作物生长模型知识及与参数调试相关的经验。因此，该方法受参数调试人员的主观影响较大，且参数调试过程需要不断重复，需要大量的人力物力，效率较低。全局最优算法则是利用大量的试验结果，从大数据的角度拟合实际环境中的生育期、产量、叶面积指数等指标的实测值。该方法不依赖专业人员的经验知识，因此不受参数调试人员的主观影响。目前包括遗传算法、粒子群算法等在内的全局最优算法，在作物生长模型参数校正方面已经得到了较为广泛的应用（庄嘉祥等，2013）。

3. 核实（validation）

核实是指验证模型是否适用于模型研制和校正以外的完全独立的资料，是多年、多点、多试验观测值与模拟值的比较，可采用如下 3 种方法进行。一是将模拟结果与实际结果进行回归分析，但模拟值与观测值的显著相关不足以证明模型的可靠性和预测性，因为当模型的模拟结果与观测值显著相关时，二者之间的差异有可能变化很大。二是将实际结果与模拟结果直接绘图比较，一般可按同一时间坐标绘制 1：1 图进行直观展示（图 2-9a）；此外，对于一些随作物生育期变化而改变的状态变量，还可以绘制时间序列图形，一般以作物生育期为 X 轴，以待核实的状态变量为 Y 轴，模拟数据用连续性曲线表示，而实测数据用点表示（图 2-9b）。三是检验模拟值与实际值的平均误差，其中模拟值与实际值的平均误差可以通过以下一些统计方法计算得到。不同的统计参数从不同角度考虑了模型的偏差，因此为综合评价模型的预测效果，通常可同时选用多个统计参数用于模型的综合评价（Bellocchi et al.，2010）。

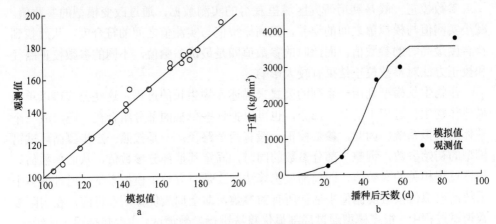

图 2-9　模型模拟值与观测值之间的 1：1 作图（a）
以及模型模拟值与观测值的时间序列图（b）

（1）平均离差（mean deviation，MD）

即预测值与实际值之差总和的平均值，可以指示模拟值偏差的大小和方向。

$$MD = \left(\sum ERR_i\right)/n , \quad ERR_i = Y_i - X_i \tag{2.1}$$

式中，n 为样本数；Y_i 和 X_i 为第 i 次的模拟值和实测值。

（2）平均预测误差（mean prediction error，MPE）

即预测值与实测值之差绝对值总和的平均值，反映模型的精度。

$$MPE = \left(\sum \left|EER_i\right|\right)/n \tag{2.2}$$

（3）预测均方差（mean square error of prediction，$MSEP$）

即预测值与实测值之差平方总和的平均值，是比较模型间精确度较好的指标。

$$MSEP = \left(\sum ERR_i\right)^2/n \tag{2.3}$$

（4）均方差根（root mean square error，$RMSE$）

即预测均方差的开平方，能更直观地反映模拟值与实测值之间的误差。

$$RMSE = \sqrt{MSEP} \tag{2.4}$$

此外，要比较不同模拟变量的预测效果，需要使用无量纲的统计参数。此时可以将 *RMSE* 归一化处理，用 *NRMSE* 表示。

$$NRMSE = RMSE / \overline{X} \times 100\% \qquad (2.5)$$

式中，$\overline{X}$ 为实测值的平均值。

（5）一致性系数（index of agreement，*IA*）

主要反映模型模拟效率，用于衡量模拟值残差在多大程度上接近 0。其取值为 0～1，以接近 1 的值表示更好的模拟效果。

$$IA = 1 - \sum (Y_i - X_i)^2 / \sum \left(\left| Y_i - \overline{X} \right| + \left| X_i - \overline{X} \right| \right)^2 \qquad (2.6)$$

（6）偏斜度（*BIAS*）

即模拟值与实测值无截距回归公式斜率与 1 的偏差，表示通过原点的拟合直线与 1：1 线的偏斜程度（%）。

$$BIAS = 100\% \times \left| b_0 - 1 \right| \qquad (2.7)$$

式中，b_0 为模拟值与实测值之间的 0 截距直线回归公式（截距 $\alpha=0$）的斜率。

（7）单个模拟值的绝对误差和相对误差

$$绝对误差：ERR_i = Y_i - X_i \qquad (2.8)$$

$$相对误差：RE = ERR_i / X_i \qquad (2.9)$$

4. 测验（test）

测验是比较各种环境下的模拟值与预测值，可看作是一个持续的模型核实过程。如果在测验过程中发现明显的偏差，还需要重复上述模型校正和核实的整个过程，并对模型算法进行必要的修正和改进。

2.5　作物情景模拟技术

在作物模拟模型构建和验证之后开展模型的应用研究，是建立模型的根本目的。一般认为，作物模拟研究是作物科学中的一种新方法、新技术。其中作物情景模拟技术是实现作物生长模型预测和调控功能的主要手段。利用作物生长模型在计算机上进行情景假设模拟试验，研究作物生理生态过程的响应模式、优化作物栽培管理技术、评估不同因子（基因型、气候、土壤及管理）对作物生长发育和产量形成的影响、预测未来情景下的作物生产力等，已成为现代作物科学一种有效的定量化研究手段。

2.5.1　作物情景模拟思路

情景模拟技术主要是通过多重情景的模拟预测和比较分析，为作物生产的数字化设计与决策提供支撑。通过针对作物生长模型的四大类主要输入模块，设计不同的输入情景，运行模型之后对不同输出情景进行分析，得出决策支持结果（Jones et al.，2017）（图 2-10）。输入情景可以是单一因素不同水平，也可以是多个因素的交互作用。情景模拟技术可以有效弥补传统农学试验研究中干扰因素多、周期长、费用高等不足，目前已经成为作物生长模型应用研究中最关键的技术之一。

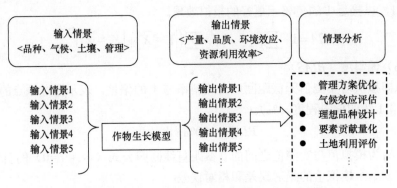

图 2-10　基于作物生长模型的情景模拟技术示意图

2.5.2　作物情景模拟应用

1. 作物管理方案的优化设计

通过将不同的作物管理方案输入作物生长模型，可以模拟不同管理措施下的作物生产力变化情况。管理方案包括播期/移栽期、种植密度、施肥量及时间、灌溉量及时间等。以氮肥和水分管理为例，通过输入不同的施肥时间、灌溉时间和施肥量、灌溉量等情景，可以在作物播前进行不同基肥方案和灌溉方案的比较，也可以在生育中期进行不同追肥时间、追肥量、灌溉时间、灌溉量的方案比较（Malik et al.，2019）（表 2-4），从而选出特定环境下最适宜的肥水管理方案。

表 2-4　不同灌溉水平和叶型对棉花产量效应的模拟

叶型	不同灌溉水平的皮棉产量（kg/hm²）			
	AAA	ABB	ADD	平均
超鸡脚爪型	1769	1429	958	1385
鸡脚爪型	1583	1885	991	1486
正常型	1468	1719	1210	1465

注：AAA 表示整个生长季土壤水分含量维持在田间持水量的灌溉水平；ABB 表示从播种到始花期土壤水分含量维持在田间持水量水平，始花期后当根层土壤水势低于 0.06MPa 时才进行灌溉；ADD 表示从播种到始花期土壤水分含量维持在田间持水量水平，始花期后当根层土壤水势低于 0.23MPa 时才进行灌溉

2. 作物生产力的气候效应评估

气候是影响作物生长发育的主要环境因子，对作物产量和品质形成极为关键。当今世界正面临着以气候变化为突出特征的全球环境变化挑战，科学准确地评价气候变化给作物生产带来的可能影响正受到世界各国政府、科学家和公众的广泛关注。传统的气候控制试验通常耗费大量的时间和资源，且局限于少数站点尺度的研究，而利用作物生长模型的预测能力，结合对气候变化情景的预估，可以有效开展区域乃至全球尺度的气候变化效应评估（Rötter et al.，2018）。通常做法是利用气候模型（GCM）预估出研究区域的气候情景，然后将预估的气候情景经预处理后输入作物生长模型中，从而得出不同气候变化情景下作物生产力的变化情况。基于作物生长模型既可以开展多个气候因子变化的综合效应评估（Asseng et al.，2019；Liu et al.，2019a），也可以通过控制变量方式来量化评估单个气候因子变化（如温度、降雨、辐射、CO_2 等）带来的效应（Asseng et al.，2015）。

3. 作物理想品种设计

作物生长模型可以模拟基因型、环境和管理技术（G×E×M）对作物生长发育和产量形成的影响。其中，遗传参数作为一类重要的模型输入变量，可以量化不同基因型的主要遗传特征。因此，通过预测和评价不同遗传参数组合在不同环境条件下的作物生育期、株型、光合作用及产量品质等方面的可能表现，可以生成适合不同区域的遗传参数组合及理想品种，为不同区域作物生产中优良品种的设计与选育提供有效的数字化支撑。传统的作物改良大多通过实际测定不同基因型在不同环境中的表型性状来选择合适的基因型，而利用作物生长模型设计不同的基因型组合，进而预测其表型性状，则可以减少大量的田间表型鉴定工作（Chenu et al.，2017）。在品种遗传参数组合的情景设计中，需要考虑不同遗传参数的生理意义与可能范围及参数之间的互作。

4. 作物生产要素的贡献量化

作物生长发育及产量品质形成是由不同因子调控的动态过程，这些因子包括品种要素、环境要素（气候、土壤）、管理要素（播期、密度、水分和养分管理）等。量化不同要素对作物生产力的贡献率，明确不同要素对作物生产影响的差异性及作用规律，对探求关键的调控措施、协调不同要素的效应、挖掘作物生产潜能等具有重要的现实意义（Liu et al.，2013）。作为综合性模拟预测系统，利用作物生长模型在量化单一要素对作物生产力效应的同时，也可以量化不同要素之间的互作效应。通过设计不同要素的输入情景组合，可以解析和比较各个要素的相对贡献。

表 2-5 以中国水稻主产区近 30 年气候变化、品种更新及措施优化对水稻产量变化的贡献率研究为例，设置了 4 种不同年代气候条件、品种特性和管理措施组合情景。将 20 世纪 80 年代（1980s）和 21 世纪初（2000s）的气象数据、品种参数和管理数据输入 3 套水稻生长模拟模型（CERES-Rice、ORYZA v3 和 RiceGrow）中，分别模拟中国水稻主产区不同年代气候、品种和管理组合下的水稻产量，并通过分析不同情景组合下的水稻产量差，定量估算出主产区 3 类要素对水稻产量的贡献（刘一江，2019）。

表 2-5 不同气候条件、品种特性和管理方案组合的模拟情景设定

模拟情景	气候	品种	管理
模拟 1（S1）	1980s	1980s	1980s
模拟 2（S2）	2000s	1980s	1980s
模拟 3（S3）	2000s	2000s	1980s
模拟 4（S4）	2000s	2000s	2000s

5. 土地利用评价与政策制定

在宏观的土地利用决策评价方面，利用作物生长模型预测作物单产和周年产能及环境效应，进一步结合区域土地利用情景，即可估算出区域耕地生产力；同时结合资源投入、环境代价及粮食供需情况，可以评价作物种植区域的适宜性，为农业土地利用规划与政策制定等提供定量化支持（Hampf et al.，2018）。而在微观层面上，可以基于作物生长模型设计不同的作物种植情景，包括不同作物种类和不同种植模式（如轮作、间套作等），分析不同情景下作物生产力及经济与生态产出，为提升农民土地种植收益及生态保护提供决策支撑（Nasrallah et al.，2020）。

第 3 章　作物阶段发育与器官建成模拟

作物发育过程中会发生量和质的变化，在数量上的变化，如生物量和叶面积，可通过直接测量进行模拟，而在质量上的变化，如植株的生理年龄和物候期，则需要先量化作物的温光反应，模拟较为困难。然而，植株的发育时期或生理年龄直接影响作物的器官发生及生物量分配等生理过程，因此对作物阶段发育与物候学进行量化预测是作物模拟中一项非常重要的工作（曹卫星和罗卫红，2003）。作物的发育总体上包括阶段发育与器官发育，阶段发育是指受温光反应驱动的植株茎顶端发育的质量性变化，是一种生殖发育过程，导致茎顶端发育阶段的变化，表现为穗发育期。器官发育是指在植株发育过程中不同器官的发生和形态建成过程，可导致植株外部形态学上的变化，构成物候期。可以说阶段发育是植株内在的本质性生理变化，通常以器官发育为形态标志，形态发育是阶段发育的外部表现。作物个体发育的核心是茎顶端的发育，其不仅决定着作物阶段发育的进程，而且关系到各种营养器官和生殖器官形成的数量和质量及其时空分布。作物生殖模拟必须以茎顶端发育为主线、以温光反应为基础，将阶段发育与形态发育的生理生态过程进行系统分析，进而构建茎顶端发育与器官形成的机理调控模型。

3.1　作物温光反应与生理发育时间

不同作物的生育期不同，而同一作物在不同季节、纬度和海拔地区种植的生育期长短也有所不同，其主要原因是作物品种的温光反应特性不同（曹卫星，2011）。所谓作物的温光反应特性，是指作物必须经历一定的温度和光周期诱导后，才能从营养生长转为生殖生长，进行花芽分化或幼穗分化，进而开花结实。对于冷季作物而言，春化作用和光周期反应是制约阶段发育的主要生理生态过程，即所谓的春化阶段和光周期阶段。研究发现，春化作用和光周期反应是同时存在的两个生理过程。发育首先依赖于春化作用和光周期反应的相互作用，春化作用结束后则依赖于光周期反应。从遗传角度来看，凡是温光要求严格、温光互作效应较为明显的品种，其最短苗穗期和最长苗穗期差异较大，故器官数目的可变性较大。通过一定的阶段发育过程，凡是能够抽穗的作物都具备正常成熟的内在素质。因此，抽穗期可视为作物温光反应的终止期。

禾谷类作物生长锥的发育与植株外部形态特别是叶片发育具有一定的对应关系。这是因为植株器官的发生和形态特征的变化是内部生理过程的外在反应，在发生的时间和空间上有着密切的联系。例如，小麦叶片分化速率与数量受幼穗发育进程调节，特别是春化和光周期环境对叶龄影响很大。叶龄与穗发育进程的对应关系并非一种生理上的因果关系，真正调控叶片发育的基础是茎顶端阶段发育的速率，其生理机制主要是春化作用和光周期反应的进程。其他过程诸如器官的发生与衰老都与茎顶端的发育相协调，以保证其生长发育的有效性。由此可见，作物的茎顶端发育速率是以作物基因型为内因，温、光环境为主要外因，在此基础上依次出现各种器官，完成作物个体发育的一生。

3.1.1　发育阶段的定义与划分

植株的发育阶段可根据茎顶端的阶段发育时期来划分，称为发育期，也可根据植株的外部形态变化来划分，称为物候期。一般可将发育期分为营养发育期和生殖发育期，以茎顶端的显著伸长开始生殖器官（如穗）的发育。物候期可以分为出苗期、分蘖（分枝）期、开花期、成熟期等。然而，不同的作物类型具有不同的阶段发育特点和形态建成过程，因此发育阶段的划分也不尽相同。例如，对于小麦等冷季作物来说，根据穗发育阶段可以分为生长锥伸长期、小穗分化期、小花分化期、雌雄蕊分化期、四分体期、开花期等；根据形态发育特征可分为出苗期、分蘖期、拔节期、抽穗期、灌浆期、成熟期等。应当指出，禾谷类作物植株的发育期和物候期密切相关，特别是花器官分化开始以后，可根据物候期大致推测茎顶端内部穗的发育期。

3.1.2　阶段发育的生理因子与概念模式

对于大多数作物来说，从播种到成熟的生育时期大体可划分为 3 个阶段，即播种到出苗、出苗到抽穗（开花）、抽穗（开花）到成熟。其中，出苗以前和开花以后主要受积温效应的影响，表现为受温度驱动的生长过程，而出苗以后到开花则受到多种发育因子的影响，表现为受发育进程驱动的阶段发育过程。阶段发育的生理过程一般包括对温度的反应和对光周期的反应。对温度的反应表现为两种形式，一种是所有作物普遍具有的热响应，即发育速率随着热效应增强而加强；另一种是冷季作物所特有的春化作用，具有一定时期的低温要求。大多数作物在一定时期的温度作用期以后，发育速率开始对光周期或日长表现敏感，即光周期现象。其中，短日作物需要感应较短的日长才能完成正常的发育，长日作物则需要感应较长的日长才能完成正常的发育，而日长中性的作物对日长的变化则相对不敏感。

除了温光反应特性以外，许多作物还表现出一种内在的基本发育因子，即在最适宜的温光条件下，不同基因型到达开花期的时间长度不同，进而导致成熟期不同。这是阶段发育模拟中必须考虑的另外一个生理因子。例如，将不同小麦品种的种子春化后，同时生长在长日照和适温下，使其阶段发育不受温光反应的限制，但开花期仍表现出明显的差异，一般变异范围为 30～40d。另外，水稻在温光反应敏感期之前的基本营养生长期也表现出一种基因型特定的基本发育因子。因此，模拟作物的阶段发育必须量化热效应、光周期反应、基本发育因子等生理过程及其相互作用对发育速率的影响。对于越冬的冷季作物来说，还必须同时模拟春化作用的过程及强度。例如，决定小麦发育速率的因子包括春化作用、光周期反应、热效应及基本早熟性等，这些因子在不同时期具有不同的作用强度。在发育过程中，每天的春化进程与光周期效应的互作共同决定了每天的发育速率或热效应的作用程度，即热敏感性。春化作用完成以前，光周期效应对发育的影响受到每天春化进程的调节；春化作用完成以后，光周期效应成为影响发育的主导因子，此后接近抽穗期光周期，反应逐渐减弱，对发育速率的影响也逐渐减弱。

生理发育时间，又称为生理发育日、发育生理日或成熟日，是一种最适宜发育环境下的时间尺度，或者是一种去除发育因子影响的时间尺度，也是一种定量模拟作物发育速率的发育尺度（严美春等，2000a，2000b；刘铁梅等，2000；孟亚利等，2003b；Tang et al.，2011）。计算作物生理发育时间除了考虑受环境调节的发育生理过程以外，还需要采用遗传参数来量化不同基因型在这些过程中的发育差异。遗传参数既要能够反映不同品种特有的基因型差异，又要符合发育生理学的规律，同时还要易于通过试验研究获得或估计。例如，影响小麦发育进程的品种遗传参数为温度敏感性（ts）、生理春化时间（PVT）、光周期敏感性（PS）和基本早熟性（IE），它们分别体现了不同品种小麦在热效应、春化作用、光周期反应及到达开花所需的最短生理时间这 4 方面的遗传特征值，共同决定了不同品种小麦到达各发育阶段所需的生理发育时间。

3.1.3　作物温光反应的模拟

作物生育期模拟主要是对作物温光反应的模拟，量化作物对每日温度和光周期的响应，其中包括平均温度、生长度日、日长等，以及作物的热效应、春化效应和光周期效应等生理效应的模拟。

1. 平均温度

日平均温度（T_{mean}）的计算方法主要有 3 种：第一种是通过日最低温度（T_{min}）和日最高温度（T_{max}）的简单平均或加权平均；第二种是先估计一天中不同时段的温度值，然后再计算平均数；第三种是综合考虑白天温度、夜间温度和日长的共同影响而获得。

（1）平均法

日均温的简单平均方法为

$$T_{mean} = (T_{min} + T_{max})/2 \tag{3.1}$$

日均温的加权平均方法为

$$T_{mean} = aT_{min} + bT_{max} \tag{3.2}$$

式中，a 和 b 为加权系数，二者之和为 1，具体数值可根据昼夜温度变化模式或日长模式而确定。例如，假设夜间温度对日均温的影响大于白天温度的影响，那么 a 可定为 0.6，b 可定为 0.4。

（2）时段法

大多数模型都用平均法计算日均温来表示每天的气温，这种方法简便易算，适用于昼夜温差较小的地区。然而，由于这种计算方法没有考虑昼夜温差的作用，不能真实客观地描述作物对每日温度的实际反应，所以对于昼夜温差较大的地区，所估计的温度效应误差较大。近年来，有些模型将一天 24h 分成 8 个时段或 24 个时段，利用温度变化因子（T_{fac}）及日最高温（T_{max}）和最低温（T_{min}）计算每个时段的温度，得到 8 个或 24 个代表昼夜温度变化模式的温度值，这种方法比日平均温度能更准确地反映作物生长发育与温度的关系。

例如，利用每天 8 个时段计算生长度日的公式为

$$T_{fac}(I) = 0.931 + 0.114 \times I - 0.0703 \times I^2 + 0.0053 \times I^3, \ I=1, 2, 3, \cdots, 8 \tag{3.3}$$

$$TI = T_{min} + T_{fac}(I)(T_{max} - T_{min}) \tag{3.4}$$

式中，$T_{fac}(I)$ 为第 I 时段的温度变化因子；TI 为计算的一日内第 I 时段的温度。

（3）温度/日长法

该方法中，日平均温度由白天温度、夜间温度和日长共同计算。白天温度（T_{day}）由日出和日落之间的温度曲线计算而得，假设日最高温度出现在 14:00，最低温度出现在日出的时刻，则：

$$T_{day} = T_{mid} + (SUNSET - 14) \times AMPL \times \sin(AUX)/(DL \times AUX) \tag{3.5}$$

$$T_{night} = T_{mid} - AMPL \times \sin(AUX)/(PI - AUX) \tag{3.6}$$

$$T_{mid} = (T_{max} + T_{min})/2 \tag{3.7}$$

$$AMPL = (T_{max} - T_{min})/2 \tag{3.8}$$

$$SUNRISE = 12 - DL/2 \tag{3.9}$$

$$SUNSET = 12 + DL/2 \tag{3.10}$$

$$AUX = \pi \times (SUNSET - 14)/(SUNRISE + 10) \tag{3.11}$$

式中，T_{day} 为白天温度（℃）；T_{night} 为夜间温度（℃）；DL 为日长（白天的长度，h）；$SUNRISE$ 为日出的时刻（h）；$SUNSET$ 为日落的时刻（h）；$AMPL$、T_{mid} 和

AUX 分别为计算时采用的中间变量。

日平均温度（T_{mean}）则是相应的一天中的白天温度（T_{day}）、夜间温度（T_{night}）和日长（*DL*）的函数。

$$T_{mean} = \left[T_{day} \times DL + T_{night} \times (24 - DL) \right] / 24 \tag{3.12}$$

2. 生长度日

一般来说，作物的发育进程随温度的升高而加快，但超过一定的温度范围，发育速率会有所下降（图 3-1）。在作物生长季的大多数时间内，温度一般都低于发育的最高温度。因此，在高于基点温度、低于最适温度的范围内，发育速率与累计的热时间或生长度日呈正相关关系。这种累计生长度日是预测作物生育阶段的主要尺度之一。

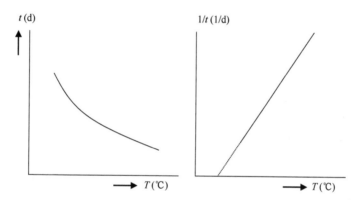

图 3-1　温度对作物发育持续期（*t*）及其倒数（发育速率，1/*t*）的影响

每天的生长度日（*GDD*，℃·d），通常称为有效积温，定义为高于基点温度的每日平均温度。累计生长度日是一定时期内每日平均温度与发育基点温度差值的累计值，其单位是℃·d。生长度日的计算方法：

$$GDD = \text{SUM}(T_{mean} - T_b) \tag{3.13}$$

式中，T_b 为发育基点温度（℃），每天生长度日的累计形成累计生长度日。

如果计算的温度是 8 个或 24 个时段的温度值，则需分别计算每个时段的生长度日后再获得每天的平均生长度日。

$$GDD = \frac{1}{8} \times \sum_{i=1}^{8} (T_i - T_b) \tag{3.14}$$

应当指出，如果作物的发育进程主要受温度的影响，那么可以利用累计生长度日来粗略地估计作物特定的发育阶段。然而，生长度日对发育阶段的预测有时会存在明显的误差，因为作物对温度的反应并不是线性的，这样在较高或较低温度范围内预测发育速率就不够精确。其次，如果采用统一的基点温度计算整个生育期中的生长度日，则生育后期的累计生长度日偏高，从而会影响发育速率与生长度日之间的线性关系。例如，小麦生育的最低、最适及最高温度随着生育阶段的变化而变化，从播种到成熟期发育的最低、最适及最高温度均呈增加的趋势。小麦整个生育期中基于同一基点温度的有效积温与阶段发育速率呈曲线关系，但不同基点温度为基础的有效积温与阶段发育速率之间呈直线关系（图3-2）。

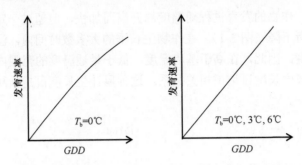

图 3-2　基于不同基点温度的生长度日与小麦发育速率的关系

此外，以每日最低和最高温度的平均数表示的生长度日仅反映了每日平均温度的效应，而没有考虑到昼夜温差的影响，当昼夜温差较大时或者实际温度接近发育温度的下限或上限时，生长度日的准确性也会下降。利用一日不同时段的温度值计算生长度日就可在一定程度上克服这一问题。其生理依据是，尽管作物的生理过程对日均温的反应是曲线形的，但对短时温度的反应近似是线性的。

3. 热效应

热效应是依据作物生育过程对温度的反应曲线所决定的相对于最适水平的效应因子，是一种相对的热生理日。它克服了上述生长度日方法中的线性作用模式，是用温度反应曲线客观地描述温度的效应。因为任何作物及任何一个生育阶段对温度的反应都很敏感，所以温度的热效应是除了春化作用和光周期反应等发育因子以外对作物发育进程具有重要影响的驱动变量。

每日热效应（DTE）的计算依据作物生长的基点温度（T_b）、最适温度（T_o）、最高温度（T_m）及实际温度（T）。实际温度值可以是日平均温度 T_{mean} 或一日不同时段的温度值 T_i。如果是不同时段的温度值，则热效应的平均值即为每天的基本热效应。

描述不同温度与热效应的关系有两种方法。大多数模型采用两段线性公式来表示，即从基点温度开始，热效应随着温度的升高而增加，至最适温度达到1，然后随着温度的升高而下降，如图3-3所示。

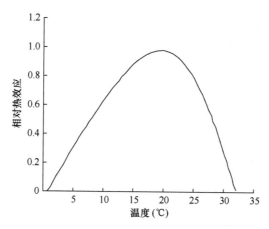

图 3-3 小麦的相对热效应与温度的两段线性关系及曲线关系

事实上，作物发育对热量的反应在最适温度以下或以上都不是线性的，在现有生育期模型中，有两段曲线函数（刘铁梅等，2000）、Logistic 函数（Horie and Nakagawa，1990）、非正态型概率密度函数的 Beta 模型（Yin and Kropff，1997）等。例如，热效应与温度的两段线性关系曲线模式可用正弦指数公式描述（图 3-3），如下公式所示：

$$TE_i = \begin{cases} \left[\sin\left(\dfrac{T_i - T_b}{T_o - T_b} \times \dfrac{\pi}{2} \right) \right]^{ts}, & T_b \leqslant T_i \leqslant T_o \\[4mm] \left[\sin\left(\dfrac{T_m - T_i}{T_m - T_o} \times \dfrac{\pi}{2} \right)^{\frac{T_m - T_o}{T_o - T_b}} \right]^{ts}, & T_o \leqslant T_i \leqslant T_m \end{cases} \qquad (3.15)$$

$$DTE = \frac{1}{8} \times \sum_{i=1}^{8} TE_i \qquad (3.16)$$

式中，TE_i 为一天中第 i 时段的热效应；ts 为基因型特定的温度敏感性；基点温度（T_b）、最适温度（T_o）及最高温度（T_m）可随作物类型及生育期而变。例如，小麦的基点温度、最适及最高温度在二棱期以前分别为 0℃、20℃和 32℃，二棱期到抽穗期分别为 3.3℃、22℃和 32℃，抽穗期到成熟期分别为 8℃、25℃和 35℃（Shaykewich，1995）。

用正弦指数函数将温度与热效应的关系曲线化，是对现有模型中把温度与热效应的关系简化成两段线性函数的改善。可以看出，将温度与热效应的关系用两段不同的函数来量化，整个曲线呈不对称状，表明作物在最适温度以下和最适温度以上的反应不同。不同品种的温度敏感性即曲线的曲率不同，曲率越大，曲线越陡，表明作物对温度的反应越敏感，反之，则越钝感。因此，以曲线曲率所表示的温度敏感性能很好地描述不同作物类型及品种对温度敏感程度的基因型差异。需要指出的是，这里的温度效应只考虑了正常温度条件下的作物响应，在极端温度条件下，温度与热效应的关系会发生变化，具体见第6章。

4. 春化效应

春化作用是冷季作物完成发育所必需的一种低温反应。一天中春化作用的强弱以春化效应（VE）来表示。春化效应的大小取决于品种的内在春化要求及环境中适宜春化的温度范围与持续期。描述春化效应与温度的关系有两种方法。大多数模型采用简化的三段线性公式表示，即从基点温度开始，春化效应随着温度的升高而增加，至最适温度范围内为1，然后随着温度的升高而下降。

因为春化作用对温度的反应是非线性的，所以春化效应与温度关系的曲线化能更准确地量化春化作用的温度效应（图3-4）。例如，小麦的春化效应可用正弦指数函数、线性函数及正弦指数函数三段函数来量化描述（式3.17）。

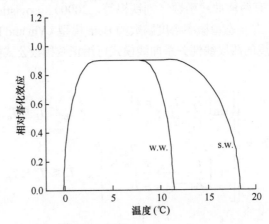

图3-4　小麦的相对春化效应与温度的曲线关系

$$VE(I)=\begin{cases}\left[\sin\left(\dfrac{T-T_{bv}}{T_{ol}-T_{bv}}\times\dfrac{\pi}{2}\right)\right]^{0.5}, & T_{bv}\leqslant T\leqslant T_{o}\\[3mm] 1, & T_{ol}\leqslant T\leqslant T_{ou}\\[3mm] \left[\sin\left(\dfrac{T-T_{bv}}{T_{ol}-T_{bv}}\times\dfrac{\pi}{2}\right)\right]^{vef}, & T_{ou}\leqslant T\leqslant T_{mv}\\[3mm] 0, & T_{mv}\leqslant T\text{或}T\leqslant T_{bv}\end{cases}\qquad(3.17)$$

式中，T 为每天实际温度；T_{bv} 为春化最低温度，T_{ol} 为春化最适温度范围的下限值，如小麦 T_{bv} 和 T_{ol} 分别为-1℃和1℃；而 T_{ou} 为春化最适温度范围的上限值；T_{mv} 为春化最高温度；vef 为春化效应因子，它们的值均随不同品种生理春化时间（PVT）

的变化而连续变动，对于小麦，这种关系可用下列公式表示：

$$T_{ou} = 10 - PVT / 20 \tag{3.18}$$

$$T_{mv} = 18 - PVT / 8 \tag{3.19}$$

$$vef = \frac{1}{2 - 0.0167 \times PVT} \tag{3.20}$$

此外，如用一日不同时段的温度值，如 8 个时段的温度值来计算春化效应，则每日的春化效应为这 8 个相对春化效应的平均值。

生理春化时间是发育模型中另一个品种特定的遗传参数，在小麦中的变化范围为 0～60d。即对于极强春性品种而言，其生理春化时间为 0，而极强冬性品种则为 60d。因此，强春性小麦品种春化的最适上限温度及最高温度分别为 10℃和 18℃，强冬性小麦品种为 7℃和 10.5℃，而春化效应因子 vef 的变化范围则为 0.5～1。

春化效应因子的含义是不同基因型作物及品种对春化作用的反应不同，其取值随品种特定的生理春化时间的不同而变化，间接体现了品种间的遗传差异。对于冬性品种，其生理春化时间相对较长，vef 值较大，春化效应的曲线表现较陡，因而对温度的反应相对较敏感，它的最适春化温度范围就相对较窄，最高春化温度也较低。对于春性品种，情况就恰恰相反。图 3-4 中标有 w.w.的曲线是生理春化时间为 60d 的极强冬性品种的相对春化效应曲线，而标有 s.w.的曲线是生理春化时间为 0 的极强春性品种的相对春化效应曲线（无春化作用）。这两条曲线代表两个极端，其他所有品种的春化最适温度的上限值及最高春化温度随品种的生理春化时间而变，从而使得不同品种的春化效应曲线、春化最适温度范围及春化最高温度连续变动。这种方法明显优于以前研究中按不同发育特性固定春化温度范围或将春化温度范围线性化的模式。

春化天数（VD）为每日生理春化效应的累计值。对于小麦来说，当春化天数累计不超过特定品种春化生理时间的 1/3 左右时，若温度高于 27℃，就会发生脱春化作用，且脱春化效应（DVE）随温度的升高而加强。有资料表明气温每升高 1℃，小麦作物减少 0.5 个春化日。当春化天数累计达到某一特定品种生理春化时间的 1/3 后，则不会再发生脱春化作用。

$$DVE = (T - 27) \times 0.5, \ T > 27℃ \tag{3.21}$$

因此，实际春化天数受到每天的春化效应和脱春化效应的共同影响，而春化进程（VP）则用累计的春化天数占生理春化时间的分数来表示（图 3-5）。

$$VD1 = SUM(VE - DVE), \ PVT < VD < 0.3PVT \tag{3.22}$$

$$VD2 = SUM(VE), \qquad 0.3PVT \leqslant VD \leqslant PVT \tag{3.23}$$

$$VP = (VD1 + VD2) / PVT, \ (PVT = 0 \text{ 时}, VP = 1) \tag{3.24}$$

式中，PVT 为生理春化时间。

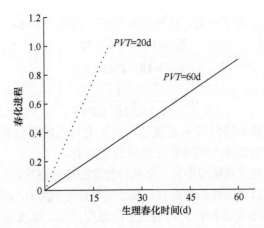

图 3-5 春化进程与生理春化时间（*PVT*）及品种生理春化要求的关系

5. 光周期效应

光周期效应取决于光周期的长短及基因型的光周期敏感性。冷季作物如小麦一般表现为长日照对发育速率的促进作用，而暖季作物如水稻则表现为短日照的促进作用（图 3-6）。因此，对于不同的作物类型需采用不同的算法来量化光周期的效应。

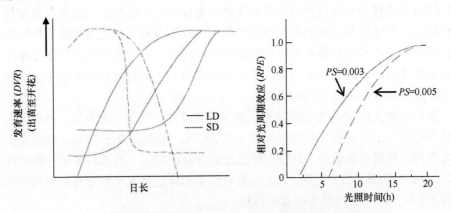

图 3-6 光周期对不同日长类型作物发育的效应
LD. 长日照作物；SD. 短日照作物

对于小麦等冷季作物而言，20h 光周期是发育的临界日长（*P*），低于 20h，发育开始受到抑制；对于水稻等暖季作物来说，光周期高于临界日长 9.0～11.5h，发育也开始受到抑制，光周期抑制发育的程度随品种的光周期敏感性（*PS*）变化而变化。*PS* 是作物发育模型中的一个品种特定的遗传参数。光周期随季节（*DAY*）和纬度（*LAT*）变化而规律性地改变，光周期的变化模式及光周期效应（*PE*）可由下述算法获得：

$$PE = 1 - PS(P - DL)^2 \qquad (3.25)$$

3.2　生理发育时间与阶段预测

生理发育时间的模拟需要考虑热效应、光周期、春化作用等生理过程的互作效应，计算每日热敏感性和每日生理效应，进而计算生理发育时间，从而可进行作物生育阶段的预测。

3.2.1　每日热敏感性

热敏感性代表了作物对热效应的生理敏感程度，实际上是一种没有考虑热效应因子的生理发育速率。对于暖季作物来说，热敏感性主要取决于光周期效应。对于冷季作物而言，热敏感性取决于每天春化进程（VP）与光周期效应（PE）的互作。冷季作物在出苗后，随着生育进程的推移，春化量逐渐积累，春化进程逐渐增大直至为 1，春化作用完成。此前，光周期效应对每天热敏感性的影响受到每天春化进程的调节；此后，光周期效应成为影响每天热敏感性的主导因子。然后，接近孕穗期时，光周期反应逐渐减弱，即对光周期的敏感性逐渐下降，光周期对每天热敏感性的影响也越来越小，而每日热敏感性的实际值则逐步增加，到抽穗期增加到最大值 1。至此，作物的阶段发育完成，之后作物的生长主要受热时间的调控（图 3-7）。

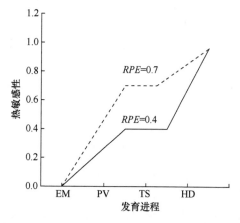

图 3-7　假设相对光周期效应恒定的条件下每天热敏感性的阶段性变化
RPE. 相对光周期效应；TS. 孕穗；PV. 春化；EM. 出苗；HD. 抽穗

对于小麦来说，每日热敏感性（DTS）可采用下述算法获得：

$$DTS = \begin{cases} PE \times VP, & VD < PVT \\ PE, & VD \geqslant PVT \text{和} PDT \leqslant PDTTS \\ PE + (1 - PE) \times \dfrac{PDT - PDTTS}{PDTHD - PDTTS}, & PDTTS < PDT < PDTHD \end{cases} \quad (3.26)$$

式中，PDT 为累计的生理发育时间，$PDTTS$ 和 $PDTHD$ 分别为顶小穗形成期和抽穗期对 PDT 的要求。

3.2.2 生理发育时间

对于冷季作物而言，生理发育时间就等于春化后的种子生长在长日照和适温环境下的累计时间。每天的热效应（DTE）和热敏感性（DTS）的互作决定了每日生理效应（DPE），其累计形成了生理发育时间（PDT）。

$$DPE = DTE \times DTS \quad (3.27)$$
$$PDT = \mathrm{SUM}(DPE) \quad (3.28)$$

3.2.3 顶端发育阶段的预测

理论上，生理发育时间是体现品种基本发育因子的内在属性。如果将作物发育最适的温光条件下的一天定义为一个生理日，到达抽穗期或开花期所需的生理发育时间对于某个基因型是固定不变的，即在任何温光条件下，特定品种完成某一发育阶段的生理日数基本上是恒定的。因此，可以用生理发育时间恒定的原理来预测特定基因型在不同环境条件下的发育阶段，即当生理发育时间累计到特定基因型开花期所要求的定值时，植株就到达开花期。

然而，由于基本发育因子的作用，即使最佳的温光发育条件下，不同基因型到达开花期的最短热时间也是不同的，即开花期的生理发育时间具有基因型差异，是一个品种特定的遗传参数。因此，需要用不同的生理发育时间尺度来预测不同基因型的发育阶段。

为了统一不同基因型的生理时间尺度，可利用基本发育因子来调节生理发育时间积累的速率，从而使得开花期的生理发育时间在不同基因型之间恒定不变。

$$PDT = PDT \times BDF \quad (3.29)$$

式中，BDF 表示基本发育因子，是品种特定的遗传参数，抽穗前和抽穗后取值不同，因为这两段生育期的长短随基因型变化而变，且基因型的差异在两段生育期上也不一致。对于小麦，其取值范围为 0.6～1。对于最早熟的基因型，基本早熟性为 1，而对于极晚熟的基因型，基本早熟性为 0.6，其他所有品种的基本早熟性均介于两者之间。

如果生理发育时间包括了不同基因型的基本发育因子，则可用生理发育时间恒定的原理来预测某个作物的不同基因型在不同环境下的顶端发育阶段。例如，小麦不同阶段所需的生理发育时间大概为，二棱期 10，小花原基分化期 15，四分体期 21，抽穗期 27，开花期 31，灌浆始期 39，成熟期 56。水稻不同阶段所需的生理发育时间大概为，分蘖期 9，穗分化期 13，孕穗期 28，抽穗期 32，开花期 34，成熟期 57。

3.2.4 物候期的预测

物候期的预测可通过生长度日法及特定物候期与相应茎顶端发育阶段的同步性来实现。一般来说，受温光反应影响较小的生育前期和生育后期的物候期主要用生长度日来预测，而生殖发育阶段的物候期主要依据物候期与顶端发育阶段的同步性来预测。

水稻播种后，当日平均温度在 15～42℃，土壤含水量适宜，从播种到出苗所需热时间（EM）由 GDD 和播种深度（SDEPTH，cm）决定；小麦播种后，当 GDD 超过 40℃·d，且土壤含水量达到田间持水量的 70%～75%时，到达萌发期，否则种子不萌发。小麦从萌发到达出苗期的快慢主要由 GDD 和播种深度决定，到达出苗所需的热时间随播种深度的加深而增加。对于小麦而言，胚芽鞘在土壤中每伸长 1cm 所需的生长度日为 10.2℃·d，则到达出苗所需的热时间（EM）与播种深度（SDEPTH，cm）的关系可由公式（3.30）表示：

$$EM = 40 + 10.2 \times SDEPTH \tag{3.30}$$

对于常规栽培播种深度为 3～4cm 的小麦，播种后 GDD 累计到 102℃·d 即可到达出苗期。出苗后经 330℃·d 到达分蘖期。越冬期和返青期的预测则完全由每天实际气温来决定。分蘖后，当日平均气温连续 3d 低于 3℃时，小麦进入越冬期，开春后当气温连续 3d 高于 3℃时即到达返青期。

当生殖发育开始后，物候期的预测应以茎顶端发育阶段为主线，根据物候发育与顶端发育之间较好的同步关系来预测物候发育期。例如，小麦中的物候拔节期与雌雄蕊原基分化期同步，孕穗期与四分体期同步。

抽穗至成熟期的预测，除了上述生理发育时间方法以外，也可直接用累计生长度日来预测。例如，小麦在抽穗后经 106℃·d 到达开花期，开花后经 300℃·d 即到达灌浆期。开始灌浆到生理成熟期（灌浆持续期）的长短因品种不同而有所差异，是一个品种特定的遗传参数，可用灌浆期所需的生长度日来表示。一般而言，从开始灌浆到成熟期的生长度日为 480℃·d 左右，变化范围为 440～520℃·d。

3.3 作物个体器官建成模拟

作物器官发育主要是指植株上不同器官的发生和形成过程，决定了植物的形态特征。器官发生的时间与阶段发育过程密切相连，发生的数量和大小与同化物的分配和利用相关。对于多数农作物如禾谷类作物来说，植株上的器官主要包括根、叶、茎、穗、花、籽粒等。其中，根、叶、茎的发生和发育决定了植株的营养生长，而穗、花、籽粒的分化和发育决定了植株的生殖生长。与阶段发育一样，器官发育也表现为明显的基因型差异，因此在描述器官建成的模型中，必须引入品种特定的遗传参数。这些遗传参数主要与植株的器官发育和形态建成相关。例如，品种特定的叶热间距、株高、小穗、籽粒数、籽粒重等分别反映不同品种在叶片、节间、结实特性、籽粒生长等方面的差异性。这些遗传参数要求生物学意义明确、解释性好，且容易获得和估计。任何一个器官完整的发育周期都经历分化、出现、扩展、衰老4个相互关联的过程。其中，分化和出现主要受发育因子的影响，如温度和光周期，而扩展和衰老受生长因子的影响相对较大，如植株的水分和养分状况等。

3.3.1 顶端原基的分化

定量分析和模拟作物茎顶端原基的形成与发育有助于理解和预测叶片和花粒器官的发生，顶端原基的模拟包括叶、小花、小穗等原基分化的模拟（严美春等，2001a；柳新伟等，2005）。

1. 叶原基分化

叶原基在种子形成时就开始了分化，在禾谷类作物中，叶原基的分化一直延续到茎顶端发育的单棱期。叶原基分化速率可采用叶原基间距（$PLCH$），即连续两个叶原基分化之间的热时间间隔表示，其有别于叶热间距，叶热间距是衡量叶片出现速率快慢的尺度（严美春等，2001a）。在小麦中，叶原基分化速率比叶片出现速率快2～3倍，在种子萌发以前已分化了3个叶原基，且几乎一半的叶原基在出苗前已分化。每天分化的叶原基数（$DLPN$）可通过叶原基间距和生长度日来预测（图3-8）。

$$PLCH = \frac{PHYLL}{2.5} \tag{3.31}$$

$$DLPN = \frac{1}{PLCH} \times GDD \times RAI \tag{3.32}$$

式中，*PHYLL* 为出叶速率；*RAI* 为资源有效指数或资源丰缺因子，是反映土壤氮素和水分丰缺程度的因子，取值范围为 0～1。

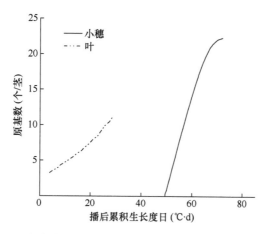

图 3-8　小麦叶原基分化、小穗原基分化与生长度日的关系

2. 小穗原基分化

在禾谷类作物中，叶原基分化结束后即开始小穗原基的分化。因此，小穗原基分化的持续期为二棱期到顶小穗形成期。对于小麦，小穗原基的分化速率是叶原基分化速率的 3～4 倍（图 3-8）。假定同一品种所有茎秆的小穗原基分化速率相同，且分化速率恒定，而且每天每穗分化的小穗原基数（*DSPN*）受到土壤氮素和水分状况的影响。

$$DSPN = \frac{1}{PLCH} \times 3.5 \times GDD \times RAI \tag{3.33}$$

3. 小花原基分化

穗上分化的小穗数能否结实主要取决于小花发育的程度。在禾谷类作物中，顶小穗形成标志着小穗原基分化的结束，小花原基加速分化，小花原基数显著增加，直至幼穗分化接近四分体期时，小花原基分化数达到最大值，之后小花原基开始退化，所有小花原基的退化集中在开花以前，这时可孕小花数趋于稳定。开花以后，土壤、气候等条件的不适常常导致可孕小花的败育（图 3-9）。

研究表明，分化的小花原基数主要受到阶段发育进程的调控，而受水肥条件的影响较小。每天每穗分化的小花原基数（*DFLN*）可用公式（3.34）来描述：

$$DFLN = \frac{MAXFLNUM}{PT\_TETRAD - PT\_FLORET} \times DPE \times RAI \times DSPN \tag{3.34}$$

式中，*MAXFLNUM* 为每个小穗分化的最大小花原基数，一般为 10，随基因型变化较小；*DSPN* 为每穗分化的小穗原基数，在小穗原基分化子模型中模拟；*PT_TETRAD* 为到达四分体期的生理发育时间，*PT_FLORET* 为到达小花原基分化期的生理发育时间，*DPE* 为每天生理效应，其值均在小麦发育期模型中模拟得到。

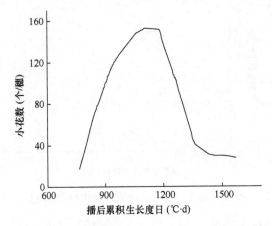

图 3-9　小麦小花原基分化与累计生长度日的关系

3.3.2　叶片的出现

叶片生长的模拟主要包括叶片出现的速率、单叶的生长扩展与单叶面积的动态。

1. 叶片的出现

许多作物的叶片出现速率是一个相对稳定的发育过程，在特定环境下与生长度日呈线性关系（图 3-10）。这种线性关系斜率的倒数即为叶热间距，即每个叶片出现所需的平均生长度日（℃·d）。作物整个生长期较为恒定的叶热间距已成为作物生长模型中预测叶片出现及器官形成的主要参数。

有资料表明，作物的叶热间距因播期、纬度及品种而变化，其变化范围为 70～110℃·d。研究表明，叶热间距的这种变化与温度和光周期的作用相关（Cao and Moss，1989a，1989b，1989c）。特定播期环境下作物整个生长期中叶热间距的相对稳定性是温度和光周期对叶片发育综合作用的结果。叶热间距往往在生殖生长开始后会有所下降，取决于幼穗发育的进程（图 3-10）。

准确地模拟作物叶热间距对预测叶片出现速率、叶片和茎秆的生长、穗花发育等具有重要意义。在现有的生长发育模拟模型中，预测叶片和节间等器官生长速率时，主要采用叶热间距这一指标。

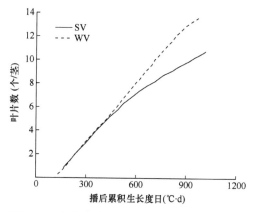

图 3-10　小麦叶片出现与累计生长度日的关系

SV. 春性小麦；WV. 冬性小麦

　　叶热间距的模拟有几种方法。早期的小麦生长模型中将叶热间距设为恒定值，即假定小麦整个生长期中每张叶片均以相同的速率出现，这种方法尽管简便易行，但显然有悖于实际情况。之后，不同学者提出了叶热间距与出苗后的日长变化关系、叶热间距与温度和日长之比的关系、叶片出现速率与温光之间的曲线关系。这些方法对叶热间距的估算都有明显的误差，且适用性不强。

　　小麦上的研究表明，作物整个生长期中叶热间距受阶段发育进程的调控呈阶段性变化，且以护颖原基分化期作为叶片出现速率的转折点（严美春等，2001b）。这是因为护颖原基分化期是小麦整个生长期中由春化作用反应敏感期转向光周期反应敏感期，以及由根叶生长中心向茎穗生长中心转化的重要时期。基于此，叶热间距可由如下算法获得：

$$PHYLL = MAXPHYLL - DEVEDIFFER \times DPE \qquad (3.35)$$

式中，*PHYLL* 为叶热间距；*DPE* 为每日生理效应，其值在小麦生育期模型中模拟得到；*MAXPHYLL* 为品种参数，表示最大叶热间距；*DEVEDIFFER* 为发育差异性，反映小麦生长前期和后期的阶段发育速率差异，由于春性品种阶段发育后期光周期敏感性强，阶段发育速率相对缓慢，因而，春性品种的 *DEVEDIFFER* 值比冬性品种的大。这一关系可由公式（3.36）表达：

$$DEVEDIFFER = 98.9 - 0.23 \times PVT \qquad (3.36)$$

式中，*PVT* 为生理春化时间，是反映不同类型品种冬性强弱的品种参数，在阶段发育模型中模拟得到。

　　图 3-11 表明，每日生理效应越大，生理发育时间积累得越快，阶段发育进程也越快，而叶热间距则越小，小麦出叶速率就越快；反之，每日生理效应小，发育进程慢，叶热间距大，小麦出叶速率则减慢。因此，将叶热间距与每日生理效应之间的关系线性化，可以很好地体现叶热间距与发育进程的关系。

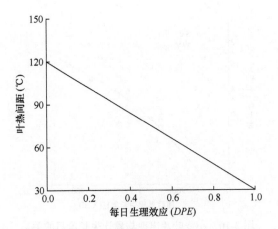

图 3-11　小麦叶热间距与每日生理效应的关系

2. 叶片的扩展与单茎叶面积

　　叶面积由叶片的数量和大小决定，因此准确地模拟叶片的大小是预测叶面积的基础。叶片生长和叶面积的模拟可以单茎为基础，也可以群体为基础。当然，群体叶面积对于生物量的模拟更为重要和可靠。

　　模拟单茎上叶片的生长主要包括每天主茎叶龄（$DMSLA$）、每天叶长（$DLLen$）、每天叶宽（$DLWid$）、每天叶面积（DLA）及主茎绿叶数（$MSGLN$）。

　　预测主茎的叶龄（式 3.37）首先要模拟主茎叶片出现的速率。利用叶热间距子模型中计算的叶热间距（$PHYLL$）来表示叶片出现速率，以热时间为基础即可计算出每天的主茎叶龄。叶片出现速率在一般生产条件下不受土壤水分和氮素胁迫的影响。

$$DMSLA = \frac{1}{PHYLL} \times GDD \tag{3.37}$$

　　叶片的生长意味着叶片在长度和宽度两方面的增加，一般与温度呈线性相关（图 3-12）。在小麦模型中，采用如下方法模拟每天叶长（$DLLen$）和每天叶宽（$DLWid$）。

$$MAXLLen(\text{mm}) = 86 \times e^{0.15x} \tag{3.38}$$

$$MAXLWid(\text{mm}) = 3.44 \times e^{0.15x} \tag{3.39}$$

$$DLLen(\text{mm}) = MAXLLen / PHYLL \times GDD \times RAI \tag{3.40}$$

$$DLWid(\text{mm}) = MAXLWid / PHYLL \times GDD \times RAI \tag{3.41}$$

式中，$MAXLLen$ 为最大叶长；$MAXLWid$ 为最大叶宽；x 为单茎上总叶片数；上述三个值的取值范围依品种而定；RAI 为土壤水分和氮素的综合资源有效因子。

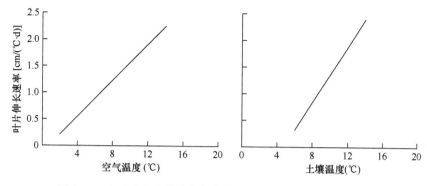

图 3-12 大麦叶片伸长速率与空气温度及土壤温度的线性关系

由每天的叶长和叶宽及校正系数可以计算每天的叶面积（DLA），如公式（3.42）所示：

$$DLA(mm^2) = DLLen \times DLWid \times 0.74 \tag{3.42}$$

对于主茎第 1 片叶子，由于其叶尖较钝，故叶面积的校正系数为 0.83。通常，无环境胁迫条件下的主茎最多维持 6.5 片绿叶数，其他的叶片则相继死亡。而在环境条件并不是最佳状态时，主茎上的绿叶数就会减少。可以用土壤水分和氮素的综合资源有效因子（RAI）来计算主茎上的实际绿叶数（$MSGLN$）：

$$MSGLN = 6.5 \times RAI \tag{3.43}$$

3.3.3 根系与茎秆的生长

根系与茎秆是作物的主要支撑器官与传输器官，模拟根系与茎秆的生长动态可为水分养分的吸收和生产管理决策提供支持。

1. 根系生长

根系的生长动态可由根深和根分布特征来描述。根深是衡量根系生长活力的一个重要指标。有效根深是指作物有效地吸收水分的深度，而不是指少量根能达到的极限深度。此外，纤维根的长度变化相当大，但对根重没有很大的影响。因此，根深的模拟可不考虑根群重量的增长。

从发芽开始，根系不断生长，通常在开花时停止生长。每天的根深（$DRTDEP$）与根向下生长的速率（$RTGR$）、土壤水分（WAI）及每天的热时间（GDD）有关。

$$DRTDEP = RTGR \times GDD \times WAI \tag{3.44}$$

式中，$RTGR$ 为作物根系向下生长的速率，如小麦根的平均生长速率是 0.22cm/(℃·d)。

根深能以每天 3～5cm 的速率增加，但受到土壤物理化学和生物因子的影响而有所降低（表 3-1）。例如，水分胁迫和低的土壤温度均会降低根系生长速率。

可以假定温度对根生长的影响等同于温度对光合作用的影响，水分胁迫对根深增长速率的影响与根系水分吸收速率所受到的影响相同。当 20cm 以下深度土壤中空气含量低于 5%时，根深增长可以设定为 0，这样就可计算厌氧条件对根系向下扩展的影响。

表 3-1　主要农作物在适宜温度和土壤水分条件下根系下扎速率和有效扎根深度

作物	根系下扎速率（m/d）	有效扎根深度（m）
大麦	0.03	1.5
棉花	0.025	1.8
玉米	0.06	1.5
马铃薯	0.014	0.8~1.0
水稻（旱地）	0.02	0.4~0.8
水稻（水田）	0.01	0.3
高粱	0.05	1.4
大豆	0.035	1.7
冬小麦	0.018	1.3
春小麦	0.012	1.8

此外，如果假设根系的生长不受土壤条件的限制，根系可向下生长到某一最大深度。根系生长的最深深度依作物种类而异，其范围为 0.5~1.5m 或更大（表 3-1）。可以在开花前后测定根系在土壤剖面中的最大深度，方法是直接用根系观察管，或是通过在排水不明显时用中子探测仪监测水分含量下降的深度进行间接测定。这一特性在不同的种及品种之间表现为明显的基因型差异。

致密的土壤产生机械阻力，阻碍根系向下扩展，降低根系可达到的最大深度。例如，在 0.3~0.8m 的土壤深处，特别是在犁底层之下可能出现高密度土壤。扎根深度的物理限制可用土壤特性的最大深度来估计。模拟时可结合土壤和作物类型来确定合理的扎根深度。此外，模型还必须考虑到衰老根系的根深会逐步减小。

除了根深以外，根长密度是描述根系分布的重要指标。以小麦为例，根长密度可通过以下公式来量化：

$$RLV = WAI \times WR \times RLNEW / TRLDF - 0.01 \times RLV \tag{3.45}$$

$$RLNEW = GRORT \times PLANTS \times 1.05 \tag{3.46}$$

$$TRLDF = \mathrm{SUM}(WAI \times WR \times DLAYER) \tag{3.47}$$

式中，RLV 为根长密度；WR 为不同土层的根系偏好因子，取值范围在 0~1；$RLNEW$ 为每天增加的根长（cm）；$TRLDF$ 为总根长密度因子；$GRORT$ 为每天分配到根中的生物量（g）；$PLANTS$ 为每平方米的植株数；系数 1.05 表示分配到根中的生物量转换为每平方米土壤的根长参数；$DLAYER$ 是每层土壤的深度（cm）。

2. 茎秆生长

茎的生长是节间伸长生长的结果。茎长不仅与品种特性有关,而且还受到土壤氮素和水分的影响。在小麦作物中,每天节间长度(DINLen,mm)可采用以下方法计算:

$$MAXINLen = 10.89 \times s \times n^{1.73} \tag{3.48}$$

$$DINLen = MAXINLen / PHYLL \times GDD \times RAI \tag{3.49}$$

$$s = 1.57 + 2.22 \times PHT \tag{3.50}$$

式中,n 为地上部伸长节间数;$MAXINLen$ 为特定节间的最大节间长度(mm),随节间不同而变化;s 为品种参数,表明该品种的株高特性,与株高(PHT)呈线性关系。

3.3.4　籽粒发育与衰老

籽粒发育与衰老是作物产量形成过程的重要部分,作物籽粒发育一般包括开花、生长、结实等动态过程,这些过程具有一定的生长规律,通过研究其生长影响因素及规律,可量化这些规律,构建籽粒发育与衰老模拟模型(柳新伟等,2004,2005;严美春等,2001a)。

1. 小花的退化与结实

小花的结实模式一般与分化模式及开花模式是一致的,具有明显的时空序列性。例如,在一个小麦穗上,中部小穗先开始小花分化,同一小穗小花从基部向上顺序分化,基部 1~4 朵花分化强度大,平均 1~2 天形成 1 朵,以后分化强度转缓,2~3 天形成 1 朵。顶小穗形成前后,小花分化数显著增长,直到旗叶全部抽出小花分化方停止。但是,至顶小穗形成,有效小花数可能已基本确定。正常情况下,每个小穗的小花数比较稳定,一般基部和顶部小穗 6~7 朵花,中部小穗 8~10 朵花。每小穗小花数目主要是在小花分化期至四分体形成期决定的。

尽管小麦每穗可分化小花 150 朵以上,但小花的结实率通常只有 20%~30%。从小花分化开始到最后籽粒形成要经过前后联系的 2 个两极分化过程,其中挑旗期为小花的两极分化期,开花授粉期则是子房的两极分化期。小花退化的集中点是在药隔形成期至四分体分化期。当一个穗上发育最早的小花进入四分体分化期后,1~2d 内凡能进入四分体分化期的各小花都集中进入四分体分化期,并进一步形成花粉,成为有效花;凡未能进入四分体分化的小花,停止发育并退化萎蔫。

与小花的分化顺序相一致,小麦的开花顺序可以归纳为由内向外、由中部向两端的椭圆形放射状开放模式。当外界环境温度<15℃时开花极少,温度>15℃时开花量增加，20℃左右开花量达高峰。

外界环境如温度和水肥条件是影响作物花器官退化及败育的关键因子。每穗总小穗数和总小花数在不同水肥条件下比较稳定，而不育小穗数和结实小花数对水肥条件反应敏感。此外，孕穗期每朵小花干物质占有量与可孕花率呈极显著正相关。可见，作物花器的结实与穗粒数形成主要是"源限制"，而非"库限制"的过程。

对于小麦来说，每天每穗退化的小花原基数（*DDFLN*）及每天每穗败育的小花原基数（*DIFLN*）可分别用公式（3.51）和公式（3.52）来描述（严美春等，2001a）。

$$DDFLN = \frac{MAXFLNUM}{2 \times PHYLL} \times GDD \times RAI \times DSPN \tag{3.51}$$

$$DIFLN = \frac{MAXIFLNUM}{3.5 \times PHYLL} \times GDD \times RAI \times DSPN \tag{3.52}$$

式中，*MAXFLNUM* 为每个小穗退化的最大小花原基数，一般为 5，不同品种有所变化，且随小穗位而异，但总体为分化小花数的 50%左右（图 3-13）；*MAXIFLNUM* 为每个小穗败育的最大小花原基数，一般为分化小花数的 20%，即 2 左右。

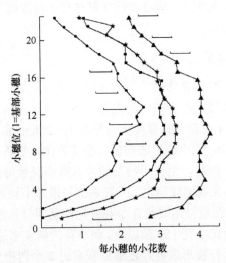

图 3-13 不同减光及增光条件下小麦穗上不同小穗位的可育小花数分布

▲ 增光；★ 对照；■ 比对照减光 40%；● 比对照减光 70%

2. 籽粒生长

同一穗上的不同小穗，或同一小穗上的不同小花，由于其着生的位置、开花期的不同，其灌浆先后、籽粒体积和重量都不相同，表现出明显的籽粒发育的不均衡性（图 3-14）。此外，土壤水分和氮素水平也影响籽粒重。土壤含水量低，上部叶片早衰，光合产量低，籽粒干瘪瘦小；水分过多，根系生长不良或死亡，籽粒细小。氮肥过多，植株容易贪青晚熟，输往籽粒的碳水化合物显著减少，粒重降低；氮肥过少，容易早衰，不利于籽粒灌浆增重，且蛋白质含量降低。

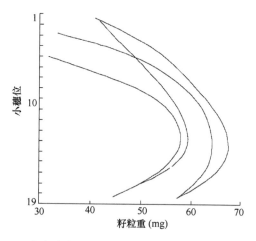

图 3-14　小麦穗上不同小穗位与不同小花位的籽粒重分布

对于小麦来说，每天的籽粒干重（*DGDW*）可由以下方法来预测：

$$DGDW = \frac{PWT}{FD \times 0.3} \times GDD \times SINKSF \times RAI \tag{3.53}$$

式中，*PWT* 为籽粒潜在重量，是籽粒在最适的环境条件下生长所能达到的干重，单位是 mg，其值随品种而定，大穗型品种比多穗型品种大；*FD* 为品种参数，表示灌浆期所需要的生长度日；系数 0.3 则为调节籽粒达到潜在重量时所需的生长度日；*SINKSF* 为库强因子，反映了籽粒生长因开花受精时间的不同而导致的不均衡性，其值为 0～1，值的大小由受精时间决定，受精时间越早，库强因子越大。

$$SINKSF = 1.0 - TFT \times 0.1 \tag{3.54}$$

式中，*TFT* 为受精时间，表示受精时间的早晚。当 *TFT* 为 0 时，表示最早受精，籽粒发育得最早；当 *TFT* 为 10 时，表示受精最迟，籽粒发育得最晚。*TFT* 值根据分化小花的小穗位和小花位即小花分化的序列性具体确定（图 3-15）。

如图 3-15 所示，可将不同的小穗位分组（总小穗数/5）：第一组由总小穗数×0.3 处的小穗至总小穗数×0.3+4 处的小穗组成；第二组由总小穗数×0.3 处下面紧接的 2 个小穗和总小穗数×0.3+4 处上面紧接的 3 个小穗组成；以下各组依次类推。

根据小穗的位置和小花分化的先后顺序确定小花的受精时间。第一组小穗分化的第一朵小花的受精时间均为 0，第一组小穗分化的第二朵小花和第二组小穗分化的第一朵小花的受精时间均为 2，第一组小穗分化的第三朵小花、第二组

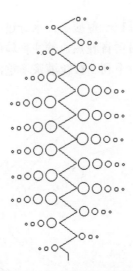

图 3-15 麦穗内不同部位籽粒的库强因子的定性描述

圆圈的直径越大，表明该籽粒的库强因子越大

小穗分化的第二朵小花和第三组小穗分化的第一朵小花的受精时间均为 4，第一组小穗分化的第四朵小花、第二组小穗分化的第三朵小花和第三组小穗分化的第二朵小花和第四组小穗分化的第一朵小花的受精时间均为 6，第一组小穗分化的第五朵小花、第二组小穗分化的第四朵小花、第三组小穗分化的第三朵小花、第四组小穗分化的第二朵小花、第五组小穗和顶小穗分化的第一朵小花的受精时间均为 8，其余小花的受精时间均为 10。

3. 植株衰老

植株的衰老过程主要包括叶片、分蘖、根系的衰老。其中，叶片衰老的模拟特别重要，因为叶面积直接影响同化物的生产。即使在生长季内和没有环境胁迫的条件下，植株茎秆也只能保持一定数量的绿叶数，随着新叶的出现，老叶都会相继衰老死亡。例如，小麦作物的主茎最多维持 6 片绿叶数，当受到环境条件的影响时，主茎上的绿叶数就会减少，在实际田间条件下，茎秆上一般保持 4～5 片绿叶。此外，在抽穗开花后，植株分配到叶片中的生物量逐渐减少，从而限制叶片的生长而促进叶片的衰老。叶片衰老过程的具体定量描述方法见第 5 章有关同化物分配的模拟。

3.4 作物群体器官建成

作物群体是由众多的植株个体组成的，然而植株个体在群体中生长会在空间和资源上互相竞争，因此研究作物群体器官的表现可为理解作物产量品质形成的机理提供支持。群体器官建成的模拟主要包括群体叶面积指数、分蘖、成穗等生长动态的模拟。

3.4.1　群体叶面积

群体叶面积指数（*LAI*）可以通过模拟群体叶片比叶面积和叶片干重的动态规律得到，而比叶面积的生长动态受到温度、水氮等环境因素的影响（叶宏宝，2008；刘铁梅等，2001）。

1. 比叶面积的模拟

比叶面积是作物生长模型中的一个重要指标。在以往的生长模型中，一般将比叶面积作为一个定值进行模拟。研究发现，比叶面积是一个非常敏感的参数，随着生育进程表现出显著的动态变化。例如，对水稻比叶面积的模拟，首先确定水稻某个品种在不受营养限制条件下的潜在比叶面积（*SLA*_P），SLA_P 为 *GDD* 的函数，当 $GDD \leqslant 1200℃·d$ 时，SLA_P 随 *GDD* 的增加而逐渐降低；当 $GDD > 1200℃·d$ 后，SLA_P 稳定为一恒定值（图 3-16），而且随着氮素水平的变化呈现一定的变化规律（图 3-17）：

$$SLA_P = \begin{cases} aGDD^2 - bGDD + c, & GDD \leqslant 1200℃·d \\ 200, & GDD > 1200℃·d \end{cases} \tag{3.55}$$

式中，*a*、*b*、*c* 均为曲线系数。

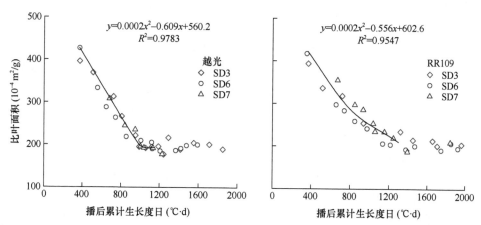

图 3-16　水稻品种'越光'和'RR109'不同播期条件下比叶面积与播后累计生长度日的关系

SD3、SD6 和 SD7 表示不同播期处理

2. 叶面积指数的模拟

作物叶面积指数在增长过程中直接受到库、源关系的影响，库或者源限制下

的叶面积增长模式不同。在实际的模拟过程中，一般采用库源限制下的两种模拟相结合的方法进行。

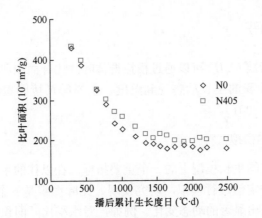

图 3-17　水稻品种'9325'在不同 N 水平下比叶面积与播后累计生长度日的关系
N0 和 N405 分别代表不施氮和施氮量为 405kg N/hm²

（1）库限制下的叶面积指数模拟

一般作物在生长初期，不受源的限制能够充分地生长。在此时期，水分、养分、密度及病虫害等条件都不会限制作物生长，叶片的增长主要由温度驱动，温度是影响叶片细胞分裂和扩大的主要因素。这一阶段叶片的增长有充足的同化物供应，主要受作物类型、品种和叶片发生速度等的影响，其增长呈指数形式。但随着叶面积指数的增加，遮阴效应逐渐增大，当叶面积指数增加到某一最大叶面积指数（$LAIMAX$）时，增加停止。这一关系可以用公式（3.56）和公式（3.57）来描述：

$$\Delta LAI = rg \times LAI \times (1 - LAI / LAIMAX) \tag{3.56}$$

$$LAI_{i+1} = LAI_i + \Delta LAI \tag{3.57}$$

式中，ΔLAI、LAI_i 和 LAI_{i+1} 分别是第 i 天增加的叶面积指数、第 i 天叶面积指数和第 $i+1$ 天的叶面积指数；rg 为叶面积指数潜在相对生长速率，不同作物、品种及管理方式都会导致取值不同。

（2）源限制下的叶面积指数模拟

随着作物生育进程的推进，叶片不再是生长中心，分配到叶片的光合同化物减少，叶面积指数的增长受到源的限制。此时，由于叶片增长到了一定的程度后互相开始遮阴而出现衰亡，叶面积指数的增长不再是指数增长。由于这一阶段主要是受碳水化合物源供应不足的限制，所以采用比叶面积法来模拟叶面积指数的增长过程，如公式（3.58）所示：

$$LAI = SLA \times AWGL \tag{3.58}$$

式中，$AWGL$ 为实际绿色叶片干重（kg/hm²），由干物质积累和分配子模型提供；

SLA 为比叶面积（hm^2/kg）。

作物的营养生长和生殖生长在很长的时间内会共同发生，库、源限制下的两种叶面积增长模式没有明显的时间界限，因而难以单纯以发育时期来区分哪种增长模式，所以综合这两种增长模式，使最终的叶面积指数取两种增长模式下的最小值。

3.4.2 分蘖动态与成穗

分蘖和成穗是禾本科作物的主要形态特征，分蘖在群体中受到水氮等环境因子的影响，也受到群体自身大小的影响，模拟分蘖动态与成穗过程考虑了作物自身生长规律、环境因素及群体大小等（刘铁梅等，2001；孟亚利等，2003a）。

1. 分蘖动态

正常条件下，禾谷类作物主茎上分蘖的发生与主茎叶片数保持（n–3）同伸关系，以后分蘖叶的出生也与主茎叶龄保持同步关系。在水肥环境特别适宜的条件下，分蘖与主茎的同步关系可能会缩短到（n–2.5），称为超同伸现象。

根据上述同伸关系，可推算出单株理论茎蘖数，即单株理论茎蘖数（$STCN$）与主茎叶龄（i）的关系呈斐波那契数列：

$$STCN(i) = STCN(i-1) + STCN(i-2), i \geqslant 2.5 \qquad (3.59)$$

公式（3.59）表明，主茎第 i 片叶时的单株理论茎蘖数是主茎第（i–1）片叶和第（i–2）片叶的单株理论茎蘖数之和，当 i<2.5 时，$STCN(i)$=1。

叶面积指数通过改变群体基部的光照条件而影响同化物供应，进而影响分蘖的发生。基本苗数越多，分蘖高峰期出现越早、峰值越高；反之，分蘖高峰期出现越晚、峰值越低。基本苗数与叶面积指数密切相关。例如，水稻叶面积指数对分蘖发生率影响的效应因子（FL）与叶面积指数之间的函数关系式如公式（3.60）所示，曲线关系如图 3-18 所示：

$$FL = \begin{cases} 1, & LAI \leqslant 1.6 \\ 18.91 \times EXP(-1.84 \times LAI), & 1.6 < LAI \leqslant LAI_c \\ 0, & LAI > LAI_c \end{cases} \qquad (3.60)$$

式中，1.6 为叶片开始相互遮阴时的 LAI，在此之前，LAI 对茎蘖增长没有影响；LAI_c 为分蘖停止发生时的 LAI，即临界 LAI，取值为 4.5；FL 取值为 0～1。

以上同伸关系只有在播期播量适宜、肥水条件满足时才可能出现。一般情况下，在大田生产中单株实际茎蘖数（$SACN$）由于水肥条件不适，因而常常少于理论茎蘖数。这种环境效应可采用资源有效指数（RAI）来调节，如公式（3.61）所示。

$$SACN(i) = STCN(i) \times RAI \qquad (3.61)$$

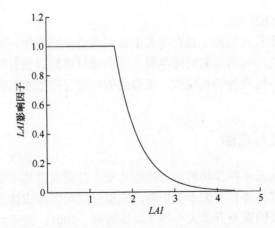

图 3-18 水稻叶面积指数（*LAI*）对茎蘖数增长的影响

植株从开始分蘖起，随着主茎叶龄的增加，分蘖数量不断增加，到拔节后，分蘖大量消亡，因而拔节期分蘖数达到最高峰（图 3-19）。即当公式（3.61）中 i 为拔节期叶龄时，分蘖达到最大值。拔节期叶龄采用以下方法计算：

$$i_{\text{jointing}} = N - n + 2 \qquad (3.62)$$

式中，N 为主茎总叶数；n 为地上部伸长节间数，可以是模型的输入数据。对于特定的品种，主茎总叶数和伸长节间数较为恒定。

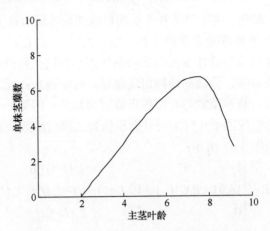

图 3-19 小麦主茎叶龄与单株茎蘖数的关系图

2. 分蘖的成穗

分蘖能否成穗，其内在的生理基础是分蘖有无足够的生长发育时间，形成自身的独立根系和自养能力。以有效分蘖可靠叶龄期作为植株发生有效分蘖的终止期，即有效分蘖可靠叶龄期前发生的分蘖为有效分蘖，以后发生的分蘖均为无效分蘖。有效分蘖可靠叶龄期的算法如下：

$$i_{\text{availtiller}} = N - n - tN + 3 \tag{3.63}$$

式中，tN 为植株拔节期有效分蘖可靠叶片数，其值随品种类型和土壤水肥状况不同而异。

对于小麦而言，9 及 10 叶品种的 tN 值为 3，11 及 12 叶的品种为 4，13 及 14 叶的品种为 5，15 及 16 叶的品种为 6。这种一般性量化关系可进一步用公式（3.64）和公式（3.65）来表示：

$$tN = (0.5 \times N - 2) / RAI, \ RAI = 0.5 \sim 1.0 \tag{3.64}$$

$$tN = N - 4, \ RAI < 0.5 \tag{3.65}$$

作物生理生态的研究表明，分蘖的消亡取决于植株个体同化物的供需平衡及群体冠层的透光性。因此，分蘖衰老的模拟既要考虑到植株个体的大小及成穗能力，又要考虑到群体的大小及光能利用率。例如，水稻单株的分蘖成穗数与孕穗期冠层底部的透光率呈显著负相关等（蒋德龙，1982）。

第 4 章　作物光合作用与同化物积累模拟

植株同化物积累主要涉及光合作用和呼吸作用等生理生态过程。其中，光合作用是作物生长的根本驱动力，是物质积累和产量形成的基础。作物冠层光合作用的主要成分包括光的分布和截获、单叶的光合作用及冠层的光合作用等过程。叶片光合作用速率可以用单位叶面积表示，冠层光合作用是指所有叶、茎及生殖器官等绿色面积光合作用的总和。呼吸作用主要包括光呼吸、维持呼吸和生长呼吸。其中，光呼吸只有在 C_3 作物中才需要考虑，C_4 作物中可以忽略不计（Vong and Murata，1979）。因此，准确模拟作物光合作用和呼吸作用，对于量化植株内物质流动力学的生理生态过程，进而构建完整的作物生长发育与生产力形成模型，具有十分重要的理论与实践意义。

4.1　冠层光能分布与截获

对于作物植株来说，只有一部分太阳辐射对光合作用有效，作物叶片对光的吸收光谱为 400～700nm，这一光谱范围的光合有效辐射（*PAR*）占太阳总辐射的 50%左右（Casanova et al.，1998）。到达冠层的辐射除了被叶片吸收外，有一部分被反射或透射。对于生长健壮的作物，叶片的反射率、透射率和光合有效辐射的吸收率都非常接近，一般情况下反射率和透射率在数值上几乎相等，各为 0.1（Hendrickson et al.，2004）。当叶片明显变黄或者特别薄时，叶绿素含量则不足，进而导致光能吸收减少，而反射率和透射率则会成倍地提高。通常情况下，可以假定叶片吸收的光合有效辐射部分为光合有效辐射总量的 0.8 左右（曹卫星和罗卫红，2000）。

大气上界的太阳辐射能随着纬度和季节的不同发生变化，而大气透明度决定了有多少太阳辐射能到达冠层表面。到达作物冠层的太阳辐射，一部分被反射，一部分透过群体透射到地面，一部分被冠层吸收后通过光合作用转化为化学能。研究表明，大约太阳总辐射的一半为光合有效辐射（Ruimy et al.，1999）。

4.1.1　大气上界的光合有效辐射

冠层顶部的辐射是日长、大气上界的辐射量和辐射穿过大气的损失量三者的函数。大气上界的光合有效辐射（*PAR*）计算式为

$$PAR = 0.5 \times \left\{ SC \times \left[1 + 0.033 \times \cos\left(2\pi \times DAY / 365 \right) \right] \right\} \times RDN \qquad (4.1)$$

式中，PAR 为大气上界的光合有效辐射 [J/(m²·s)]；SC 为太阳常数 [1395J/(m²·s)]；DAY 为自 1 月 1 日起的儒历天数；RDN 为某日（DAY）某纬度（LAT）的太阳常数分数，其计算式如下：

$$RDN = SSIN + 24 \times CCOS \times \left(1 - SSCC^2 \right)^{0.5} / \left(DL \times \pi \right) \qquad (4.2)$$

式中，

$$SSCC = SSIN / CCOS \qquad (4.3)$$

$$SSIN = \sin\left(LAT \times RAD \right) \times \sin\left(\delta \times RAD \right) \qquad (4.4)$$

$$CCOS = \cos\left(LAT \times RAD \right) \times \cos\left(\delta \times RAD \right) \qquad (4.5)$$

式中，$SSCC$、$SSIN$ 和 $CCOS$ 为中间变量；RAD 为度转换为弧度的转换因子（$RAD = \pi/180$）；δ 为太阳赤纬（°）；LAT 为地理纬度（°）。

此外，DL 为日长，它是一年中某天和所处地理纬度的函数：

$$DL = 12 \times \left[\pi + 2 \times \mathrm{acr}\sin\left(SSCC \right) \right] / \pi \qquad (4.6)$$

4.1.2　冠层顶部的光合有效辐射

到达冠层顶部的光合有效辐射受大气透明度的影响。根据中国科学院禹城综合试验站（116.6°E，36.8°N）自动辐射气象站逐日观测资料，植物冠层顶部（距地面 1.5m 高处）PAR 仅占太阳总辐射的 40%，变化范围为 26%～53%（李贺丽等，2011）。一般可按公式（4.7）计算：

$$PARCAN = PAR \times \left(0.25 + 0.45 \times SSH/DL \right) \qquad (4.7)$$

式中，$PARCAN$ 为冠层顶部的光合有效辐射 [J/(m²·s)]；SSH 为实际日照时数（h）。

4.1.3　冠层内光的分布与吸收

太阳辐射在作物冠层中的分布一般可认为服从指数递减规律，那么在作物冠层深度 L 处的光合有效辐射强度可描述如下：

$$I_L = \left(1 - \rho \right) \times PARCAN \times \mathrm{e}^{-k \times LAI(L)} \qquad (4.8)$$

式中，k 为消光系数；LAI（L）为冠层顶至冠层深度 L 处的累计叶面积指数；ρ 为冠层对光合有效辐射的反射率。其中，消光系数 k 取决于每日太阳高度角和天气的变化及不同生育期冠层内群体结构的变化，依作物的生育期、群体密度及株型不同而有所变化，k 由直立叶冠层的 0.6 变为水平叶冠层的 0.8。

冠层反射率 ρ 可由公式（4.9）计算：

$$\rho = \left\{ \left[1 - (1-\partial)^{1/2} \right] / \left[1 + (1-\partial)^{1/2} \right] \right\} \times \left[2 / (1 + 1.6 \times \sin\beta) \right] \tag{4.9}$$

式中，∂ 为单叶的散射系数（可见光部分为 0.2）；β 为太阳高度角，由公式（4.10）获得：

$$\sin\beta = \sin(RAD \times LAT)\sin\delta + \cos(RAD \times LAT)\cos\delta\cos\left[15(t_h - 12)\right] \tag{4.10}$$

$$\sin\delta = -\sin(23.45)\cos\left[360(DAY + 10)/365\right] \tag{4.11}$$

$$\cos\delta = (1 - \sin\delta \times \sin\delta)^{0.5} \tag{4.12}$$

式中，t_h 为真太阳时（h）；δ 为太阳赤纬（rad）。

由于一天中太阳高度角 β 随着太阳时间而变化，从而导致冠层对光的反射率 ρ 和群体吸收的光合有效辐射也发生相应的变化。

作物冠层不同深度的光能分布及光能截获曲线如图 4-1 所示。作物冠层顶至冠层深度 L 处作物层所吸收的光合有效辐射 $I_a(L)$ [J/(m²·s)] 可按公式（4.13）计算：

$$I_a(L) = I_L \times k \tag{4.13}$$

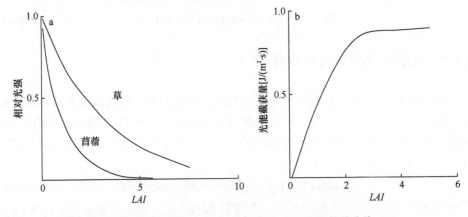

图 4-1　不同冠层深度的相对光强分布（a）及光能截获曲线（b）

4.2　叶片和冠层光合作用

作物生长模拟的研究始于对光合作用生理生态过程的定量分析。目前，相关学者已经建立了若干作物光合生产和物质积累的模拟模型（Tang et al., 2011；Jones et al., 2003；Keating et al., 2003）。这些模型基本上都是以单叶光合速率计算为基础，采用高斯积分法来模拟每日的冠层光合速率，求取冠层的日同化量及呼吸和物质转化消耗，最终计算出每日的净同化量。另外，要准确模拟作物光合作用，还必须明确和量化光合速率与太阳辐射、CO_2 浓度、温度、水分和养分等环境因子和生理因子的关系。

4.2.1　单叶光合作用

叶片光合作用速率可以简便地用单位叶面积（仅指上表面）上的光合速率表示。目前估算单叶光合作用强度的模型有不少，其中代表性的方法是用总光合作用速率与所吸收辐射强度的指数曲线来描述叶片光合作用对所吸收光的反应。单叶的光合作用速率与叶片表面的光合有效辐射之间存在着负指数型函数关系（Weir et al.，1984）。

$$P_{[i][j]} = A_{\text{MAX}} \times \left[1 - \exp\left(-\varepsilon \times I_{\text{l,a}[i][j]} \right) / A_{\text{MAX}} \right] \tag{4.14}$$

式中，$P_{[i][j]}$ 为第 i 时刻、冠层第 j 层的单叶光合作用速率 [μmol CO_2/(m^2·s)]；A_{MAX} 为单叶最大光合作用速率 [μmol CO_2/(m^2·s)]；ε 为光转换因子即吸收光的初始利用效率，小麦中可取值为 0.45μmol/μmol；$I_{\text{l,a}[i][j]}$ 为第 i 时刻、冠层第 j 层吸收的光合有效辐射（刘铁梅等，2001）。

从上述模型中可以看出，单叶的光合作用——光反应曲线中有两个重要的特征参数：曲线的初始斜率，即初始的光能利用率；饱和光强时的光合速率，即最大的光合速率（图 4-2）。吸收光的初始利用效率主要描述了生物物理学过程的特性，并具有相对稳定的特征值，而最大光合作用速率主要依赖于植物特性和环境条件，尤其反映了生物化学过程和生理条件。

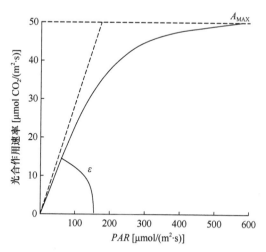

图 4-2　小麦植株单叶光合作用速率对吸收的光合有效辐射强度（*PAR*）的反应曲线
直线的斜率 ε 为光能初始利用率；A_{MAX} 为最大光合作用速率

作物的光能初始利用率受温度的影响较大（表 4-1），受其他环境因素的影响很小。对于大多数 C_3 作物而言，光能初始利用率大约为 0.48，特别是在相对较低的温度下（10℃左右），这一值对所有 C_3 植物都具有代表性。C_4 植物的光能初始利用率大约为 0.40，温度较低时其值低于 C_3 植物。随着温度升高，光呼吸作用的相对重要性增强，结果使 C_3 植物的初始利用效率下降，在相对高的温度下（>30℃）降到 0.30~0.01。C_4 植物的初始利用效率在 45℃以下保持相对稳定，但当温度更高时，迅速下降（Ehleringer and Pearcy，1983）。

表 4-1　不同作物类型在不同温度条件下单叶光合作用光能初始利用率

作物类型	温度（℃）					
	0	10	20	30	40	50
C_3（μmol/μmol）	0.50	0.50	0.45	0.30	0.10	0.01
C_4（μmol/μmol）	0.40	0.40	0.40	0.40	0.40	0.01

光合作用最大速率是光合作用模型中另外一个重要参数，它的准确测定对于提高光合作用模型的准确性非常重要。在高光强和大气 CO_2 浓度下的叶片光合作用最大速率值通常为 25~80μmol CO_2/(m²·s)（表 4-2）。单位叶面积的光合作用最大速率与叶片的厚度和温度密切相关。其中，叶片厚度的差异是造成作物基因型之间及大田与控制环境之间最大光合速率差异的主要原因。因为通常情况下，随着叶片厚度（比叶重）的增加，叶片中单位面积内的 RUBP 羧化酶增加，光合能力明显提高。因此，最大光合速率可以看作是一个基因型特定的遗传参数。

表 4-2　不同农作物叶片的光能初始利用率和单叶最大光合速率

作物	类型	光能初始利用率（μmol/μmol）	单叶最大光合速率 [μmol CO_2/(m²·s)]	温度（℃）
大麦	C_3	0.40	35	25
棉花	C_3	0.40	45	35
玉米	C_4	0.40	60	25
马铃薯	C_3	0.50	30	20
水稻	C_3	0.40	47	25
高粱	C_4	0.45	70~100	30~35
大豆	C_3	0.48	40	30
小麦	C_3	0.50	40	10~25

此外，温度对光合作用也有显著影响，所以在模拟光合作用时，必须建立光合作用最大速率对温度的响应曲线。在低温下（<15℃），C_3 植物通常比 C_4 植物生长更好，而在高温下（>25℃）则相反。当然，这一关系可能会随不同的基因型而有所变化。

4.2.2　冠层光合作用

如果光合作用速率与光强度成比例，且所有的叶片特性相同，则冠层光合作用就可简单地等于所吸收光能量和光能利用率的乘积。然而，叶片在高光强下出现饱和，它们的受光姿态也各不相同（Zhang et al.，2015）。因此，冠层光合作用与光强的关系不是线性而是曲线关系，这种关系在不同环境下变化较大。为计算冠层光合作用，可把冠层分为相对较薄的叶层，冠层接受的光强随冠层深度增加而减弱。采用高斯积分法计算每日冠层的光合作用速率，可在保证计算精度的前提下，大大减少计算量。

高斯积分方法是将叶片冠层分为 5 层，将每层的瞬时同化速率加权求和得出整个冠层的瞬时同化速率，在此基础上再计算每日的冠层同化速率。通过选取从中午到日落期间的 3 个时间点，求取在 3 个时间点上的冠层同化速率进行加权求和，从而得出每日的冠层同化速率（刘铁梅等，2001）。

冠层的分层计算公式为

$$LGUSS[i] = DIS[i] \times GAI , i=1, 2, 3, 4, 5 \qquad (4.15)$$

式中，$LGUSS[i]$ 为高斯分层的冠层深度；GAI 为植株绿色面积指数，具体算法见第 3 章；$DIS[i]$ 为高斯五点积分法的距离系数，其值见表 4-3。

表 4-3　高斯积分三点法和五点法的权重值（*WT*）和距离系数（*DIS*）

	1	2	3	4	5
$WT[j]$	0.277 778	0.444 444	0.277 778		
$WT[i]$	0.118 463 5	0.239 314 4	0.284 444 444	0.239 314 4	0.118 463 5
$DIS[j]$	0.112 702	0.5	0.887 298		
$DIS[i]$	0.046 910 1	0.230 753 4	0.5	0.769 146 5	0.953 089 9

按照从中午到日落期间选择的 3 个时间点为

$$t_h[j] = 12 + 0.5 \times DL \times DIS[j] , j=1, 2, 3 \qquad (4.16)$$

式中，$t_h[j]$ 为真太阳时（h）；DL 为日长（h）；$DIS[j]$ 为高斯三点积分法的距离系数，其值见表 4-3。

在冠层的各层中每层吸收的光合有效辐射量是不同的，其计算式为

$$I_{L,a}[i] = (1-\rho) \times PARCAN \times \exp\left[-k \times LGUSS(i)\right] \qquad (4.17)$$

依据选取的不同的时间点，根据公式（4.9）～（4.12）可以计算出相应的冠层对光合有效辐射的反射率 ρ 值，然后根据公式（4.17）计算出不同的冠层层次在指定的时间点上吸收的辐射量 $I_{L,a}[i]$。冠层各层的光合作用速率 $P[i]$ 可根据负指数型光合作用模型计算：

$$P[i] = A_{MAX} \times \left[1 - \exp\left(-\varepsilon \times I_{L,a}[i] / A_{MAX}\right)\right] \qquad (4.18)$$

式中，$P[i]$ 为冠层中第 i 层的瞬时光合作用速率 $[\mu mol\ CO_2/(m^2 \cdot s)]$；$I_{L,a}[i]$ 为冠层中第 i 层所吸收的光合有效辐射 $[\mu mol/(m^2 \cdot s)]$。

整个冠层的瞬时光合作用速率为冠层中 5 个层面上光合速率的加权求和：

$$TP = \left[\sum\left(P[i] \times WT[i]\right)\right] \times GAI \ , \ i=1, 2, 3, 4, 5 \tag{4.19}$$

式中，TP 为整个冠层的瞬时光合作用速率 $[\mu mol\ CO_2/(m^2 \cdot s)]$；$WT[i]$ 为高斯五点积分法积分的权重，其值见表 4-3；GAI 为绿色面积指数。

在求取瞬时冠层光合作用速率对日长积分的过程中，选取从中午到日落的 3 个时间点（$t_h[j]$，$j=1, 2, 3$），对应 3 个不同的反射率 ρ 值，从而得到在这 3 个时间点上的瞬时冠层光合速率（$TP[j]$，$j=1, 2, 3$），然后采用高斯三点积分法用 $TP[j]$ 对日长进行积分，最终计算出每日冠层的总光合作用量：

$$DTGA = \left[\sum\left(TP[j] \times WT[j]\right)\right] \times DL \ , \ j=1, 2, 3 \tag{4.20}$$

式中，$DTGA$ 为每日冠层的总光合作用量 $[kg\ CO_2/(hm^2 \cdot d)]$；$DL$ 为日长（h）；$TP[j]$ 为对应于第 j 个时刻的冠层瞬时光合速率 $[kg\ CO_2/(hm^2 \cdot d)]$；$WT[j]$ 为高斯三点积分法积分的权重，其值见表 4-3。

4.2.3 光合作用影响因子

影响光合作用的因子主要有温度、生理年龄、CO_2 浓度、水分、氮素营养等，这些因子对光合作用都有显著的影响。其中，温度、生理年龄、CO_2 浓度对光合作用中的光能初始利用率和叶片最大光合速率都有一定的影响，但对最大光合速率的影响更大（刘铁梅等，2001）。可以通过建立不同环境因子对光合作用影响的效应因子来量化单个环境因子的影响程度，然后利用影响因子进一步对光合作用进行修订。一般表达式为

$$A_{MAX} = AMX \times FT \times FCO_2 \times FA \times \min\left(FN, FW, F_{HT}, F_{LT}\right) \tag{4.21}$$

式中，A_{MAX} 为实际光合作用最大速率 $[kg\ CO_2/(m^2 \cdot s)]$；AMX 为在大气 CO_2 浓度为 340ppm[①]时，理想条件下的光合作用最大速率，是品种的遗传参数，反映了叶片处于最适的生理年龄、温度、营养等条件下的最大光合速率，不同品种有一定的变化，如小麦中一般取值为 40kg $CO_2/(m^2 \cdot s)$；FT、FCO_2 和 FA 分别为温度、CO_2 浓度和生理年龄对光合作用最大速率的影响因子；FW 和 FN 分别为水分和氮素对每日同化量的订正因子；F_{HT} 和 F_{LT} 分别为极端高温环境下的温度影响因子和极端低温环境下的温度影响因子。

1. 温度

（1）非极端温度

在非极端温度环境下，温度主要对光合作用中的叶片最大光合速率有较大的影响（图 4-3）。以小麦为例，可采用三段线性函数来描述温度对 AMX 的影响因

---

① 1ppm=10^{-6}。

子 ［公式（4.22）］：

$$FT = \begin{cases} 0, & T_{24H} < T_b \text{ 或 } T_{24H} > T_m \\ \sin\left(\dfrac{T_{24H} - T_b}{T_{ol} - T_b} \times \dfrac{\pi}{2}\right), & T_b \leqslant T_{24H} \leqslant T_{ol} \\ 1, & T_{ol} \leqslant T_{24H} < T_{ou} \\ \cos\left(\dfrac{T_{24H} - T_{ou}}{T_m - T_{bou}} \times \dfrac{\pi}{2}\right), & T_{ou} \leqslant T_{24H} \leqslant T_m \end{cases} \qquad (4.22)$$

式中，T_{24H} 为日平均温度；T_b、T_{ol}、T_{ou} 和 T_m 分别为光合作用的最低、最适温度上限、最适温度下限和最高温度，以小麦为例，分别取值为 0℃、12℃、27℃、45℃；FT 取值为 0～1。FT 与温度之间的关系如图 4-4 所示，当日平均温度超过最适温度之后，FT 明显降低。

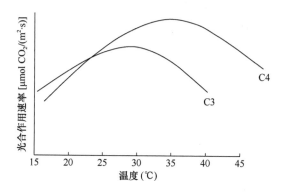

图 4-3　非极端温度环境下温度对 C₃ 和 C₄ 作物光合作用速率的影响

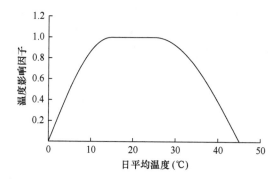

图 4-4　温度影响因子(FT)与日平均温度之间的关系

（2）极端高温

大量研究证实，高温胁迫会加速叶绿素降解，明显降低光合速率（Zhao et al.，2007）。相对于高温胁迫处理期间光合作用速率的降低，高温胁迫处理之后光合作用的降低由于持续时间更长,其对干物质同化的影响可能更大。例如,小麦作物上一般在抽穗后会遇到高温胁迫,因此,可利用极端高温环境下的温度影响因子(F_{HT})来反映穗后高温胁迫对 AMX 的限制作用[公式(4.23)](Liu et al.,2017)。

$$F_{HT} = \max\left(0,1 - HTS \times \frac{AHDD}{GDD_{RGP}}\right) \qquad (4.23)$$

式中,F_{HT} 为高温胁迫影响因子,取值范围 0~1,无胁迫发生时取值为 1;$AHDD$ 为自抽穗以来累计的每日超过温度阈值的累计高温度日(℃·d),计算方法见第 6 章;GDD_{RGP} 为小麦生殖生长阶段(抽穗至成熟期间)所需的有效积温,对于冬小麦来说取定值为 520℃·d;HTS 为定量高温胁迫耐性的品种参数,反映不同品种对高温胁迫响应的差异性。

(3)极端低温

已有研究表明,低温胁迫下作物叶片脱水皱缩,叶片逐渐变黄,光合色素加速分解,细胞膜的正常结构遭到破坏,光合速率显著下降(Li et al.,2014)。为了量化低温胁迫对叶片光合速率的影响,通过构建低温胁迫影响因子(F_{LT})来反映低温胁迫下叶片结构发生冻伤后对叶绿素降解、光合速率下降的效应[公式(4.24)和公式(4.25)](肖浏骏,2019)。

$$F_{LT} = \max\left(0,1 - ALDI_{max}\right) \qquad (4.24)$$

$$ALDI_{max} = LTS_p \times LDI \qquad (4.25)$$

式中,F_{LT} 为低温胁迫影响因子,取值范围 0~1,无胁迫发生时取值为 1;$ALDI_{max}$ 为累计光合损伤因子,表示低温胁迫时光合能力的累计损伤比例;LDI 为低温冻伤指数,反映了不同抗寒性品种在不同温度不同持续时间下叶片的致死率,具体算法见第 6 章;LTS_p 为单位叶片冻伤指数增加时光合速率下降的比例,LTS_p 仅与 LDI 有关,对品种不敏感,可视为生态型参数,一般取值 1.1(肖浏骏,2019)。

在非致死的低温胁迫发生后,小麦叶片等器官的生理特征会逐渐恢复正常,且低温胁迫的持续时间越短,恢复速度越快。研究表明,低温胁迫结束后将小麦放在温度大于 0℃的环境中,气孔导度和光合能力仍然需要几天甚至几个星期才能恢复(Öquist,1983)。通过构建光合恢复因子($FLT_{recover}$)来反映低温胁迫后光合能力累计损伤逐渐恢复的现象[公式(4.26)~公式(4.29)]。

$$FLT_{recover} = \frac{ALDI_{max}}{1 + 0.05 \times \exp\left(\dfrac{r \times \left(GDD_{T>0} - GDD_{95}\right)}{ALDI_{max}}\right)} \qquad (4.26)$$

$$GDD_{95} = 102.2 \times ALDI_{max} + 40 \qquad (4.27)$$

$$r = 0.06 \times ALDI_{max} + 0.0055 \qquad (4.28)$$

$$F_{LT} = \min\left[\max\left(0, 1 - ALDI_{max} + FLT_{recover}\right), 1\right] \tag{4.29}$$

式中，$FLT_{recover}$ 为低温胁迫处理后累计光合损伤因子恢复的比例；$GDD_{T>0}$ 为低温胁迫处理结束后温度大于 0℃的积温；r 为恢复速率的变化；GDD_{95} 为光合速率恢复到 95%所需要的 GDD；r 和 GDD_{95} 都是模型参数，与低温冻伤指数 LDI 有关。

2. 生理年龄

作物叶片光合能力随叶片衰老而逐渐下降，到成熟时下降为原来光合能力的一半（图 4-5）。研究表明，水稻开花后叶片净光合速率下降的百分率显著大于叶片含氮量的下降百分率。叶片含氮量的降低仅是叶片光合能力下降的原因之一。其他衰老因素，诸如 Rubisco 的活性与数量的降低、非结构碳水化合物浓度的降低及气孔功能敏感性的下降等也会对光合能力下降有影响。因此，叶片生理年龄对 $AMAX$ 的影响应区别于叶片含氮量而单独予以考虑。以水稻为例，借鉴 Hasegawa 和 Horie（1992，1996）的方法，构建生理年龄影响因子（FA）：

$$FA = \begin{cases} 1, & PDT < 28 \\ \exp\left[-a \times (PDT - 28)\right], & 28 \leqslant PDT \leqslant 57 \end{cases} \tag{4.30}$$

式中，PDT 为生理发育时间，是相对于最适发育条件下的时间尺度；28 和 57 分别为水稻孕穗和成熟时的 PDT；a 为曲线形状系数，约为 0.0085。

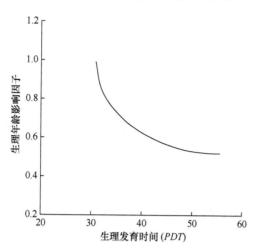

图 4-5　生理发育时间与生理年龄影响因子之间的动态关系

3. CO$_2$ 浓度

截至 2020 年，大气环境中的 CO$_2$ 浓度为 414.02ppm，但随着全球气候变化及人类活动，大气中 CO_2 浓度仍将呈现升高的趋势。此外，在设施环境中或控制环境下 CO_2 浓度可能明显高于或低于 414.02ppm。空气中 CO_2 浓度直接影响光合作用强度，随着 CO_2 浓度的增加，光合作用强度增加（图 4-6）。高浓度或低浓度 CO_2 对作物的影响可根据变化的 CO_2 浓度与 414.02ppm 之比来校正光合作用最大速率 AMX，其订正因子（FCO_2）计算如下：

$$FCO_2 = 1 + \alpha \times Ln(Cx/Co) \tag{4.31}$$

式中，Cx 为变化的 CO_2 浓度（ppm）；Co 为参照 CO_2 浓度（414.02ppm）；α 为经验系数，对于 C_3 作物 α 取值 0.8（Penning de Vries and van Laar，1982）。

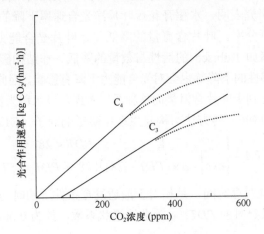

图 4-6 CO_2 浓度对 C_3 和 C_4 作物叶片光合作用速率的影响

4. 水分

在自然条件下，土壤水分因降水、渗漏、蒸发等经常发生变化，从而导致植株体的水分含量也处于一种动态的变化过程中。植株体内的水分含量直接影响着绿色器官光合作用速率（图 4-7），这种影响在植株还未发生外部的任何形态变化时即已开始（Hu et al.，2004）。可采用水分效应因子来描述水分对光合作用的影响，公式如下：

$$FW = \begin{cases} 0, & \theta_I < \theta_{WP} \\ (\theta_I - \theta_{WP})/(\theta_{O,L} - \theta_{WP}), & \theta_{WP} \leq \theta_I < \theta_{O,L} \\ 1, & \theta_{O,L} \leq \theta_I \leq \theta_{O,H} \\ 0.5 + 0.5 \times (\theta_I - 1)/(\theta_{O,H} - 1), & \theta_I > \theta_{O,H} \end{cases} \tag{4.32}$$

式中，θ_I 为 0～30cm 土层平均含水量（cm^3/cm^3）；$\theta_{O,L}$ 为最适土壤水分含量下限；$\theta_{O,H}$ 为最适土壤水分含量上限；θ_{WP} 为凋萎点土壤水分含量。

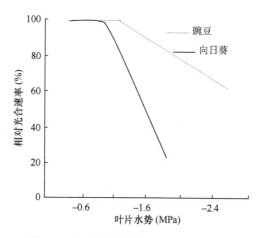

图 4-7　相对光合速率与叶片水势的关系

5. 氮素

植株的氮含量对光合作用过程中的一些反应和酶活性都有不同程度的影响（图 4-8）。根据已有研究报道，叶片光合速率与叶片含氮率显著相关。因此可以采用氮素效应因子来订正光合作用速率及其他过程。对小麦而言，其计算公式为

$$FN = 1 - (NA - NC)/(NC - NL) \qquad (4.33)$$

式中，FN 为氮素因子；NA 为小麦植株实际含氮量；NC 为小麦植株临界含氮量；NL 为小麦植株最低含氮量。FN 的具体计算方法将在第 8 章中详细介绍。

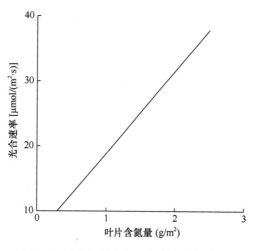

图 4-8　植株氮素状况对光合速率的影响

4.2.4 呼吸作用

呼吸作用包括光呼吸和暗呼吸，其中暗呼吸又包括生长呼吸和维持呼吸两部分，生长呼吸是为离子浓度梯度的保持和降解的蛋白质再合成提供能量，维持呼吸是为光合产物转化成结构物质提供能量。虽然习惯上把呼吸作用看作是一个复杂的整体过程，但维持呼吸和生长呼吸的速率不同，并各有自己的调节机制。维持呼吸与干物质的累积成比例，生长呼吸与物质生长的即时速度成比例。由于对维持呼吸和生长呼吸作用的基本动力学缺乏理解，给呼吸作用的定量带来了一定的困难。呼吸作用要消耗作物植株的大量同化产物（30%以上），特别是当作物群体叶面积指数较大的情况下，呼吸作用消耗的同化物量可能达到总同化量的一半左右（图4-9和图4-10）。因此，对维持呼吸和生长呼吸的定量解析和动态模拟是十分必要的。

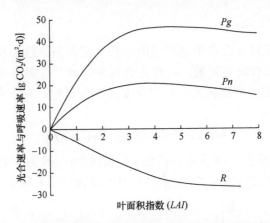

图 4-9　白三叶草群体的光合速率及呼吸速率与叶面积指数的关系

Pg、*Pn*、*R* 分别为总光合速率、净光合速率、呼吸速率

呼吸作用的模拟有两种方法：比较简单的方法是以植株整体为基础估计呼吸作用，获得植株的净同化量后再分配到植株的不同器官（图4-11）；比较复杂的方法是先将同化物分配到不同的器官，再分别计算不同器官的呼吸作用，因为呼吸作用的强度可能随器官不同而异。因此，如果要详细模拟呼吸作用的过程，就必须先考虑植株不同器官呼吸消耗的差异，然后平均获得整株及群体的呼吸作用。由于资料的缺乏，这样做可能产生较大的误差，具体可以参照已有的论著，本节仅描述整体呼吸作用的模拟方法。

1. 维持呼吸

活的有机体不断地利用能量，维持其现有的生化和生理状态，这种能量由维持呼吸提供。维持呼吸过程要消耗整个生长季同化量的 15%～30%，其强度与生物量或蛋白质含量成正比（图 4-12a 和图 4-13a），同时对温度较敏感（刘铁梅等，2001）。

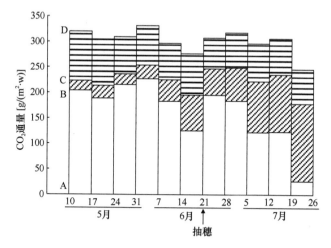

图 4-10　大麦作物群体的总光合作用（AD）、维持呼吸（BC）、生长呼吸（CD）及净光合作用（AB）的季节性变化动态

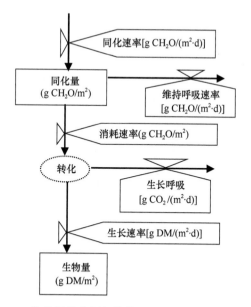

图 4-11　作物同化作用与维持呼吸和生长呼吸的关系图

$$RM = RM\left(T_o\right) \times Q_{10}^{(T_{mean} - T_o)/10} \tag{4.34}$$

$$RM\left(T_o\right) = 0.03 \times WLVG + 0.015 \times WST + 0.015 \times WRT + 0.01 \times WSO \tag{4.35}$$

式中，RM 为维持呼吸消耗量 [kg CO_2/(hm^2·d)]；$RM(T_o)$ 为达到作物呼吸最适温

度 T_o 时的维持呼吸；T_o 为作物呼吸的最适温度（℃），对于小麦，T_o 取值 25℃；Q_{10} 为呼吸作用的温度系数，取值为 2；T_{mean} 为日平均气温（℃）；WLVG、WST、WRT 和 WSO 分别为绿叶重、茎鞘重、根重与贮藏器官重 [kg/(hm²·d)]；0.03、0.015、0.015 和 0.01 分别为叶片、茎鞘、根系和贮藏器官的维持呼吸系数。

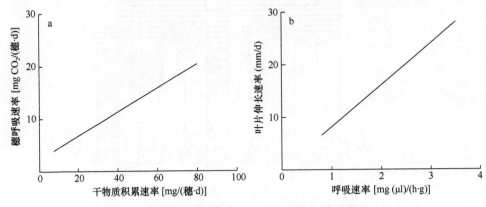

图 4-12　小麦穗呼吸速率与干物质积累速率的关系（a）及高羊茅叶片伸长速率与顶端分生组织呼吸速率的关系（b）

2. 生长呼吸

除维持呼吸消耗光合同化产物外，其余光合产物在转化为植物结构干物质时还需被消耗掉一部分，称为生长呼吸。生长呼吸与作物的有机质合成、植株体的增长及新陈代谢活动有关，依赖于植株的光合速率，对温度不敏感（图 4-12b 和图 4-13b）。

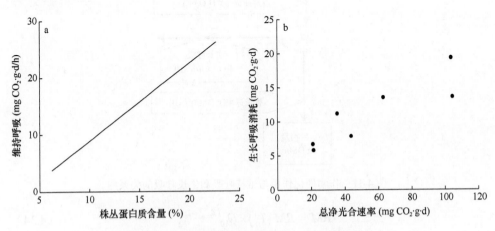

图 4-13　黑麦草维持呼吸与株丛蛋白质含量（a）及暗期生长呼吸与光期净光合作用的关系（b）

$$RG = 0.72 \times \frac{\Delta W_1}{\Delta W} + 0.69 \times \frac{\Delta W_s}{\Delta W} + 0.72 \times \frac{\Delta W_r}{\Delta W} + 0.73 \times \frac{\Delta W_e}{\Delta W} \qquad (4.36)$$

式中，RG 为生长呼吸消耗量 [kg CO_2/(hm^2·d)]；0.72、0.69、0.72 和 0.73 分别为绿叶、茎鞘、根系和穗部的生长呼吸系数；ΔW_1、ΔW_s、ΔW_r 和 ΔW_e 分别为绿叶、茎鞘、根系和穗部的日生长量（kg/hm^2）；ΔW 为每日干物质生产量（kg/hm^2）。

3. 光呼吸

光呼吸与光合反应等生理过程有关，C$_3$ 作物的光呼吸明显，在小麦、水稻和大豆等 C$_3$ 作物中，光呼吸使光合作用转化效率降低 20%～50%，并且由光呼吸导致的同化损失随着温度升高和光强增大而增加。C$_4$ 作物中的光呼吸几乎被完全抑制，因此可以不计。

$$RP = FDTGA \times Rp(T_o) \times Q_{10}^{(T_{day}-T_o)/10} \qquad (4.37)$$

式中，RP 为光呼吸消耗量 [kg CO_2/(hm^2·d)]；$FDTGA$ 为当天的总光合同化量 [kg CO_2/(hm^2·d)]；$Rp(T_o)$ 为温度 T_o 时的光呼吸系数，取值为 0.33；T_{day} 为白天的温度。

4.3　同化物积累与生物量

4.3.1　群体净同化量

作物生长模型中计算作物光合产量的方法一般有以下两种：一是根据冠层截获的辐射能，结合辐射利用效率（RUE）得到，如 CERES 系列模型；二是根据单叶光合反应曲线及光在群体中的传输规律，进行群体同化量的模拟，再结合作物的呼吸消耗（包括生长呼吸与维持呼吸），进而得到光合产量，如 RCSODS、ORYZA2000 等模型。由于第一种方法无法体现环境条件差异对辐射利用效率、同化与呼吸过程的影响，近年来的作物模型中常采用第二种方法进行作物群体光合产量的模拟（曹卫星和罗卫红，2000）。群体的净同化量等于光合作用的生产量减去呼吸作用的消耗量，计算如下：

$$PND = FDTGA - RM - RG - RP \qquad (4.38)$$

式中，PND 为群体的净同化量 [kg CO_2/(hm^2·d)]；$FDTGA$ 为每日总同化量 [kg CO_2/(hm^2·d)]；RM 为群体维持呼吸消耗量 [kg CO_2/(hm^2·d)]；RG 为群体生长呼吸消耗量 [kg CO_2/(hm^2·d)]；RP 为群体光呼吸消耗量 [kg CO_2/(hm^2·d)]。

应当指出，在没有光合作用和呼吸作用的模型中，也可利用群体净同化量与冠层光截获量的线性关系或近二次曲线关系来直接估计作物群体的净同化量（图 4-14）。

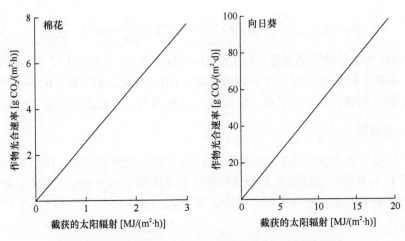

图 4-14　作物冠层光合作用与光截获量之间的线性关系

4.3.2　群体干物质积累

作物通过光合作用生产的最初同化物主要为葡萄糖和氨基酸，二者随后用于形成植株干物质，在最初的 CO_2 同化到转化成碳水化合物及干物质，存在着几个转换系数。群体干物质的日增量公式可表达为

$$TDRW = \xi \times 0.95 \times PND / (1 - 0.05) \tag{4.39}$$

式中，$TDRW$ 为作物植株干物质的日增量 $[kg\ DM/(hm^2 \cdot d)]$；ξ 为 CO_2 分子量与碳水化合物（CH_2O）分子量的转换系数，ξ=(CH_2O)分子量/CO_2分子量=30/44=0.682；0.95 为碳水化合物转换成干物质的系数；0.05 为干物质中的矿物质含量。

第5章 作物籽粒产量与品质形成模拟

作物籽粒产量的形成过程，其实质是同化物积累、分配和再转运的过程。作物籽粒品质的形成是基于植株体内碳水化合物和氮素的积累与转运，而籽粒中淀粉和蛋白质积累的速率又受叶片光合产物生产、茎贮存光合产物的积累与再分配及籽粒中淀粉和蛋白质积累能力等多个因子的限制。在作物生长模拟研究中，植株各器官间物质分配及干重变化动态的模拟是产量与品质形成模型的基础。

长期以来，由于植株器官间生物量分配的复杂性，干物质分配的模拟一直是作物生长模型的薄弱环节之一，而谷物籽粒中蛋白质和淀粉积累过程的定量研究则更为困难。目前，已有多种基于不同理论假设的生物量分配模型被相继提出，其中不乏机理性较强的模型，如运输-阻力法模型（Thornley，1998），但该模型的复杂性及参数难以确定导致其应用受到限制。另外，还有模型采用经验性较强的分配系数方法来模拟同化物分配（Bouman et al.，2001；张俊平和陈常铭，1990），假定同化物在根、茎、叶和穗之间的分配遵循一个固定的模式，仅受发育阶段的驱动，因此利用基于大气温度的影响因子来量化作物干物质与氮素积累和转运过程，如美国的 DSSAT-CERES-Wheat 模型、荷兰的 SUCROS 模型、澳大利亚的 APSIM 模型、法国的 STICS 和 SiriusQuality 模型等。本章主要以作者团队构建的 CropGrow 模型为例，介绍以分配指数代替分配系数，基于作物各器官干物质及氮素同化物分配指数与生理发育时间之间的动态关系，构建谷物籽粒产量形成模拟模型、籽粒蛋白质与淀粉积累的模拟模型（Pan et al.，2007，2006）。

5.1 作物籽粒产量形成模型

同化物在不同器官间的分配与再分配模式随作物种类和生育进程而变。在许多作物中，开花前的同化物主要分配到营养器官中，开花后的同化物主要分配到生殖器官或产品器官中，且开花前后植株体内的碳水化合物均有暂时的贮存，用于生长后期同化量不能满足需求时的再分配（图 5-1）。

在作物生长过程中，同化物分配到不同器官的部分与同化物利用效率或生长效率的乘积即为作物器官及植株的生长速率。然而，生物量在植株器官间的分配与作物的生长发育是不同的过程。作物器官的分配模式是生理年龄的函数，一般不考虑叶、茎、根和贮藏器官的形状和数量。

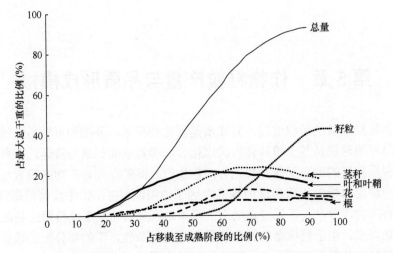

图 5-1　有限生长型禾谷类作物整个生长期中不同器官间同化物分配的一般模式

5.1.1　日同化量的分配

对于有限生长型作物来说，模拟新生物量的分配时，需运用分配中心的概念，即在任何时期供生长利用的碳水化合物根据中心的优先性分配到各器官中。当然，植株的分配中心随生育期推进慢慢转移。在模拟研究中，可以考虑使同化物首先在地上部与地下部进行分配，然后以地上部的分配量为基础，再进一步分配到叶、茎、穗等器官（图 5-2）。当模拟水分胁迫的效应时，这种两步分配的程序具有明显的优越性。此外，不同基因型、管理措施、温度、土壤养分等对新生同化物的分配模式也有一定的影响。

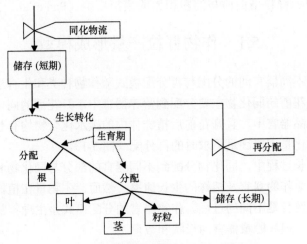

图 5-2　植株同化物分配过程的关系流程图

对于无限生长型作物，只要环境条件保持适宜，生长就会持续进行。植株的生理衰老缓慢，营养器官和生殖器官同时生长，伴随着老组织的衰老，新的分枝或分蘖不断形成。因而同化物分配模式具有一定的稳定性。对这类作物分配模式的模拟，可通过把物候学的发育速率降到一个较低的水平值来实现。

描述同化物分配的两个重要概念是分配系数和分配指数，分配系数是某一植株部分干重的增加量占整株干重增加量的比例。不同的植株器官具有不同的分配系数，特定器官的分配系数随生理年龄而有较大变化。因此要准确模拟同化物的分配量与器官的生长量，必须量化不同器官分配系数随时间变化的动态特征。但现有采用分配系数的方法来模拟同化物分配的作物生长模型中，往往假定同化物在根、茎、叶和穗之间的分配遵循一个固定的模式，认为分配是形态发生的一个量变方面，仅受发育阶段驱动，通常不考虑环境条件、栽培措施等因素对分配的影响，且分配系数多为非连续的阶段性取值，缺乏统一性和准确性。另外，这样的作物器官物质分配系数往往具有明显的测定误差。

分配指数是指某一植株部分干重占植株总干重的比例。分配指数避免了分配系数计算中两次取样时间间隔长短和两次取样样本的大小不同所造成的误差。在某种程度上，植株各器官干重占总干重的比例在较短的时间间隔内是基本稳定的，因而分配指数对于研究作物整个生长期中各器官所占比例的大小及变化动态更具科学性和确定性。因此，可以考虑以物质分配指数代替分配系数，以生理发育时间（PDT）为尺度表示发育进程，建立作物各器官干物质分配指数与生理发育时间关系的模拟模型，以提高模型对干物质分配预测的精度和对环境条件的适应性。

（1）同化物在地上与地下部分的分配

假设植株冠层光合生产累积的生物量首先在地上部与地下部之间进行分配，然后以地上部分配量为基础，再进一步向叶、茎鞘和穗中进行分配（Penning de Vries et al.，1989）。则地上部与地下部的分配指数可以定义为植株地上部分或地下部分干重占整株干重的比例：

$$PIS = TOPWT / BIOMASS \tag{5.1}$$

$$PIR = ROOTWT / BIOMASS \tag{5.2}$$

式中，PIS 和 PIR 分别为地上和地下部分的分配指数；TOPWT 和 ROOTWT 分别为地上和地下部分的干重；BIOMASS 为群体生物量。

在不受营养、水分等条件限制下，作物出苗后随着植株的生长，其生物量向地上部的分配逐渐增多。以水稻为例，地上部的生物量分配指数由生育初期的 0.63 逐渐增加到成熟时的 0.92 左右，可用一个二次曲线函数对其进行拟合，由此初步建立水稻地上部与地下部生物量分配指数随生理发育时间变化的基本模式如公式（5.3）和公式（5.4）所示，曲线关系如图 5-3 所示：

$$PISH = -8.42 \times 10^{-5} \times PDT^2 + 0.01 \times PDT + 0.63 \tag{5.3}$$

$$PIRO = 1 - PISH \qquad (5.4)$$

式中，$PISH$ 和 $PIRO$ 分别为地上部与地下部的生物量分配指数，定义为植株地上部或地下部干重占植株总干重的比例；PDT 为描述水稻发育进程的生理发育时间。

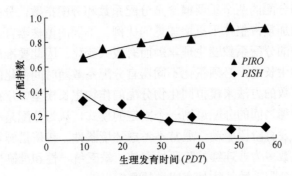

图 5-3　水稻地上部与地下部干物质分配指数随生理发育时间（PDT）的变化动态

（2）地上部分各器官间同化物的分配

地上部绿叶、茎、果实（穗）的分配指数定义如下：

$$FLVG = WLVG \,/\, TOPWT \qquad (5.5)$$

$$FST = WST \,/\, TOPWT \qquad (5.6)$$

$$FSP = WSP \,/\, TOPWT \qquad (5.7)$$

式中，$FLVG$、FST 和 FSP 分别为绿叶、茎和果实（穗）的分配指数；$WLVG$、WST 和 WSP 分别为绿叶、茎和果实的干重；$TOPWT$ 为地上部干重。

以水稻为例，尽管不同播期下 3 个不同类型品种，早熟中粳'越光'、晚熟中粳'6427'和早熟晚粳'RR109'，其生育期变异很大，最大差异达 50 多天，但其叶片、茎鞘及穗的干重占地上部干重的比例，即分配指数，随生理发育时间的变化动态遵循一个基本模式，那就是各器官的分配指数均为生理发育时间（PDT）的函数（图 5-4）。绿叶的干物质分配指数（$PIGL$）在出苗时最高，随后则随 PDT 的增加而逐渐降低，其降低过程明显分为两段，以 $PDT=26$ 时为转折点，此时约为穗分化末期，接近孕穗（$PDT=28$）。在此之前植株生长中心由叶片逐渐向茎鞘转移，$PIGL$ 以较小速率线性下降，由出苗时的 0.54 降为 $PDT=26$ 时的 0.42 左右；此后进入茎鞘干重迅速增长期和幼穗干重增长初期，茎鞘成为植株生长中心，并逐渐向穗转移，致使 $PIGL$ 以较快速率呈指数式下降，一直降低到成熟时的 0.10 左右。茎鞘的分配指数在抽穗前随 PDT 的增加逐渐增大，灌浆初期（PDT 为 35）达到最大值，此后随生长中心向穗的转移而迅速下降。穗的分配指数由 $PDT=24$ 时开始随 PDT 的增加而迅速增大，其动态轨迹呈典型的 Logistic 函数模式。建立各器官干物质分配指数随 PDT 变化的基本模式如下：

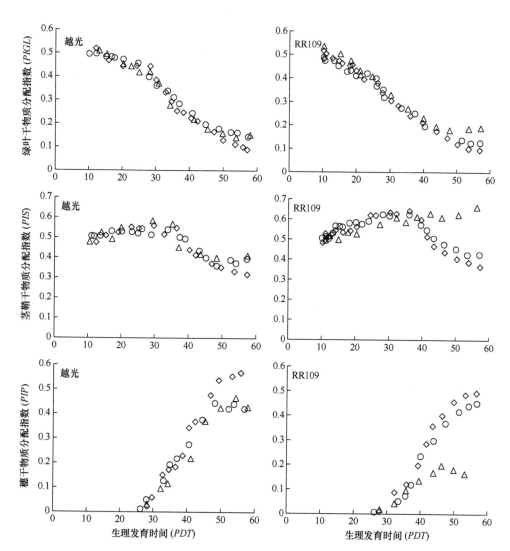

图 5-4 品种'越光'和'RR109'不同播期地上部各器官干物质分配指数与生理发育时间的关系
◇ 播期 4 月 29 日；○ 播期 6 月 3 日；△ 播期 7 月 15 日

$$PIGL = \begin{cases} 0.54 - 0.0046 \times PDT, & PDT < 26 \\ 1.4532 \times \exp(-0.0492 \times PDT), & PDT \geqslant 26 \end{cases} \quad (5.8)$$

$$PIP = \begin{cases} PPIP \times \dfrac{1}{1 + \exp\left[-0.2804 \times (PDT - 39)\right]}, & PDT \geqslant 24 \\ 0, & PDT < 24 \end{cases} \quad (5.9)$$

$$PIS = 1 - PGIL - PIP \quad (5.10)$$

式中，*PIGL*、*PIP* 和 *PIS* 分别为绿叶、穗和茎鞘的干物质分配指数；*PPIP* 为潜在穗分配指数，与品种潜在收获指数 *PHI* 有比例关系，*PHI* 为品种特定的遗传参数。

$$PHI = PPIP \times 0.87 \tag{5.11}$$

（3）影响同化物分配的因子

植株干物质在各器官间的分配指数均为生理发育时间的函数，基因型、播期及氮营养水平对各器官干重分配指数的基本模式没有显著影响（图 5-4 和图 5-5），但影响分配指数值的大小。以水稻为例，基因型、播期及氮营养水平影响各器官干重分配指数值的大小。例如，基因型对叶片分配指数（*PIGL*）有一定影响，与茎秆粗壮型品种'RR109'相比，茎秆细弱型品种'越光'的 *PIGL* 较高，但其茎鞘分配指数（*PIS*）则较低，'RR109'的 *PIS* 最高达 0.63，'越光'则为 0.58。基因型对穗分配指数（*PIP*）影响较大，6 月 3 日播期下'越光'的最大 *PIP* 为 0.58，而'RR109'仅为 0.49。不同基因型品种，即使在播期、生育期一致及生长条件也适宜的条件下，穗分配指数仍然表现出较大差异，因此，穗的潜在分配指数应为品种特定的遗传参数。

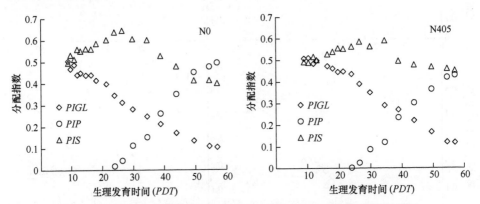

图 5-5　不同氮水平对水稻品种'9325'地上部各器官分配指数的影响
N0 和 N405 分别代表不施氮和施氮量为 405kg N/hm²

播期对干物质分配的影响，主要表现为通过温度影响穗和籽粒的发育与生长，进而造成穗干物质分配指数的变化，最后间接地影响到营养器官的干物质再分配。适期播种下的温度条件对穗干物质分配最为适宜，因此 *PIP* 最高，可看作是穗的潜在分配指数。而早播和晚播均出现不利于穗发育的温度，如在南京播期为 4 月 29 日的条件下，水稻在灌浆期会出现高温，特别是早熟粳稻'越光'在抽穗前后 10d 的日平均温度为 33℃、日最高温度为 36℃，此时，'越光'的 *PIP* 较适宜播期条件下下降 15%，'RR109'由于抽穗晚而受高温影响较轻。晚播则因籽粒灌浆结实期出现低温而造成 *PIP* 降低，特别是晚熟的'RR109'受害最严重，*PIP* 降低达 30%左右。在早播或晚播条件下，当 *PIP* 受高温或低温影响而降低时，*PIGL*

和 *PIS* 则相应增大，均高于适期播种，反映出营养器官向穗的再分配因不利温度影响而减少，甚至终止。

环境因素中，氮素供应水平对绿叶分配指数的影响最大，水稻植株体内氮素水平高，分配给形成叶的同化物比例就大。研究显示，叶分配量与叶片含氮量存在极显著正相关。氮素影响因子通过影响绿叶分配指数而间接地调节茎鞘和穗的分配指数，405kg N/hm² 处理下的 *PIS* 和 *PIP* 均低于不施氮肥处理，405kg N/hm² 处理下的 *PIP* 较不施氮肥处理的减少 6%。在氮素供应不足时，穗的干物质分配优先得到保证（吴荣凯等，1965）（图 5-5）。

5.1.2 作物各器官干物质增长

（1）地上部与地下部的干物质增长

地上部与地下部每日干重是植株当日总生物量与地上部和地下部当日分配指数的乘积：

$$SHOOTWT_i = ABIOMASS_i \times PISH_i \qquad (5.12)$$

$$ROOTWT_i = ABIOMASS_i \times PIRO_i \qquad (5.13)$$

式中，$SHOOTWT_i$ 和 $ROOTWT_i$ 分别为每天的地上部和地下部潜在干重（kg/hm²）；$PISH_i$ 和 $PIRO_i$ 分别为每天的地上部与地下部分配指数；$ABIOMASS_i$ 为当天的植株实际生物量（kg/hm²）。

在实际生产条件下，当植株发生水分亏缺时，分配到地上部的干物质减少，而分配到地下部的干物质量则相应增加（Penning de Vries et al.，1989），因此需用水分亏缺因子调节地上部的干物质分配量。

$$ASHOOTWT_i = ASHOOTWT_{i-1} + \left(SHOOTWT_i - SHOOTWT_{i-1}\right) \times WDF \qquad (5.14)$$

$$AROOTWT_i = ABIOMASS_i - ASHOOTWT_i \qquad (5.15)$$

$$WDF = \min\left(1.0, 0.5 + T_a/T_p\right) \qquad (5.16)$$

式中，$ASHOOTWT_i$ 和 $ASHOOTWT_{i-1}$ 分别为第 i 天、第 $i-1$ 天的地上部实际干重（kg/hm²）；$AROOTWT_i$ 为第 i 天地下部的实际干重（kg/hm²）；WDF 为水分亏缺对分配指数的影响因子，其值为 0～1；T_a 与 T_p 分别为冠层实际蒸腾与潜在蒸腾，由土壤水分平衡模型计算。

（2）地上部各器官的干物质增长

当叶、茎鞘和穗的生长不受环境因子制约时，绿叶、茎鞘和穗的每日干重是地上部每日实际干重与各器官当日分配指数的乘积：

$$WGL_i = ASHOOTWT_i \times PIGL_i \qquad (5.17)$$

$$WST_i = ASHOOTWT_i \times PIS_i \qquad (5.18)$$

$$WPA_i = ASHOOTWT_i \times PIP_i \tag{5.19}$$

式中，WGL_i、WST_i 和 WPA_i 分别为第 i 天绿叶、茎鞘和穗的潜在干物质量（kg/hm^2）；$PIGL_i$、PIS_i 和 PIP_i 分别为相应的分配指数。

在实际生产条件下，环境因子对绿叶和穗的每日干物质分配量进行调节：

$$AWGL_i = AWGL_{i-1} + (WGL_i - WGL_{i-1}) \times \min(WDF, NNI) \tag{5.20}$$

$$AWPA_i = AWPA_{i-1} + (WPA_i - WPA_{i-1}) \times \min(HTF, LTF) \tag{5.21}$$

$$AWST_i = ASHOOTWT_i - AWGL_i - AWPA_i \tag{5.22}$$

式中，$AWGL_i$、$AWPA_i$ 和 $AWST_i$ 分别为第 i 天绿叶、穗和茎鞘的实际干物质量（kg/hm^2）；$AWGL_{i-1}$ 和 $AWPA_{i-1}$ 分别为第 i–1 天绿叶和穗的实际干物质量（kg/hm^2）；而 WGL_{i-1} 和 WPA_{i-1} 则分别为第 i–1 天绿叶和穗的潜在干物质量（kg/hm^2）；WDF 为水分亏缺因子；NNI 为氮营养指数；HTF 和 LTF 分别为高温和低温胁迫对结实率的影响因子。

在小麦开花期，超过一定温度阈值的高温胁迫会明显造成小花败育，导致最终结实粒数的降低。目前多数研究均认为，小穗小花结实率随着开花当日温度升高而显著降低（Wheeler et al.，1996）。根据前人研究，Liu 等（2020）采用 Logistic 公式来模拟高温胁迫对小麦籽粒结实率的影响效应，具体计算如下：

$$HTF = \frac{1}{1 + HTS \times \exp\left[0.5 \times (T_{\mathrm{day},j} - T_{\mathrm{c,GN}})\right]} \tag{5.23}$$

式中，$T_{\mathrm{day},j}$ 为开花第 j 天的白天平均温度而不是日最高温度，主要是由于小麦开花主要在白天进行，采用白天平均温度可以更好地量化每日小麦开花期间的温度状况，$T_{\mathrm{day},j}$ 的计算采用白天 12h 温度平均值；$T_{\mathrm{c,GN}}$ 为高温胁迫影响结实率的阈值温度，参考前人研究结果及拟合人工气候室观测数据取值为 27℃；HTS 为品种耐热性参数，主要反映不同品种结实率对高温胁迫响应的差异，具体计算见第 6 章。

另外，以水稻为例，基于日平均温度可以模拟抽穗开花期低温对水稻结实率的影响，具体计算如下：

$$LTF = 1 - \left(4.6 + 0.054 \times Qt^{1.56}\right)/100, \ 26 \leqslant PDT \leqslant 39 \tag{5.24}$$

$$Qt = \sum(22 - T), \ T \leqslant 22℃ \tag{5.25}$$

式中，T 为光敏感阶段结束至开花后 4d 内的日平均温度。

（3）产量形成的计算

产量的计算需要考虑作物成熟时籽粒干重占穗重的比例，以及籽粒水分对产量的修订因子；水稻成熟时稻谷干重占穗重的比例一般为 0.82～0.92，平均为 0.87，小麦为 0.8；水稻水分含量对产量的修订系数为 1.14，小麦为 1.125。若籽粒产量以烘干重表示，则不需要再用水分修订系数。例如，水稻产量的计算公式为

$$YIELD = AWPA \times 0.87 \times 1.14 \qquad (5.26)$$

式中，$AWPA$ 为穗的实际干物质量。

5.2 作物籽粒品质形成模型

随着经济的发展和人民生活水平的提高，人们对作物品质的要求也越来越高，作物籽粒品质的优劣引起了生产者、粮食部门、商业部门、加工企业乃至消费者的广泛重视。品质的改良、品质与生态环境间的关系也成为当前研究的热点。作物品质是一个复杂的综合性状，既受遗传基因的控制，也受生态环境的影响（Liu et al.，2017；范雪梅等，2004）。前人研究认为，基因型是小麦品质性状的关键，但也有研究认为环境效应对品质的影响更为突出（Li et al.，2015；Labuschagne et al.，2009）。

作物籽粒的品质主要取决于籽粒中的化学成分，其中蛋白质和淀粉含量在很大程度上决定了作物籽粒的主要品质特性。例如，小麦籽粒蛋白质含量为 6.9%～22.0%，蛋白质及其组分的含量和质量决定了小麦的营养价值及加工品质，其中清蛋白和球蛋白含有较多的人体必需氨基酸，决定了小麦的营养品质，醇溶蛋白决定面团的黏着性和延伸性，谷蛋白则主要决定面团的弹性，两者的含量和比例，决定着面粉的加工品质。淀粉是小麦籽粒的主要成分，约占籽粒干重的 65%、面粉重量的 70%～80%。小麦淀粉含量及颗粒状况影响面粉的出粉率、白度、α 淀粉酶活性（降落值）和灰分含量及淀粉的直/支比和糊化特性等，因而决定着加工产品的外观品质和食用品质（Liu et al.，2019）。

作物籽粒品质的形成是基于植株体内碳水化合物和氮素的积累与转运，而籽粒中淀粉和蛋白质积累的速率又受叶片光合产物生产、茎贮存光合产物的积累与再分配及籽粒中淀粉和蛋白质积累能力等多个因子的限制（曹卫星等，2005）。一般可以通过模拟植株氮吸收与籽粒氮积累动态建立单籽粒氮积累速率的动态模型，在此基础上建立籽粒蛋白质含量与蛋白质产量形成的模拟模型。同时，通过解析植株碳素的积累和转运及籽粒碳素的转化利用和淀粉积累的基本规律及其与影响因子之间的关系，构建基于花后碳流生理过程的籽粒淀粉形成模型，从而为定量描述和动态预测不同生长条件下的籽粒淀粉与蛋白质指标奠定基础。本节以小麦为例，介绍作物籽粒氮碳积累与蛋白质和淀粉形成的模拟模型。

5.2.1 籽粒蛋白质形成模型

（1）籽粒中氮积累动态

以小麦单粒蛋白质含量代替基于单位籽粒重的蛋白质含量可以克服蛋白质含

量随碳水化合物进入籽粒而变化的量化缺点,代表了籽粒中氮素积累的实际动态。灌浆初期籽粒初始蛋白质含量被认为是一个定值(0.105mg N/粒),不随环境条件和品种而变。因此,小麦单籽粒氮积累动态可计算如下:

$$GN_i = \begin{cases} GN_0 + GNR_1, & i = 1 \\ GN_{i-1} + GNR_i, & i > 1 \end{cases} \quad (5.27)$$

式中,GN_0 为籽粒初始氮积累量;GN_{i-1} 和 GN_i 分别为灌浆第 i–1 与第 i 天籽粒氮积累量;GNR_i 为第 i 天籽粒氮积累速率,取决于每日可获取氮源(图5-6):

$$GNR_i = 3GNR_m \left[1 - \exp(-0.20GNA_i) \right] \times \min \left[f(T_i), f(W_i), f(N_i) \right] \quad (5.28)$$

式中,GNR_m 为单籽粒氮最大积累速率 [mg N/(d·粒)];$f(T_i)$、$f(N_i)$ 和 $f(W_i)$ 分别为温度、氮素与水分影响因子,具体算法见公式(5.29)~公式(5.31);GNA_i 为灌浆期间第 i 天籽粒可获取氮源 [mg N/(d·粒)]。

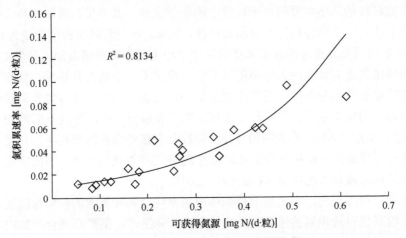

图 5-6 灌浆期小麦籽粒氮积累速率与可获得氮源的关系

$f(T_i)$ 为温度对籽粒氮积累的影响因子,取值为 0~1,当日均温越接近最适温度,$f(T_i)$ 取值越接近1:

$$f(T_i) = \begin{cases} \sin \left(\dfrac{T_i - T_{min,i}}{T_o - T_{min,i}} \times \dfrac{\pi}{2} \right), & T_i < T_o \\ \cos \left(\dfrac{T_i - T_o}{T_{max,i} - T_o} \times \dfrac{\pi}{2} \right), & T_i \geqslant T_o \end{cases} \quad (5.29)$$

式中,T_i 为每日平均温度;$T_{min,i}$ 与 $T_{max,i}$ 分别为每日最低与最高气温;T_o 为氮积累的最适温度,一般取值为 24.2℃(Pan et al.,2006)。

$f(W_i)$ 为水分效应因子:

$$f\left(W_i\right)=\begin{cases}\dfrac{T_a}{T_p}\\[3mm]1-\dfrac{1}{1+105.6\exp\left(-0.234\times T_w\right)},\quad\text{渍水条件}\end{cases}\qquad(5.30)$$

式中，T_a 和 T_p 分别为小麦植株实际与潜在蒸散，T_a 不仅表明了水分胁迫状况，而且反映了由于土壤温度下降植株减少水分吸收的效应。如果小麦处于渍水状态，$f(W_i)$ 取决于渍水持续的时间（T_w）。T_a、T_p 与 T_w 的取值来自于土壤水分平衡模型。

$f(N_i)$ 量化了植株氮水平对籽粒氮积累速率的影响，可以通过公式（5.31）计算得到，美国 CERES 模型也是采用该方法进行模拟的。

$$f\left(N_i\right)=\left[1.0-\frac{CNP_i-ANP}{CNP_i-MNP}\right]^2\qquad(5.31)$$

式中，ANP 为植株实际氮含量；CNP_i 为植株临界氮含量，可以通过公式（5.32）模拟得到，其中 DW_i 为每日地上部干重（kg/hm^2）；MNP 为植株最小氮含量，取值为 CNP 的 50%。

$$CNP_i=\begin{cases}4.4\%,&DW_i<1.55\times10^3\\5.35DW_i^{-0.442},&DW_i\geqslant1.55\times10^3\end{cases}\qquad(5.32)$$

（2）植株氮吸收

公式（5.28）中，GNA_i 为灌浆期第 i 天单籽粒可获取的氮源，由第 i 天籽粒可获取的总的氮源（$TGNA_i$）与籽粒数的比值计算获得。$TGNA_i$ 取决于第 i 天植株同化的氮量 [NUP_i, mg N/d] 与营养器官向籽粒运转的氮量 [NTR_i, mg N/d] 的累加：

$$TGNA_i=NUP_i+NTR_i\qquad(5.33)$$

研究表明，开花前后氮的吸收过程存在显著差异，自播种至开花期，氮的吸收过程取决于叶面积不断增加的氮需求（U_L）与非叶片组织干物质积累的氮需求（U_{nL}）：

$$NUP_{pre}=(U_L+U_{nL})\times f\left(LTS_{\text{Nuptake},i}\right)\qquad(5.34)$$

式中，$f(LTS_{\text{Nuptake},i})$ 为花前低温胁迫对植株地上部氮吸收的影响因子，其计算见公式（5.35）；NUP_{pre} 为开花前氮的吸收量（g/m^2）；U_{nL}（g/m^2）与地上部干物质积累量密切相关（图 5-7），U_L（g/m^2）则取决于绿叶面积指数。

$$f\left(LTS_{\text{Nuptake},i}\right)=1\times\exp S_{\text{LTS\_Nuptake}\times ACDD_i}\qquad(5.35)$$

式中，$S_{\text{LTS\_Nuptake}}$ 为植株地上部氮吸收对低温胁迫的敏感性；$ACDD$ 为累计低温度日，具体算法见第 6 章。

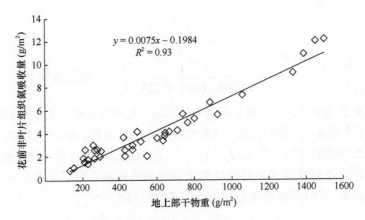

图 5-7　花前非叶片组织氮吸收量与地上部干重的关系

$$U_{\mathrm{L}} = U_{\mathrm{LM}} \times \left\{ 1 - \left[-0.5 \left(LAI_i + 0.1 \right) \right] \right\} \tag{5.36}$$

$$U_{\mathrm{nL}} = 0.0075 DW_i - 0.2 \tag{5.37}$$

式中，U_{LM} 为与叶面积增加相关的氮最大积累速率，取值为 0.4g N/(m²·d)；DW_i 为第 i 天的地上部干重（g/m²）。

开花后氮的吸收随籽粒重（GDW，g/m²）的增加呈负指数递增（图 5-8）：

$$NUP_i = NUP_{\mathrm{m}} \times PFD \times \left[1 - \cos \left(fNA \times \frac{\pi}{5} \right) \times \exp \left(-0.0012 \times GDW_i \right) \right] \\ \times f \left(N_i \right) \times f \left(W_i \right) \times f \left(HTS_{\mathrm{Nuptake},i} \right) \tag{5.38}$$

式中，NUP_i 为自开花至花后第 i 天的氮吸收量（g/m²）；NUP_{m} 为花后氮的潜在吸收速率，取值为 0.6g N/(m²·d)；PFD 为生理灌浆持续期，指的是在最适的温度条件下籽粒灌浆持续的天数，为品种参数；fNA 为开花期植株氮积累量对花后氮吸收过程的影响因子，取决于开花前植株氮的吸收量，具体算法见公式（5.39）；$f(W_i)$ 为影响氮吸收过程的水分效应因子；$f(N_i)$ 为影响氮吸收过程的氮素效应因子；因为小麦在花后经常出现高温胁迫，影响植株地上部氮吸收，因此 $f(HTS_{\mathrm{Nuptake},i})$ 为花后高温胁迫对植株地上部氮吸收的影响因子，计算见公式（5.40）。

$$fNA = 1.0 - nk \left(NAA - NAA_{\mathrm{o}} \right)^2 \tag{5.39}$$

式中，nk 为常数，取值为 0.0049；NAA 为开花期植株氮积累量；NAA_{o} 为花后氮吸收量达到极限时的 NAA，取值为 16.23；如图 5-9 所示，如果开花期植株的氮积累量超过了 NAA_{o}，花后氮的吸收过程将受到抑制，吸收量降低。图 5-10 表明，当 nk 与 NAA_{o} 取值发生变化时，NAA 与 fNA 间的定量关系的变化不显著。

$$f \left(HTS_{\mathrm{Nuptake},i} \right) = 1 - 0.042 \times \left(HDD_i \right)^{S_{\mathrm{HTS\_Nuptake}}} \tag{5.40}$$

式中，$S_{\text{HTS\_Nuptake}}$ 为植株地上部氮吸收对高温胁迫的敏感性；HDD_i 为累计高温度日，具体算法见第 6 章。

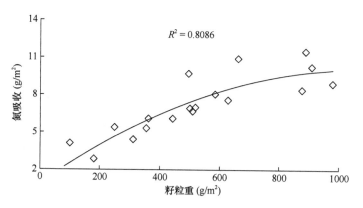

图 5-8　花后氮吸收与籽粒重的动态关系

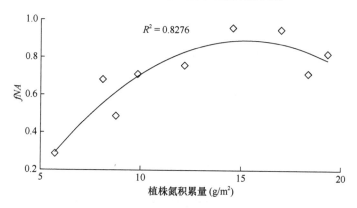

图 5-9　fNA 与开花期植株氮积累量的关系

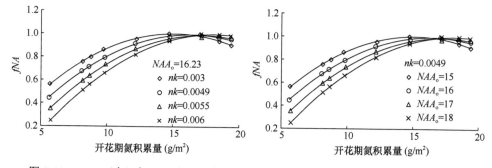

图 5-10　NAA_o（左）与 nk（右）两个常数的取值对 fNA 与开花期氮积累量关系的影响

（3）营养器官氮向籽粒的再运转

营养器官氮向籽粒的再转运量（NTR_i）可由公式（5.41）计算：

$$NTR_i = NTL_i + NTS_i + NTG_i \tag{5.41}$$

式中，NTL_i、NTS_i和NTG_i分别为叶、茎和穗部营养体再运转的氮量。根部氮的再运转过程在模型中暂未考虑，由于根中的干物质在根系生长过程中是逐渐缩小的一部分，模型中把根中氮作为土壤中不可利用氮的一部分。NTL_i随花后叶面积指数（LAI）的递减呈线性变化（图5-11）：

$$NTL_i = SLNC \times \left(LAI_i - LAI_{i+1}\right) \tag{5.42}$$

式中，$SLNC$为单位叶面积的叶片氮含量。Jamieson和Semenov（2000）指出，单位叶面积的绿色组织氮浓度稳定不变，这里$SLNC$取值为1.28g N/(LAI·m²)（图5-11）。如果叶片氮浓度降至最低，叶片中氮的再运转过程将停止，如果叶片氮浓度超过上限，花后氮的吸收过程将停止。

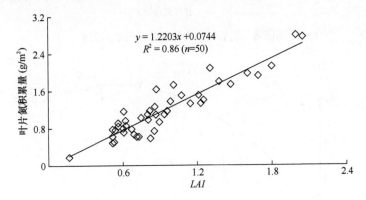

图5-11 花后叶片氮积累量与LAI的关系

茎中氮浓度（NSC_i）自拔节至成熟期呈指数递减（图5-12）：

$$NSC_i = 350 \times STC \times \left(0.01GDD_i\right)^{-2.37} \tag{5.43}$$

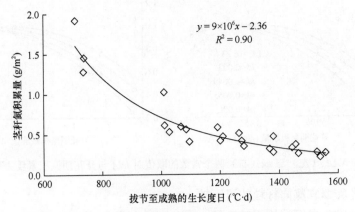

图5-12 拔节至成熟期茎秆中氮浓度的变化动态

花后茎中氮（NTS_i）的再运转过程由茎中氮浓度的逐渐降低确定：

$$NTS_i = 100 \times STC \times \left[(0.01GDD_i)^{-2.37} \times STW_i - (0.01GDD)_{i+1}^{-2.37} \times STW_{i+1} \right] \quad （5.44）$$

式中，STC 为开花期茎中氮浓度，由开花期茎中氮积累量与茎干重的比值确定；STW_i 为第 i 天的茎干重，由物质生产与器官建成子模型确定。茎中氮浓度降到 0.2% 以下时，茎的生长将受到抑制，再运转过程也将停止，即 $NTS_i=0$；同时，茎作为贮存氮的主要器官，氮浓度可达到 2%。

开花至成熟期穗部营养体中氮浓度（NGC_i）呈线性递减（图 5-13）：

$$NGC_i = 2NGC_{max} \quad （5.45）$$

式中，NGC_{max} 为开花期穗部营养体的氮含量，由开花期小麦植株的总氮含量决定，穗部营养体中氮积累量与植株总氮积累量的比值为一个恒定值，取值为 0.25。花后穗部营养体每日可运转的氮量可以通过公式（5.46）计算得到，其中 GLW_i 为第 i 天穗部营养体干重，由物质生产与器官建成子模型确定。

$$NTG_i = -0.002 \times \left(GDD_i \times GLW_i - GDD_{i+1} \times GLW_{i+1} \right) \quad （5.46）$$

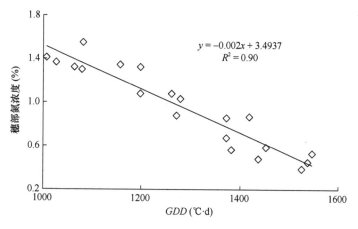

$$y = -0.002x + 3.4937$$
$$R^2 = 0.90$$

图 5-13　抽穗至成熟期穗部营养体氮浓度变化动态

5.2.2　籽粒淀粉形成模型

资料分析表明，小麦籽粒淀粉积累速率取决于灌浆期籽粒可获得的碳源数量和籽粒本身的淀粉合成能力。淀粉合成所需的光合产物既可来自光合器官生产的即时光合产物，又可来自营养器官中贮存光合产物的再利用。贮存光合产物又分为开花前贮存和开花后贮存两部分，前者对籽粒重的贡献为 3%～30%，后者为 10%～25%。籽粒的淀粉合成能力表现为显著的品种间差异，且同一小麦品种不同灌浆时期对同化物的利用能力也明显不同。籽粒淀粉的积累过程以籽粒干物质积累过程为主线，受到灌浆期温度、氮素和植株水分状况的综合影响。

（1）籽粒淀粉积累

小麦灌浆过程包括初始、灌浆和成熟 3 个阶段。开花后的 1～2 周，籽粒干物质积累速率相对较小，但此阶段为籽粒淀粉积累容量的奠定时期，此时籽粒中初始淀粉积累量约为 3.0mg/粒。灌浆阶段是籽粒淀粉线性积累的阶段，成熟阶段淀粉的沉积速率迅速下降。单籽粒淀粉积累动态模型可用式（5.47）表示：

$$GST_i = \begin{cases} GST_0 + STR_1, & i = 1 \\ GST_{i-1} + STR_i, & i > 1 \end{cases} \tag{5.47}$$

式中，GST_0 为籽粒初始淀粉积累量；GST_{i-1} 和 GST_i 为开花后第 $i-1$ 天和第 i 天籽粒的淀粉积累量；STR_1 和 STR_i 为开花后第 1 天和第 i 天的淀粉积累速率 [mg/(粒·d)]，取决于每日可获取的碳源和籽粒对碳源的利用能力（图 5-14）：

$$STR_i = \left[STR_m \times f(A_i) \right] \times \left[1 - \exp(-0.72 GCA_i) \right] \times f(T_i) \times f(W_i) \times f(N_i) \\ \times \min\left[f(LTS_i), f(HTS_i) \right] \tag{5.48}$$

式中，STR_m 为籽粒淀粉最大积累速率 [mg/(粒·d)]，反映了不同品种淀粉合成能力的差异，为品种参数；GCA_i 为开花后第 i 天籽粒可获取的碳源 [mg/(粒·d)]，由公式（5.54）计算；$f(A_i)$ 为开花后第 i 天籽粒的淀粉合成能力因子。籽粒中可溶性总糖的含量一方面标志着源端的同化物供应能力，另一方面又反映出库端（籽粒）对同化物的转化和利用能力，因此 $f(A_i)$ 与籽粒中可溶性碳水化合物含量的变化密切相关。灌浆期籽粒中可溶性总糖含量呈现先逐渐下降，至灌浆中期又缓慢上升的变化趋势（图 5-15a），$f(A_i)$ 则呈现先指数增加后线性下降的变化趋势（图 5-15b）：

$$f(A_i) = \begin{cases} 0.0622 \times \exp(0.0127 \times GDD_i), & GDD_i \leqslant GDD_m \\ 1.75 - 0.0024 \times GDD_i, & GDD_i > GDD_m \end{cases} \tag{5.49}$$

式中，GDD_i 为开花后第 i 天的积温；GDD_m 为 $f(A_i)$ 达到最大值时的积温，对应于最大灌浆速率时的积温，一般为 230～250℃·d。

$f(T_i)$ 为淀粉积累的温度影响因子，取决于灌浆期的温度条件：

$$f(T_i) = \begin{cases} 0.65 + \left[0.079 - 0.0033 \times (T_{\max i} - T_{\min i}) \right] \times (T_{\max i} - 10)^{0.8}, & T_i < T_o \\ 1, & T_i \geqslant T_o \end{cases} \tag{5.50}$$

式中，$T_{\max i}$ 和 $T_{\min i}$ 为每日最高温度和最低温度；T_o 为淀粉积累的最适温度，取值为 23℃。

$f(N_i)$ 为淀粉积累的氮素影响因子，取决于叶片氮浓度：

$$f(N_i) = \frac{n_i - n_{\min}}{n_{\max} - n_{\min}} \tag{5.51}$$

式中，n_i 为开花后第 i 天的叶片氮浓度；n_{min} 为叶片最小氮浓度；n_{max} 为叶片最大氮浓度，随生育进程略有变化，由植株氮积累动态模型确定。$f(W_i)$ 为淀粉积累的水分影响因子，见公式（5.30）。

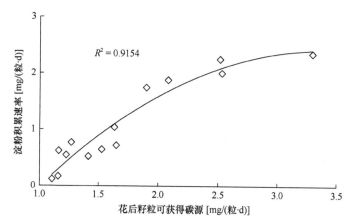

图 5-14　籽粒淀粉积累速率与花后籽粒可获得碳源的关系

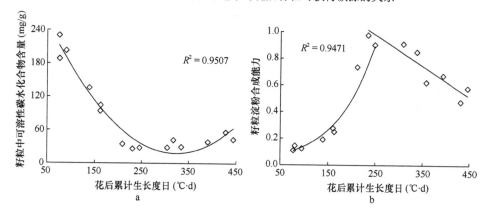

图 5-15　花后籽粒可溶性碳水化合物（a）与籽粒淀粉合成能力（b）的变化动态

$f(LTS_i)$ 为花前低温对籽粒淀粉积累速率的影响，其计算公式如下：

$$f(LTS_i) = 1 - S_{LTS\_GrainStarch} \times ACDD_i \qquad (5.52)$$

式中，$S_{LTS\_GrainStarch}$ 为小麦的品种参数，在拔节期设为 0.016；孕穗期 $S_{LTS\_GrainStarch}$ 在品种间差异较大，'扬麦 16'设为 0.032，'徐麦 30'设为 0.028；$ACDD_i$ 为累计低温度日，具体算法见第 6 章。

$f(HTS_i)$ 为花后高温对籽粒淀粉积累速率的影响，其计算公式如下：

$$f(HTS_i) = 1 - 0.022 \times (HDD_i)^{S_{HTS\_GrainStarch}} \qquad (5.53)$$

式中，$S_{HTS\_GrainStarch}$ 为小麦的品种参数，开花期'扬麦 16'和'徐麦 30'分别设为 0.48 和 0.60，灌浆期分别设为 0.36 和 0.37；HDD_i 为累计高温度日，具体算法见

第6章。

（2）籽粒碳源获取

光合产物是小麦籽粒产量形成的基础，也是淀粉积累的物质基础。小麦叶片生产的光合产物可分为两部分：一是开花前形成的光合产物，当这部分光合产物生产量大于植株结构生长所需时，多余部分在茎鞘等营养器官中贮存；二是开花后生成的光合产物，根据其去向也可分为两部分，一部分暂时贮存于茎鞘中，灌浆中后期再分解运输至籽粒中，另一部分则直接运输到籽粒中。公式（5.54）中，GCA_i 为开花后第 i 天籽粒可获取的碳源 [mg/(粒·d)]，取决于第 i 天直接运输到籽粒中的即时光合产物和再转的贮存光合产物：

$$GCA_i = GCP_i + GCT_i \qquad (5.54)$$

式中，GCP_i 为被籽粒利用的即时光合产物；GCT_i 为向籽粒再运转的贮存光合产物。

$$GCP_i = \begin{cases} (TOPWT_i - TOPWT_{i-1}) - (VWT_i - VWT_{i-1}), & i < GDD_m \\ TOPWT_i - TOPWT_{i-1}, & i \geqslant GDD_m \end{cases} \qquad (5.55)$$

式中，$TOPWT_i$ 和 $TOPWT_{i-1}$ 分别为开花后第 i 天和第 $i-1$ 天小麦植株地上部的总干重；VWT_i 和 VWT_{i-1} 分别为开花后第 i 天和第 $i-1$ 天营养器官的总干重，由物质分配和器官建成子模型模拟得到。GDD_m 为花后贮存光合产物再运转开始的时间，茎鞘等营养器官中贮存光合产物的再分配一般在籽粒干物质积累速率较为恒定（最大速率）且净同化速率开始下降时开始。当 $i>GDD_m$ 时，营养器官中贮存的光合产物开始向籽粒运转，营养器官的干重逐渐减小，如公式（5.56）和图 5-16 所示。

$$GCT_i = \begin{cases} 0, & i < GDD_m \\ VWT_{i-1} - VWT_i, & i \geqslant GDD_m \end{cases} \qquad (5.56)$$

式中，VWT_i 和 VWT_{i-1} 分别为开花后第 i 天和第 $i-1$ 天营养器官的总干重。

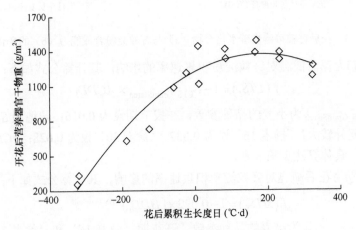

图 5-16 开花后营养器官干重的变化动态

第6章 作物温度胁迫效应模拟

温度是影响作物产量和品质形成的最重要环境因素之一,尤其是在生殖生长期等关键阶段。温度对作物生长发育的影响可以表现为适宜温度范围内的影响和温度胁迫条件下的影响。在作物的生长和发育过程中,每一生理过程都有其相应的最适温度、最低温度和最高温度。温度胁迫一般是指当温度高于最高温度或低于最低温度时,作物生长发育受到抑制的现象。在全球气候变化背景下,气候平均态改变将进一步导致气候波动的增加,进而造成作物生育期内的极端温度胁迫发生更为频繁。因此,量化极端温度胁迫事件对作物生产力的影响,对开展气候变化效应评估并制定作物生产的适应性对策具有重要意义。

在作物生长模型构建过程中,温度是重要的驱动因子,但目前大部分作物生长模型仅仅量化了最低和最高温度范围内的温度变化对发育速率、叶片生长、光合作用、呼吸作用、茎蘖动态、籽粒灌浆、氮素吸收与分配等主要过程的影响,而对温度胁迫条件下上述过程的量化较为缺乏,使得作物生长模型对极端温度事件响应的不确定性较大(Rötter et al., 2011)。因此,解析作物生长发育和产量品质形成对极端温度胁迫的响应机制,构建模拟温度胁迫影响作物生长发育过程的量化算法,对于提升作物生长模型在全球气候变化背景下的适应性尤为重要。

6.1 作物温度胁迫效应

作物关键生育期的极端温度胁迫事件对物候发育、光合作用、籽粒发育、同化物积累与分配、产量品质形成等主要生理生态过程均有显著影响,最终对作物生产力形成产生明显不利影响。本节以稻麦为例,首先基于我国小麦和水稻主产区历史气象资料和农业气象站作物生育期观测资料,定量分析稻麦主产区低温和高温胁迫的时空分布特征及其与作物产量波动之间的关系,并在区域尺度上解析气候变化及生育期变动对极端温度胁迫事件发生的影响。在明确我国稻麦主产区温度胁迫时空分布特征基础上,采用在多年不同温度水平、不同持续时间、不同生育时期极端温度控制试验中获取的数据,系统分析稻麦生长发育和产量品质形成对极端温度胁迫的响应规律,并构建高温和低温胁迫对作物生长发育和产量形成影响的模拟算法。

6.1.1 我国作物温度胁迫时空特征

（1）小麦拔节后低温胁迫的时空分布特征及其与产量的关系

在我国，倒春寒和晚春霜冻害等低温胁迫事件在小麦拔节后频繁发生，已成为冬小麦安全生产的重大威胁。本节基于我国冬小麦主产区 161 个气象站点和 141 个农业生态站点的历史气象资料和冬小麦物候发育数据，分析了 1981~2009 年我国冬小麦主产区拔节期后低温胁迫指标［累计低温度日（ACDD）、累计低温日数（ACD）和降温速率（TDR）］的空间分布特征和时间变化趋势。研究发现，我国冬小麦拔节后低温胁迫呈现明显的生态区域差异，其中黄淮冬麦区低温胁迫最为严重（图 6-1）。在时间分布上，对比气候变化影响下的低温胁迫变化趋势和生育期变化影响下的变化趋势发现，虽然小麦生长季内的温度升高在一定程度上减少了低温胁迫的发生，但因温度升高所带来的小麦生育期提前却造成了低温胁迫的加重，进而使得 1981~2009 年低温胁迫风险并没有显著减少（Xiao et al.，2018）。

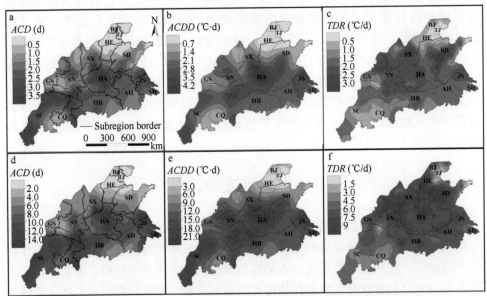

图 6-1　1981~2009 年中国冬小麦主产区拔节后累计低温度日（ACDD）、累计低温日数（ACD）和降温速率（TDR）平均值（a~c）和最大值（d~f）的分布

BJ. 北京；TJ. 天津；HE. 河北；SD. 山东；HA. 河南；SX. 山西；SN. 陕西；GS. 甘肃；SC. 四川；CQ. 重庆；HB. 湖北；AH. 安徽；JS. 江苏；SH. 上海。本章后同

基于冬小麦主产区典型农业气象站点产量观测数据，利用统计模型量化了拔节后低温胁迫对小麦产量波动的影响。发现 4 个生态亚区中，黄淮冬麦区的产量波动对低温胁迫最敏感，累计低温度日每增加 1℃·d，产量则减少 1.5%~2.1%。

1981～2009 年黄淮冬麦区低温胁迫造成的小麦减产幅度最大，其次是长江中下游冬麦区，北方冬麦区最轻。其中，低温胁迫在最严重的黄淮冬麦区，每年造成的减产幅度可达 3.2%～4.6%（Xiao et al.，2018）。

（2）小麦抽穗后高温胁迫的时空分布特征及其与产量的关系

极端高温胁迫（日最高温度大于 30℃）对我国小麦生产的影响主要表现为干热风和高温逼熟。干热风是指小麦生育后期遭遇的伴随着高温和低湿的大风天气，主要发生在我国的北方麦区，对小麦产量造成的损失一般在 5%～20%。而高温逼熟主要是指小麦灌浆期遭遇高温高湿天气使灌浆提前结束，主要发生在南方麦区，特别是长江中下游平原地区。基于 1960～2009 年我国冬小麦主产区 166 个站点抽穗至成熟期内的逐日最高气温资料，系统分析了我国冬小麦主产区生育后期累计高温日数（AHSD）、高温胁迫强度（HSI）、累计高温度日（AHDD）等指标的动态变化规律。结果表明：空间分布上，我国冬小麦生育后期高温胁迫呈现显著的生态区域差异性，其中黄淮冬麦区高温胁迫最为严重，北部冬麦区次之，西南冬麦区和长江中下游冬麦区相对较轻（图 6-2）；时间分布上，整个研究区域除黄淮平原部分地区外，小麦生育后期高温胁迫呈明显加重的趋势，并且南部地区的高温胁迫增加较北方地区更为严重（Liu et al.，2014）。此外，基于主产区 12 个典型生态站点小麦产量观测数据与气候指标之间的多元线性回归，定量分析了抽穗后高温胁迫波动和平均温度波动与小麦产量波动之间的相关关系。结果显示，在整个主产区尺度上，小麦产量波动与平均温度波动和高温胁迫累计度日波动呈显著的负相关关系，说明高温胁迫和平均温度的增加会明显导致小麦产量降低。其中高温胁迫累计度日（HDD）和平均温度可以解释 29%左右的小麦产量年际间的波动。

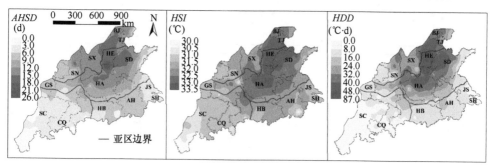

图 6-2　1960～2009 年我国冬小麦主产区生育后期累计高温日数（AHSD）、
高温胁迫强度（HSI）及累计高温度日（AHDD）平均值的空间分布

（3）水稻花后低温胁迫的时空分布特征及其与产量的关系

低温胁迫是水稻生产上常见的自然灾害，长期以来一直威胁着我国水稻生产安全，但低温胁迫在不同地域的时空演变规律及其对水稻产量的影响尚不明确。根据 1981～2015 年中国水稻主产区内 297 个气象站点和 185 个农业试验站点的数据资料，基于花后低温累计日数（CAD）、累计低温度日（ACDD）和低温日较差（CDR）3个低温胁迫指标，从不同角度量化了水稻开花至成熟期间低温胁迫在中国主要种植区域的时空分布，并构建了低温胁迫与水稻产量之间的相关性模型。结果发现，气候变暖降低了我国水稻花后整体的低温灾害风险，但在东北单季稻区，低温胁迫灾害依然严重，黑吉平原亚区（HJS）和辽河平原亚区（LRS）的累计低温度日（ACDD）可达150℃·d以上并且趋于逐年增强（徐晨哲，2019）（图6-3）。

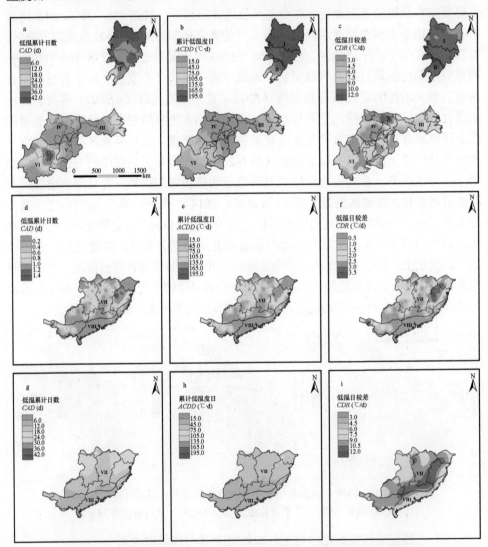

图6-3　1981～2015年我国单季稻区（a～c）、双季早稻区（d～f）及双季晚稻区（g～i）花后低温累计日数（CAD）、累计低温度日（ACDD）和低温日较差（CDR）平均值的空间分布

I. 黑吉平原亚区；II. 辽河平原亚区；III. 长江中下游亚区；IV. 四川盆地亚区；V. 黔东湘西高原亚区；VI. 滇川高原亚区；VII. 江南丘陵平原亚区；VIII. 华南稻作亚区

基于近 35 年来主产区各站点气象及水稻种植管理数据,利用南京农业大学国家信息农业工程技术中心研发的 RiceGrow 水稻生长模型,从不同年代的气象、品种及播期角度设置不同的模拟情景,逐一解析了气候变化、播期调整与品种更新对不同稻作区域水稻花后低温胁迫变化趋势的影响程度。结果表明,气候变化加速了水稻的生育进程,整个主产区水稻的开花期和成熟期分别以 0.13d/a 和 0.15d/a 的速率提前,并使得低温胁迫减少约 58%;品种变化主要导致南方各单季稻区及双季早稻区的开花期与成熟期以大约 0.27d/a 的速率显著推迟,且延长了开花至成熟阶段的持续天数,从而使得花后低温胁迫提升了 26%;播期变化对低温的影响权重相对较小,平均贡献率约为 9%,其对花后生育期和低温胁迫变化的影响因区域不同而异。

(4) 水稻花后高温胁迫的时空分布特征及其与产量的关系

以我国南方稻作区为主要对象,通过分析 1960~2009 年逐日观测的气象资料,结合各农业生态点水稻的生育期和产量数据,定量分析了我国水稻最大的生产区域——南方稻作区水稻花后高温的时空分布特征及其对产量的影响。基于累计高温日数 (AHSD)、高温胁迫强度 (HSI) 及累计高温度日 (HDD) 3 个指标,表征了我国南方稻作区高温热害的时空分布特征。结果发现,在空间分布上,由于南方稻作区中部地区的水稻花后较长时间暴露于高温环境中生长,该区域的热害较其他地区更加严重;相比南方稻作区南部的双季稻区域,北部单季稻区域高温热害的空间变异更大,这主要归因于单季稻区域水稻开花期和成熟期较大的空间差异 (图 6-4)。在时间分布上,除了东北部的部分区域,南方稻作区的水稻花后高温热害在过去的 50 年里总体呈上升趋势,且年代间存在极大的差异。基于一阶差分法,定量分析了不同稻作亚区典型生态站点产量波动和高温胁迫度日 (HDD) 之间的关系,发现花后 HDD 与单季稻和双季早稻的籽粒产量波动均呈负相关关系。总体看来,在不同的生态区域,花后高温热害的增加导致 9%~19% 的籽粒产量下降,其中对双季早稻 (约 16%) 的影响比对单季稻 (10%) 的影响更为严重 (Shi et al., 2015b)。

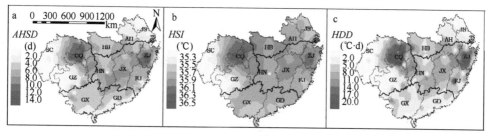

图 6-4　1960~2009 年水稻花后累计高温日数 (AHSD)、高温胁迫强度 (HSI) 及高温胁迫度日 (HDD) 平均值的空间分布

SC. 四川;CQ. 重庆;HB. 湖北;AH. 安徽;JS. 江苏;SH. 上海;ZJ. 浙江;JX. 江西;HN. 湖南;GZ. 贵州;GX. 广西;GD. 广东;FJ. 福建

6.1.2 作物温度胁迫的生理效应

（1）低温胁迫对小麦生长发育和产量形成的影响

研究表明，拔节期和孕穗期低温胁迫显著减缓了小麦物候发育，造成开花期推迟，而对开花—成熟持续期没有影响（Xiao et al.，2021）。其中低温水平每降低 1℃，'扬麦 16' 和 '徐麦 30' 开花期分别推迟 0.6d 和 0.42d。小麦叶片净光合速率、气孔导度和蒸腾速率随温度水平的降低和低温持续时间的延长而下降。拔节期和孕穗期低温胁迫显著降低小麦的干物质积累和收获指数，其中孕穗期低温的影响大于拔节期低温。以拔节期为例，累计低温度日（$ACDD$）每增加 1℃·d，'扬麦 16' 和 '徐麦 30' 成熟期地上部植株总干重分别降低 2.4% 和 1.4%，平均叶面积指数分别降低 1.8% 和 1.5%，平均净同化率分别降低 1.2% 和 0.5%，光合时间分别增加 0.4% 和 0.6%，收获指数分别降低 0.8% 和 0.7%（图 6-5）。

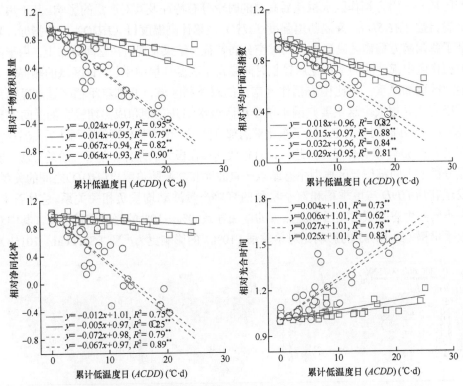

图 6-5　小麦处理至成熟期植株地上部相对干物质积累量、相对平均叶面积指数、
相对净同化率及相对光合时间与拔节期和孕穗期低温下累计低温度日的关系
拔节期处理（□），孕穗期处理（○），红色代表 '扬麦 16'，蓝色代表 '徐麦 30'，
**表示 0.01 显著

拔节期低温对小麦植株各器官分配比例的影响不显著，但在孕穗期低温处理下，开花前的茎鞘分配指数随温度水平的降低而下降，但绿叶分配指数则呈上升趋势。开花后，茎鞘和绿叶分配指数明显高于对照，穗分配指数明显降低。与孕穗期低温相比，拔节期低温处理影响更大。

拔节期和孕穗期低温胁迫主要通过降低单株穗数和每穗粒数，导致小麦减产。总体而言，孕穗期低温对小麦单株产量的影响大于拔节期低温。'扬麦 16'和'徐麦 30'的单株产量、单株穗数、每穗粒数、千粒重与拔节期和孕穗期低温处理期间的累计低温度日（ACDD）呈显著的负相关关系。以拔节期低温为例，ACDD每增加 1℃·d，'扬麦 16'和'徐麦 30'的单株产量、单株穗数、每穗籽粒和千粒重分别降低 2.6%和 1.9%、1.5%和 0.7%、1.1%和 1.1%、0.5%和 0.4%（Ji et al., 2017）。

（2）高温胁迫对小麦生长发育和产量形成的影响

开花期、灌浆期高温胁迫下，小麦的灌浆持续期随着温度水平的升高和持续时间的延长而下降，灌浆持续期与累计高温度日（AHDD）呈显著负相关关系。对于光合作用来说，开花、灌浆期高温胁迫会加速叶片衰老，降低绿叶面积，抑制小麦叶片的光合作用，最终减少了光合同化产物。开花期高温处理下，叶片在胁迫移除后其光合能力会恢复至正常水平；但灌浆期和开花灌浆双期高温处理下，叶片在胁迫移除后其光合能力无法恢复。开花期和灌浆期高温处理下，小麦茎秆和黄叶的分配指数随着温度水平的升高而逐渐升高，穗和绿叶的分配指数则是随着温度水平的升高而逐渐降低，而地上部干物质总重随着温度水平的升高而降低。

开花、灌浆期高温处理下，'扬麦 16'和'徐麦 30'的产量随着温度水平的提高和持续时间的延长而呈现下降趋势，胁迫程度以双期高温处理最为严重，其次是开花期处理和灌浆期处理。在双期高温处理下，当高温水平较低、持续时间较短时，前一时期的处理对后一时期的处理表现出一定的锻炼效应（图 6-6）。开花期高温胁迫下小麦产量的下降主要是穗粒数的下降引起的，且小麦中下部穗位受到的胁迫程度大于上部穗位；灌浆期高温胁迫下小麦产量的下降主要是由于千粒重的下降，且小麦中部穗位受到的胁迫程度最为显著；开花灌浆双期高温处理下小麦的穗粒数和千粒重均呈现显著下降进而引起产量损失。定量分析表明，小麦籽粒产量和产量结构与累计高温度日呈显著负相关关系。当双期累计高温度日分别在 0~10.62℃·d 和 0.17~96.15℃·d，前期高温处理会对'扬麦 16'和'徐麦 30'产量产生一定的锻炼效应。

（3）高温胁迫对水稻生长发育和产量形成的影响

基于人工气候室观测试验发现，花后高温显著加速了水稻籽粒的发育进程，籽粒花后生长天数与累计高温度日呈显著负相关（Shi et al., 2015a）。累计高温度日每增加 1℃·d，开花期和灌浆期处理下'南粳 41'和'武香粳 14 号'的灌浆持续

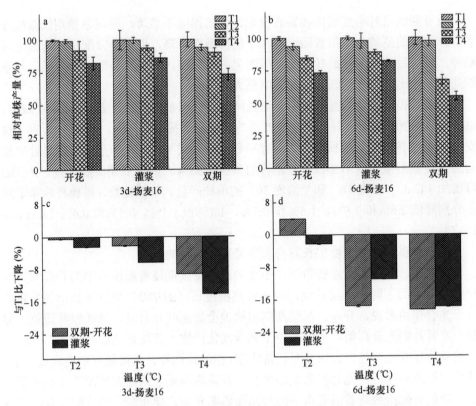

图 6-6　开花期、灌浆期及双期高温胁迫对'扬麦 16'相对产量及锻炼效应的影响

T1、T2、T3 和 T4 分别代表温度处理水平（$T_{\min}/T_{\max}$）为 17℃/27℃、21℃/31℃、25℃/35℃和 29℃/39℃

期分别缩短了 0.64d 和 0.54d、0.43d 和 0.34d。花后适度高温胁迫处理期间，水稻剑叶净光合速率（P_n）呈现先下降而后恢复的过程，叶片通过自身物理结构的调节使 P_n 恢复到正常水平；而极端高温胁迫下，叶片 P_n 不能完全恢复（Shi et al.，2016）。开花期高温处理后，叶片的 P_n、LAI 及 SPAD 在籽粒灌浆前期总体随高温胁迫的增加而下降；极端高温胁迫下灌浆后期各指标降低速率减慢，使得水稻植株后期仍具有较高的光合叶面积和光合能力。灌浆期高温处理后，叶片的 P_n、LAI 及 SPAD 总体随处理温度和持续时间的增加而减少，叶片加速衰老。

花后高温胁迫处理后，叶片、茎鞘和穗的生物量总体呈下降趋势。开花期高温胁迫下穗生物量下降显著，但营养器官的生物量降低较少；灌浆期高温胁迫下，穗生物量的降低相对较少，但叶片和茎秆生物量降低较多，生殖生长后期营养器官的氮含量随处理期间高温水平和持续时间的增加而降低。从穗分配指数的变化来看，开花期和灌浆期高温胁迫使花后籽粒灌浆持续时间明显提前，造成最终穗分配指数随高温水平的升高而降低。相同高温胁迫处理下，籽粒灌浆持续期在灌浆期高温胁迫下比开花期高温胁迫下要长，因而灌浆期高温胁迫下叶片具有相对更长的光合同化时间（Shi et al.，2016）。

水稻成熟期地上部干物质重、籽粒产量、收获指数均随花后高温水平和持续时间的增加而减少。开花期高温胁迫下，地上部干物质重降低不明显，而收获指数明显降低；灌浆期高温胁迫下，成熟期地上部干物质重较开花期高温胁迫下明显降低，但收获指数和籽粒产量的降低比开花期处理小。开花期高温对结实率的影响较灌浆期大（图 6-7）。籽粒重几乎不受开花期高温的影响，但在灌浆期高温胁迫下显著降低，且对稻穗各部位粒重减少的影响存在差异。例如，灌浆期高温胁迫下累计高温度日每增加 1℃·d，'南粳 41' 和 '武香粳 14 号' 稻穗上部、中部和下部的粒重分别减少 0.36mg 和 0.33mg、0.43mg 和 0.42mg、0.53mg 和 0.50mg。

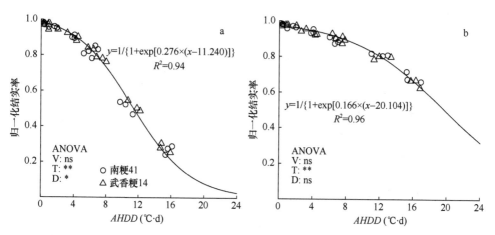

图 6-7　开花期（a）和灌浆期（b）高温胁迫下结实率与累计高温度日的关系

ANOVA 表示方差分析

6.2　作物低温胁迫响应模拟

基于低温胁迫下作物生长发育和产量品质形成的动态规律，在综合评估已有作物生长模型对低温胁迫响应算法的预测能力基础上，构建模拟低温胁迫对作物物候发育、光合作用、同化物积累与分配及产量形成影响的机理性算法，并与 CropGrow 模型进行耦合，可以有效提高模型在极端低温胁迫下的响应能力。

6.2.1　作物生长模型对低温胁迫响应能力的比较

针对性地检验作物模型中温度响应算法的预测能力，是应用作物模型评估极端温度效应前的重要步骤之一。自作物生长模型被开发以来，部分模型尝试通过引入半致死温度（$LT50$）、低温胁迫效应因子等算法来模拟低温胁迫对作物生长发育和产量形成过程的影响，但这些算法对低温胁迫的响应能力较少得到检验。利用不同低温水平和持续时间下观测的试验资料评价已有作物生长模型中低温胁迫效应算法的预测能力，可以明确现有模型中相关算法存在的不足，为低温胁迫效应模拟算法的改进奠定基础。

（1）小麦生长模型中低温胁迫效应算法

通过将美国的 CERES-Wheat 模型及 CropSyst 模型、荷兰的 WOFOST 模型和法国的 STICS 模型 4 套国际知名小麦生长模型中已有的低温效应算法，与南京农业大学国家信息农业工程技术中心研发的小麦生长模型 WheatGrow 相耦合，利用不同低温水平和低温持续时间下的试验观测资料，对耦合了低温胁迫效应算法的 WheatGrow 模型进行了检验。

A. CERES-Wheat 低温效应算法

CERES-Wheat 中的低温胁迫效应模拟是基于低温抗寒锻炼因子（HDI）的叶片、植株在低温下的致死算法，最早出现在 CERES-Wheat 2.0 中，现在已被耦合在 DSSAT-Nwheat 模型中（Savdie et al.，1991）。低温效应算法分为低温胁迫下叶片衰老致死算法和植株致死算法。在叶片衰老致死算法中，利用日最高温（T_{max}）、日最低温（T_{min}）、积雪深度（SD）和低温抗寒锻炼因子（HDI）计算了叶片致死因子（KF，取值范围 0～1），其计算如下：

$$KF = (0.02 \times HDI - 0.1) \times (T_{min} \times 0.85 + T_{max} \times 0.15 + 2.5 \times SD + T_{coef}) \quad (6.1)$$

式中，T_{coef} 为温度修正系数，与生育时期有关，默认值是 10（越冬期）；HDI 为低温抗寒锻炼因子，取值范围为 0～2，其计算过程分为抗寒锻炼过程［公式（6.2）］和脱抗寒锻炼过程［公式（6.3）］。在拔节前，植株顶端温度（T_{crown}）为 -1～8℃时发生低温抗寒锻炼，HDI 以 0.06～0.1 的速率从 0 开始往上积累，最快 10d 累计到 1，在拔节后如果 HDI 大于 1 且 T_{crown} 小于 0，将以 0.083 的速率继续累加，需要 12d 从 1 累计到 2。

$$HDI = \begin{cases} HDI + 0.1 - \dfrac{\left[T_{crown} - (T_{base} + 3.5)\right]^2}{506}, & -1℃ < T_{crown} < 8℃ \text{和拔节前} \\ HDI + 0.083, & HDI > 1 \ \& \ T_{crown} < 0℃ \text{和拔节后} \end{cases} \quad (6.2)$$

当日最高温大于 10℃时，小麦发生脱抗寒锻炼作用，HDI 开始下降，其计算过程分为拔节前和拔节后，其中拔节后的脱抗寒锻炼速率是拔节前的 2 倍，算法见公式（6.3），其中 Dhc 为脱抗寒锻炼速率系数，默认值为 0.02。

$$HDI = \begin{cases} HDI - Dhc \times (T_{max} - 10), & T_{max} > 10℃ \text{和拔节前} \\ HDI - 2 \times Dhc \times (T_{max} - 10), & T_{max} > 10℃ \text{和拔节后} \end{cases} \quad (6.3)$$

低温下植株致死算法一般先计算低温致死温度（*TemKill*），然后计算低温胁迫下植株的存活率（*Survival*），其计算公式如下：

$$Survival = 0.95 - 0.02 \times \left(T_{\text{min\_crown}} - TemKill\right)^2 \tag{6.4}$$

$$TemKill = Th_{\text{kill}} \times \left(1 + HDI\right) \tag{6.5}$$

式中，*Survival* 为植株的存活率，取值范围为 0～1；*TemKill* 为低温致死温度，随 *HDI* 的不同而变化；Th_{kill} 为开始致死的温度，是模型参数，与品种抗性和生育期有关，默认值是–6℃（越冬期）；$T_{\text{min\_crown}}$ 为最小顶端温度，与积雪深度（*SD*）相关，其计算具体如下：

$$RSD = \min\left(15, SD\right) / 15$$

$$T_{\text{min\_crown}} = T_{\text{min}} \times \left[0.2 + 0.5 \times \left(1 - RSD\right)^2\right]$$

$$T_{\text{max\_crown}} = T_{\text{max}} \times \left[0.2 + 0.5 \times \left(1 - RSD\right)^2\right] \tag{6.6}$$

$$T_{\text{avg\_crown}} = \frac{T_{\text{max\_crown}} + T_{\text{min\_crown}}}{2}$$

式中，$T_{\text{min\_crown}}$、$T_{\text{max\_crown}}$ 和 $T_{\text{avg\_crown}}$ 分别为每日最小顶端温度、最大顶端温度和平均顶端温度；*SD* 为积雪深度，最大为 15cm；*RSD* 为相对积雪深度。

B. CropSyst 低温效应算法

CropSyst 模型采用线性公式模拟低温胁迫对冠层叶面积指数（*LAI*）和潜在最大收获指数（HI_{max}）的限制作用，其具体计算如下：

$$KF_{\text{LAI}} = \frac{T_{\text{min}} - LT_{0\_\text{LAI}}}{LT_{100\_\text{LAI}} - LT_{0\_\text{LAI}}} \tag{6.7}$$

$$LF_{\text{HI}} = \frac{T_{\text{min}} - LT_{0\_\text{HI}}}{LT_{100\_\text{HI}} - LT_{0\_\text{HI}}} \times Sensitivity \tag{6.8}$$

式中，KF_{LAI} 和 LF_{HI} 为低温胁迫下叶片致死因子和潜在最大收获指数限制因子，取值范围为 0～1；T_{min} 为日最低温度；LT_{0_LAI} 和 LT_{100_LAI} 分别为叶片开始致死的温度和完全致死的温度；LT_{0_HI} 和 LT_{100_HI} 分别为潜在最大收获指数开始受到低温胁迫限制的温度和完全受到低温胁迫限制的温度；*Sensitivity* 为收获指数对温度胁迫的敏感性因子，随品种和生育时期而变化。

C. WOFOST 低温效应算法

WOFOST 模型中的低温胁迫算法来自于专门模拟低温胁迫致死率的 FROSTOL 模型（Bergjord et al.，2008）。FROSTOL 模型基于抗寒锻炼、脱抗寒锻炼、积雪覆盖和低温胁迫 4 个子过程来模拟整个生育期的半致死温度（*LT*50）的变化。WOFOST 模型中低温胁迫对植株总生物量的致死算法如下：

$$RF_{\_FROST} = \frac{1}{1 + \exp\left(\dfrac{T_{min\_crown} - LT50}{Kill_{coef}}\right)}, \quad T_{min\_crown} < 0 \qquad (6.9)$$

式中，$RF_{\_FROST}$ 为低温对生物量的限制因子，取值范围 $0\sim1$；$LT50$ 为半致死温度，是作物的抗寒性参数；T_{min_crown} 的定义和计算见公式（6.6）；$Kill_{coef}$ 为致死速率公式系数，随品种和生育期变化而变化。

D. STICS 低温效应算法

STICS 模型采用三段直线法模拟低温胁迫对叶面积和穗粒数的影响，包含 4 个温度相关参数，即开始致死温度（T_{begin}）、10%致死温度（T_{gel10}）、90%致死温度（T_{gel90}）和完全致死温度（T_{lethal}）。STICS 模型中有关低温胁迫对产量的效应算法一般只作用于开花期和灌浆期，本节中为了测试该算法是否适用于拔节-孕穗期，将其修改为拔节期和孕穗期低温胁迫对潜在最大收获指数的效应算法。

$$FSI = \begin{cases} 1, & T_{min} > T_{begin} \\[2mm] \dfrac{0.1}{T_{begin} - T_{gel90}} \times \left(T_{min} - T_{gel10}\right) + 0.9, & T_{gel10} < T_{min} \leqslant T_{begin} \\[2mm] \dfrac{0.8}{T_{gel10} - T_{gel90}} \times \left(T_{min} - T_{gel90}\right) + 0.1, & T_{gel90} < T_{min} \leqslant T_{gel10} \\[2mm] \dfrac{0.1}{T_{gel10} - T_{gel90}} \times \left(T_{min} - T_{lethal}\right), & T_{lethal} < T_{min} \leqslant T_{gel90} \\[2mm] 0, & T_{min} \leqslant T_{lethal} \end{cases} \qquad (6.10)$$

式中，FSI 为低温胁迫对叶面积指数或者潜在产量的影响因子，取值范围为 $0\sim1$；T_{min} 为日最低温度；T_{begin} 和 T_{lethal} 在模型中取定值，分别为 0℃和–13℃；T_{gel10} 和 T_{gel90} 随品种和生育期而变化。

（2）小麦生长模型对低温胁迫效应模拟的检验

综合比较 4 种低温胁迫算法的预测能力可以看出，耦合低温胁迫效应算法后的 WheatGrow 模型，在模拟叶面积指数、茎秆生物量、地上部生物量和产量上均好于原模型，且在弱低温条件下的模拟效果好于强低温条件（图6-8）。对叶面积指数和地上部生物量的动态模拟，CropSyst 模型的低温胁迫效应算法表现相对最好，但模拟误差仍然较大，因为大部分算法均高估了短期低温胁迫对叶片的伤害；对茎秆的动态模拟，WOFOST 模型中的低温胁迫效应算法表现最好；对籽粒产量的模拟，STICS 模型中的低温胁迫效应算法表现最好。整体来看，4 种算法都没有考虑低温胁迫对茎秆的伤害及对干物质分配的影响，所以在模拟茎秆及成熟期地上部生物量积累上存在明显不足。

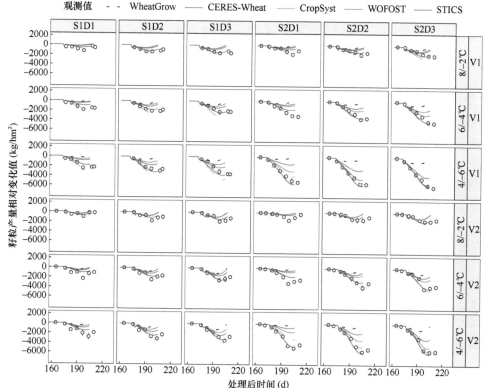

图 6-8　耦合低温胁迫效应算法前后的 WheatGrow 模型对拔节期和孕穗期低温胁迫处理后灌浆期小麦籽粒产量较对照变化的模拟值和实测值比较

V1. 扬麦 16；V2. 徐麦 30；S1. 拔节期低温处理；S2. 孕穗低温处理；D1. 2d；D2. 4d；D3. 6d

6.2.2　低温胁迫对作物生长发育及产量形成影响的模拟

（1）低温胁迫指标的构建

在量化低温胁迫对小麦生长发育和产量形成影响时，半致死温度（*LT*50）和低温胁迫下植株的冻伤程度是国际上广泛认可的两个指标（Persson et al.，2017；Waalen et al.，2011；Bergjord et al.，2008）。其中，半致死温度是评估作物低温胁迫下抗寒性的重要指标，冻伤程度用来评估低温胁迫对植株造成的实际伤害（Zheng et al.，2018；Vico et al.，2014）。为进一步量化低温胁迫效应，在半致死温度 *LT*50 模拟算法基础上，构建了低温冻伤指数（*LDI*）的量化算法。

（2）半致死温度 *LT*50

半致死温度（*LT*50），即小麦叶片死亡率为 50% 的温度，是量化作物低温胁迫下抗寒性的重要指标。在模型研究中，通常采用 Logistic 曲线公式来量化冬小麦叶片存活率与低温强度之间的关系（Bergjord et al.，2018）：

$$f_{surv} = \frac{1}{1 + \exp\left[-r \times (T - LT50)\right]} \qquad (6.11)$$

式中，f_{surv} 为植株叶片在低温胁迫下的存活率；r 为模型常数，表示作物群体抗寒性的变化速率。当温度 T 为 $LT50$ 时，植株叶片的存活率在单位温度下的变化率最大。如图 6-9 所示，利用低温试验拟合日最低温度与植株叶片存活率之间的关系，可以确定 '扬麦 16' 在拔节期和孕穗期的 $LT50$ 取值分别为 $-7.15℃$ 和 $-4.17℃$，'徐麦 30' 在拔节期和孕穗期的 $LT50$ 取值分别为 $-8.32℃$ 和 $-5.14℃$（Xiao et al.，2021）。

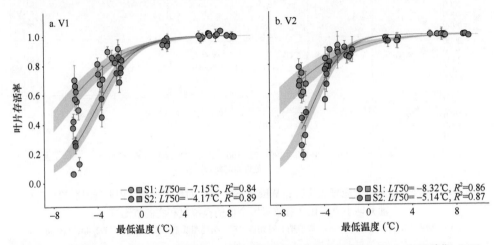

图 6-9 '扬麦 16'（V1）和 '徐麦 30'（V2）叶片存活率与在拔节期（S1）和孕穗期（S2）低温处理下日最低温度的关系

前人研究表明，$LT50$ 在拔节到开花期间基本随着生育进程的推进表现为线性增加（Bergjord et al.，2008），即随着生育进程的推进，作物的抗寒能力线性减弱，因此采用公式（6.12）来模拟不同生理发育时间下的 $LT50$：

$$LT50 = LT50_{slope} \times \left(PDT - PDT_{elongation}\right) + LT50_{elongation}$$

$$LT50_{slope} = \frac{LT50_{booting} - LT50_{elongation}}{PDT_{booting} - PDT_{elongation}} \qquad (6.12)$$

式中，$PDT_{elongation}$ 和 $PDT_{booting}$ 分别为拔节期和孕穗期的生理发育时间，取值分别为 16.1 和 21.4（Liu et al.，2018）；$LT50_{slope}$ 为半致死温度随 PDT 变化的斜率，由于不同品种的斜率差异不显著，故取两者平均值 0.58；$LT50_{elongation}$ 和 $LT50_{booting}$ 分别为拔节期和孕穗期的半致死温度。

（3）低温冻伤指数 *LDI*

低温胁迫对植株的损伤程度同时受到低温胁迫强度和低温持续时间的影响。研究表明，温度效应在持续时间上的作用并不是等效的。连续长期低温处理下，低温胁迫对植株每天的损伤程度随着持续时间的增加而减缓，其减缓程度与品种本身的适应性或抗寒性有关（Waalen et al.，2011）。对于冬小麦，拔节期不同低温强度下，低温胁迫导致的死亡率与持续时间表现为负指数关系（Zheng et al.，2018）。通过构建低温冻伤指数（*LDI*）可以量化冬小麦植株的冻伤程度（mortality）。首先，利用负指数公式量化了不同低温胁迫强度下，*LDI* 与持续时间的关系，其中 *LDI* 可用冬小麦叶片死亡率来表示［公式（6.13）］。

$$LDI = M_{\max} \times \left(1 - \frac{\exp\left(-kx \times Duration\right)}{M_{\max}} \right) \tag{6.13}$$

不同低温处理下的参数 $M_{\max}$ 和 kx 可以通过拟合得到（图 6-10），然后利用指数公式分别建立 $M_{\max}$ 和 kx 与日最低温度 $T_{\min}$ 和抗寒性参数 *LT*50 之间的关系，如公式（6.14）和公式（6.15）所示：

$$M_{\max} = k1 \times \exp\left[-a \times \left(T_{\min} - 2\right)\right] \quad \left(k1 = 0.05, a = 0.026 \times LT50 + 0.5\right) \tag{6.14}$$

$$kx = k2 \times \exp\left[-b \times \left(T_{\min} - 2\right)\right] \quad \left(k2 = 0.017, b = 0.026 \times LT50 + 0.49\right) \tag{6.15}$$

式中，$M_{\max}$ 为温度 $T_{\min}$ 下植株潜在最大冻伤率；kx 为植株的冻伤速率；$M_{\max}$ 和 kx 与日最低温度 $T_{\min}$ 和抗寒性参数 *LT*50 有关；*Duration* 为低温持续时间；$k1$、$k2$、a 和 b 都为 $M_{\max}$ 和 kx 算法中的参数，可通过试验资料拟合（图 6-10）。

（4）低温胁迫对生育期效应的模拟

低温处理后，通过观测叶龄动态发现小麦生育进程显著减慢，即低温胁迫条件下，每日热效应降低。其主要原因可能为拔节后低温胁迫对小麦温度敏感性（*DTS*）有限制作用，在低温处理结束后 *DTS* 并不能立即恢复，而是随着外界温度的升高和持续时间的增加逐渐恢复正常。因此，通过引入拔节后相对低温限制因子 *LF* 来限制每日热效应 *DTS*，如公式（6.16）和公式（6.17）所示：

$$DTS = RPE \times \min\left(VP, LF\right) \tag{6.16}$$

$$LF = \min\left(\frac{\sum DTE_f}{T_{\text{mutiplier}} \times \sum DLE_f}, 1 \right) \tag{6.17}$$

式中，*LF* 为低温胁迫对 *DTS* 的限制因子，取值范围为 0～1，由于暂无数据验证春化期间低温胁迫是否对 *DTS* 有影响，故拔节前 *LF* 取值为 1；*VP* 为春化效应因子，在拔节后取值为 1；f 为发生低温胁迫后的天数，DLE_f 为低温胁迫开始后第 f 天的每日相对低温效应；$\sum DLE_f$ 为低温胁迫开始后第 f 天累计的低温效应；$\sum DTE_f$ 为低温胁迫开始后第 f 天正常积累的每日热效应；$T_{\text{mutiplier}}$ 为每日相对低温效应

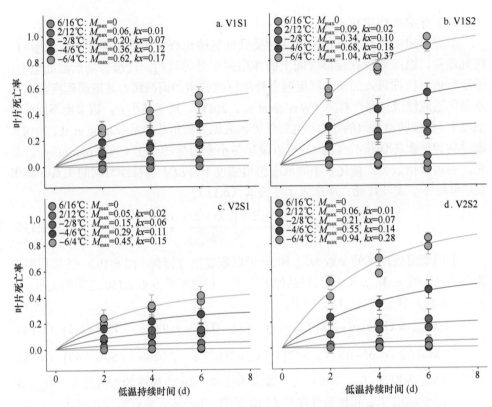

图6-10　不同温度水平下冬小麦叶片死亡率与低温持续时间的关系

V1. 扬麦 16；V2. 徐麦 30；S1. 拔节期；S2. 孕穗期

系数，表示品种对低温胁迫效应的敏感度，可作为模型的生态型参数。参考 Vico 等（2014）的研究，使用 Weibull 累计概率公式来量化最低温度与每日相对低温效应 DLE_f 的关系，计算公式如下：

$$DLE_f = 1 - \exp\left(-\ln(2) \times \left(\frac{T_{min}}{LT50}\right)^k\right) \qquad (6.18)$$

式中，参数 k 的取值决定了该曲线的形状，用来衡量 DLE_f 随温度的变化率。参数 k 为模型常数，对品种不敏感。当 $T_{min}=LT50$ 时，DLE_f 为 0.5。

模型检验结果表明，原 WheatGrow 模型低估了低温胁迫下生理发育时间 PDT，且对不同温度水平和处理时期不敏感。而改进 DTS 算法后的 WheatGrow 生育期模型，能较好地模拟生育期对低温胁迫的响应。

（5）低温胁迫对干物质生产影响的模拟

大量研究表明，低温胁迫处理过程中叶片最大光合速率（A_{max}）及初始光能利用率（EFF）会受到明显抑制，同时非致死的低温胁迫处理结束后，作物叶片光合作用存在一定的恢复过程,因此主要从低温处理过程中对 EFF 和 A_{max} 的影响,以及低温处理结束后对 A_{max} 和叶面积指数的影响 4 个方面来模拟低温胁迫对作物干物质生产的影响。

A. 低温胁迫对初始光能利用率(EFF)影响的量化

初始光能利用率(EFF)是光响应曲线光合模型中的重要参数,受叶片的年龄、营养状态和 CO_2 的影响较小。在极端温度胁迫下,光合作用相关酶活性下降导致 EFF 明显下降。为量化不同低温胁迫处理过程中小麦叶片 EFF 与温度之间的关系,通过测定不同温度处理下叶片光响应曲线,求得不同温度水平下的 EFF 值。进而采用双 Logistic 公式拟合不同品种 EFF 与温度(T)的关系,结果如下:

$$EFF = \frac{0.078}{1+\exp\left[-0.214\times(T-3.3)\right]} - \frac{0.078}{1+\exp\left[-0.055\times(T-32.9)\right]} \quad (6.19)$$

B. 低温胁迫对 A_{max} 影响的量化

研究表明,低温胁迫下叶片脱水皱缩,逐渐变黄,光合色素加速分解,细胞膜的正常结构遭到破坏,光合速率显著下降(Li et al.,2015)。实测数据表明,低温处理后叶片叶绿素含量与低温胁迫强度呈负相关关系。因此,为了量化低温胁迫对叶片光合速率的影响,通过构建低温胁迫影响因子 F_{LT} 来体现低温胁迫下叶片结构发生冻伤后叶绿素降解、光合速率下降的影响,改进后的 WheatGrow 模型中 A_{max} 的计算公式如下:

$$A_{max} = AMX \times FCO_2 \times FA \times FT \times \min\left(FN, WDF, F_{HT}, F_{LT}\right) \quad (6.20)$$

$$ALDI_{max} = LTS_p \times LDI \quad (6.21)$$

$$F_{LT} = \max\left(0, 1 - ALDI_{max}\right) \quad (6.22)$$

式中,AMX 为理想条件下最大光合速率;$ALDI$ 为累计光合损伤因子;LDI 为低温冻伤指数,反映了不同抗寒性品种在不同温度、不同持续时间下叶片的致死率;LTS_p 为单位叶片冻伤指数增加时光合速率下降的比例,试验观测发现 LTS_p 仅与 LDI 有关,对品种不敏感,可视为生态型参数,取值为 1.1(图 6-11);$ALDI_{max}$ 为累计光合损伤因子,表示低温胁迫时光合能力累计损伤比例;F_{LT} 为低温胁迫影响因子,取值范围 0~1。

C. 低温胁迫处理后 A_{max} 恢复效应的量化

在非致死的低温胁迫处理结束后,小麦叶片气孔导度和光合能力等生理特征需要几天甚至几个星期才能逐渐恢复正常,且低温胁迫的持续时间越短,恢复速度越快(Whaley et al.,2004)。通过构建光合恢复因子($FLT_{recover}$)算法来描述低温胁迫后光合能力累计损伤逐渐恢复的过程[公式(6.23)],并利用不同品种、不同时期低温胁迫结束后恢复期的光合数据,来拟合低温胁迫后光合能力相对恢复比例与恢复期温度大于 0℃的积温之间的关系及其参数值[公式(6.23)~公式(6.26)]。

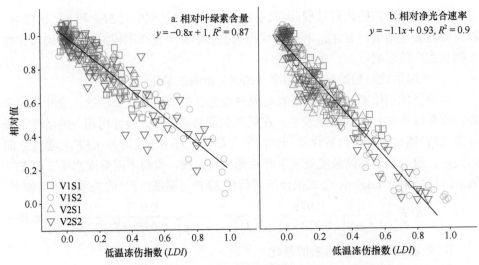

图 6-11　低温胁迫处理下叶片相对叶绿素含量（a）及相对净光合速率（b）
与低温冻伤指数 *LDI* 的关系

V1. 扬麦 16；V2. 徐麦 30；S1. 拔节期低温处理；S2. 孕穗期低温处理

$$FLT_{\text{recover}} = \frac{ALDI_{\max}}{1 + 0.05 \times \exp\left(\dfrac{r \times \left(GDD_{T>0} - GDD_{95}\right)}{ALDI_{\max}}\right)} \tag{6.23}$$

$$GDD_{95} = 102.2 \times ALDI_{\max} + 40 \tag{6.24}$$

$$r = 0.06 \times ALDI_{\max} + 0.055 \tag{6.25}$$

$$F_{\text{LT}} = \min\left[\max\left(0, 1 - ALDI_{\max} + FLT_{\text{recover}}\right), 1\right] \tag{6.26}$$

式中，FLT_{recover} 为低温胁迫处理后累计光合损伤因子恢复的比例；$GDD_{T>0}$ 为低温胁迫处理结束后温度大于 0℃的积温；r 为恢复速率的变化；GDD_{95} 为光合速率恢复到 95%所需的 GDD；r 和 GDD_{95} 都是模型参数，与低温冻伤指数 *LDI* 有关；F_{LT} 为加入恢复效应后的低温胁迫影响因子。

　　D. 低温胁迫对叶面积指数影响的模拟

　　低温胁迫加速小麦叶绿素降解，叶片冻伤变黄，并迅速脱水死亡。而叶面积的减少会影响有效光合面积，进而降低冠层有效光合生产。基于 *LDI* 构建低温胁迫对绿叶生物量的影响进而影响叶面积指数，见公式（6.27）。

$$WLVG_{\text{S}} = WLVG \times LDI \tag{6.27}$$

式中，$WLVG$ 为未考虑低温胁迫时的叶片生物量；$WLVG_{\text{S}}$ 为低温胁迫处理后的叶片生物量。

　　（6）低温胁迫对结实率效应的模拟

　　在水稻作物上，开花期低温胁迫会造成小花败育，显著降低结实率。基于最高气温、最低气温、平均气温及累计低温度日 4 个低温胁迫量化指标，利用 Logistic 公式对开花期低温胁迫与结实率关系进行拟合，结果表明累计低温度日与结实率的拟合效果更好。因此，基于累计低温度日可以构建开花初期和开花盛期低温胁迫影响结实率的量化算法。

$$SR(ACDD) = \frac{SR_{\max}}{1 + \exp\left[b\left(ACDD - c\right)\right]} \tag{6.28}$$

式中，SR（$ACDD$）为实际结实率；$ACDD$ 为累计低温度日；$SR_{\max}$ 为潜在结实率；b 为 Logistic 曲线拐点附近的斜率；c 为到达 50% $SR_{\max}$ 时的 $ACDD$。基于不同低温处理下实测结实率资料对上述参数拟合，并结合水稻开花分布规律，可进一步模拟不同低温处理下的水稻最终结实率。

将上述算法与 RiceGrow 模型结合，用低温胁迫下预测的结实率对收获指数进行修正，使得低温胁迫下成熟期产量的模拟准确度得到有效提升。

（7）低温胁迫对干物质分配效应的模拟

低温胁迫下小麦各个部位抗寒能力存在一定的差异，其中叶片对低温最为敏感，其抗冻能力小于茎秆（Zheng et al., 2018）。低温胁迫结束后，如果茎秆的冻伤无法恢复，则干物质向茎秆的转运仍然会受到限制。因此，在 WheatGrow 模型中添加了低温胁迫对茎秆损伤的算法，其计算如下：

$$WST_i = WST_i \times LTS_{\mathrm{stem}} \times LDI \tag{6.29}$$

$$LTS_{\mathrm{stem}} = 0.11 \times LT50 + 1.45 \tag{6.30}$$

式中，WST_i 为第 i 天的茎部生物量；LDI 为低温冻伤因子；LTS_{stem} 为茎秆对 LDI 的敏感度参数，根据拟合结果，LTS_{stem} 与半致死温度（$LT50$）呈线性关系，具体见式（6.30）。

拔节期后小麦开始进入幼穗分化。拔节期和孕穗期分别是小麦雌雄蕊分化和减数分裂药隔分化的关键时期，此时发生低温胁迫会对幼穗造成极大伤害，进而减少小花分化并加速小花退化，降低收获指数，并减少干物质向库器官穗的转运，最终降低籽粒产量（Liu et al., 2019）。通过构建基于 LDI 的低温胁迫对收获指数（HI）影响的算法 [公式（6.31）] 可以量化低温胁迫对分配指数的影响。

$$HI = HI_{\mathrm{potential}} \times LTS_{\mathrm{HI}} \times LDI \tag{6.31}$$

$$LTS_{\mathrm{HI}} = 0.026 \times LT50 + 0.66 \tag{6.32}$$

式中，LDI 为低温冻伤因子；HI 为收获指数；$HI_{\mathrm{potential}}$ 为品种潜在收获指数，属于品种参数；LTS_{HI} 为收获指数对 LDI 的敏感度参数，根据拟合结果，其值与 $LT50$ 呈正相关 [公式（6.32）]。

将构建的低温胁迫新算法与 WheatGrow 模型相耦合，比较改进前后模型在低温胁迫下对干物质生产及分配和产量形成的预测能力发现，相比于原模型，改进后的模型在低温胁迫下对两个品种的单叶光合速率、叶面积指数、地上部总生物量、各器官生物量和产量的预测误差明显减小（图 6-12）。

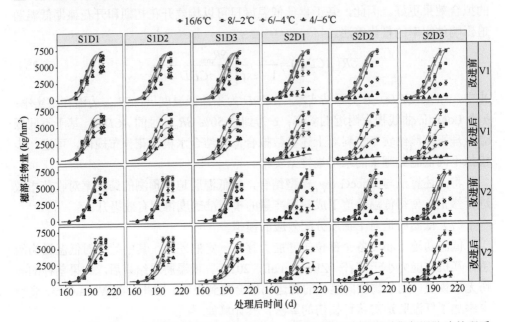

图 6-12　耦合低温胁迫效应模拟算法前后 WheatGrow 模型对拔节期和孕穗期低温胁迫处理后小麦穗部生物量模拟值和实测值的比较

V1. 扬麦 16；V2. 徐麦 30；S1. 拔节期；S2. 孕穗期；D1. 2d；D2. 4d；D3. 6d；T1、T2、T3 和 T4 分别代表温度处理水平（T_{min}/T_{max}）为 17℃/27℃、21℃/31℃、25℃/35℃ 和 29℃/39℃；D3 代表高温持续时间为 9d

6.3　作物高温胁迫响应模拟

全球气候变化导致平均温度升高，气候波动增加，致使极端高温事件频发。作物生长发育和籽粒产量形成对高温胁迫极为敏感，生殖生长期的高温胁迫已对作物产量提升带来了巨大风险，因此，迫切需要完善作物生长模型对高温胁迫响应的能力，进而为未来气候条件下我国粮食安全生产及适应性对策制定提供数字化工具。

6.3.1　作物生长模型对高温胁迫响应能力的比较

（1）小麦生长模型对高温胁迫响应能力的比较

利用不同高温水平和高温持续时间处理下的试验观测数据，检验了 4 套目前较为广泛使用的小麦生长模型（WheatGrow 模型、APSIM-Wheat 模型、CERES-Wheat 模型和 DSSAT-Nwheat 模型）在开花期和灌浆期高温胁迫下对小麦生长发育和产量的预测能力。结果表明，在 4 套小麦生长模型中，部分模型能够模拟高温胁迫对小麦生长发育中部分过程的不利影响，如叶面积指数动态、地上部总干重、籽粒产量等（图 6-13）。被检验的 4 套模型对灌浆期高温胁迫效应的预测要好于对开花期高温胁迫效应的预测。4 套模型对开花期高温胁迫下籽粒数、粒重等的模拟均明显不足。此外，这些模型对不同品种在高温胁迫下的差异性也无法准确模拟，有待进一步的改进和完善（Liu et al.，2016）。

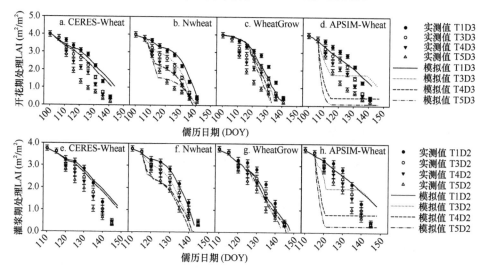

图 6-13　开花期（a～d）和灌浆期（e～h）不同高温处理下 4 套小麦生长模型对叶面积指数（LAI）动态模拟值与实测值的比较

T1、T3、T4 和 T5 分别代表温度处理水平（T_{max}/T_{min}）为 17℃/27℃、25℃/35℃、29℃/39℃ 和 33℃/43℃；D2 和 D3 分别代表高温处理持续时间为 6d 和 9d；D3 代表高温处理持续时间为 9d

（2）水稻生长模型对高温胁迫响应能力的比较

综合利用多年、多品种、不同生育时期、不同高温水平和持续时间处理的试验资料，检验评估了 GEMRICE、H/H、ORYZA2000、SIMRIW、SAMARA、RiceGrow、CERES-Rice、InfoCrop、GEMRICE 等 14 套国际知名水稻生长模型中高温胁迫对籽粒形成过程影响的模拟能力。结果表明，所有模型均低估了高温胁迫对产量的负面效应，模型之间的差异要远小于模拟值与观测值之间的差异（图 6-14）。

6.3.2　高温胁迫对作物生长发育和产量形成影响的模拟

（1）高温胁迫对生育期影响的模拟

试验研究表明，随着高温持续时间的延长和高温水平的升高，稻麦籽粒花后生长天数（GD_{AM}）明显缩短；而在相同高温处理下，灌浆期处理下成熟期提前的天数明显少于开花期处理，显示了稻麦在花后不同生育阶段对高温敏感性的差异（Shi et al.，2015a）。此外，稻麦作物花后物候发育对高温的响应在品种间也存在

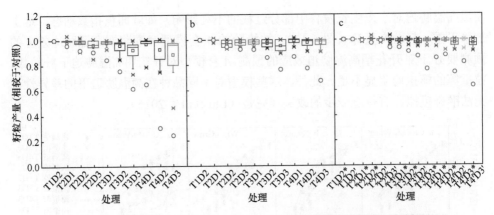

图 6-14　花后 0d（a）、6d（b）和 12d（c）不同高温胁迫处理下水稻籽粒
相对产量实测值和 14 套水稻生长模型的模拟值对比
红色圆圈代表观测值，箱形图代表不同模型模拟值的分布；
T1、T2、T3 和 T4 分别代表温度处理水平（T_{max}/T_{min}）为 32℃/22℃、36℃/26℃、40℃/30℃和 44℃/34℃；D1、D2
和 D3 分别代表高温处理持续时间为 2d、4d 和 6d

差异（Shi et al.，2015a）。稻麦花后的物候发育主要是衰老进程，其主要受温度影响。参考已有的研究（Lobell et al.，2012，2013），将稻麦花后高温下的物候发育热效应分为正常温度范围内的正常衰老效应和高温下加速衰老进程的高温胁迫效应。因此，抽穗之后温度对稻麦发育的每日热效应（TE）可以通过两部分来模拟：正常温度下的热效应 DTE 和高温加速衰老的热效应 HTE。

$$TE = DTE + HTE \qquad (6.33)$$

式中，DTE 采用原 CropGrow 模型中的计算方法［公式（3.16）］；为反映不同高温程度及高温持续时间的综合效应，采用累计高温度日（$AHDD$）来量化 HTE，具体如公式（6.34）和公式（6.35）所示：

$$HTE_i = \frac{HTS \times AHDD_i}{GDD_{RGP}} \qquad (6.34)$$

$$HDD_i = \sum_{j=1}^{i} HD_j \qquad (6.35)$$

式中，GDD_{RGP} 为最适条件下稻麦完成生殖生长阶段（RGP）所需的 GDD（℃·d）；$AHDD_i$ 为抽穗之后的每日高温度日（HD）的累加值（℃·d）；HTS 为作物品种本身的耐热性遗传参数，取值范围为 0～1，HTS 值越大的品种，对高温胁迫耐热性越高；HD（℃·d）为每日 24h 中超过高温阈值部分的小时温度的平均值。添加高温胁迫效应算法后的 RiceGrow 模型，对水稻花后生育期的预测精度显著提高（Shi et al.，2015a）（图 6-15）。

（2）高温胁迫对干物质生产效应的模拟

在 CropGrow 模型中，单叶尺度上采用指数模型来描述单叶光合作用速率对

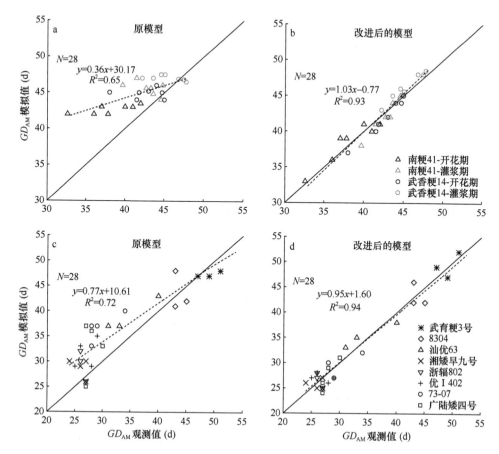

图 6-15　人工气候室（a~b）和大田条件（c~d）下不同高温处理开花
至成熟天数（GD_{AM}）观测值和模拟值的比较

添加高温胁迫效应算法前后的 RiceGrow 模型

所吸收光合辐射强度的响应关系。其中，叶片初始光能利用率（EFF）和饱和光
强时的单叶最大光合作用速率（A_{max}）为模拟单叶光合作用的两个重要的特征参
数。为在单叶尺度上量化高温胁迫对光合作用的影响，必须明确高温胁迫对 EFF
和 A_{max} 的效应。

A. 高温胁迫对叶片初始光能利用率（EFF）影响的模拟

以小麦为例，EFF 在原 WheatGrow 模型中取定值为 0.45。但已有研究表明，
EFF 在生理上主要反映了作物光合作用相关酶的活性，与温度密切相关。因此，
利用两个品种在不同生长时期无胁迫下未衰老叶片的实测光响应曲线，采用指数
函数公式拟合，得到不同品种和不同生长时期叶片的 EFF 与温度（15~45℃）之
间的关系，拟合结果如下：

$$EFF(T) = -0.001 \times T + 0.0708, \quad 15℃ \leqslant T \leqslant 45℃ \tag{6.36}$$

B. 高温对单叶最大光合作用速率（A_{max}）影响的模拟

在小麦作物上，目前已有大量研究证实高温胁迫处理会加速叶片叶绿素降解，导致处理之后叶片光合速率下降。相对于高温胁迫处理期间光合作用的降低，处理之后光合作用的降低由于持续时间较长，对干物质同化影响可能更大。原 WheatGrow 中，A_{max} 主要受到 CO_2、温度、氮素和水分条件的影响。当日平均温度超过最适温度之后，温度影响因子（FT）明显降低。FT 和高温对叶片初始光能利用率的共同影响可以有效量化高温胁迫处理期间高温造成的 A_{max} 的下降。但是，对于处理结束之后高温胁迫对叶片光合作用造成的影响则无法进一步量化。因此，为模拟处理结束后高温胁迫对叶片净光合速率的影响，在光合作用模型中添加了另一影响因子 F_{HT}，用以体现高温胁迫通过影响叶绿素造成叶片光合作用的降低，其计算公式为

$$F_{HT} = \max\left(0, 1 - HTS \times \frac{HDD}{GDD_{RGP}}\right) \tag{6.37}$$

式中，HDD 为自抽穗以来累计的超过温度阈值的高温度日；GDD_{RGP} 为小麦生殖生长阶段所需的有效积温，对于冬小麦来说取定值为 520℃·d；HTS 为品种对高温胁迫响应的敏感性系数，反映不同品种叶片衰老对高温胁迫响应的差异。

（3）高温胁迫对叶片衰老影响的模拟

在生殖生长阶段，作物的叶片衰老主要受到遮阴和氮素等养分逐渐向生殖器官转运的影响。在小麦作物上，多数研究均表明高温胁迫会明显加速叶片衰老过程。为了量化高温胁迫对 LAI 的影响，将花后叶面积的衰减分为正常温度条件下的衰减和高温胁迫加速叶面积衰减两个部分。通过在模型中添加高温胁迫加速 LAI 衰老效应因子（S_{HT}）来模拟高温胁迫加速 LAI 衰减这一效应：

$$LAI_s = WLVG_s \times SLA \times S_{HT} \tag{6.38}$$

式中，LAI_s 为考虑高温加速叶片衰老后每日衰老的叶面积指数；$WLVG_s$ 为考虑高温加速叶片衰老后每日衰老的叶片生物量；SLA 为比叶面积。我们基于累计高温度日（$AHDD$）来量化 S_{HT}，如公式（6.39）所示。

$$S_{HT} = 1 + HTS \times \frac{AHDD}{GDD_{RGP}} \tag{6.39}$$

将高温胁迫对 EFF、A_{max} 及 LAI 影响的模拟算法与原有 WheatGrow 模型进行耦合得到改进后的 WheatGrow 模型。利用实测数据检验改进前后的 WheatGrow 模型发现，相较于原有模型，改进后的模型在高温胁迫处理下对 LAI 及地上部总干物质的预测误差明显降低（Liu et al., 2017）（图 6-16）。

但在水稻作物上，试验观测表明高温胁迫下叶片衰老延缓。因此，在改进高温胁迫下水稻各器官氮素积累动态后，基于不同处理下叶片氮素积累与转运规律，构建了花后叶片生长子模型，可用于模拟不同环境下尤其是花后高温胁迫下叶片的

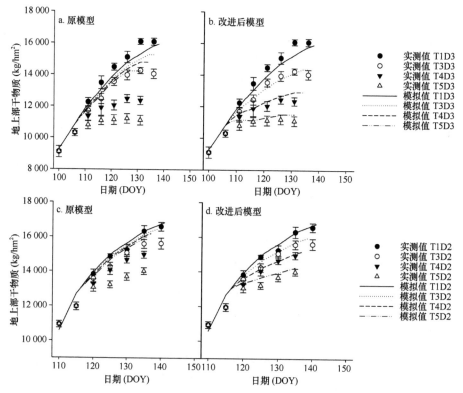

图 6-16　改进前后 WheatGrow 模型对开花期（a～b）和灌浆期（c～d）不同高温胁迫处理后
地上部干重模拟动态与实测值的比较

T1、T3、T4 和 T5 分别代表温度处理水平（T_{max}/T_{min}）为 17℃/27℃、25℃/35℃、29℃/39℃和 33℃/43℃；D2 和 D3
分别代表高温处理持续时间为 6d 和 9d

衰老过程。首先设定叶片衰老的起始时间为开花期，即 $PDT>34$；进一步将开花
期叶片分为相等质量的 x 部分，每一部分称为最小叶片单元，各最小叶片单元的
氮含量变化趋势类似于冠层中叶片氮含量从上到下的指数型下降分布规律（Sun
et al.，2018），遵从 Beer-Lambert 定律：

$$N_j = N_{max}e^{-K_nL}, \ j=1,2,3,\cdots,x \tag{6.40}$$

$$L=\frac{WLeaf}{x}\times\frac{j}{SLA} \tag{6.41}$$

$$N_{max} = NLeaf\times\frac{K_n}{\left(1-e^{-K_nL}\right)} \tag{6.42}$$

式中，N_j 为第 j 部分叶片的氮含量（g N/gleaf）；N_{max} 为第 1 部分最小叶片单元的
氮含量；K_n 为消氮系数；L 为第 1 部分至第 j 部分叶片最小单元的累积叶面积；
$WLeaf/x$ 为最小叶片单元的生物量；SLA 为比叶面积，在花后被假定为恒定常数；
$NLeaf$ 为叶片整体氮含量。

花后叶片衰老过程中，假定最小叶片单元中每日氮素的转出比例与叶片整体氮转运比例保持一致，即

$$Tr_i = \frac{TrNLeaf_i}{AccNLeaf_{i-1}} \tag{6.43}$$

$$N_{i,j} = N_{i-1,j} \times (1 - Tr_i) \tag{6.44}$$

式中，$TrNLeaf_i$ 为第 i 天叶片氮素转运量；$AccNLeaf_{i-1}$ 为第 $i-1$ 天叶片氮素积累量；Tr_i 为第 i 天的氮素转运率；$N_{i,j}$ 为第 i 天第 j 部分叶片的氮含量。

当叶片氮素含量低于特定值即基础氮含量时，叶片光合速率降为 0。当第 j 部分叶片的氮含量低于基础氮含量时，这部分叶片被定义为死亡叶片。基于上述基本规则，花后叶片的生物量可以由公式（6.45）～公式（6.47）计算得到：

$$WLeaf_i = WLeaf_{i-1} - \Delta WDLeaf_i, \quad PDT > 34 \tag{6.45}$$

$$\Delta WDLeaf_i = \sum_{j=1}^{x} \Delta WDLeaf_{i,j} \tag{6.46}$$

$$\Delta WDLeaf_{i,j} = \begin{cases} \dfrac{WLeaf_f}{x}, & N_{i,j} < N_b \\ 0, & N_{i,j} \geqslant N_b \end{cases} \tag{6.47}$$

式中，$WLeaf_i$ 和 $WLeaf_{i-1}$ 分别为第 i 天和第 $i-1$ 天的绿叶生物量；$\Delta WDLeaf_i$ 为第 i 天的死亡叶片生物量；$\Delta WDLeaf_{i,j}$ 为第 i 天第 j 部分死亡叶片的生物量；$WLeaf_f/x$ 为最小叶片单元生物量；$N_{i,j}$ 为第 i 天第 j 部分叶片的氮含量；N_b 为叶片进行有效光合的基础氮含量。

如图 6-17 所示，改进茎鞘氮素积累与叶片衰老算法后的 RiceGrow 能够很好地模拟不同高温处理下死亡叶片的动态变化，从而使绿色叶片的生物量动态模拟得到极大改进。

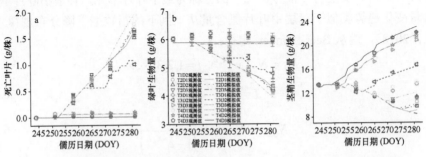

图 6-17　高温胁迫处理后水稻绿叶（a）、茎鞘（b）和死亡叶片（c）生物量动态变化观测值与改进叶片衰老算法后 RiceGrow 模拟值的对比

T1、T2、T3 和 T4 分别代表温度处理水平（T_{max}/T_{min}）为 32℃/22℃、36℃/26℃、40℃/30℃ 和 44℃/34℃；D1、D2 和 D3 分别代表高温处理持续时间为 2d、4d 和 6d

（4）高温胁迫对结实率影响的模拟

稻麦抽穗开花以后，开花期高温胁迫对籽粒产量形成的影响主要为高温造成小花不育，显著降低籽粒结实率，进而影响最终结实粒数，导致同化物分配改变和籽粒产量下降。因此，准确量化高温胁迫对稻麦籽粒产量形成和干物质分配效应，必须从定量模拟高温胁迫对籽粒结实率的影响开始。以水稻为例，大量研究表明，水稻结实率可以表示为高温量化指标的 Logistic 函数，如公式（6.48）所示：

$$SR(HSI) = \frac{SR_{max}}{1 + e^{b(HSI-c)}} \tag{6.48}$$

式中，SR 为结实率（%）；HSI 为高温量化指标；SR_{max} 为潜在结实率；参数 b 为 Logistic 曲线拐点处斜率；参数 c 为结实率达到半致死（SR_{max} 的 50%）时的高温量化指标值。

分别将最高温（T_{max}）、最低温（T_{min}）、平均温度（T_{mean}）和高温度日（HDD）4 种高温量化指标作为自变量进行 Logistic 函数拟合后发现，4 种高温量化指标的 Logistic 函数都能够显著地拟合不同高温处理时期的结实率，但 HDD 的整体拟合效果最好（Sun et al., 2018）。当使用 HDD 量化高温胁迫对结实率的影响时，发现公式（6.48）中的参数 b 和参数 c 之间高度相关，它们的乘积大约为 3（图 6-18a）。因此，在使用 HDD 作为高温量化指标时，公式（6.48）可简化为

$$SR(HDD) = \frac{SR_{max}}{1 + e^{b \times HDD-3}} \tag{6.49}$$

式中，SR 为结实率（%）；SR_{max} 为潜在结实率；HDD 为高温度日；参数 b 决定了 Logistic 曲线的斜率。通过拟合不同高温处理下的试验数据发现，参数 b 自开花后增加，2d 后达到峰值，然后迅速下降，直至开花后 10d 平稳下降。另外，参数 b 随处理时期和穗位的变化较大。因此以实测值为基础，为上、中、下不同穗位分别建立了以高温胁迫发生时间为自变量的曲线函数，以确定参数 b 的取值，具体见图 6-18b。

利用独立数据集，对改进前后的 RiceGrow 模型模拟高温胁迫下结实率进行检验。结果显示，改进后的模型能够较好地模拟不同时期高温胁迫下的结实率（图 6-19）。

（5）高温胁迫对干物质分配和产量形成影响的模拟

源库关系是决定作物花后干物质分配和转运的根本。从源角度来看，高温胁迫显著降低了干物质生产，但从库的角度来看，高温胁迫明显降低了库强的 2 个主要因素，即籽粒数和籽粒最大粒重。因此，从源库关系来看，高温胁迫对库的影响会最终减少干物质向库器官——穗部的转运，从而提高茎秆干物质分配指数。

在 WheatGrow 模型中，干物质向穗部的分配指数主要取决于作物生理发育时期和作物潜在收获指数。而作物潜在收获指数主要取决于库强大小，根据前人研

究，采用公式（6.50）来量化花后每日籽粒库强 *Sink_capacity*：

$$Sink\_capacity_i = GN_i \times GW_{max,i}$$ （6.50）

式中，GN_i 为实际籽粒数；$GW_{max,i}$ 为籽粒最大粒重。

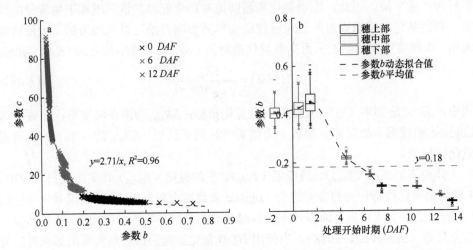

图 6-18　公式（6.48）中参数 b 和 c 之间的关系（a）及参数 b 随高温处理时期的变化（b）

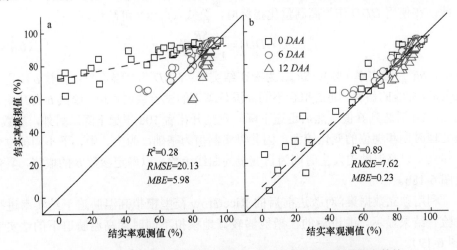

图 6-19　基于恒定参数的改进前模型（a）和基于阶段敏感性参数的
改进后模型（b）对结实率的模拟值与观测值的比较

　　为了模拟高温胁迫对干物质分配的影响，首先通过量化高温胁迫对库强的影响进而定量高温胁迫对收获指数的影响，最终用收获指数来调节高温胁迫下的干物质分配指数。在改进后的 WheatGrow 模型中，采用每日最大收获指数 HI_i 代替原有的潜在收获指数 $HI_{potential}$ 用于穗部的分配指数计算。其中，HI_i 计算如下：

$$HI_i = \frac{Sink\_capacity_i}{Sink\_capacity_{\text{potential}}} \times HI_{\text{potential}} \tag{6.51}$$

潜在库强 $Sink\_capactiy_{\text{potential}}$ 计算如下：

$$Sink\_capacity_{\text{potential}} = GN_{\text{potential}} \times GW_{\text{potential}} \tag{6.52}$$

式中，$GN_{\text{potential}}$ 为潜在结实粒数；$GW_{\text{potential}}$ 为潜在最大粒重。利用人工气候室控温试验和大田增温试验观测数据对改进前后的 WheatGrow 模型进行校正和检验，结果发现改进后的模型显著提升了高温胁迫下器官干物质分配和籽粒产量及产量结构的模拟精度（Liu et al.，2020）（图 6-20）。

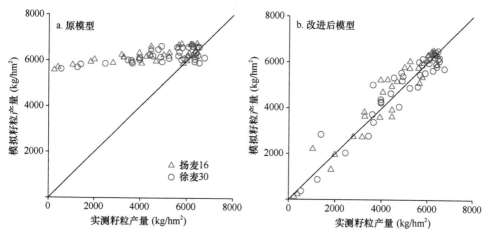

图 6-20　开花期和灌浆期高温胁迫下改进前后 WheatGrow 模型对
籽粒产量的模拟值与实测值的比较

第7章 作物水分关系模拟

水分是土壤-作物-大气系统内一切能量和物质交换的主要载体和中间环节，直接影响作物生长发育及产量品质的形成，因此研究农田土壤-作物水分动态的变化规律有着重要意义。近 40 多年来，作物系统模拟技术的发展为农田水分定量研究开辟了一条崭新的道路，国内外学者在土壤水分动态模拟方面取得了可喜进展。通过综合分析和提炼已有研究成果，本章主要介绍了基于水分平衡关系的农田土壤水分动态模型，比较全面地考虑了径流、渗漏、蒸发、作物吸水及土壤水分再分配等过程，同时考虑了土壤水分与作物生长之间的动态关系，定量分析了土壤水分对蒸腾、光合、干物质分配等生理生态过程的影响。作物水分关系的模拟可为农田作物水分状态的动态预测及精确管理提供数字化依据，对科学合理利用水资源进行灌溉或指导防旱抗涝、减灾增效等具有现实意义。

7.1 土壤-作物水分模型描述

南京农业大学国家信息农业工程技术中心构建的 CropGrow 模型包含了土壤水分平衡模块及其与作物生长过程的定量关系。该模块主要参考了 CERES-WHEAT、CERES-RICE、APSIM 等作物系统模型中的水分平衡模块（Keating et al.，2003；Ritchie et al.，1988），并对有关过程的算法进行了吸收、改进、拓展，涉及降水、径流、渗漏、灌溉、蒸散、作物吸水及土层水分再分配等过程，尤其是同时考虑了土壤干旱和渍水胁迫对作物的影响，因而强化了 CropGrow 模型在不同水分环境下的适用性（叶宏宝，2005；胡继超等，2004b）。

7.1.1 土壤水分模型的基本公式

土壤水分平衡是指一定时间内，作物根系层范围内一定深度水分的收支关系。根据作物根层深度把土壤剖面分成若干层，各土层水分平衡公式可如公式（7.1）描述：

$$\begin{cases} D_1 \dfrac{\mathrm{d}SW(1)}{\mathrm{d}t} = P + I - Int - P_{\mathrm{inf}}(1) - Runoff - Es - Q_{1,2} - S_1 \\ D_i \dfrac{\mathrm{d}SW(i)}{\mathrm{d}t} = P_{\mathrm{inf}}(i-1) - P_{\mathrm{inf}}(i) + Q_{i-1,i} - Q_{i,i+1} - S_i \\ D_N \dfrac{\mathrm{d}SW(N)}{\mathrm{d}t} = P_{\mathrm{inf}}(N-1) - P_{\mathrm{inf}}(N) + Q_{N-1,N} - Q_N - S_N \end{cases} \tag{7.1}$$

式中，i 为第 i 土层；N 为总土层数；$SW(1)$、$SW(i)$、$SW(N)$分别为第 1 层、第 i 层和第 N 层土壤容积含水量（cm^3/cm^3）；D_1 和 D_i 分别为第 1 层和第 i 层的土层厚度（cm）；P 为日降水量（cm）；I 为日灌溉量（cm）；Int 为作物对降雨的截留（cm/d）；Es 为土壤表层日蒸发量（cm）；$P_{inf}(i)$为第 i 层向第 $i+1$ 层降水或灌溉的入渗量（cm）；$Runoff$ 为有降水发生时的地表径流量（cm）；S_i 为第 i 层根系吸水速率；t 为时间（d）；$Q_{i-1,i}$ 为层间单位时间内的水流通量（cm）。

7.1.2　作物对降水的截留

Makkink 和 Van Heemst（1975）提出的作物冠层降水截留的计算公式如下：

$$Int = \min\left(P, Intcap / dt\right) \tag{7.2}$$

$$Intcap = \left(1 - \eta\right) \times f \times Fw \tag{7.3}$$

$$\eta = e^{-kLAI} \tag{7.4}$$

式中，Int 为截留量（cm/d）；P 为降雨量（cm）；$Intcap$ 为作物冠层截留能力；dt 为时间步长（d）；η 为作物冠层对太阳辐射的透射率；f 为单位鲜重生物量的截留能力（0.2kg 水/kg 鲜重）；Fw 为作物鲜重（kg/m^2）；k 为作物消光系数；LAI 为冠层叶面积指数。Fw 和 LAI 由作物生长模拟模块计算得到。

7.1.3　地表径流的计算

当土表供水速率超过土壤最大渗透率和累积的剩余水分超过土壤表面贮水能力时将发生径流。地表径流的多少与降雨强度、土壤湿度、坡度、土壤性质等有关，而降雨强度资料往往不易获得，因此目前没有一个通用的机理性模型来精确模拟地表径流，一般是用经验公式来计算。1983 年美国土壤保持服务机构（USDA-Soil Conservation Service）提出了计算地表径流的曲线法，该方法被 CERES 系列作物模型用于旱地土壤的地表径流模拟（Ritchie et al.，1988），WheatGrow 模型也采用该曲线法来模拟旱地土壤的地表径流量，而对于水稻田的模拟，RiceGrow 模型则相对简单：

$$FldH = FldH + Pinf \tag{7.5}$$

$$\begin{aligned} Runoff &= FldH - BundH \\ FldH &= BundH, FldH > BundH \end{aligned} \tag{7.6}$$

$$Runoff = 0, FldH \leqslant BundH \tag{7.7}$$

式中，$FldH$ 为水田淹水深度（cm）；$Pinf$ 为当日有效降水或灌溉水量（cm）；$BundH$ 为田埂高（cm）。

7.1.4 降水或灌溉的入渗

当某一土层土壤水分含量大于田间持水量时，多余的水量渗漏到下面较低的土层。据此，当有降水或灌溉时，引起土层土壤水分含量改变的入渗量为

$$Pinf(i) = \begin{cases} Dr_{i \to i+1}, & SW(i) > DUL(i) \\ 0, & SW(i) \leqslant DUL(i) \end{cases} \quad (7.8)$$

$$Dr_{i \to i+1} = \min \left\{ K_{SW(i)}, Pinf(i-1) - \left[DUL(i) - SW'(i) \right] \times D_i \right\} \quad (7.9)$$

式中，$SW(i)$ 为入渗前第 i 层的土壤容积含水量（cm³/cm³）；$DUL(i)$ 为田间持水量（cm³/cm³）。若土壤导水不良，则有 $\{Pinf(i-1)-[DUL(i)-SW'(i)]\times D_i - K_{SW(i)}\}$ 的水量滞留在 $\leqslant i$ 层次的土壤中，造成土壤渍水，过多的水量逐层向上分配直到土壤完全饱和，并可能形成地面积水。若导水良好，则土壤水分很快下渗，直到排出土壤底层，形成水分深层渗漏，引起地下水位上升。

7.1.5 农田蒸散的算法

农田实际蒸散过程十分复杂，既取决于辐射、湿度、温度和风速等气象因子，同时土壤含水量、作物种类或品种及生长阶段等对蒸散量也有重要影响。目前模拟农田蒸散的模型主要有 Penman-Monteith 模型、Priestley-Taylor 模型、Hargreaves 模型、联合国粮食及农业组织（FAO）调整过的 Penman 模型等。考虑到 Priestley-Taylor 公式不需要风速和湿度资料，有利于实际应用，这里用 Priestley-Taylor 模型计算农田蒸散。

（1）参考作物潜在蒸散 $ETpRe$ 的计算

$$ET_pRe = K_t \times Solrad \times (0.00488 - 0.00437 \times Albedo) \times (Td + 29) \quad (7.10)$$

式中，ET_pRe 单位为 mm/d；$Solrad$ 为每日太阳总辐射量 [MJ/(m²·d)]；K_t 为温度系数，由公式（7.11）给出：

$$K_t = \begin{cases} 0.01 \times \exp\left[0.18 \times (T_{max} + 20) \right], & T_{max} < 5℃ \\ 1.1, & 5℃ \leqslant T_{max} \leqslant 24℃ \\ 0.05 \times (T_{max} - 24) + 1.1, & T_{max} > 24℃ \end{cases} \quad (7.11)$$

日平均气温 Td 为

$$Td = 0.6T_{max} + 0.4T_{min} \quad (7.12)$$

田间反射率 $Albedo$ 可用公式（7.13）计算：

$$Albedo = \begin{cases} SoilAl, & 出苗前 \\ 0.23 - (0.23 - SoilAl) \times \exp(-0.75 \times LAI), & 出苗—拔节 \\ 0.23 + (LAI - 4)^2 / 160, & 拔节—成熟 \end{cases} \quad (7.13)$$

式中，$SoilAl$ 为农田裸土反射率（表 7-1），一般旱地取 0.23，水田淹水条件下取 0.08；LAI 为叶面积指数（下同），由作物生长模型模拟得到（Tang et al.，2009）。

表 7-1　不同裸土类型的反射率

土表类型	湿土	干土
砂土	0.24	0.37
沙壤土	0.10～0.19	0.17～0.33
黏壤土	0.10～0.14	0.20～0.23
黏土	0.08	0.14

（2）作物潜在蒸散（ET_p）

作物潜在蒸散（ET_p）可根据叶面积指数（LAI）的大小来分段计算，如公式（7.14）所示：

$$ET_p = \begin{cases} ET_p Re, & LAI \leqslant 1.5 \\ \dfrac{(K_c - 1)LAI + (5 - 1.5K_c)}{3.5} \times ET_p Re, & 1.5 < LAI < 5 \\ K_c \times ET_p Re, & LAI \geqslant 5 \end{cases} \qquad (7.14)$$

式中，K_c 为最大作物系数。

（3）潜在土壤蒸发和潜在作物蒸腾的计算

潜在土壤蒸发 ES_p 是通过量化叶面积指数（LAI）的影响来计算，如式（7.15）所示：

$$ES_p = \begin{cases} ET_p \times (1.0 - 0.43 \times LAI), & LAI < 1 \\ ET_p Re \times \exp(-\delta \times LAI), & LAI > 1 \end{cases} \qquad (7.15)$$

式中，δ 为消光系数，取值 0.45～0.65。

潜在作物蒸腾 T_p 的计算：

$$T_p = ET_p - ES_p \qquad (7.16)$$

（4）实际土壤蒸发 ES_a 的计算

$$ES_a = \begin{cases} ES_p, & SW > DUL \\ ES_p \times \dfrac{(SW - 1/3LL)}{(DUL - 1/3LL)}, & 1/3LL < SW \leqslant DUL \\ 0, & SW \leqslant 1/3LL \end{cases} \qquad (7.17)$$

式中，LL 为萎蔫含水量；$1/3LL$ 为蒸发完全停止时的土壤含水量。

7.1.6　根系吸水函数

研究证明，根系实际吸水量与根系的分布和土壤含水量等密切相关，而在充分供水条件下，T_a 即为潜在蒸腾 T_p，仅与气象条件、作物发育阶段有关。目前有关作物根系吸水函数的研究较多，但许多模型的形式复杂，需要较多的参数，难以直接应用到农田水分平衡模型中，这里采用较简单的吸水模型（DeJong and Cameron，1979）：

$$S_{mi} = T_p \times RLV(i) \Big/ \sum_{i=1}^{N} RLV(i) \qquad (7.18)$$

式中，S_{mi} 为根系潜在吸水速率（mm/d），表示单位时间内根系从单位体积土壤中吸收的水量；T_p 为潜在作物蒸腾；$RLV(i)$ 为第 i 土层的根长密度，其含义为第 i 层内作物根系吸水与相应的相对根长密度成正比。作物根系实际吸水还与根层土壤含水量有关，因此第 i 层根系实际吸水量 S_i 可以通过公式（7.19）计算得到：

$$S_i = WF(i) \times S_{mi} \qquad (7.19)$$

式中，S_i 单位为 mm/d；$WF(i)$ 为第 i 土层的土壤水分蒸腾影响因子，取值为 0～1。一般作物根系所吸水分的极大部分被用于作物蒸腾，水分模型一般不计作物本身的贮水，因此作物实际蒸腾量 T_a 也就是根实际吸水量，可以通过公式（7.20）计算得到：

$$T_a = \sum_{i=1}^{N} S_i \qquad (7.20)$$

7.1.7　层间水分再分配

由于土壤各层的水分收支很不均匀，各层土壤水分含量也有一定差异，从而导致相邻土层间局部水势梯度的存在，水分由高水势向低水势土层运移，使水分在土壤剖面土层间重新分配。层间水分运移量主要由土壤的导水率 [$K(h)$] 和水势梯度决定。为减少厚土层的使用所带来的土壤含水量计算的不准确性，应用基质通量势（Penning de Vries et al.，1989）计算相邻两土层间的水流通量 $Q_{i-1,i}$：

$$Q_{i-1,i} = \left(\frac{1}{h_i - h_{i-1}} - \frac{1}{0.5 \times (D_i + D_{i-1})} \right) \int_{h_{i-1}}^{h_i} K(h) \mathrm{d}h \qquad (7.21)$$

式中，D_i 和 D_{i-1} 分别为第 i 层和第 $i-1$ 层的土层厚度（cm）；h_i 和 h_{i-1} 分别为第 i 层和第 $i-1$ 层土层中心与地下水位距离（cm）。类似地，用基质通量流概念，可得最底层通量 Q_N 为

$$Q_N = \left(\frac{1}{h_N - h_B} - \frac{1}{0.5 \times D_N} \right) \int_{h_N}^{h_B} K(h) \mathrm{d}h \qquad (7.22)$$

Q_N 小于 0 表示毛管上升水通量；大于 0 表示底层渗漏排水通量。h_N 和 h_B 分别为第 N 层土层和底层土层中心与地下水位距离；D_N 为第 N 层土层厚度。

7.1.8　土壤水分特征值的估算

模型运行需要的土壤水分特征值或关系主要包括饱和导水率 K_{SAT}（cm/d）、土

壤非饱和导水率函数、饱和含水量 SW_{SAT}（cm^3/cm^3）、土壤水分特征曲线的参数等，一般不易得到，为使模型更加实用，可根据相对易于获得的土壤持水数据间接估算（Ritchie et al.，1999；Kern，1995；Saxton et al.，1986），即通过土壤容重 BD（g/cm^3）、土壤质地（砂粒含量 $Sand\%$ 和黏粒含量 $Clay\%$，按国际制土壤质地分类标准）等来估计这些特征值。本模型中估计算法如下：

$$SW_{SAT} = 1.0 - BD / 2.65 \tag{7.23}$$

$$K_{SAT} = 75.0 \times \left[(SW_{SAT} - SW_{FC}) / SW_{FC} \right]^2 \tag{7.24}$$

$$K(h) = K_{SAT} \times \left(\frac{h}{h_e} \right)^{-2+3/\beta} \tag{7.25}$$

$$h = h_e \times (SW / SW_{SAT})^{\beta} \tag{7.26}$$

$$h_e = 1020 \times (-0.108 + 0.341 \times SW_{SAT}) \tag{7.27}$$

$$\beta = -3.3816 - 8.8694 \times (Clay) \tag{7.28}$$

式中，$K(h)$ 为非饱和导水率；h 为基质吸力（cm）；h_e 为进气吸力（cm）。上述公式计算所需要输入的基本数据有：土壤资料（每层初始土壤含水量、土壤水分物理参数、地下水位等），气象资料（每天最高温度、最低温度、降水量、日照时数），作物参数（叶面积、根深、每层根长密度，由作物模型模拟得到）。

7.2　水分影响因子

水分影响因子计算时分别考虑了土壤水分对作物蒸腾、光合作用、根伸长及干物质分配等的影响。在渍水和干旱胁迫时，植株叶片的气孔导度下降，导致叶片光合速率减弱。因此，可用渍水和干旱胁迫下的影响因子对适宜水分条件下的光合速率、蒸腾、根冠比等生理过程进行修正。

7.2.1　水分胁迫对作物生长过程的影响

作物水分生理生态关系是作物水分关系模拟的基础。当水分不足时，影响植物体的水分状况和蒸腾，抑制细胞（叶面积）的建成并造成能量平衡和气孔开度的变化，导致光合、蒸腾速率的降低，进而造成作物生产能力的降低甚至死亡。当渍水时，单叶净光合速率、叶面积、叶绿素含量的相对受害率增加，产量显著降低（胡继超等，2004a）。

7.2.1.1　作物对干旱胁迫的响应

（1）植株叶水势与土壤水势、土壤含水量的关系

植株叶水势具有明显的日变化。例如，在晴天时（图 7-1a），水稻抽穗期对照

水分处理下（保持 2cm 水层）的剑叶叶水势在凌晨日出前最大，为–0.6～–0.7MPa，在上午 8:00～10:00 下降最快，随后变化平稳，至午后 14:00～15:00 达最低，然后缓慢回升，日变幅约 1.06MPa。干旱处理的叶水势明显低于对照，特别是在 15:00 以后与对照差值增大，而且叶水势回升比对照缓慢。在灌浆期，对照和干旱水分处理叶水势的日变化规律与抽穗期基本一致，对照和干旱处理间在上午 8:00 已出现较明显的差异（图 7-1b）。

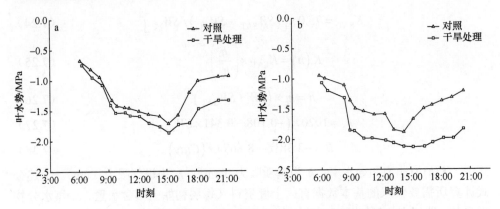

图 7-1　水稻抽穗期（a）和灌浆期（b）剑叶叶水势的日变化

小麦植株凌晨叶水势与土壤水势有良好的线性关系（图 7-2）。在土壤水分供应充分时，凌晨叶水势低于土壤水势；随着土壤干旱的加剧，植株凌晨叶水势既高于土壤水势，又高于大气水势，从而失水萎蔫死亡。作物凌晨叶水势随着土壤相对含水量的下降而下降（图 7-3），对凌晨叶水势和土壤含水量资料进行统计分析，发现两者的关系可用以下阻滞公式来描述：

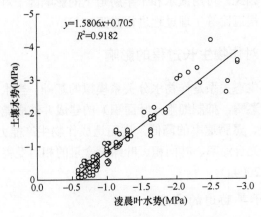

图 7-2　冬小麦植株凌晨叶水势与土壤水势的关系

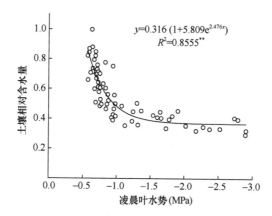

图 7-3　凌晨叶水势与土壤相对含水量的关系

$$SWRC = 0.316 \times \left[1 + 5.809 \times \exp\left(2.476 \times PLWP\right)\right]$$

式中，$PLWP$ 为凌晨叶水势（MPa）；$SWRC$ 为土壤相对含水量（相对于田间持水量的百分率）。

（2）干旱胁迫对叶片净光合速率日变化的影响

图 7-4a、图 7-4b、图 7-4c 分别为水稻抽穗期干旱处理开始后的第 7 天（9 月 2 日）、第 8 天（9 月 3 日）和灌浆期干旱处理开始后的第 6 天（9 月 17 日）剑叶净光合速率的日变化。可以看出：①对照处理下叶片净光合速率最高值出现在 11:00 左右，从 9:00～14:00 净光合速率都维持较高值，变化于 15.0～20.0μmol/(s·m²)，14:00 以后，净光合速率明显下降。②在图 7-4a、图 7-4c 中，干旱处理的光合作用开始受到轻度水分胁迫影响，叶片净光合速率明显低于对照，且出现光合午休现象。图 7-4c 中，干旱处理的叶片净光合速率在午后降幅较大。③随着土壤含水量的进一步降低（土壤含水量降为 14.2%，土壤水势为−0.4MPa），干旱胁迫程度加重，干旱处理剑叶的净光合速率全天都为低值，且不到对照的 50%（图 7-4b）。

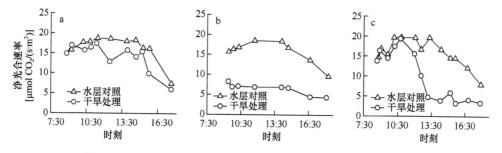

图 7-4　抽穗期（a，b）、灌浆期（c）干旱胁迫和对照水分条件下
水稻剑叶净光合速率的日变化

（3）不同生育时期叶片净光合速率与凌晨叶水势、土壤含水量的关系

叶片净光合速率与植株凌晨叶水势有密切的关系。当土壤水分供应充分时，凌晨叶水势较高，净光合速率也为高值，水分不是光合作用的限制因子。当凌晨叶水势低于某一值后，净光合速率显著降低（表7-2）。将净光合速率显著降低的凌晨叶水势值称为凌晨叶水势临界值。

表7-2　不同生育时期干旱处理下的冬小麦叶片净光合速率与对应的凌晨叶水势

分蘖期			拔节期			孕穗期			开花期			灌浆期		
a	b	c	a	b	c	a	b	c	a	b	c	a	b	c
0	16.24AB**	−0.53	3	18.22A	−0.58	2	21.26A	−0.53	3	20.70AB	−0.53	1	19.08A	−0.67
1	16.00AB	−0.64	6	16.70A	−0.62	5	21.02A	−0.60	5	21.18A	−0.52	2	18.26AB	−0.67
3	15.86ABC	−0.63	7	17.97A	−0.69	9	19.62A	−0.57	6	19.8AB	−0.60	4	17.53AB	−0.68
6	16.28AB	−0.63	8	17.20A	−0.65	10	12.22B	−0.64	7	18.97BC	−0.65	5	15.71B	−0.70
10	17.48A	−0.67	10	9.95B	−0.78	11	10.85B	−0.68	8	16.95C	−0.67	5	10.20C	−0.93
15	13.92C	−0.74	11	8.00B	−0.93	12	10.54B	−0.72	9	11.03D	−0.77	13	8.57C	−1.29
20	14.80BC	−0.76	12	4.47C	−1.17	15	4.53C	−0.93	10	9.98DE	−0.83	14	9.17C	−1.36
25	11.38D	−0.80	15	3.18C	−1.66	16	3.40C	−1.25	11	8.63E	−0.8	19	4.55D	−1.71
30	4.39E	−0.91							12	5.93F	−1.07			

注：a 代表干旱处理开始后天数（d）；b 代表净光合速率 [μmol/(s·m^2)]；c 代表凌晨叶水势（MPa）。同列相同大写字母表示在1%水平上差异不显著

运用模糊聚类方法，计算冬小麦各生育时期中每组净光合速率与凌晨叶水势数据之间的相似系数，进而确定将净光合速率分为两类的凌晨叶水势临界值。冬小麦在分蘖期、拔节期、孕穗期、开花期、灌浆期的凌晨叶水势临界值分别为−0.74MPa、−0.78MPa、−0.68MPa、−0.77MPa和−0.93MPa。图7-5为冬小麦在分蘖期的凌晨叶水势模糊聚类图。

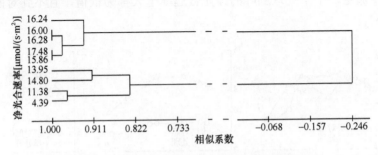

图7-5　冬小麦分蘖期净光合速率聚类分析图

干旱胁迫下水稻叶片净光合速率与凌晨叶水势也有类似关系。在水稻抽穗期（图7-6a）和灌浆期（图7-6b），干旱处理开始后的前几天，随着凌晨叶水势的缓

慢降低，净光合速率的变化较平稳；当凌晨叶水势值低于临界值-1.04MPa 和
-1.13MPa 时，剑叶净光合速率则急剧下降。

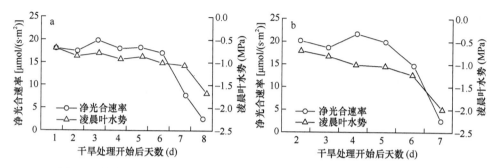

图 7-6　水稻抽穗期（a）和灌浆期（b）叶片净光合速率与凌晨叶水势关系

　　叶片净光合速率与土壤含水量有密切的关系。随着土壤含水量的升高，净光
合速率逐渐增大；在土壤含水量较高时，净光合速率维持在较高值，而且并不随
土壤含水量的增高而增大；当土壤含水量低于一定值时，净光合速率随土壤含水
量的降低而降低（图 7-7）；净光合速率与土壤相对含水量的关系为曲线关系。

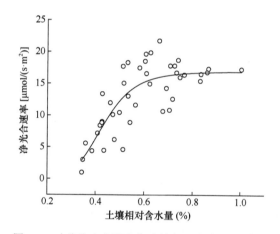

图 7-7　叶片净光合速率与土壤相对含水量的关系

　　（4）相对蒸腾速率与凌晨叶水势、土壤含水量的关系

　　为了研究蒸腾速率与凌晨叶水势、土壤含水量的关系，定义相对蒸腾速率为
土壤干旱处理下的叶片蒸腾速率与正常适宜土壤水分下的叶片蒸腾速率的比值。
采用比值的目的在于排除测定日期之间温度变动导致的蒸腾速率的差异。

　　图 7-8 显示，相对蒸腾速率与土壤相对含水量具有正相关关系，即随着土壤
相对含水量的升高，相对蒸腾速率增高。相对蒸腾速率与凌晨叶水势具有非线性
关系，随着凌晨叶水势的降低，相对蒸腾速率迅速降低，当凌晨叶水势降低到一

定值后，相对蒸腾速率趋于平稳（图7-9）。

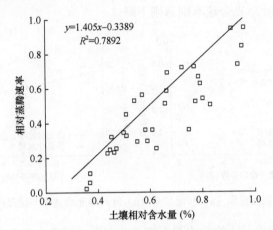

图 7-8　叶片相对蒸腾速率与土壤相对含水量的关系

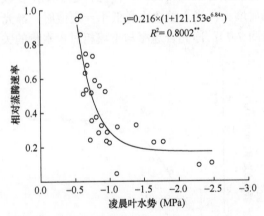

图 7-9　叶片相对蒸腾速率与凌晨叶水势的关系

（5）不同生育期干旱胁迫对植株各器官干物质积累与分配的影响

在所有生育期，冬小麦遭受干旱胁迫后植株各器官干重和总干重与对照比较均下降。随着生长中心的转移，拔节前叶重降低最大，抑制叶片出生；从拔节期到抽穗前茎鞘重降低最大，抑制节间伸长和穗的抽出，使株高降低；灌浆期对穗重影响最大，抑制籽粒灌浆。干旱胁迫使干物质在各生育期向生长中心分配的比例降低，但未改变地上部各器官之间分配比例的高低次序。干旱胁迫对小麦地上部的影响大于地下部，干物质向根的分配比例升高，导致根冠比增大（表7-3）。

水稻各生育时期短期水分胁迫后，各器官干重、总干重均明显降低（表7-4）。比较各器官的干旱胁迫指数可以看出，不同时期短期干旱胁迫对器官干物重影响的程度是根>叶>茎鞘，而且生育前期水分胁迫对根、叶、茎鞘的影响比后期大；抽穗后水分胁迫对穗重的影响加大。

表 7-3　不同生育期干旱胁迫对冬小麦各器官干物质积累与分配的影响

生育期	处理	各器官干重（g/盆）				总干重（g/盆）	各器官占总干重比例				根冠比
		根	叶	茎鞘	穗		根	叶	茎鞘	穗	
分蘖期	对照	8.37	13.14	8.20		29.70	0.281	0.442	0.276		0.392
	干旱	7.23	8.13	5.41		20.76	0.348	0.391	0.260		0.534
	干旱/对照	0.864	0.619	0.659		0.699	1.236	0.885	0.943		1.362
拔节期	对照	15.54	36.87	63.93		116.34	0.134	0.317	0.550		0.154
	干旱	10.06	25.42	32.15		67.63	0.149	0.376	0.475		0.196
	干旱/对照	0.647	0.689	0.503		0.581	1.114	1.186	0.865		1.273
拔孕期	对照	17.33	29.44	70.72	24.77	142.25	0.122	0.207	0.497	0.174	0.139
	干旱	13.01	20.66	43.98	9.76	87.395	0.149	0.236	0.503	0.112	0.175
	干旱/对照	0.750	0.702	0.622	0.394	0.614	1.221	1.142	1.012	0.641	1.260
孕穗期	对照	23.0	33.26	116.52	63.38	236.16	0.097	0.141	0.493	0.268	0.108
	干旱	19.2	22.62	78.08	53.84	173.74	0.111	0.130	0.449	0.310	0.124
	干旱/对照	0.835	0.680	0.670	0.849	0.736	1.135	0.924	0.911	1.155	1.151
灌浆期	对照	20.67	30.14	100.78	148.16	299.75	0.069	0.101	0.336	0.494	0.074
	干旱	17.39	24.54	79.07	83.51	204.52	0.085	0.120	0.387	0.408	0.093
	干旱/对照	0.841	0.814	0.785	0.564	0.682	1.233	1.193	1.150	0.826	1.255

表 7-4　不同生育期干旱胁迫对水稻各器官干物质积累与分配的影响

生育期	处理	各器官干重（g/盆）				总干重（g/盆）	各器官占总干重比例				根冠比
		根	叶	茎鞘	穗		根	叶	茎鞘	穗	
有效分蘖期	对照	1.318	2.14	2.055		5.513	0.239	0.388	0.373		0.314
	干旱	0.828	1.427	1.696		3.951	0.21	0.361	0.429		0.265
	干旱/对照	0.628	0.667	0.825		0.717	0.879	0.930	1.15		0.844
穗穗分化期	对照	2.44	4.595	5.233		12.268	0.199	0.375	0.427		0.248
	干旱	1.889	3.755	4.585		10.229	0.185	0.367	0.448		0.226
	干旱/对照	0.774	0.817	0.876		0.834	0.93	0.979	1.049		0.911
抽穗开花期	对照	3.477	6.286	11.536	3.114	24.413	0.142	0.257	0.473	0.128	0.166
	干旱	2.585	5.459	10.637	2.82	21.501	0.12	0.254	0.495	0.131	0.137
	干旱/对照	0.743	0.868	0.922	0.906	0.881	0.845	0.988	1.047	1.023	0.825
灌浆期	对照	2.455	7.122	10.249	13.253	33.079	0.074	0.215	0.31	0.401	0.08
	干旱	2.044	6.198	9.3	11.477	29.019	0.070	0.214	0.32	0.395	0.076
	干旱/对照	0.833	0.87	0.907	0.866	0.877	0.946	0.995	1.032	0.985	0.95

表 7-4 资料还显示，对照水分处理下 4 个生育期各器官的分配指数变化规律表现为：在有效分蘖期，叶>茎鞘>根；在穗分化期和抽穗开花期，茎鞘>叶>根>穗；在灌浆期，穗>茎鞘>叶>根。在 4 个处理时期受干旱胁迫处理后，根、叶的分配指数均降低，特别是在抽穗前降低明显，在抽穗后降低较小；干旱胁迫后茎鞘的分配指数均升高。短期干旱后各生育期根冠比下降，这可能与干旱时间较短有关。

7.2.1.2 作物对渍水胁迫的响应

以小麦不同生育时期渍水处理试验为例，测定小麦不同生育时期单叶净光合速率、叶绿素含量随渍水持续天数的变化，并分析小麦受渍的敏感时期和渍水持续天数对小麦生长的影响，为进一步量化渍水影响奠定基础。

（1）不同时期渍水对净光合速率和蒸腾速率的影响

分析渍水与对照处理下净光合速率的比值随渍水处理持续时间的变化可以看出（图 7-10），渍水后的净光合速率在第 3 天才开始下降，第 10 天净光合速率仍维持较高值，仅降低到对照水分处理的 80%左右；第 15 天后净光合速率下降加快，到第 30 天下降到对照的 20%左右。不同生育期之间比较可知，从拔节后 15d 开始，渍水胁迫对净光合速率的影响加大，在小麦生长发育后期，尤其是孕穗和抽穗期，如遭受渍水胁迫，则导致净光合速率显著下降。

表 7-5 为不同生育时期渍水 15d 后功能叶片净光合速率的变化，从对净光合速率的影响看，不同生育时期渍水的敏感性次序是：孕穗期>灌浆期>拔节后 15d>拔节期>分蘖期。

渍水对植株叶片蒸腾速率也有影响。渍水后的第 1 天，叶片蒸腾速率有较大的增幅，其后随着渍水处理持续时间的延长而下降，变化情况与渍水对叶片净光合速率的影响相一致。由图 7-11 显示，在不同生育期，叶片蒸腾速率和净光合速率随渍水持续时间的变化有极好的正相关关系，渍水与对照处理下的蒸腾速率之比和净光合速率之比随渍水持续时间的变化一致，两者的比值接近 1∶1。

（2）不同生育期渍水对冬小麦各器官干物质积累与分配的影响

比较渍水胁迫和对照水分条件下冬小麦不同生育期各器官干物质积累和分配的试验结果（表 7-6）可以看出，①除分蘖期外，渍水后小麦叶片、茎鞘、穗和根系等器官干物质积累量与对照比较有较大幅度的下降。各器官中根系的下降幅度最大，在孕穗期达到 70%。②渍水后小麦干物质在各器官中的分配比例与对照比较也发生变化。在任何生育期，渍水 30d 后，干物质在根系中的分配比例均降低，证明长期渍水抑制根系生长，不同生育期抑制根生长的顺序为孕穗期>拔节期后15d>拔节期>分蘖期>灌浆期。由于不同生育期生长中心不同，渍水对植株地上部各器官的干物质分配比例影响略有差异。在 5 个生育期受渍后，叶和茎鞘的干物质分配比例有增大的趋势；在开花期及以前渍水对穗的分配比例影响小，

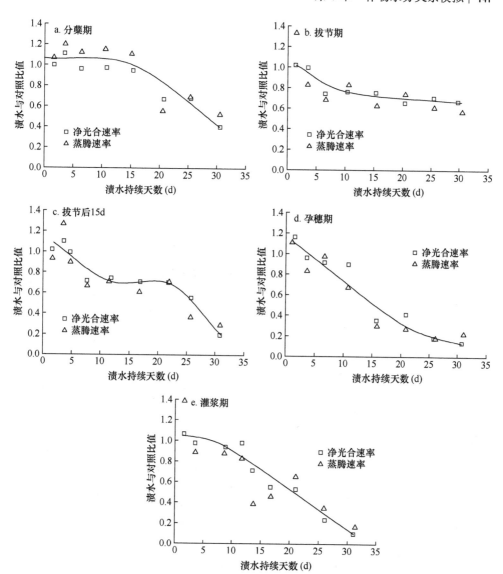

图 7-10　不同生育时期叶片净光合速率和蒸腾速率随渍水持续天数的相对变化

表 7-5　不同生育时期渍水 15d 后单叶净光合速率的变化

处理	生育期				
	分蘖期	拔节期	拔节后 15d	孕穗期	灌浆期
对照	14.73	20.16	15.40	15.80	18.60
渍水	13.95	15.53	10.68	5.32	10.27
渍水/对照	0.947	0.770	0.694	0.336	0.552

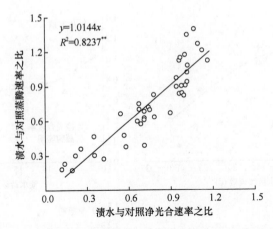

图 7-11　溃水与对照处理下的蒸腾速率之比与净光合速率之比之间的相关关系

表 7-6　不同生育期溃水对冬小麦各器官干物质积累与分配的影响

生育期	处理	各器官干重（g/盆）				总干重（g/盆）	各器官占总干重比例				根冠比
		根	叶	茎鞘	穗		根	叶	茎鞘	穗	
分蘖期	对照	8.37	13.14	8.20		29.71	0.282	0.442	0.276		0.392
	溃水	5.69	13.94	10.60		30.23	0.188	0.461	0.351		0.232
	比值	0.68	1.06	1.29		1.02					
拔节期	对照	15.54	36.87	63.93		116.34	0.134	0.317	0.550		0.154
	溃水	7.61	28.78	50.78		87.17	0.087	0.330	0.583		0.096
	比值	0.49	0.78	0.79		0.75					
拔孕期	对照	17.33	29.44	70.72	24.77	142.26	0.122	0.207	0.497	0.174	0.139
	溃水	8.76	25.26	72.41	31.18	137.61	0.064	0.184	0.526	0.227	0.068
	比值	0.51	0.86	1.02	1.26	0.967					
孕穗期	对照	23.00	33.26	116.52	63.38	236.16	0.097	0.141	0.493	0.268	0.108
	溃水	7.09	29.77	86.19	49.06	172.11	0.041	0.173	0.501	0.285	0.043
	比值	0.31	0.90	0.74	0.77	0.73					
灌浆期	对照	20.67	30.14	100.78	148.16	299.75	0.069	0.101	0.337	0.494	0.074
	溃水	11.53	33.14	86.37	110.36	241.40	0.048	0.137	0.358	0.457	0.050
	比值	0.56	1.10	0.86	0.75	0.81					

在灌浆开始以后溃水使穗的干物质分配比例减小，导致穗重降低。③溃水胁迫没有改变地上部各器官之间干物质分配比例的大小次序。

7.2.2　水分影响因子计算

基于上述水分胁迫对作物生长过程的影响，可用水分影响因子来量化水分胁迫对作物生长发育及生理过程的影响，而不同生理过程对水分胁迫的响应不一致，因此本节分别定量计算水分胁迫对光合作用、蒸腾作用和根冠比等生理过程和生理指标的影响因子。

7.2.2.1 干旱对光合作用的影响因子（DSF1）

在作物水分关系生理生态试验研究的基础上提出如下假设：

1）作物叶水势是反映作物体内水分亏缺最灵敏的生理指标，由于叶水势在一天中随大气条件变化而有变化，因此采用凌晨（黎明前）叶水势可排除大气条件的影响。

2）当植株水分降低到使光合速率显著下降时，即发生干旱胁迫。

3）凌晨叶水势随土壤含水量的变化而变化，把作物净光合速率显著下降时的凌晨叶水势称为凌晨叶水势临界值。

4）某一作物或品种特定生育期的凌晨叶水势临界值是稳定的。

根据以上假设，净光合速率的干旱胁迫影响因子（DSF1）可表示为

$$DSF1 = \begin{cases} 1, & SW_{cr} < SW < DUL \\ (SW - LL)/(SW_{cr} - SW_{wp}), & LL \leqslant SW < SW_{cr} \\ 0, & SW < SW_{wp} \end{cases} \quad (7.29)$$

式中，SW_{cr} 为干旱胁迫的土壤含水量临界值（cm^3/cm^3），可用作物凌晨叶水势和土壤含水量的阻滞函数关系计算。

$$SW_{cr} = 0.316 \times [1 + 5.809 \times \exp(2.476 \times PLWP_{cr})] \times DUL \quad (7.30)$$

式中，$PLWP_{cr}$ 为发生干旱胁迫的凌晨叶水势临界值（MPa），表 7-7 列出了冬小麦各生育阶段凌晨叶水势临界值和土壤含水量临界值的动态变化。

表 7-7　冬小麦各生育阶段凌晨叶水势临界值和土壤含水量临界值

生理发育时间 PDT	凌晨叶水势临界值（MPa）	土壤含水量临界值 SW_{cr}（%）
0～16.1	−0.74	61.1
16.1～21.4	−0.78	58.3
21.4～31.0	−0.68	65.8
31.0～39.0	−0.77	59.0
39.0～56.0	−0.93	50.0

7.2.2.2 渍水对光合作用的影响因子（WSF1）

渍水胁迫因子需要综合考虑以下 4 个因素：①作物种类；②土壤水分含量；③渍水持续天数；④不同生育阶段对渍水响应的差异。因此渍水对光合作用的影

响因子（*WSF*1）可以通过公式（7.31）计算得到。

$$WSF1 = \begin{cases} 1 - WSFC_0 \times \left(1 - f\left(T_W, PDT\right)\right) \times \left(\dfrac{SW - K_{WL} \times DUL}{SAT - K_{WL} \times DUL}\right), & K_{WL} \times DUL \leqslant SW < SAT \\ 1 - WFSC_0 \times \left(1 - f\left(T_W, PDT\right)\right), & SW \geqslant SAT \end{cases}$$

（7.31）

式中，$WSFC_0$ 为渍水对不同作物种类的影响，取值仅为 0 或 1，对于大多数旱地作物和旱地水稻取值为 1，对于水田水稻取值 0；SAT 为饱和含水量；$K_{WL} \times DUL$ 为发生渍水胁迫时土壤含水量的下限值，K_{WL} 为不同作物渍水下限值相对于田间持水量的比例系数；$f(T_W, PDT)$ 为在不同生育期不同渍水持续天数的渍水影响程度函数，PDT 为生理发育时间，T_W 为渍水持续天数。通过试验数据获得 $f(T_W, PDT)$ 的函数表达式如下：

$$f\left(T_W, PDT\right) = \begin{cases} -0.000\,083\,8T_W^3 + 0.0032T_W^2 - 0.0481T_W + 1.1255, & 0 < PDT < 16.1 \\ -0.000\,051\,9T_W^3 + 0.0030T_W^2 - 0.0572T_W + 1.074, & 16.1 \leqslant PDT < 18.8 \\ -0.000\,143\,0T_W^3 + 0.0064T_W^2 - 0.0957T_W + 1.2084, & 18.8 \leqslant PDT < 21.4 \\ 1 - 1/\left(1 + 29.90\mathrm{e}^{-0.190T_W}\right), & 21.4 \leqslant PDT < 39.0 \\ 1 - 1/\left(1 + 105.61\mathrm{e}^{-0.234T_W}\right), & 39.0 \leqslant PDT < 56.0 \end{cases}$$

（7.32）

渍水后植株叶片自下而上枯黄，单株绿叶面积下降，随渍水持续天数的延长，绿叶面积下降比例增大。绿叶面积损失率（减少的渍水绿叶面积与对照绿叶面积的比值）与渍水胁迫影响因子（*WSF*）成正比（图 7-12），两者比值接近 1∶1。故可以用渍水胁迫影响因子（*WSF*）乘以适宜水分状况下的绿叶面积增减量，来模拟渍水对绿叶面积降低的影响。

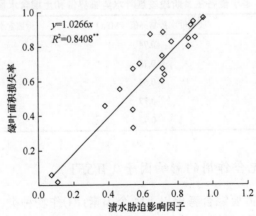

图 7-12　绿叶面积损失率与渍水胁迫影响因子的关系

7.2.2.3　干旱与渍水对蒸腾作用的影响因子（$DSF2$、$WSF2$）

相对蒸腾速率与土壤相对含水量之间为线性关系。如果土壤含水量低于田间持水量，作物蒸腾速率将下降。蒸腾速率的土壤水分影响因子（$DSF2$、$WSF2$）可表示为

$$DSF2 = \begin{cases} \left(\dfrac{SW - LL}{DUL - LL} \right)^{0.7}, & LL \leqslant SW < DUL \\ 0, & SW < LL \end{cases} \tag{7.33}$$

$$WSF2 = WSF1 \tag{7.34}$$

式中，$DSF2$ 为干旱对蒸腾作用的影响因子，$WSF1$ 为渍水对蒸腾作用的影响因子。

7.2.2.4　干旱与渍水对根冠比的影响因子（$DSF3$、$WSF3$）

根冠比反映了植株光合产物的调配和地上部与地下部相对生长的差异。作物干物质分配状况随生育期不同而变化，渍水和干旱对同化物分配有重要的调节作用。由于干旱胁迫时，根冠比增大，即地上部和根间碳水化合物的分配将有利于根生长。作物遭受渍水胁迫，土壤缺氧，根系生长首先受到抑制，根冠比降低。根据 2001 年冬小麦孕穗期渍水处理的根冠比试验资料（表 7-8），定义影响根冠比的水分胁迫影响因子，分析 $WSF3$ 与 $WSF1$ 的关系可得到：

$$DSF3 = 0.5 + 0.5 \times DSF1 \tag{7.35}$$

$$WSF3 = 0.5 + 0.5 \times WSF1 \tag{7.36}$$

式中，$DSF3$ 为干旱对根冠比的影响因子，$WSF3$ 为渍水对根冠比的影响因子。

表 7-8　冬小麦孕穗期不同渍水持续天数根冠比的变化

处理	3d	6d	10d	15d	20d	30d
渍水	0.296	0.236	0.1866	0.1456	0.138	0.092
对照	0.308	0.250	0.234	0.197	0.194	0.164
渍水/对照（WSF_{Pr}）	0.961	0.944	0.797	0.739	0.711	0.561
渍水胁迫影响因子（$WSF3$）	0.944	0.905	0.817	0.634	0.401	0.091

7.3　模型计算与验证

利用独立的实测试验数据对所构建的模型进行验证，可测试模型的可靠性。本节介绍所构建的土壤水分模拟的计算流程及模型验证过程与结果。

7.3.1　计算流程

土壤水分模拟模型运行需要输入的基本数据包括：土壤资料（每层初始土壤

含水量、土壤水分物理参数、地下水位），气象数据（每日最低气温、每日最高气温、降水量及辐射量或日照时数），作物生长资料（叶面积、根深、每层根长密度，均由作物生长模型模拟得到）。模型逐日计算各土层的土壤含水量及每日水分影响因子，并输出结果。土壤水分动态模型的计算流程如图 7-13 所示。

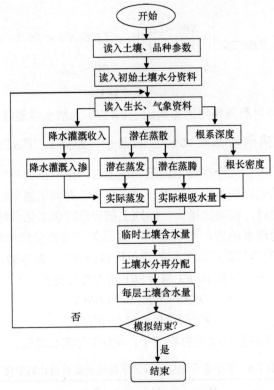

图 7-13　土壤水分模型流程图

7.3.2　模型验证

采用禹城试验站 2002～2003 年冬小麦生长期间的实际观测数据对土壤水分模型进行初步的测试和验证。从播种开始的逐日气象资料包括日最低气温、日最高气温、辐射量、降雨量，其他资料包括小麦生长期间的实际土壤含水量测定值、对应作物资料及土壤物理特性资料（表 7-9）。分别在 3 月 29 日和 5 月 20 日进行了灌水，灌水定额 110mm。

模型模拟步长为 1d，土壤剖面分层为 0～10cm、10～20cm、20～30cm、30～40cm、40～50cm、50～60cm 等，60cm 以下每 20cm 为一层，整个土壤剖面最深150cm。图 7-14 是 2003 年禹城小麦生长季分层土壤水分含量动态的模拟值与实测值

表 7-9　禹城土壤水分物理特性值

土层厚度（cm）	容重（g/cm³）	黏粒含量（%）	田间持水量（%）	萎蔫含水量（%）	饱和含水量（%）
0～10	1.33	21.39	27.8	12.4	0.49
10～20	1.38	21.39	29.4	13.2	0.49
20～30	1.46	18.25	33.0	13.0	0.46
30～40	1.42	18.25	29.5	13.0	0.46
40～50	1.42	20.29	27.8	14.0	0.46
50～60	1.41	20.29	29.0	14.0	0.46

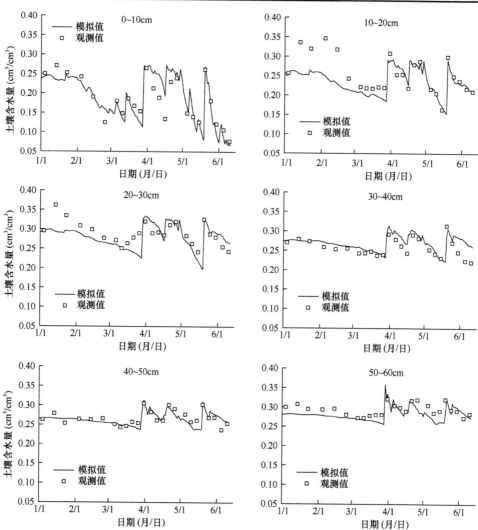

图 7-14　禹城小麦田土壤含水量模拟值与实测值比较

比较。可以看出，土壤含水量在 0~10cm、10~20cm、20~30cm 变化幅度较大，特别是表层 0~10cm 土壤含水量变化十分剧烈，30cm 以下土层含水量变化则相对平稳。每层土壤含水量变化大致有 3 次突然增大，分别是 3 月底、4 月中旬、5 月下旬，这与该年 4 月中旬一次近 150mm 降雨过程及两次灌水时间相一致。图 7-15 分别为其中 4 次土壤水分观测日土壤剖面内不同深度土层含水量模拟值与实测值的比较。

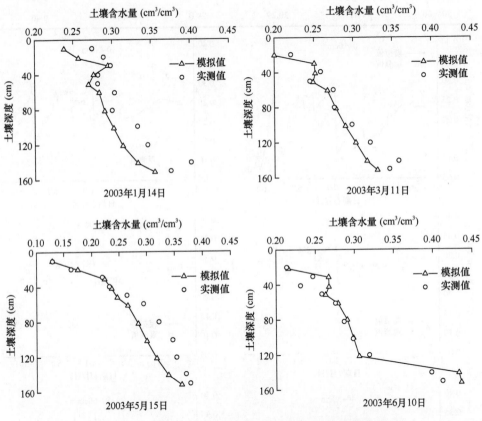

图 7-15　4 个时期土壤剖面内含水量模拟值与实测值比较

图 7-16 为禹城冬小麦生长季 0~10cm、10~20cm、20~30cm、30~40cm、40~50cm、50~60cm 土层土壤含水量模拟值与实测值间的 1:1 关系图，6 个土层的 RMSE 值为 2.51，线性回归的 $R^2=0.747$。总体来说，虽然对 10~20cm、20~30cm 土层的模拟结果相对较差，分别呈现偏低和偏高的现象，但考虑到田间含水量测定过程中导致的观察误差，本模型的模拟结果还是可以接受的。

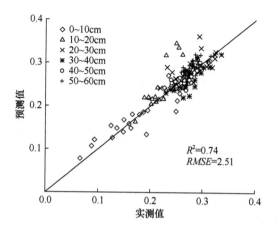

图 7-16　冬小麦土壤含水量模拟值与实测值 1∶1 关系图

第8章 作物养分动态模拟

世界粮食产量的提高得益于化肥用量的显著增加，但大量的化肥施用不仅导致化肥大量损失、造成浪费，而且农田化肥中氮、磷、钾等营养元素的流失引起了水体富营养化、地表水环境恶化、地下水硝酸盐含量超标等环境问题，进而使农田化肥成为重要的污染源之一。因此，农田氮、磷、钾等养分管理显得特别迫切与重要，而研究建立机理性强、实用性好的土壤-作物氮、磷、钾等养分动态模拟模型可以为定量预测养分限制下的作物生长发育及生产力形成奠定基础，为农田养分的科学管理和环境效应评价提供重要的定量化工具。至今，国内外的DSSAT、ORYZA v3、EPIC、APSIM、CropGrow 等综合性作物模型大都包括了氮素动态模拟，较少的模型包括了土壤磷、钾行为的模拟。本章在前人研究结果的基础上，主要介绍基于土壤-作物养分平衡原理构建的土壤-作物养分（氮、磷、钾）模拟模型，模型中考虑了生物固定、降雨、施肥、作物吸收、矿化及淋洗等主要过程；同时量化了养分与作物关系，并构建了作物养分的吸收与分配模拟模型，为农田作物养分评价、管理与调控提供支持。

8.1 土壤氮素动力学

土壤中氮的总贮存量包括无机态氮和有机态氮（与碳结合的含氮物质的总称），后者占土壤全氮的 98%以上。有机态氮可分为水溶性、水解性和非水解性有机态氮。水溶性有机态氮含量不超过土壤全氮量的 5%，植物能直接吸收；水解性有机态氮含量占土壤全氮量的 50%～70%，能被酸、碱或酶水解为易溶性含氮化合物；非水解性有机态氮占土壤全氮量的 30%～50%，性质稳定，不易水解，对作物氮素营养意义不大。土壤中无机态氮包括 NH_4^+、NO_3^-、NO_2^- 和 NH_3，铵态氮包括土壤溶液中的 NH_4^+、交换性 NH_4^+ 和黏土矿物固定 NH_4^+，土壤溶液中的 NH_4^+ 含量极微，固定态铵是土壤无机态氮的主体，其含量取决于土壤黏土矿物类型及质地；NO_3^- 是铵态氮在好气条件下经微生物进行硝化作用后的产物；NO_2^- 是硝化作用的中间产物，在通气良好的土壤中，很快转化为硝态氮，土壤中含量很低。NH_3 存在于土壤溶液和土壤空气中，溶液中的 NH_4^+ 和 NH_3 处于化学平衡状态，其相对含量与溶液的 pH 和温度有关。土壤溶液中的 NH_4^+、交换性 NH_4^+ 和硝态氮都易被作物吸收，称为土壤速效氮。土壤中的无机态氮一般只占土壤全氮量的 1%～2%，因受土壤中生物化学作用的影响且易为作物和微生物吸收，含量很不稳定。

　　土壤中含氮物质的转化是十分复杂的，它包括有机态氮的矿化与生物固持、硝化作用、反硝化作用、铵的黏土矿物固定与释放、铵的吸附与解吸及铵氨平衡和氨的挥发损失等（图 8-1）。各种形态氮的转化，在一定条件下相互影响、相互制约。转化过程的方向与速率直接影响着土壤的供氮能力及土壤氮-作物系统中氮的损失。

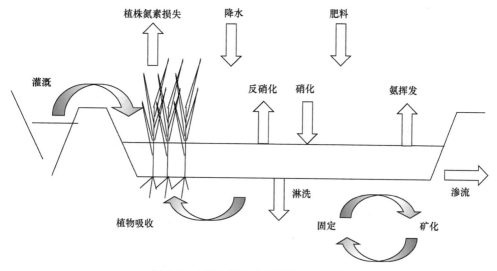

图 8-1　土壤中氮收支平衡的主要过程

　　土壤氮素循环属于土壤溶质循环范畴，其定量化研究主要依据土壤溶质循环的基本原理和模型。已有的土壤氮素循环模型大致可分为两大类，即收支模型和动态模型。收支模型主要以物质平衡公式为基础，而动态模型则以速度公式，通常是微分公式来描述系统的各个过程为基础。作物生长模拟模型中所采用的土壤氮循环模型基本上以收支模型为主。收支模型的基本原理可用式（8.1）表示：

$$\Delta N = N_a + N_f + N_m - N_d - N_l - N_u \qquad (8.1)$$

式中，ΔN 为土壤中无机态氮的变化量；N_a 为大气降雨携带和土壤生物固定的氮；N_f 为施肥加入的无机态氮；N_m 为土壤有机态氮矿化量；N_d 为土壤反硝化损失量；N_l 为土壤无机态氮淋洗量；N_u 为作物吸收量。

8.1.1　土壤无机态氮的淋洗量

　　在旱地条件，土壤氮素的淋洗主要考虑硝态氮，铵态氮由于土壤晶格吸附只在大量铵肥施用及极砂性土壤情况下才进行模拟。

　　若假设每层土壤中的硝态氮全部均匀地溶于土壤水中，则每层土壤流失到下一层的硝态氮量 $NOUT(L)$ 可按公式（8.2）计算：

$$NOUT(L) = SNO_3(L) \times FLOW(L) / [\theta(L) \times DLAYER(L) + FLOW(L)] \quad (8.2)$$

式中，$SNO_3(L)$为土层中硝态氮含量；$FLOW(L)$为土层（向下）水流量，在土壤水分平衡模拟部分计算；$\theta(L)$为土壤层容积含水量；$DLAYER(L)$为土层厚度。当$SNO_3(L) \leqslant 1.0 \text{mg NO}_3/\text{kg}$ 土壤时，$NOUT(L)=0$。流出底层土壤的硝态氮量$NOUT(B)$即为淋洗量。

在水田淹水条件下，矿质氮主要以铵态氮形式存在，铵的淋失需要考虑铵的黏土吸附与解吸作用，计算方法与公式（8.2）相似。

8.1.2 矿化与固定（生物固持）

氮素矿化是指土壤中的有机态氮在微生物作用下分解为NH_3或NH_4^+的过程；而氮素固定是指微生物利用无机态氮，将其转化成体细胞的有机态氮的过程。这是两个同时进行但方向相反的生物化学过程，对于土壤中氮素的转化及存贮有重要意义。土壤中有机态氮的矿化与固持的相对强度受能源物质的种类、数量及水热条件和 pH 的影响。土壤中能源物质多 [C∶N 大于（25～30）∶1] 时，生物固持速率就大于矿化作用速率，反之则小于矿化作用速率。土壤环境中性且温度升高有利于矿化，而低温、淹水厌气，则有利于生物固持。由于土壤中有机态氮种类不同，其矿化速率也不同。因此，土壤中有机态氮矿化的模拟一般是将有机态氮进行分类，然后对不同类型的有机态氮矿化进行模拟。在土壤氮素平衡模型中，有机态氮的分类大致有两种方法，一种是根据土壤中有机态氮的来源分为土壤原有的氮素、秸秆还田和施用有机肥所含的氮素；另一种是根据土壤有机态氮的结构类型分为新鲜有机质和腐殖质。

土壤对于植物氮素供应起着重要作用，即使在大量施用氮肥情况下，作物积累的氮素仍有 50%以上来自土壤，有些则在 70%以上。因此，研究农田土壤氮素矿化是了解土壤的供氮能力并合理施用氮肥量的主要依据，亦是土壤生态系统氮素循环与平衡的重要组成部分。

土壤氮素的矿化速率（N_{miner}）可表示为土壤有机态氮量、矿化过程的环境条件和时间的函数，即

$$N_{\text{miner}} = f(SN_{\text{ORG}}, E, t) \quad (8.3)$$

一般写成一阶动力公式形式：

$$N_{\text{miner}} = K_1 \times SN_{\text{ORG}} \quad (8.4)$$

式中，K_1为土壤有机态氮转化为无机态氮的相对速率；SN_{ORG}为土壤有机态氮量；E 为环境因素（如温度、水分、pH 等）；t 为时间。土壤氮素矿化函数表明，氮素矿化不仅与有机态氮的总量有关，而且受有机质的形态或有机态氮的存在方式及环境因素影响：

$$K_1 = K_{1OPT} \times f(E) \tag{8.5}$$

式中，K_{1OPT} 为温度、水分等环境因素处于最佳时的矿化系数；$f(E)$ 为环境因素所决定的无量纲环境效应函数，其值变化于 0～1。确定 $f(E)$ 是建立氮素矿化生态模型的关键。假定在其他因子处于最佳状态下某个因子的影响函数用 $f_i(E_i)$ 表示，则 $f(E)$ 可表示为

$$f(E) = \Pi f_i(E_i) \tag{8.6}$$

温度被认为是影响土壤氮素矿化的重要因素，温度效应函数为

$$FT_1(t) = Q_{10}^{\left[(T(t)-T_{1OPT})/10\right]} \tag{8.7}$$

式中，Q_{10} 为温度系数，表示温度每增加 10℃，分解速度增加的倍数，Q_{10} 是重要的土壤特征参数，从已有研究看，Q_{10} 表现出一定的差异。由于 FT_1 取确定的形式且只有一个参数 Q_{10}，因而可以集中研究 FT_1 的变化规律。在缺少信息的情况下，一般取 $Q_{10}=2$，$T_{1OPT}=30$℃。

土壤湿度是影响氮素矿化的另外一个重要环境因素，间接反映了土壤通气状况和土壤的某些物理特性。土壤湿度函数必须综合考虑以下因素：①最适宜矿化的土壤含水量，一般认为是最大持水量的 70%；②在土壤饱和含水量下，进入厌气分解，仍应保持一定的矿化作用；③在凋萎含水量时，保持一定的矿化作用；④土壤含水量的适合性，与土壤质地和土壤容重有关；⑤土壤含水量可以用多种形式表示，应考虑指标测定的简便性。为此，确定水分影响函数 $FW(t)$ 如下：

$$FW(t) = \begin{cases} FW_D, & \theta(t) \leqslant \theta_D \\ FW_D + (1-FW_D) \times \dfrac{\theta(t)-\theta_D}{\theta_{OPT}-\theta_D}, & \theta_D < \theta(t) < \theta_{OPT} \\ 1 - (1-FW_S) \times \dfrac{\theta(t)-\theta_{OPT}}{\theta_{SAT}-\theta_{OPT}}, & \theta_{OPT} < \theta(t) < \theta_{SAT} \\ FW_S, & \theta(t) > \theta_{SAT} \end{cases} \tag{8.8}$$

$$\theta_{OPT} = a \times \theta_{FC} \tag{8.9}$$

式中，$\theta(t)$ 为实际含水量；θ_{OPT} 为矿化作用的最适含水量；θ_{FC} 为田间持水量；θ_{SAT} 为饱和含水量；θ_D 为凋萎含水量；a 为矫正系数，黏性土壤取 0.8，壤性土壤取 0.9，砂性土壤取 1.0。FW_D 和 FW_S 为待定参数，分别取 0.2 和 0.4。

土壤有机态氮累积矿化量 $SAMN(t)$ 为

$$SAMN(t) = SN_{ORG} \times \left\{1 - \exp\left[-K_{1OPT} \times Nd(t)\right]\right\} \tag{8.10}$$

土壤有机态氮逐日矿化量 $SMN(t)$ 为

$$SMN(t) = SAMN(t) - SAMN(t-1) \tag{8.11}$$

式中，Nd 为标准化天数；K_{1OPT} 为土壤氮素矿化模拟的一个重要参数，对其估计

有两种方法：一是利用实验室矿化培养结果，可以将30℃好气培养下的矿化速率作为 K_{1OPT} 的估计值；另一种是利用田间试验资料，先计算生长季的 Nd，即生长季矿化效应上相当于每天是30℃和水分最适宜下的天数。在水田，因为水分条件相对固定，可以不考虑水分因子的校正，则

$$Nd(t) = \Sigma FT_1(t) \tag{8.12}$$

对于旱田，先计算 Nd，再计算 K_{1OPT}：

$$Nd(t) = \Sigma FT_1(t) \times FW(t) \tag{8.13}$$

$$K_{1OPT} = N_{ACT}/Nd \tag{8.14}$$

式中，N_{ACT} 为生长季实际供氮量，已有大量的试验资料可以利用；K_{1OPT} 取值为 5×10^{-4}。

矿化源分为两种，即新鲜有机质（FOM）和腐殖质（HUM），FOM 又分为3个组分，即碳水化合物、纤维素、木质素，三者的分解速率并不一样。该算法的基本思路是先计算矿化源在无限制条件下的潜在分解速率，然后乘以环境影响因子进行逐步衰减。环境因子中，考虑了土壤温度因子（TF）、土壤湿度因子（WF）以及 C∶N 影响因子（$CNRF$）的影响。公式表示如下：

$$GRNOM = DECR(i) \times FON \tag{8.15}$$

$$DECR(i) = RDECR(i) \times TF \times WF \times CNRF \tag{8.16}$$

$$TF = 0.1 + 0.9 \times ST/\exp\left[(9.93 - 0.35 \times ST) + ST\right] \tag{8.17}$$

$$WF = \begin{cases} (SW - DUL)/(DUL - LL), & SW < DUL \\ 1.0 - 0.5 \times (SW - DUL)/(SAT - DUL), & SW \geqslant DUL \\ 0.75, & FLDHight > 0 \end{cases} \tag{8.18}$$

$$CNR = (0.4 \times FOM)/(FON + TOTN) \tag{8.19}$$

$$CNRF = \exp\left[-0.693 \times (CNR - 25)/25\right] \tag{8.20}$$

式中，$GRNOM$ 为总矿化氮量；$DECR(i)$ 为分解速率，i 取 1、2、3，表示 FOM 的3个组分；$RDECR(i)$ 为潜在分解速率；$FLDHight$ 为水位高度（cm）；FON 为 FOM 中的含氮量；$TOTN$ 为土壤无机态氮含量；CNR 为 FOM 中的碳氮比例；ST 为土壤温度；SW、LL、DUL 分别为土层实际含水量、萎蔫含水量和田间持水量。

伴随着 FOM 的分解，微生物也将发生固持作用，模型采用以下算法计算生物固持的量（$RNAC$）：

$$RNAC = \min\left[TOTN, grcom \times (REQN - FON/FOM)\right] \tag{8.21}$$

式中，$grcom$ 为新鲜有机质矿化量；$REQN$ 在有淹水层时取值 0.01，无淹水层时取值 0.02。

8.1.3　作物残留与还田秸秆分解

与 Penning de Vries 和 van Laar（1982）提出的秸秆分解"吃馅饼"式的模型结构相对应，本节提出秸秆分解"整吞"式的模型结构，即秸秆分解过程中，有机物的形态和组成发生改变，残余物的含氮量也发生变化，秸秆初始时的含氮量与残余物含氮量之差即为分解过程中氮素的净释放量。因此，秸秆分解过程模拟包括对残余有机物和残余物含氮量的模拟。

秸秆有机碳分解的动态模拟是秸秆分解过程中氮素固定与释放动态模拟的基础。研究表明，影响秸秆分解速率的主要因素是温度、土壤湿度、物料的 C∶N 和木质素含量。秸秆还田的方式也影响其分解。秸秆直接还田方式有翻压还田（秸秆粉碎撒施或残留高茬后直接翻压土内）和覆盖还田，覆盖还田又包括人工覆盖还田（株间或田间地表铺盖）、残茬覆盖还田（留高茬等），覆盖于地表的秸秆分解速率慢于翻埋于土中。秸秆分解残余量 $STRAWL(t)$ 为

$$STRAWL(t) = STRAW \times \exp\left[-K_{2\mathrm{OPT}} \times FN \times FW_2(t) \times FT_1(t) \times Nd(t)\right] \quad (8.22)$$

$$FN = 0.570 + 0.126 \times NC_{\mathrm{STRAW}} \quad (8.23)$$

式中，FN 为秸秆含氮量影响因子；NC_{STRAW} 为秸秆含氮量；FW_2 为水分影响因子，在秸秆掩埋还田条件下，FW_2 采用公式（8.24）计算：

$$FW_2(t) = 0.7 \times FW_2(t-1) + 0.3 \times PC(t) \quad (8.24)$$

$$PC(t) = \begin{cases} 1.0, & P(t) \geqslant 4\mathrm{mm/d} \\ \dfrac{P(t)}{4}, & P(t) < 4\mathrm{mm/d} \end{cases} \quad (8.25)$$

$K_{2\mathrm{OPT}}$ 为最佳温度、最佳湿度及 $FN=1$ 时的秸秆相对分解速率，可以采用与 $K_{1\mathrm{OPT}}$ 相似的方法加以估计，这里取值为 0.01。$P(t)$ 为日降雨量（mm/d）。

假定秸秆经过 150d 分解的腐殖化系数称为标准腐殖化系数，此时的腐殖质含氮量为 50g/kg，则秸秆分解净释放氮量 $N_{\mathrm{STRAWM}}(t)$ 计算如下：

$$NC_{\mathrm{STRAWL}}(t) = (0.05 - NC_{\mathrm{STRAW}}) \times \left(Nd/150^{c2} + NC_{\mathrm{STRAW}}\right) \quad (8.26)$$

$$N_{\mathrm{STRAWL}}(t) = STRAWL(t) \times NC_{\mathrm{STRAWL}}(t) \quad (8.27)$$

$$N_{\mathrm{STRAWM}}(t) = STRAW \times NC_{\mathrm{STRAW}} - N_{\mathrm{STRAWL}}(t) \quad (8.28)$$

$$\Delta N_{\mathrm{STRAWM}}(t) = N_{\mathrm{STRAWM}}(t-1) - N_{\mathrm{STRAWM}}(t) \quad (8.29)$$

式中，NC_{STRAWL} 为残余物含氮率；NC_{STRAW} 为秸秆含氮率；N_{STRAWL} 为残余物含氮量；N_{STRAWM} 为氮素累积净释放；$\Delta N_{\mathrm{STRAWM}}$ 为逐日氮素净释放量；$c2$ 为与秸秆种类有关的矫正系数，绿肥取 1.2，油菜茎、荚壳取 1.0，禾谷类秸秆取 0.8。图 8-2

展示了代表性的紫云英秸秆（含氮 27.5mg/kg）、标准秸秆（C：N 为 25：1 的秸秆，含氮 16g/kg）、水稻秸秆（含氮 5g/kg）的氮素释放动态模拟结果。

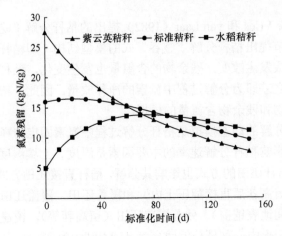

图 8-2　由模型计算的几种典型秸秆在分解过程中的氮素释放特征

8.1.4　硝化作用与反硝化作用

硝化作用是指矿化作用产生的氨或施入土壤的铵态氮肥在微生物的作用下氧化为硝酸的过程。影响硝化作用的主要因素是土壤通气状况及含水量：土壤通气良好时，硝化作用进行强烈，当土壤含水量为田间最大持水量的 60%左右时，最有利于硝化作用的进行。在中性或微酸性条件下，硝化作用较旺盛。硝化作用的最适温度为 30～35℃。反硝化作用是指在厌氧条件下，NO_3^- 在反硝化微生物的作用下逐步被还原成 N_2 或 N_2O 的脱氮作用。反硝化作用是水田氮素损失的主要途径。铵的硝化作用不仅会产生少量的 N_2O，而且还影响到许多与氮素损失有关的转化过程的进行。例如，硝化作用消耗了铵，从而减少氨的挥发损失，但是，硝化作用所形成的硝态氮易淋失而污染地下水，还可通过反硝化作用而损失并污染大气。因此，硝化和反硝化作用直接影响到氮肥增产效果，以及地下水和大气的污染，因而具有重要的农学和环保意义。

硝化和反硝化速率的计算一般采用与矿化和固持相类似的方法。在 CERES 氮模型中，硝化速率 $RNTRF$ 用以下公式计算：

$$RNTRF = \min\left[B, SNH_4(L)\right] \tag{8.30}$$

$$B = \left\{\left[A \times 40.0 \times SNH_4(L)\right] \Big/ \left[SNH_4(L) + 90.0\right]\right\} \times SNH_4(L) \tag{8.31}$$

$$A = \min\left[RP2, FW, FT, PHN(L)\right] \tag{8.32}$$

$$RP2 = CNI(L) \times e^{(2.302 \times ELNC)} \tag{8.33}$$

$$ELNC = \min\left(FT, FW, SANC\right) \tag{8.34}$$

$$SANC = 1.0 - \mathrm{e}^{[-0.01363 \times SNH_4(L)]} \tag{8.35}$$

式中，$SANC$ 为铵浓度对硝化作用的影响因子；$SNH_4(L)$ 为第 L 土层中铵浓度；$ELNC$ 为环境（限制）对硝化作用的影响因子；FT 和 FW 分别为土壤温度和土壤水分对硝化作用的影响因子（后者与矿化作用相同）；$CNI(L)$ 为第 L 土层前 1 天的相对硝化潜力；$RP2$ 为当日相对硝化潜力；$PHN(L)$ 为第 L 土层土壤 pH 对硝化作用的影响因子，其计算在 CERES 模型中有详细描述；初始 $CNI(L)$ 值为模型输入参数。则当日土壤中硝态氮浓度 $SNO_3(L)$ 和铵态氮浓度 $SNH_4(L)$ 分别为第 L 土层前 1 天的值加上和减去硝化速率 $RNTRF$：

$$SNO_3\left(L\right) = SNO_3\left(L\right) + RNTRF \tag{8.36}$$

$$SNH_4\left(L\right) = SNH_4\left(L\right) - RNTRF \tag{8.37}$$

在 CERES 氮模型中，反硝化作用只有在土壤含水量大于土壤排水上限值时才计算。反硝化速率 $DNRATE$ 为

$$DNRATE = 6.0 \times 10^{-5} \times CW \times NO_3\left(L\right) \times FSW \times FST \times DLAYER\left(L\right) \tag{8.38}$$

$$CW = 24.5 + 0.0031 \times SOILC + 0.4 \times FMO\left(L,1\right) \tag{8.39}$$

$$FSW = \left[\theta_{SAT}\left(L\right) - \theta\left(L\right)\right] / \left[\theta_{SAT}\left(L\right) - \theta_{FC}\left(L\right)\right] \tag{8.40}$$

$$FST = 0.1 \times \exp\left[0.046 \times ST\left(L\right)\right] \tag{8.41}$$

式中，CW 为土壤水分可从土壤有机质中获取的碳；$NO_3(L)$ 为土壤中硝酸根 NO_3^- 浓度；$SOILC$ 为土壤碳含量 $[SOILC = 58\% \times HUM(L)]$；$DLAYER(L)$ 为土层厚度；FSW 和 FST 分别为土壤水分和土壤温度对反硝化作用的影响因子；$\theta_{SAT}(L)$ 为土壤饱和时的容积含水量；$\theta(L)$ 为土壤实际容积含水量；$\theta_{FC}(L)$ 为土壤田间持水量。$\theta(L)$ 在土壤水分平衡模拟部分计算，$\theta_{SAT}(L)$ 和 $\theta_{FC}(L)$ 为模型输入参数。

8.1.5　铵的黏土矿物固定与释放、吸附与解吸

黏土矿物固定作用是指土壤中的交换性铵或溶液中的铵进入 2∶1 型黏土矿物层晶格成为非交换性铵。固定态铵向交换性铵的转化，称为铵的释放作用。土壤溶液中的铵被土壤胶体颗粒吸附，称为铵的吸附作用。交换性铵转移到溶液中，称为解吸作用。假定铵离子的固定是由自由铵离子（可交换的和可溶解的铵离子）与固定的铵离子之间的一种可逆过程，则黏土矿物质上铵离子的固定作用可用平衡式（8.42）描述如下：

$$\mathrm{NH}_4^+\text{（自由的）} \Leftrightarrow \mathrm{NH}_4^+\text{（固定的）} \tag{8.42}$$

但是，NH_4^+ 固定速度大大超过固定 NH_4^+ 的释放速度。

铵的固定与释放对土壤的保肥与供肥性能有重要影响。固定态铵的含量主要取决于黏土矿物类型，黏土矿物类型又取决于土壤母质类型与风化程度。除砖红壤外，固定态铵含量与黏粒含量高度正相关。固定态铵的含量是相当可观的，在太湖平原的土壤中，平均 1m 土体内的固定态铵在 2800kg/hm² 以上，占全氮的 1/3；在黄淮平原的土壤中，平均 1m 土体内的固定态铵大约为 2560kg/hm²，占全氮的 1/2。新固定的固定态铵的有效性一般都较高。据研究，盆栽条件下，在两个固铵能力较强的水稻土中，55%～77%的肥料氮施入后，很快被固定，这些新固定的肥料铵在作物抽穗前绝大部分（87%～93%）即被吸收利用。因此，交换态铵和固定态铵虽然在性质上是不同的，但在保肥供肥的作用上又是相似的。在已开发的模型中，很少考虑土壤对铵的缓冲作用，将土壤中所有矿质态铵作为同一状态处理，不仅不能真实地反映土壤供肥与吸肥的关系，也影响氮素其他转化过程的模拟。描述物质吸附性能的数学式，如 Langmuir 公式、Freundlich 公式和 Temkin 公式等，通常被用来描述土壤对元素的吸附特征。但由于参数难以获得，作物生长模型中通常采用如下经验公式来模拟。

$$FIXNH_4 = \left[0.41 - 0.47 \times \log(SNH_4) \right] \times (CLAY/0.63) \tag{8.43}$$

式中，$FIXNH_4$ 为固定和吸附的 NH_4^+ 的比例；SNH_4 为土壤中 NH_4^+ 含量；$CLAY$ 为土壤物理性黏粒含量。铵的固定与吸附能力与土壤黏粒含量及有机质含量有关，一般情况下有机质含量与黏粒含量呈正相关，故用黏粒含量作代表。

8.2 土壤磷素的动态模拟

近几十年来，对磷的模拟主要集中在作物吸磷的机理模型和土壤中磷的行为模拟方面。Barber-Cushman 模型是养分吸收模型的典型代表，已被一系列盆栽试验在多种作物和土壤上进行了验证和评价，并被用来预测养分的吸收量和评价施肥技术的效果（Barber，1995）。Anghinoni 和 Barber（1980）用该模型计算玉米和大豆磷肥施用的最佳位置，描述根际环境对作物吸磷的效应。在土壤磷行为动态方面，则主要集中在土壤磷的固定与释放、磷的淋失等方面。在作物生长综合性模拟模型中，磷的动态模拟是极为薄弱的部分之一，在已开发的综合性作物生长模型中尚未包括磷素的动态模拟。本节初步建立了土壤磷动态及与作物吸收利用关系的模拟模型（庄恒扬等，2005）。

8.2.1 土壤有效磷基本平衡模型

根据土壤磷素平衡原理，土壤有效磷主要收入项有：①土壤有机质与施用有机物的矿化；②施用肥料中的速效磷；③雨水和灌溉水中的养分；④底层上升水中携带的养分。支出项有：①作物吸收；②渗漏损失；③生物固定；④可逆性弱的固定作用。

　　根据磷的有效性，模型一般把土壤磷库分为土壤溶液磷、有效吸附磷、稳定矿质磷与有机磷，主要考虑了施肥加入、新鲜有机磷矿化、土壤磷的吸附与解吸、磷的淋失及作物吸收与利用的过程（图 8-3）。

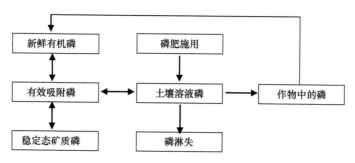

图 8-3　土壤养分模型的磷素库与流

　　土壤有效磷变化可表示如下：

$$SAP(t) = SAP(t-1) + SMP(t) + CFP(t) + MMP(t) - UP(t) - PFIX(t) \tag{8.44}$$

式中，SAP 为土壤有效磷量；SMP 为土壤有机质净矿化的有效磷量；CFP 为施入土壤的化肥提供的有效磷量；MMP 为施入土壤的有机肥提供的有效磷；UP 为作物吸收的磷；$PFIX$ 为土壤磷的不可逆固定。

8.2.2　土壤有效磷各组分的动态模拟

1. 土壤有机磷分解模拟

　　有机磷在土壤全磷中的比重为 15%～80%，我国大部分土壤中一般占 20%～50%，通常与土壤有机质含量有良好的线性相关关系，有机磷大约为有机碳的 1%，可以用土壤有机质含量估计土壤有机磷的含量。土壤有机磷的矿化是土壤腐殖质矿化的结果，其矿化量模型为

$$SAMP(t) = SP_{ORG} \times \left\{ 1 - e^{\left[-K_{1OPT} \times Nd(t) \right]} \right\} \tag{8.45}$$

$$SMP(t) = SAMP(t) - SAMP(t-1) \tag{8.46}$$

式中，$SAMP$ 为土壤有机磷累积矿化量；SP_{ORG} 为土壤有机磷量。

2. 施用有机物料的有效磷释放模拟

　　有机物料包括秸秆、厩肥和堆肥等。厩肥和堆肥的有效磷直接进入土壤有效磷库，秸秆、厩肥和堆肥分解过程中进行磷的释放还是生物固定，与有机物的 C：P

值有关，C：P 值小于 200 时，进行纯矿化作用，C：P 值为 200～300，矿化与固定处于动态平衡，C：P 值大于 300，进行纯生物固定作用。采用与有机态氮分解相似的方法进行有机物分解磷的动态模拟，如秸秆含磷量可以通过公式（8.47）～式（8.50）进行模拟。

$$PC_{\text{STRAWL}}(t) = (0.017 - PC_{\text{STRAW}}) \times (Nd/150) + PC_{\text{STRAW}} \qquad (8.47)$$

$$P_{\text{STRAWL}}(t) = STRAWL(t) \times PC_{\text{STRAWL}}(t) \qquad (8.48)$$

$$P_{\text{STRAWM}}(t) = STRAW \times PC_{\text{STRAW}} - P_{\text{STRAWL}}(t) \qquad (8.49)$$

$$\Delta P_{\text{STRAWM}}(t) = P_{\text{STRAWM}}(-1) - P_{\text{STRAWM}}(t) \qquad (8.50)$$

式中，PC_{STRAWL} 为秸秆残留含磷率；PC_{STRAW} 为秸秆含磷率；P_{STRAWL} 为秸秆残留磷量；P_{STRAWM} 为秸秆累积矿化磷量；ΔP_{STRAWM} 为秸秆分解磷释放速率。

厩肥与堆肥中有机磷分解的模拟，与秸秆有机磷分解的模拟相似。

3. 土壤溶液磷浓度

作物在土壤中最直接的磷源是从土壤溶液中吸收的，土壤溶液中磷的浓度是表征土壤供磷能力的最主要因素。虽然土壤溶液中也存在可溶的有机态磷，但作物的磷素供应主要靠吸收无机态磷酸离子。土壤溶液中的磷量是很少的，只相当于作物一季需要量的 0.5%～1.0%，在作物生长期中要保持原有的浓度水平，就需要不断补充被作物吸收的磷量，可见土壤固相不断补充土壤溶液中磷的重要性。

为简化起见，磷的固定包括土壤体系所有使土壤溶液中的磷减少的过程，主要包括表面吸附和沉淀作用。假定固定的磷分为吸附与解吸附这个较快的可逆反应部分和延续时间较长的、可逆性弱的固态磷酸盐两部分，则

$$P_{\text{FIX}} = P_{\text{AD}} + P_{\text{PRE}} \qquad (8.51)$$

式中，P_{FIX} 为总固定的磷（mmol/kg）；P_{AD} 为吸附作用固定的磷（mmol/kg）；P_{PRE} 为沉淀作用固定的磷（mmol/kg）。在酸性土壤上，由无定型的 Fe、Al 氧化物固定的磷（P_{OX}），大约达到 Fe、Al 氧化物浓度的 1/2 时，土壤固定的磷达到饱和状态，多余的磷存在于溶液中。当土壤固定的磷达到饱和状态时，固定的磷的 2/3 属于不可逆性固定的磷，1/3 属于可逆性强的吸附态磷，因此有：

$$SP_{\text{SFLX}} = (Fe_{\text{OX}} + Al_{\text{OX}})/2 \qquad (8.52)$$

$$SP_{\text{SAD}} = \frac{1}{3} \times SP_{\text{SFIX}} \qquad (8.53)$$

式中，Fe_{OX}、Al_{OX} 分别为无定型 Fe、Al 氧化物含量（mmol/kg）；SP_{SFIX} 为土壤最大固定磷量；SP_{SAD} 为土壤饱和吸附磷量。

在石灰性土壤上，最大固定量与物理性黏粒含量 $CLAY$ 密切相关，其关系公式为

$$SP_{\text{SFIX}} = 359.45 + 17.19 \times CLAY \qquad (8.54)$$

假设固定磷有 1/2 为吸附态磷，则

$$SP_{\text{SAD}} = \frac{1}{2} \times SP_{\text{SFIX}} \tag{8.55}$$

在土壤吸附磷 SP_{AD} 与溶液中磷 SP_{SOLU} 间的平衡关系可以用 Langmuir 公式描述：

$$SP_{\text{AD}} = SP_{\text{SAD}} \times AC \times SP_{\text{SOLU}} / \left(1 + PAC \times SP_{\text{SOLU}}\right) \tag{8.56}$$

式中，PAC 为磷亲和常数，取 $35\text{cm}^3/\text{mmol}$。

由公式（8.56）可推导出：

$$SP_{\text{SOLU}} = SP_{\text{AD}} / \left[PAC \times \left(SP_{\text{SAD}} - SP_{\text{AD}}\right)\right] \tag{8.57}$$

$SP_{\text{AD}}(0)$ 作为初始输入，在酸性土壤中：

$$SP_{\text{AD}} = \frac{1}{3} \times P_{\text{OX}} \tag{8.58}$$

在碱性土壤中：

$$SP_{\text{AD}} = SAP \tag{8.59}$$

式中，SAP 为 Olsen 法测定的土壤速效磷含量。

8.3　土壤钾素的动态模拟

与磷养分的模拟一样，近几十年来，对钾的模拟主要在集中在作物吸钾的机理模型和土壤中钾的行为模拟方面，但在作物生长动态模拟中，土壤钾素动态的模拟涉及非常少。本节在土壤钾素动态及其与作物生长关系的定量模拟上进行了探索并取得了初步进展（叶宏宝，2005；庄恒扬等，2004）。

8.3.1　土壤有效钾基本平衡模型

根据土壤钾素平衡原理，土壤有效钾主要收入项有：①施用肥料中的速效养分；②雨水和灌溉水中的养分；③底层上升水中携带的养分。支出项有：①作物吸收；②渗漏损失；③可逆性弱的固定作用。忽略一些次要项目，土壤有效钾变化可表示如下：

$$SAK(t) = SAK(t-1) + CFK(t) + MK(t) - UK(t) - KLEA(t) \tag{8.60}$$

式中，SAK 为土壤有效钾；CFK 为施入土壤的化肥提供的有效钾；MK 为施入土壤的有机肥提供的有效钾；UK 为作物吸收的钾；$KLEA$ 为淋失的钾。

8.3.2　土壤有效钾各组分的动态模拟

根据土壤钾的活动性可分为水溶性钾、交换性钾、非交换性钾和结构性钾。

从植物营养的角度则分为速效钾、缓效钾和矿物钾,分别占全钾的 0.1%~0.5%、2%~8%和 90%~98%。存在于土壤溶液中的钾离子是土壤中活动性最高的钾,是植物钾素营养的直接来源。土壤溶液中钾的含量由土壤中其他形态钾与之平衡的状况、动力学反应、土壤含水量及土壤中二价离子的浓度等决定。土壤交换性钾是土壤中速效钾的主体,是表征土壤钾素供应状况的重要指标之一,及时测定和了解土壤速效钾的含量,对指导钾肥的合理施用十分重要。土壤非交换性钾,也称为缓效钾,是速效钾的贮备库,其含量和释放速率因土壤而异。土壤中 4 种钾处于一个动态的平衡体系中(图 8-4)。土壤溶液中钾与交换性钾的转化过程很快,通常在几分钟内完成。交换性钾和非交换性钾的转化较慢,需要数天或数月才能完成。矿物钾的释放非常缓慢,对作物钾素养分的管理影响不大,在作物钾素养分的动态模拟中一般不予考虑。土壤钾素的动态模拟,要解决施入钾、溶液中钾、交换性钾、非交换性钾之间的转化平衡问题,是作物钾素营养动态模拟的基础。

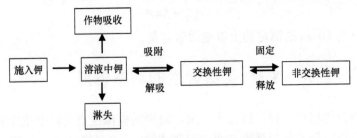

图 8-4　土壤钾各组分的动态平衡

1. 土壤供钾

根据土壤钾的活动性,可将土壤钾分为水溶性钾、交换性钾、非交换性钾和结构性钾。存在于土壤溶液中的钾离子,是土壤中活动性最高的钾,是植物钾素营养的直接来源。土壤溶液中钾的含量由土壤中其他形态钾与之平衡的状况、动力学反应、土壤含水量及土壤中二价离子的浓度决定。

土壤吸附钾与溶液中钾间的平衡关系可用 Langmuir 公式描述:

$$SK_{SAD} = SEK + SSAK + SK_{AD} \tag{8.61}$$

$$SK_{AD} = SK_{SAD} \times KAC \times SK_{SOLU} / (1 + KAC \times SK_{SOLU}) \tag{8.62}$$

式中,SK_{AD} 为土壤吸附钾量(mg/kg);SEK 为土壤速效钾含量(mg/kg);$SSAK$ 为土壤缓效钾含量(mg/kg);SK_{SOLU} 为土壤溶液钾浓度(mg/kg);SK_{SAD} 为在土壤溶液钾浓度为 40mg/kg 时土壤钾吸附量;KAC 为钾亲和常数,与 SK_{SAD} 对应的 KAC 取值为 0.8。

根据试验资料与前人研究,我国北方土壤的 SK_{SAD} 与土壤黏粒含量有密切关系:

$$SK_{SAD} = 1339 + 4.64 \times CLAY \tag{8.63}$$

式中，$CLAY$ 为土壤黏粒含量（g/kg）；土壤溶液钾浓度（SK_{SOLU}）可由公式（8.64）计算：

$$SK_{SOLU} = SK_{AD} / \left[KAC \times \left(SK_{SAD} - SK_{AD} \right) \right] \tag{8.64}$$

2. 钾随水流的移动

与磷相比，钾是较易淋失的元素。温带地区沙质土壤淋失量可达 30kg/(hm²·d)；热带、亚热带高度分化的酸性土壤中，黏土矿物以高岭石为主，阳离子交换量低，而且缺少钾的专性吸附位，钾的淋溶数量相当可观。因此，钾的淋溶损失是不可忽略的一个土壤钾素损失途径。

$$KLEA(L) = SK_{SOLU}(L) \times FLUX(L) / \left(\theta(L) \times DLAYER(L) + FLUX(L) \right) \tag{8.65}$$

$$KUP(L) = SK_{SOLU}(L) \times FLOW(L) / \left(\theta(L) \times DLAYER(L) + FLOW(L) \right) \tag{8.66}$$

式中，$KLEA(L)$ 为第 L 土层淋失的钾；$KUP(L)$ 为第 L 土层向上移出的钾；$FLUX(L)$ 为第 L 土层向上水流量；$FLOW(L)$ 为第 L 土层向下水流量；$\theta(L)$ 为第 L 土壤含水量；$DLAYER(L)$ 为第 L 土层厚度。

3. 肥料供钾

为简化起见，秸秆、饼肥等有机物料中的钾可以等同于化肥中的钾，腐熟有机肥中交换性钾加入土壤有效钾库。有关施入秸秆、饼肥等有机物料的矿化、钾的淋失及钾的吸收与分配可以采用与氮素模型相似的算法。

8.4　养分吸收与分配

作物植株从土壤中吸收的氮、磷、钾等养分，是作物生命活动必不可少的营养物质。作物不同器官对养分的需求也不尽一致，因此养分在作物植株体内的分布在不同生育阶段、不同土壤条件下具有一定的规律性。南京农业大学国家信息农业工程技术中心基于作物植株器官对养分需求的不同，量化作物植株和器官的动态规律，构建作物养分吸收与分配模型。本节简单介绍氮、磷和钾 3 个主要元素在植株体内的吸收与分配过程的模拟。

8.4.1　氮素的吸收与分配动态

作物根系吸收的氮将被分配到根、茎、叶和籽粒等不同器官。假定根系从土壤中吸收的总氮量按各营养器官的需氮量比例进行分配，则各营养器官的含氮量累积速率可根据土壤中所吸收的总氮量进行计算。首先根据植株的临界氮浓度和最大氮浓度，计算植株的潜在需氮量和最大需氮量，根据各器官的临界氮浓度计算各器官的潜在需氮量，再根据土壤的供氮量和植株的需氮量确定植株实际的吸氮量。不同作物的临界氮浓度在不同时期发生变化。开花之前植株吸收的氮在各器官之间进行分配，在开花之后，基于各器官的最小氮浓度和穗的需氮量，各器官氮素向穗转运。

Ulrich（1952）提出了临界氮浓度的概念，即能够达到最大生长速率的最小氮浓度。在此基础上，Lemaire 和 Salette（1984a，1984b）提出了计算植株临界氮浓度稀释曲线的方法。其模型为

$$N(\%) = aDM^{-b} \tag{8.67}$$

式中，系数 a 为当作物地上部干物质（DM）为 1t/hm^2 时植株临界氮浓度值。而植株的临界氮浓度被定义为当作物地上干物质达到最大生长速率时的最小氮浓度。由此可以推断：植株氮浓度在临界氮浓度之下，作物生长受到制约；位于临界氮浓度之上，作物生长不受制约，同时田间的施氮量有可能过量；当氮浓度处于临界状态则最为适宜。到目前为止，地上部临界氮浓度曲线已经在玉米（Yue et al.，2014）、小麦（Yue et al.，2012；赵犇等，2012）、水稻（He et al.，2017）等多种作物上进行了应用；同时，不同学者对作物叶、茎等器官临界氮浓度曲线也进行了很多研究（Zhao et al.，2017；Ata-Ul-Karim et al.，2014；Yao et al.，2014a，2014b）。图 8-5 为我国南方水稻地上部的临界氮浓度稀释曲线（He et al.，2017），显示地上部氮浓度随着地上部干物质的增长呈下降趋势。同理，基于试验数据也能得到植株的最高、最低氮浓度曲线。

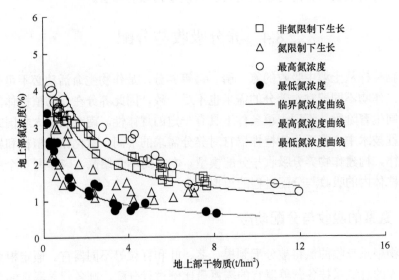

图 8-5　作物地上部最高、临界、最低氮浓度曲线

本节以水稻为例,介绍作物植株氮素吸收与分配的模拟方法(Tang et al.,2018b)。主要包括需氮量模块、实际吸氮量模块以及氮素的分配与再分配模块,模型框架如图 8-6 所示。其中,需氮量模块包括植株和各器官的最大需氮量及潜在需氮量的计算;实际吸氮量模块需要综合土壤供氮量及植株的需氮量,并计算供需比;氮素的分配与再分配模块,包括穗分化之前氮素在营养器官间的分配和穗分化之后在生殖器官及营养器官的分配与再分配。

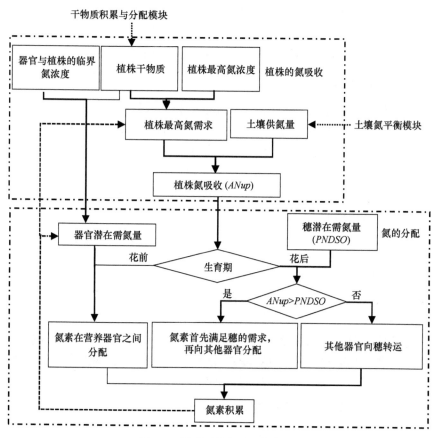

图 8-6　氮素吸收与分配框架图

1. 需氮量的计算

最高氮浓度曲线(N_{max})是植株最大氮积累量的估计,临界氮浓度曲线(N_c)在作物生长模型中被用来计算氮素胁迫和氮素利用效率,定义为维持作物最快生长速度的最小含氮量。在作物氮浓度达到临界氮浓度之后,如果土壤中有可以被吸收利用的氮,植株将继续吸收土壤中的氮。N_c 用于计算在氮素分配中起关键作用的潜在需氮量。植株需氮量可以用公式(8.6)计算:

$$ND = DM \times N - N_{\text{accu}} \tag{8.68}$$

式中，ND、DM、N 和 N_{accu} 分别为最大（或潜在）需氮量（MND 或 PND）、干重、最大（或潜在）氮浓度及地上部或根系的氮积累量。

同时，模型还计算器官潜在需氮量，包括叶（$PNDLV$）、茎（$PNDST$）、穗（$PNDSP$）的潜在需氮量，计算方法如下：

$$PNDO = DMO \times N_{\text{c}} - N_{\text{oaccu}} \tag{8.69}$$

式中，$PNDO$ 为各器官的潜在需氮量；DMO 为器官的干重；N_{c} 为茎叶的临界氮浓度，构建算法见 Ata-Ul-Karim 等（2014）和 Yao 等（2014a）；N_{oaccu} 为各器官的氮积累量。在开花后，穗需氮量的计算与 Jones 等（1986）提出的方法相同。

2. 氮素的吸收过程

植株实际需氮量是土壤供氮量（$SoilSup$）和植株最大需氮量（MND）的最小值。当植株的氮浓度在 N_{max} 和 N_{c} 之间时，氮素的吸收由土壤中可利用的矿化氮决定，与植株生长速率相独立，而当氮浓度位于 N_{min} 和 N_{c} 之间时，氮素吸收量由土壤中的可利用矿化氮及植株的生长速率决定。

$$SoilSup > MND, \ (ANup = MND, \ NR = 1)$$

$$SoilSup \leqslant MND, \ (ANup = SoilSup, \ NR = ANup/PND)$$

式中，NR 为氮素供需比；$ANup$ 为植株实际吸氮量；PND 为植株潜在需氮量。

3. 氮素的分配过程

氮素被吸收之后向各器官进行分配，这个过程分为两个阶段：穗分化之前和穗分化之后。

在穗分化之前，氮素在茎、叶、穗和根之间进行分配。向茎（$ANupST$）、叶（$ANupLV$）、穗（$ANupSP$）、根（$ANupRT$）分配的量为其潜在需氮量与供需比的乘积：

$$ANupO = PNDO \times NR \tag{8.70}$$

式中，$ANupO$ 为向茎、叶或穗分配的氮；$PNDO$ 为器官的潜在需氮量；NR 为氮素供需比。

在穗分化之后，籽粒开始生长，植株贮存与吸收的氮优先向穗供应。穗实际吸氮量由穗潜在需氮量（$PNDSO$）、实际吸氮量（$ANup$）及各器官可转运量决定。比较穗的潜在需氮量与土壤供氮量（$ANup$）之间的大小关系：若 $PNDSO > ANup$，则吸收的氮全部运往穗中，同时从各器官向穗转运；若 $PNDSO \leqslant ANup$，氮素先向穗分配，然后向其他各器官分配。

当 $PNDSO \leqslant ANup$ 时，氮素先满足穗的需求再向其他各器官分配。首先计算供需比：

$$NR = (ANup - PNDSO)/(PNDLV + PNDST + PNDRT) \tag{8.71}$$

向叶片、茎、根的分配量： $ATRAN = PNDN \times NR$ （8.72）

穗实际吸收的氮： $ATRANSO = PNDSO$ （8.73）

当 $PNDSO>ANup$ 时，其他器官的氮素向穗转运。计算器官的潜在转运量，包括叶片潜在转运量（PTRANLV）、茎潜在转运量（PTRANST）和根潜在转运量（PTRANRT），各器官潜在氮转运量（PTRANO）为器官氮积累量减去器官干重与器官最小氮浓度（$N_{\min}$）的乘积：

$$PTRANO = ANupO - DMO \times N_{\min}$$ （8.74）

$$TR = (PNDSO - ANupO)/(PTRANLV + PTRANST + PTRANRT)$$ （8.75）

$$ATRANO = PTRANO \times TR$$ （8.76）

$$ATRNSO = ANupO + ATRANLV + ATRANST + ATRANRT$$ （8.77）

式中，TR 为需要转运的氮占器官潜在可转运的氮的比例，为中间量；$ATRAN$ 为实际转运量；$ATRANLV$、$ATRANST$、$ATRANRT$ 分别为实际叶、茎和根转运的氮。

8.4.2 磷素的吸收与分配动态

构建作物磷素的吸收与分配动态模型，首先构建作物植株的临界含磷量，然后计算植株磷的吸收量，最后计算磷在器官间的分配与转运（Jones et al.，1984）。

1. 作物临界含磷量

作物临界含磷量由氮、磷、钾充分供应的高产栽培试验数据得出。根据张立言等（1993）的试验数据，建立小麦地上部临界含磷量动态模型。

三叶期至起身期：

$$TCPP = 0.0363 \times PDT^2 - 0.683 \times PDT + 8.576$$ （8.78）

起身期至成熟期：

$$TCPP = 32.6 \times PDT^{-0.6864}$$ （8.79）

式中，$TCPP$ 为小麦地上部临界含磷量。模型拟合效果如图 8-7 和图 8-8。

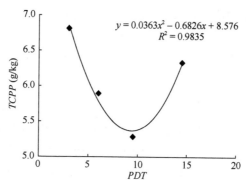

$$y = 0.0363x^2 - 0.6826x + 8.576$$
$$R^2 = 0.9835$$

图 8-7 小麦地上部临界含磷量随生理发育时间的变化（三叶期至起身期）

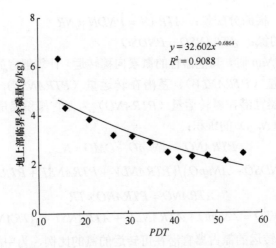

图 8-8　小麦地上部临界含磷量随生育期的变化（起身期至成熟期）

对于其他作物，由于含磷量变化与 PDT 之间幂函数关系的普遍性，因此可以用高产栽培研究中得到的主要生育期含磷量变化数据求出其中的参数。

2. 作物磷素吸收

潜在需磷量定义为在土壤水分与其他营养元素充分满足的条件下所吸收的磷量，由生物量的潜在增长和最大含磷量两方面决定，而两者又与生育进程有关。

$$TUPP = 1.1 \times TCPP \tag{8.80}$$

$$TOPPDEM(t) = \left[TOPWT(t) \times TUPP(t) - TPAUP(t-1) \right] / TCPA \tag{8.81}$$

$$PDEMRT(t) = \left[WRT(t) \times RPRT(t) - RTAUP(t-1) \right] / TCPA \tag{8.82}$$

$$TPDEM(t) = TOPPDEM(t) + PDEMRT(t) \tag{8.83}$$

式中，$TUPP$ 和 $RUPP$ 分别为作物地上部和地下部最大含磷量；$TOPPDEM$、$PDEMRT$、$TPDEM$ 分别为地上部、根系和总潜在需磷量；$TOPWT$、WRT 分别为地上部和地下部的生物量；$TPAUP$、$RTAUP$ 分别为地上部和根系的累积吸磷量；$TCPA$ 为磷素获取时间系数，可能需要 5d 时间。

作物的实际吸磷量受土壤磷素供应水平的影响，用土壤供磷因子反映磷素供应的满足程度：

$$PFS(t) = 1.2 - \exp\left\{ -4.0 \times SP_{\mathrm{SOLU}} \left[t / SP_{\mathrm{OPT}}(t) \right] \right\} \tag{8.84}$$

$$SP_{\mathrm{ORT}}(t) = 0.8 \times SPM_{\mathrm{SOLU}} + 0.2 \times SPM_{\mathrm{SOLU}} \times RARP(t) / MRARP \tag{8.85}$$

式中，PFS 为土壤磷素供应因子；$RARP(t)$ 和 $MRARP$ 分别为高产条件下第 t 天磷的相对积累速率和生育期中出现的最大相对积累速率。不同作物最适的土壤溶液磷的浓度不同，小麦为 0.3mg/L，水稻为 0.1mg/L，玉米为 0.06mg/L，大豆为

0.2mg/L，大麦为 0.1mg/L。同一作物在不同的土壤中也不一样，在沙质土壤中较高，如在黏土中大麦的土壤溶液磷最适浓度为 0.1mg/L，在粉沙壤土中为 0.16mg/L，在细沙壤土中则为 0.35mg/L。因为磷在沙质土壤中扩散速度比较慢，要使达到根系表面同样多磷时，沙质土壤需要更大的浓度；另外，沙质土壤磷的缓冲能力小，植物从土壤中吸收同样的磷时，沙质土壤溶液中磷浓度的下降要比黏质土壤多。

$$TOPPUPR(t) = TOPPDEM(t) \times PFS(t) \times FW(t) \tag{8.86}$$

$$TOPPAUP(t) = TOPPAUP(t-1) + TOPPUPR(t) \tag{8.87}$$

$$TOPPC(t) = TOPPAUP(t)/TOPWT(t) \tag{8.88}$$

$$RTPUPR(t) = PDEMRT(t) \times PFS(t) \times FW(t) \tag{8.89}$$

$$PAUPRT(t) = PAUPRT(t-1) + RTPUPR(t) \tag{8.90}$$

$$RTPC(t) = RAUP(t)/RWT(t) \tag{8.91}$$

式中，$TOPPUPR$、$TOPPAUP$、$TOPPC$ 分别为作物地上部实际吸磷速率、地上部累积吸磷量和实际含磷量；$RTPUPR$、$PAUPRT$、$RTPC$ 分别为根实际吸磷速率、根系累积吸磷量和根系实际含磷量；$TOPPDEM$、$PDEMRT$ 分别为地上部和根系潜在需磷量；PFS 为土壤磷素供应因子；FW 为土壤水分因子。

3. 磷素的分配与运转

磷在作物体内的分布随生育进程而变化，不同作物表现出不同的特点。我们用磷分配指数描述作物体内磷分布和运转的变化：

$$PPI = PPILV + PPISH + PPIST + PPIH + PPIG = 1 \tag{8.92}$$

$$AUPLV = PPILV \times TOPPAUP \tag{8.93}$$

$$AUPSH = PPISH \times TOPPAUP \tag{8.94}$$

$$AUPST = PPIST \times TOPPAUP \tag{8.95}$$

$$AUPG = PPIG \times TOPPAUP \tag{8.96}$$

式中，PPI 为磷分配指数；$PPILV$、$PPISH$、$PPIST$、$PPIH$、$PPIG$ 分别为叶片、叶鞘、茎、颖壳、籽粒磷分配指数；$AUPLV$、$AUPSH$、$AUPST$、$AUPG$ 分别为叶片、叶鞘、茎、籽粒累积吸磷量。作物磷素的分配指数随 PDT 而变化。在高产水平下，小麦磷的分配指数如图 8-9 和图 8-10 所示。

根据图 8-9 和图 8-10 建立各器官磷分配指数动态模型如下：

$$PPILV = \begin{cases} 60, & PDT \leqslant 14.5 \\ 131.6 \times \mathrm{e}^{(-0.0507 \times PDT)}, & PDT > 14.5 \end{cases} \tag{8.97}$$

$$PPISH = \begin{cases} 40, & PDT \leqslant 14.5 \\ 66.05 \times \mathrm{e}^{(-0.0424 \times PDT)}, & PDT > 14.5 \end{cases} \tag{8.98}$$

$$PPISH = \begin{cases} -0.0578 \times PDT^2 + 3.96 \times PDT - 36.82, & PDT \leqslant 16.1 \\ 492 \times e^{(-0.078 \times PDT)}, & PDT > 16.1 \end{cases} \quad (8.99)$$

$$PPIH = \begin{cases} 0.995 \times PDT - 7.04, & 16.1 \leqslant PDT \leqslant 35 \\ 354 \times e^{(-0.0772 \times PDT)}, & PDT > 35 \end{cases} \quad (8.100)$$

$$PPIG = \begin{cases} 0, & PDT \leqslant 35 \\ 814 - 64.35 \times PDT + 1.633 \times PDT^2 - 0.0128 \times PDT^3, & PDT > 35 \end{cases} \quad (8.101)$$

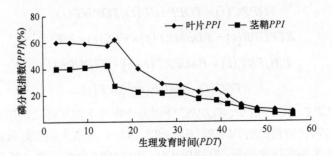

图 8-9　小麦叶片、叶鞘磷分配指数的变化

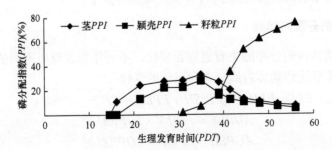

图 8-10　小麦茎、颖壳、籽粒磷分配指数随生理发育时间的变化

8.4.3　钾素的吸收与分配动态

1. 作物临界含钾量

作物临界含钾量由氮、磷、钾充分供应的高产栽培试验数据得出。根据文献数据资料，建立了小麦地上部临界含钾量动态模型。

三叶期至起身期：

$$TCKP = 0.358 \times PDT^2 - 6.51 \times PDT + 55.33, \quad PDT \leqslant 14.5 \quad (8.102)$$

起身期至成熟期：

$$TCKP = 484.4 \times PDT^{-0.9543}, \quad PDT > 14.5 \quad (8.103)$$

式中，*TCKP* 为小麦地上部临界含钾量，模型拟合效果如图 8-11 和图 8-12 所示。

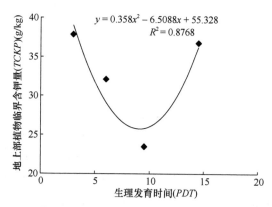

图 8-11　小麦地上部植株临界含钾量变化（三叶期至起身期）

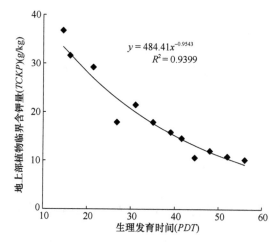

图 8-12　小麦地上部植株临界含钾量变化（起身期至成熟期）

2. 作物的吸钾量

作物潜在需钾量定义为在土壤水分与其他营养元素充分满足的条件下所吸收的钾量，由生物量的潜在增长和最大含钾量两方面决定，但后两者又与生育进程有关。

$$TUKP = 1.2 \times TCKP \tag{8.104}$$

$$TOPKDEM(t) = \left[TOPWT(t) \times TCKP(t) - TOPAKUP(t-1) \right]/TCKA \tag{8.105}$$

$$RTKDEM(t) = \left[ROOTWT(t) \times RCKP(t) - RTAKUP(t-1) \right]/TCKA \tag{8.106}$$

$$TKDEM(t) = TOPKDEM(t) + RTKDEM(t) \tag{8.107}$$

式中，*TUKP*、*TCKP* 为作物地上部最大含钾率和临界含钾率；*RCKP* 为根部临界含钾率；$TOPWT$、$ROOTWT$ 分别为作物地上部和地下部干重；$TOPKDEM$、$RTKDEM$、$TKDEM$ 分别为地上部、根系和总的潜在需钾量；$TOPAKUP$、$RTAKUP$ 分别为地上部和根的实际累积吸钾量；$TCKA$ 为钾素获取时间系数，一般为 3d。

作物的实际吸钾量受到土壤钾素供应水平的影响，用土壤供钾因子反映钾素供应的满足程度：

$$KFS = 1.2 - e^{-4.0 \times KS_{OLU}/SK_{OSOLU}} \tag{8.108}$$

$$SK_{OSOLU} = 0.8 SK_{MSOLU} + 0.2 \times SKM_{SOLU} \times RARK/MRARK \tag{8.109}$$

式中，KFS 为土壤钾素供应因子；SK_{OSOLU} 为充分满足作物需要的土壤溶液钾浓度；KS_{OLU} 为土壤溶液钾浓度；K_{MSOLU} 为生育期中充分满足钾需要的最高钾浓度，是与作物种类（品种）有关的量，据研究，对钾要求较高的作物为 10mg/L，而要求较低的作物为 8mg/L；$RARK$ 和 $MRARK$ 分别为高产条件下钾的相对积累速率和生育期中出现的最大相对积累速率。

$$TOPKUPR(t) = TOPKDEM(t) \times KFS(t) \times FW(t) \tag{8.110}$$

$$TOPKAUP(t) = TOPKAUP(t-1) + TOPKUPR(t) \tag{8.111}$$

$$TOPKC(t) = TOPKAUP(t)/TOPWT(t) \tag{8.112}$$

$$RTKUPR(t) = RTKDEM(t) \times KFS(t) \times FW(t) \tag{8.113}$$

$$RTKUP(t) = RTKAUP(t-1) + RTKUPR(t) \tag{8.114}$$

$$RTKC(t) = RTKAUP(t)/WRT(t) \tag{8.115}$$

式中，$TOPKUPR$、$TOPKAUP$ 和 $TOPKC$ 分别为作物地上部实际吸钾速率、地上部累积吸钾量和实际含钾量；$RTKUPR$、$RTKUP$、$RTKC$ 分别为根实际吸钾速率、根系累积吸钾量和根系实际含钾量；KFS 为土壤钾素供应因子；FW 为土壤水分影响因子。

3. 钾素的分配与运转

钾素的分配与运转可由以下公式计算：

$$KPI = KPILV + KPISH + KPIST + KPIH + KPIG = 1 \tag{8.116}$$

$$AUKLV = KPILV \times TOPKAUP \tag{8.117}$$

$$AUKST = KPIST \times TOPKAUP \tag{8.118}$$

$$AUKSH = KPISH \times TOPKAUP \tag{8.119}$$

$$AUKH = KPIH \times TOPKAUP \tag{8.120}$$

$$AUKG = KPIG \times TOPKAUP \tag{8.121}$$

式中，$KPILV$、$KPISH$、$KPIST$、$KPIH$、$KPIG$ 分别为叶片、叶鞘、茎、穗、籽粒钾素分配指数；$AUKLV$、$AUKSH$、$AUKST$、$AUKH$、$AUKG$ 分别为叶片、叶鞘、茎、穗、籽粒累积吸钾量。作物钾素的分配指数随 PDT 而变化。根据张立言等

（1993）的研究结果，在高产水平下，小麦钾的分配指数如图 8-13 和图 8-14 所示。据此建立小麦各器官钾分配指数如下：

$$KPILV = \begin{cases} 60, & PDT \leqslant 14.5 \\ 94 \times e^{(-0.044 \times PDT)}, & PDT > 14.5 \end{cases} \tag{8.122}$$

$$KPISH = \begin{cases} 40, & PDT \leqslant 14.5 \\ 41.63 \times e^{(-0.0126 \times PDT)}, & PDT > 14.5 \end{cases} \tag{8.123}$$

$$KPIST = -0.044 \times PDT^2 + 3.77 \times PDT - 34.43, \quad PDT \geqslant 14.5 \tag{8.124}$$

$$KPLH = \begin{cases} 0.566 \times PDT - 8.25, & 16.1 \leqslant PDT \leqslant 35 \\ 11, & PDT > 35 \end{cases} \tag{8.125}$$

$$KPIG = 0.77 \times PDT - 26, \quad PDT \geqslant 35 \tag{8.126}$$

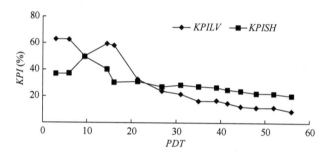

图 8-13　小麦叶片、叶鞘钾分配指数随生育期的变化

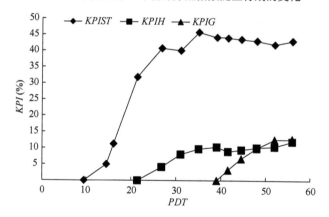

图 8-14　小麦茎、颖壳、籽粒钾分配指数随发育期的变化

8.5　养分效应因子

作物养分的亏缺可通过析因方法和系数化进行量化，一般将不同的养分效应

因子的特征值设定在 0～1。计算植株养分亏缺主要根据植株养分实际浓度与植株非限制生长下的临界浓度来比较得到。这里介绍植株氮磷钾效应因子的简单计算方法，用于量化作物不同生长过程的胁迫效应。

8.5.1 氮效应因子

氮亏缺对作物生长的影响主要是对作物叶片增大、光合作用强度、分蘖及籽粒氮素累积的影响。作物模型中，通常用的氮效应因子 FN 为

$$FN = (ANCL - LNCL)/(MNCL - LNCL) \tag{8.127}$$

式中，$ANCL$ 为叶片实际含氮量；$LNCL$ 为进入叶组织中不可逆氮浓度；$MNCL$ 为叶片自由（生长）氮浓度。因氮亏缺对不同过程的作用程度不同，相应氮效应因子的数值也不一样。作物在氮素亏缺时，光合作用强度、分蘖和籽粒氮素累积的氮效应因子 FN_1、FN_2 和 FN_4 为

$$FN_1 = FN_2 = FN_4 = FN \times FN \tag{8.128}$$

叶片增大的氮效应因子 FN_3 为

$$FN_3 = FN \tag{8.129}$$

8.5.2 磷效应因子

磷缺乏导致生物量和产量下降，但由于研究的缺乏，现有资料还不足以对作物生长发育、产量与磷供应水平的关系进行较为准确的定量描述。现磷素效应因子简单估算为

$$FP(t) = 1.0 - \left[TCPP(t) - TAPP(t) \right] / \left[TCPP(t) - TLPP(t) \right] \tag{8.130}$$

$$TLPP(t) = 0.3 \times TCPP(t) \tag{8.131}$$

式中，FP 为磷素效应因子；$TCPP$、$TAPP$、$TLPP$ 分别为植株地上部临界含磷量、实际含磷量、低限含磷量。

8.5.3 钾效应因子

研究表明，缺钾导致叶片光合作用和光呼吸速率下降，而暗呼吸增加。但由于研究的缺乏，现有资料还不足以对作物生长发育和产量关系进行较为准确的定量描述，钾素效应因子可简单表示如下：

$$FK(t) = 1.0 - \left[TCKP(t) - TAKP(t) \right] / \left[TCKP(t) - TLKP(t) \right] \tag{8.132}$$

$$TLKP(t) = 0.3 \times TCKP(t) \tag{8.133}$$

式中，*FK* 为磷素效应因子；*TCKP*、*TAKP*、*TLKP* 分别为植株地上部临界含钾量、实际含钾量、低限含钾量。

8.5.4 养分亏缺因子

作物对氮、磷、钾的需求比例依作物种类及生育期不同而异。根据李比希最小养分律，限制作物生长和产量的是土壤中相对含量最小的养分元素。因此，综合养分效应因子 *FNUT* 应为氮、磷、钾效应因子中的最小者：

$$FNUT = \min(FN, FP, FK) \tag{8.134}$$

则养分胁迫下的作物生长速率=无养分胁迫的作物生长速率×*FNUT*。

第 9 章　作物形态结构模拟与可视化表达

作物生长模型主要侧重于对作物生长发育及产量品质形成等功能与过程的模拟,对形态结构方面的模拟则做了大量简化,具有参数获取容易、对计算机性能要求不高等优点,适用于产量预测、土地生产力评价等。而在 20 世纪 80 年代发展起来的虚拟植物模型则对植物的功能考虑较少,偏重植物形态结构的定量描述。虚拟植物是应用计算机来模拟植物在三维空间中的生长发育状况,其主要特征是以植物个体为研究中心,以形态结构为研究重点,建立植物形态结构三维模型并以可视化的方式反映形态结构和形成规律(Prusinkiewicz, 2004)。随着研究的不断深入,不少学者开始尝试将作物生长过程的定量化模拟与形态结构模拟耦合起来,实现功能和结构的并行模拟,进而提出了植物结构-功能模型的概念。研究建立作物形态结构模型、作物生长模型及可视化技术与结构-功能耦合机制,实现作物形态结构的可视化表达,可为作物株型设计、品种评价、优化管理及灾害预警等提供支持。

9.1　作物形态结构模型的构建

形态结构模型是通过实施不同品种、氮素、水分等因子的田间试验,获取作物各器官三维形态结构数据,在解析作物三维形态结构变化动力学的基础上,提出描述作物形态结构动态规律的定量化模拟算法,构建具有机理性、普适性和通用性的作物形态结构模拟模型,包括叶片、茎蘖、穗等不同器官的长、宽、角度、曲线等。

9.1.1　叶片生长的动态模拟

叶片作为植株的主要光合器官,其形态特征是虚拟作物研究的重要组成部分。以不同作物品种为试验材料,通过连续观察并定量分析不同水分和氮素处理下主茎和分蘖不同叶位叶片的长度、宽度和形状等几何形态指标的变化规律,构建出作物叶片生长特征的动态模拟模型(Zhu et al., 2009;常丽英等,2008a;谭子辉,2006;陈国庆等,2005a)。

1. 叶长动态模拟

作物叶片长度随生长度日(GDD)的伸长过程是一个由慢到快再到慢的过程,

符合"S"形曲线即 Logistic 公式，且一级分蘖与二级分蘖叶片与主茎也遵循同样的变化模式。下面以小麦为例，介绍叶长生长的模拟。随着氮素水平的提高，小麦有效分蘖数增加，主茎和分蘖上的叶片长度也随之增加。研究表明，主茎与分蘖具有一定的同伸关系，一般是主茎第四片叶伸出叶鞘时，第一个一级分蘖伸出第一片叶；以后主茎每伸出一片新叶，依次出现一个一级分蘖，已经伸出的分蘖各增加一片新叶；即主茎第七叶（Z-7）、第一分蘖第四叶（1N-4）、第二分蘖第三叶（2N-3）、第三分蘖第二叶（3N-2）和第四分蘖第一叶（4N-1）具有 n-3（n 为主茎第 n 张叶片）的同伸关系，其叶片伸长曲线类似。冬小麦主茎前 4 片叶的生长受肥水的影响不大，主要与冬小麦品种自身的特性有关，故可将叶片的伸长过程用分段函数来描述，如公式（9.1）所示。

$$
Llen_{ab}(GDD) = \begin{cases} \dfrac{LLen_{ab}}{1 + Lpa \times e^{-Lpb \times (GDD - LAGDD_{ab})}}, & (a = 0, 1 \leqslant b \leqslant 4) \\[4mm] \dfrac{LLen_{ab}}{1 + Lpa \times e^{-Lpb \times (GDD - LAGDD_{ab})}} \times F(N), & (a = 0, 5 \leqslant b \leqslant LN) \\ & (1 \leqslant a \leqslant SN, 1 \leqslant b \leqslant LN - a - 2) \end{cases}
$$

(9.1)

式中，GDD 为生长度日；LN 为主茎总叶片数，是品种参数；SN 为有效分蘖数；a 为叶片所在的蘖位，a 为 0 代表主茎；b 为不同分蘖叶片所在的叶位；$LAGDD_{ab}$ 为第 a 分蘖第 b 叶露尖时刻的 GDD，由公式（9.2）计算得到；$LLen_{ab}$（GDD）为第 a 分蘖第 b 片叶在 GDD 时刻的叶长（cm）；$LLen_{ab}$ 为最适氮素水平下第 a 分蘖第 b 片叶定形后的长度（cm），由公式（9.3）和公式（9.6）计算得到；Lpa 和 Lpb 为模型参数，分别取值为 5 和 0.03；F(N)为氮素丰缺因子，可由生长模型输出计算得到。

$$
LAGDD_{ab} = \begin{cases} 102 + PHYLL \times (b-1), & a = 0 \\ 102 + PHYLL \times (a+b-1), & 1 \leqslant a \leqslant SN \end{cases}
$$

(9.2)

式中，$LAGDD_{ab}$ 与叶热间距（PHYLL）线性相关，叶热间距为小麦茎秆上相邻两张叶出现所需的热时间间隔，是品种特定的遗传参数，其计算见第 3 章；102 为从播种到出苗所需的 GDD。

试验结果显示，冬小麦主茎不同叶位叶片定形后的长度随叶位的不同而发生变化，但其变化规律在不同小麦品种中是一致的（图 9-1）。从第一片叶开始，不同叶位叶片定形后的长度随叶位的升高而增加，拔节前在某叶位出现一个峰值，然后随叶位的升高而降低，拔节后又随叶位的升高而增加，至倒二叶出现另一个峰值，其后又随叶位的升高而降低。上述变化规律可以分解成两个二次曲线，分别用两个二次公式来拟合拔节前和拔节后主茎各叶位叶片定形后的长度变化模式。假设各小麦品种从第一片叶到最后的旗叶叶长的变化趋势相同，第一叶叶长的不同造成了不同品种各对应叶位上叶长的差异。上述主茎叶长的变化趋势可用式（9.3）来定量描述。

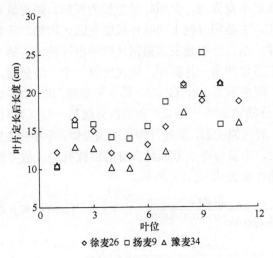

图 9-1　不同小麦品种主茎不同叶位的最终长度

$LLen_{ab} =$

$$
\begin{cases}
a_1 \times \dfrac{rate_2}{(rate_1)^2} \times (b-1)^2 + b_1 \times \dfrac{rate_2}{rate_1} \times (b-1) + rate_2 \times FLLenm + LCV, & (a=0, 1 \leqslant b \leqslant LNj) \\[4mm]
a_2 \times \dfrac{rate_2}{(rate_1)^2} \times (b-1)^2 + b_2 \times \dfrac{rate_2}{rate_1} \times (b-1) - c_2 \times rate_2 \times FLLenm + LCV, & (a=0, LNj \leqslant b \leqslant LN)
\end{cases}
$$

$$(9.3)$$

式中，a_1、a_2、b_1、b_2 和 c_2 为公式的系数，分别取值为–0.61、–1.1、5、20 和 6；$rate_1$ 和 $rate_2$ 为公式的参数，其计算见公式（9.4）和公式（9.5）；$FLLenm$ 为不同小麦品种主茎第一叶叶长的平均值，取 11；LCV 为叶长变化系数，表征不同植株上同一叶位叶片的长度差异性，可根据叶长正态分布的 95%置信区间来确定，取值范围为–1.5～0.67。

$$rate_1 = \frac{LNj}{LNjm} \tag{9.4}$$

$$rate_2 = \frac{FLLenv}{FLLenm} \tag{9.5}$$

式中，LNj 为小麦品种拔节前主茎的叶片数，为品种参数；$LNjm$ 为各个小麦品种拔节前主茎叶片的平均值，一般为 6～7 片，故取平均值 6.5；$FLLenv$ 为小麦品种第一片叶的叶长，为品种参数。

　　研究表明，分蘖上叶片的生长与主茎叶片有相应的同伸关系，当主茎第六叶伸长时，第一分蘖第三叶、第二分蘖第二叶和第三分蘖第一叶与其同时伸长；由于生长过程的同伸性,具有同伸关系的各分蘖叶片生长过程所处的外界条件基本相近,其定长后叶长也近似相等,如图 9-2 所示。

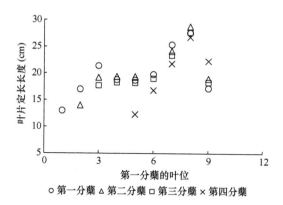

图 9-2 小麦不同分蘖上不同叶位叶片的最终长度

由于次级分蘖的形态特征比较复杂且不易成活,本节所说分蘖均指一级分蘖。拔节后分蘖叶片最终长度的峰值和主茎同样出现在倒二叶,拔节前主茎叶片最终长度的峰值出现在第六叶,所以拔节前分蘖叶片最终长度的峰值按蘖位分别出现在与其具有同伸关系的第三叶、第二叶和第一叶,因此分蘖最终长度的变化趋势可用公式(9.6)来描述。

$$LLen_{ab} = \begin{cases} a_1 \times (a+b-2)^2 + b_1 \times (a+b-2) + rate_2 \times FLLenm + LCV, & 2 \leq a+b \leq LNj-2 \\ a_3 \times (a+b-2)^2 + b_3 \times (a+b-2) - c_3 \times rate_2 \times FLLenm + LCV, & LNj-2 \leq a+b \end{cases}$$

(9.6)

式中,a_3、b_3 和 c_3 为系数,分别取值为–1.9、23.1 和 4。

2. 叶宽动态模拟

叶宽动态的模拟以水稻为例。水稻叶片伸长时,叶片宽度的潜力已基本确定。随着叶片的抽出,叶宽变化差异不显著。但叶片定形后的最大叶宽随叶位不同而变化,且呈现二次曲线的变化规律。此外,最大叶宽在不同品种之间有极显著差异,如图 9-3 所示。

不同氮素(N0~N3)和水分(W1~W4)处理下,相同叶位叶片的最大宽度基本一致(图 9-4),受氮素(kg N)与水分(%)的影响不显著,因此水稻不同叶位最大叶宽的变化规律可用公式(9.7)来定量描述。

$$LW_n(GDD) = Width_{\max-n} = Wa \times n^2 + Wb \times n + Wc \tag{9.7}$$

式中,$LW_n(GDD)$ 为在 GDD 时刻第 n 叶位的宽度;$Width_{\max-n}$ 为第 n 叶位的最大叶宽(cm);n 表示叶位;Wa、Wb、Wc 为公式系数,分别取值–0.0042、0.2194、0.0341。

试验表明，水稻分蘖叶宽的变化趋势与主茎同伸叶片基本相同。

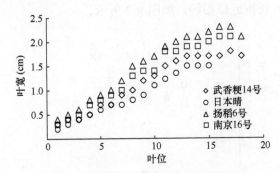

图 9-3　不同水稻品种主茎最大叶宽随叶位的变化

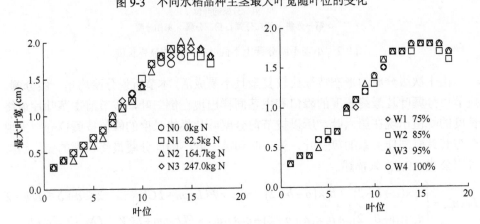

图 9-4　不同氮素（a）和水分（b）处理下水稻主茎不同叶位最大叶宽随叶位的变化

3. 叶形动态模拟

　　叶形是从叶尖开始沿叶长方向叶宽的变化。作物特定叶片的叶形动态变化过程表现为叶长变化大于叶宽变化的模式，图 9-5 为水稻'武香粳 14 号'第 14 叶叶形的动态变化模式及最终叶形变化模式。从图中可以看出，尽管不同叶位叶片的长度和宽度不一样，但不同叶位叶片定形以后的叶宽随叶长的变化规律是一致的。为了准确而直观地表达各叶位叶片的宽度随长度的变化规律，对不同叶位叶长和叶宽均进行了归一化处理。归一化叶宽、叶长分别为各叶宽、叶长与最大叶宽、最大叶长的比值即 $(x-\min)/(\max-\min)$。归一化处理显示，第一张叶片与剑叶在形态上与其他叶片存在明显的差异（图 9-6）。

　　研究表明，在叶片抽出过程中，叶宽随叶长的变化均符合一元二次公式。因此，不同叶位叶片沿叶长方向叶宽的变化可用公式（9.8）来定量描述。

$$LWid_n\left(LL_nGDD\right) = WPa \times LL_n\left(GDD\right)^2 + WPb \times LL_n\left(GDD\right) + WPc \qquad (9.8)$$

式中，$LWid_n(LL_nGDD)$为第 n 叶位叶片在 $LL_n(GDD)$叶长处的叶宽（cm）；$LL_n(GDD)$为第 n 片叶在该 GDD 时的叶长（cm）；WPa、WPb、WPc 为公式系数，不同作物取值不一样。

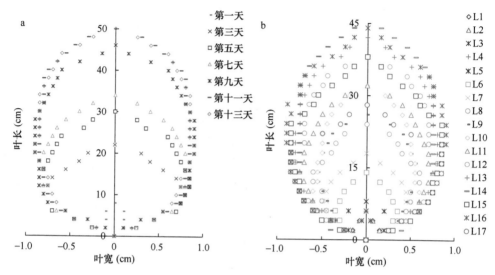

图 9-5　'武香粳 14 号'第十四叶叶形的动态生长过程（a）及最终叶形变化模式（b）
L1～L17：表示第一叶到第十七叶

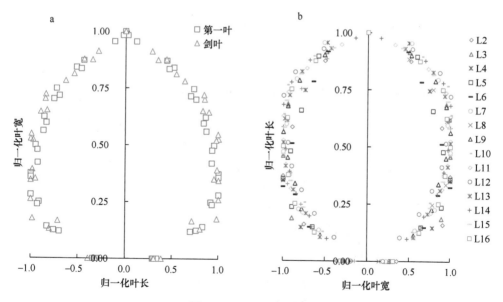

图 9-6　归一化水稻叶形
a. 第一叶与剑叶；b. 其他叶；L2～L16. 表示第二叶到第十六叶

　　图 9-7 展示出 4 个水稻品种主茎不同叶位叶片定形后叶长与最大叶宽的动态关系。可以看出，最大叶宽随着叶长的增加而增加，增长速度随着叶序增加而减小。而剑叶与其他叶的变化规律略有差异。原因在于拔节后出生的叶片特别是剑叶，其叶长显著变短，而叶宽仍有增加趋势。尽管主茎叶片叶长和最大叶宽在不同品种间存在明显的基因型差异，但不同品种主茎叶片定形后的叶长与最大叶宽的相对关系则可用幂指数公式（第一叶与剑叶）和二次曲线公式（其他叶）较好地表达，如公式（9.9）所示。

$$LWid_n(LL_{en}) = \begin{cases} P \times LLen^{WLR}, & n=1 或 LN \\ WPd \times LLen^2 + WPe \times LLen, & 2 \leqslant n \leqslant LN-1 \end{cases} \tag{9.9}$$

式中，$LWid_n(LLen)$ 为第 n 叶位叶片在 $LLen$ 叶长处的叶宽（cm）；$LLen$ 为沿叶长方向叶片长度（cm），取值范围为 $0 \sim LL_n$；LL_n 为第 n 片叶全展后的长度；P 为公式系数，当 $n=1$ 时，取值为 0.28；WLR 为第一叶最大叶宽（$FLWid_n$）与最大叶宽所对应叶长（FL_n）的比值，由公式（9.10）求得，其中 FL_n 一般取值 0.38，在不同品种之间差异不显著，故取平均值；当 $n=LN$ 时，P 取值为 0.27，WLR 取值为 0.46。

$$WLR = \frac{FLWid_n}{FL_n}, n=1 \tag{9.10}$$

WPd、WPe 为公式的系数，分别由公式（9.11）和公式（9.12）求出。

$$WPd = \frac{Width_{max-n}}{-0.22 \times LL_n^2} \tag{9.11}$$

$$WPe = \frac{Width_{max-n}}{0.215 \times LL_n} \tag{9.12}$$

式中，$Width_{max-n}$ 为第 n 张叶的最大宽度（cm），可由公式（9.7）类似求出。

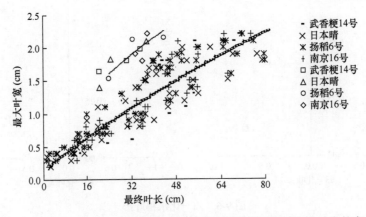

图 9-7　不同类型水稻品种主茎叶片从叶尖至叶基部不同叶长处叶宽的变化

上部实线. 剑叶；下部虚线. 其他叶

9.1.2 叶鞘长度的动态模拟

随着叶片的出生，叶鞘随 *GDD* 呈一定规律地伸长。以小麦为例，叶鞘长度在拔节前后呈现两种变化趋势（常丽英等，2008c；陈国庆等，2005b）：拔节前，叶鞘长度随 *GDD* 的变化模式符合对数公式；拔节后，叶鞘长度随 *GDD* 的变化规律符合"S"形曲线，如图 9-8 所示。

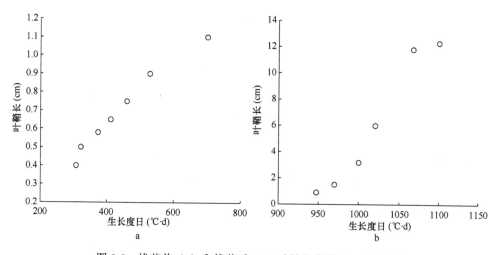

图 9-8 拔节前（a）和拔节后（b）叶鞘长度随 *GDD* 的变化

小麦叶鞘长度随氮素水平的提高而增大，但拔节前冬小麦叶鞘受肥水条件影响较小，主要与冬小麦品种自身的特性有关。因此，可将冬小麦叶鞘的变化过程用以下分段函数来描述，如公式（9.13）所示。

$$Lsheath_n(GDD) = \begin{cases} \dfrac{Lsheath_n}{Lsheath_1} \times \left[Sha \times \ln(GDD - SHAGDD_n) + Shb \right], & 1 \leqslant n \leqslant LNj \\ \dfrac{Lsheath_n}{1 + Shc \times e^{-Shd \times (GDD - SHAGDD_n)}} \times F(N), & LNj \leqslant n \leqslant LN \end{cases}$$

$$(9.13)$$

式中，*GDD* 为生长度日；*n* 为主茎叶鞘位；$SHAGDD_n$ 为主茎第 *n* 叶对应叶鞘初始时刻的 *GDD*，由公式（9.14）计算得到；*Sha* 和 *Shb* 为模型参数，分别取值为 0.48 和 1.9；$Lsheath_n$ 为最适氮水平下第 *n* 叶对应叶鞘的最终长度，由公式（9.15）计算得到；*Shc* 和 *Shd* 为模型参数，分别取值为 5 和 0.03；*LNj* 为小麦品种拔节前叶片数；*LN* 为小麦主茎的总叶片数，为品种参数；*F(N)* 为氮素影响因子。

叶片和叶鞘之间存在一定规律的同伸关系，即当异位异名器官既处于同一器官建成期，又处于同一伸长期谓之"同伸器官"，其同伸规律是第 *n* 叶与第 *n*−1

叶鞘同伸。所以可以采用第 $n+1$ 叶的初始 GDD 表达第 n 叶对应叶鞘的伸长时刻的 GDD，如公式（9.14）所示。

$$SHAGDD_n = LAGDD_{n+1}, \quad n=1,2,\cdots,LN \qquad (9.14)$$

式中，$LAGDD_{n+1}$ 为主茎第 $n+1$ 叶露尖时刻的 GDD；LN 意义同上。

试验结果显示，冬小麦主茎不同叶片对应叶鞘的最终长度随叶位的不同而发生变化，但其变化规律在不同小麦品种中是一致的（图 9-9）。本研究假设各小麦品种从第 1 叶对应叶鞘到最后旗叶对应叶鞘的最终长度变化趋势相同，由于第一叶对应叶鞘最终长度的不同而造成了不同品种各对应叶鞘的差异。上述主茎叶鞘最终长度的变化趋势可以用公式（9.15）～公式（9.17）来定量描述。

$$Lsheath_n = She \times e^{shf \times n} \qquad (9.15)$$

$$She = 0.5 \times Lsheath_1 \qquad (9.16)$$

$$Shf = 0.5 - 0.1 \times She \qquad (9.17)$$

式中，$Lsheath_n$ 为主茎第 n 叶对应叶鞘的最终长度；She 和 Shf 为模型系数；$Lsheath_1$ 为主茎第一叶对应叶鞘的最终长度，不同小麦品种的 $Lsheath_1$ 值差别较大，但受环境影响较小，因而可定为品种参数，如'扬麦 9 号'为 0.6cm。

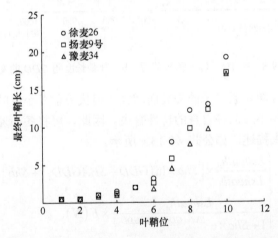

图 9-9　不同小麦品种主茎不同叶鞘位叶鞘的最终长度

主茎与分蘖具有良好的 n–3 同伸关系，而具有同伸关系的器官生长具有类似的环境及营养状况。本节采用主茎叶片对应叶鞘的变化特征来表达与其具有同伸关系的分蘖叶鞘，故可将分蘖叶鞘长度的变化规律用以下公式来表示：

$$Lsheath_{ab}(GDD) = k \times Lsheath_n(GDD) \qquad (9.18)$$

$$n = a + b + 2 \qquad (9.19)$$

式中，a 为蘖位，值为 $1 \sim SN$，SN 为小麦有效分蘖数；b 为叶位；k 为调节系数，取值为 1。

9.1.3 节间长度和宽度的动态模拟

拔节后节间开始伸长，其伸长规律与拔节后叶鞘的伸长规律类似，均符合营养器官的"S"形生长（常丽英等，2008c；谭子辉，2006；陈国庆等，2005b），以小麦为例，可用公式（9.20）来定量描述。

$$Linternode_n(GDD) = \frac{Linternode_n}{1 + Ina \times e^{-Inb \times (GDD - INAGDD_n)}} \times F(N) \quad (9.20)$$

式中，$Linternode_n(GDD)$ 为主茎第 n 叶对应节间在 GDD 时刻的长度；$Linternode_n$ 为第 n 节间的最终长度，算法见公式（9.21）；Ina 和 Inb 为模型参数，分别取值 5 和 0.03；$F(N)$ 为氮素影响因子；$INAGDD_n$ 为主茎第 n 叶对应节间初始时刻的 GDD。

试验资料表明，各节间上，叶片对应叶鞘的最终长度与叶片对应节间的最终长度之比（$RateSI_{LN-n+1}$）为一等差数列，故可用公式（9.21）和公式（9.22）描述小麦植株上各节间的最终长度。

$$Linternode_n = \frac{Lsheath_n}{RateSI_{LN-n+1}} \quad (9.21)$$

$$RateSI_{LN-n+1} = RateSI_{LN} + (LN - n) \times 0.2 \quad (9.22)$$

式中，$RateSI_{LN}$ 为旗叶对应叶鞘与节间最终长度的比值，不同小麦品种间差异不大，因此取平均值 0.64。小麦株高的不同主要体现在品种间叶鞘长度的差异上。

与节间伸长的同时，小麦各节间的宽度在生长过程中会逐渐增大，从节间开始伸长到节间粗度稳定的过程中，粗度的变化符合"S"形曲线规律，算法如下：

$$THinternode_n(GDD) = \frac{THinternode_n}{1 + THa \times e^{-THb \times (GDD - INAGDD_n)}} \times F(N) \quad (9.23)$$

式中，$THinternode_n(GDD)$ 为第 n 叶对应节间在 GDD 时刻的粗度；$THinternode_n$ 为第 n 叶对应节间的最终粗度，由公式（9.24）计算得出；THa 和 THb 为公式参数，分别取值 5 和 0.03。资料分析表明，节间的最终宽度与长度呈极显著线性相关，故可用公式（9.24）描述其变化过程。

$$THinternode_n = \frac{54.6 - Linternode_n}{90} \quad (9.24)$$

9.1.4 茎叶夹角的动态模拟

作物叶片从伸出到衰亡的过程中，茎叶夹角也随之发生变化。为保持作物叶片生长和夹角变化的连续性，用茎叶夹角与生长度日（GDD）的关系来定量表达叶片夹角随生育进程的相对变化动态（张永会等，2012；张文宇等，2011）。例如，小麦叶片从抽出到定长的过程中，茎叶夹角也随之发生变化。三维数字化仪可以测出叶片的空中伸展坐标，然后对其进行数学计算，求出茎叶夹角。

研究表明，茎叶夹角在整个生长期间的变化可分为 3 个阶段：第一阶段，从抽出到定长，茎叶夹角均匀变化；第二阶段，从定长到功能期结束即开始衰亡，茎叶夹角不发生变化；第三阶段，从开始衰亡到完全衰亡，茎叶夹角均匀增大至 $180°$，增加的速率与品种有关。具体算法如下：

$$LSAngle_n(GDD) =$$

$$\begin{cases} \dfrac{LSAngle_{max} \times TimeS}{3 \times PHYLL}, & LAGDD_n \leqslant GDD \leqslant LAGDD_n + 3 \times PHYLL \\ LSAngle_{max}, & LAGDD_n + 3 \times PHYLL \leqslant GDD \leqslant LAGDD_n + 5 \times PHYLL \\ LSAa \times TimeS \times LSAngle_{max}, & LAGDD_n + 5 \times PHYLL \leqslant GDD \end{cases}$$

$$(9.25)$$

式中，$LSAngle_n(GDD)$ 为主茎第 n 张叶片从抽出到完全衰亡过程中 GDD 时刻的茎叶夹角；$TimeS$ 为叶片的生理年龄，算法见公式（9.26）；$LSAngle_{max}$ 为叶片定型时的茎叶夹角，为品种参数，如 '扬麦 9 号' 为 $45°$；$LSAa$ 为模型参数，由公式（9.27）计算得出；$IGDD_n$ 为第 n 张叶片抽出时的 GDD。

$$TimeS = GDD - IGDD_n \qquad (9.26)$$

$$LSAa = 0.013 \times LSAngle_{max} + 0.42 \qquad (9.27)$$

9.1.5 叶曲线的动态模拟

叶片空间形态常用叶片中脉的空间曲线（叶曲线）来表征。本节在叶片受力分析的基础上，构建叶曲线变化的动态公式，旨在为作物叶曲线特征的动态描述提供更普适的量化方法，可用于不同作物的叶片空间形态模拟（常丽英；2007；石春林等，2006；谭子辉，2006）。

1. 叶曲线公式的推导

自然状态下，作物叶片一般不发生扭曲，经过坐标旋转可将叶片中脉转换到二维平面上。例如，长为 dl 的叶段微元 pp'，叶段微元受重力 G、形变恢复力 F 及左右端拉力的影响（图 9-10），依照牛顿运动学原理，静止的物体在各个方向的受力必须平衡，因而叶片法线方向上的形变恢复力与重力的法向分量大小相等、方向相反，可以用公式（9.28）来表示，其中 θ 为叶段内的叶曲线平均倾角。

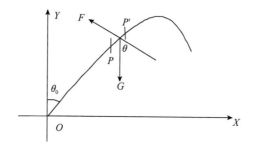

图 9-10 水稻叶曲线形态及叶片受力分析

$$G \times \sin\theta = -F \tag{9.28}$$

叶段微元的重量 G 为比叶重与微元面积之积，可以用公式（9.29）来定量描述，面积可用长度与宽度之积表示。由于叶段微元的长度（dl）与 $\sin\theta$ 之积为 dx，因而 dl 可以由公式（9.30）来确定，这样叶段微元的重量 G 可由公式（9.31）来定量表示。其中，$SLW(l)$ 为比叶重，$w(l)$ 为叶宽，dl 为叶段微元 PP' 的长度。

$$G = SLW(l) \times w(l) \times dl \tag{9.29}$$

$$dl = dx/\sin\theta \tag{9.30}$$

$$G = SLW(l) \times w(l) \times dx/\sin\theta \tag{9.31}$$

一般而言，物体形变恢复力与形变程度成正比，即 F 与叶段微元的形变程度成正比。形变程度可用叶段微元两端点（P、P'）的切线角度变化量（dθ）表示，见公式（9.32）。其中，$k(l)$ 为叶段内的平均形变系数，即叶片发生单位角度的弯曲形变所产生的恢复力；l 为叶段距叶环（坐标原点 O）的叶长；dθ 为 P 和 P' 两点切线角度的差。由 $y'(x) = \tan(\theta + d\theta)$ 和 $y'(x) = \tan(\theta)$，可得公式（9.33）。

$$F = k(l) \times d\theta \tag{9.32}$$

$$d\theta \approx \sin^2\theta \times \left[y'(x+dx) - y'(x) \right] \tag{9.33}$$

式中，x、$x+dx$ 分别为 P 和 P' 点的 x 向坐标；$y'(x)$ 为 P 点斜率。

联立公式（9.28）～公式（9.33），可得公式（9.34）。

$$SLW(l) \times w(l) \times dx = -k(l) \times \sin^2\theta \times \left[y'(x+dx) - y'(x) \right] \tag{9.34}$$

进一步利用 $y' = \tan(\theta)$ 及 $y'' \approx [y'(x+dx) - y'(x)]/dx$，可得叶曲线公式（9.35）。

$$y'' = -SLW(l) \times w(l)/k(l) \times \sin^2\theta \tag{9.35}$$

由公式（9.35）可知，叶曲线形态与比叶重、茎叶夹角、叶长、叶宽、叶片形变系数等变量相关。因此，叶曲线的求解，必须明确比叶重、茎叶夹角、叶宽、叶片形变系数随叶长的变化规律。

2. 叶曲线公式的求解

叶片生长过程中，比叶重随时间和空间均有所变化。生长初期的叶片加长、增厚和衰老阶段的干物质转运输出等，都会引起叶片比叶重的时空变化，叶片形变系数 $k(l)$ 受叶脉的粗细、氮素、水分状况等因素影响。氮素和水分状况造成叶长、叶宽的不同而对叶曲线产生影响。这里主要研究 $k(l)$ 受叶脉粗细的影响。假定叶脉粗度沿叶长是线性变化的，则叶脉的横截面呈二次变化，因而可假定 $k(l)$ 的变化形式如公式（9.36）所示。

$$k(l) = k_0 \times \left[1 - \left(1 - LLen/LL_n \right)^2 \right] \tag{9.36}$$

式中，$LLen$ 为从叶尖开始沿叶长方向的叶片长度，取值范围为 $0 \sim LL_n$；LL_n 为第 n 张叶片最大叶长；k_0 为叶环处的叶片形变系数。

可将比叶重与叶环处的叶片形变系数看作质量形变参数 K，即单位重量的物体发生单位角度的变形时所产生的恢复力大小（单位为 cm^2），如公式（9.37）所示，这样比叶重与叶片形变系数可视为一个变量。

$$k_0/SLW = K \tag{9.37}$$

利用 $x=0$ 时，$y=0$ 和 $y' = \tan\theta_0$（θ_0 为初始叶倾角）两个限定条件即可进行叶曲线公式的求解。

3. 叶曲线公式的灵敏度分析与检验

为检验叶曲线公式及其参数的可靠性，对叶曲线影响参数的灵敏度进行了测试分析。以水稻为例，如图 9-11 和图 9-12 所示。可以看出，随着初始叶片夹角、叶长、叶宽的增加，叶片的形态由直立逐步变得披垂，符合生产中籼稻叶片比粳稻叶片更为披垂的现象。此外，在叶片生长过程中，随着茎叶夹角的增加，叶片形态亦由直立逐步变得较为披垂，符合水稻叶片发育的生物学规律。图 9-13 还显示，随着质量形变参数 K 值的减小，叶片亦由直立逐步变得披垂。在水稻生产中，卷曲叶片由于产生向上的卷曲力，相当于增加了叶片形变系数，K 值增加，因而叶片变直立。这些结果表明，本研究建立的叶曲线公式能够合理可靠地描述水稻叶曲线在不同条件下的变化规律。

9.1.6 穗生长的动态模拟

穗形态的动态模拟包括穗的几何形态及空间形态，如穗长、穗宽及穗曲线等变化的动态模拟过程（Zhang et al.，2014；谭子辉，2006）。下面以麦穗为例，介绍穗生长动态模拟过程。

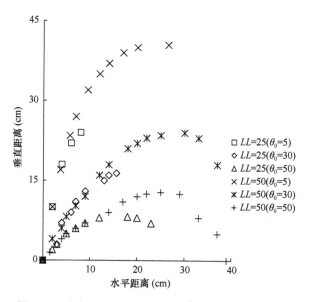

图 9-11　叶宽 1.5cm 和 K 值 45cm^2 时不同叶长（LL）和
叶片初始倾角（θ_0）对水稻叶曲线的影响

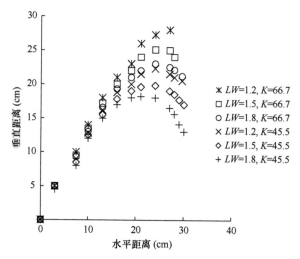

图 9-12　叶长 40cm 和叶倾角 30°时不同叶宽（LW）和形变参数（K）对水稻叶曲线的影响

1. 穗长动态模拟

穗是禾本科作物产量形成的器官，穗伸长是一个由慢到快再到慢的过程，符合"S"形曲线即 Logistic 公式，如图 9-14 所示。

随着氮素水平的提高，小麦有效分蘖数增加，主茎和分蘖上对应的麦穗长度也随之增加，故可将麦穗的伸长过程用公式（9.38）描述。

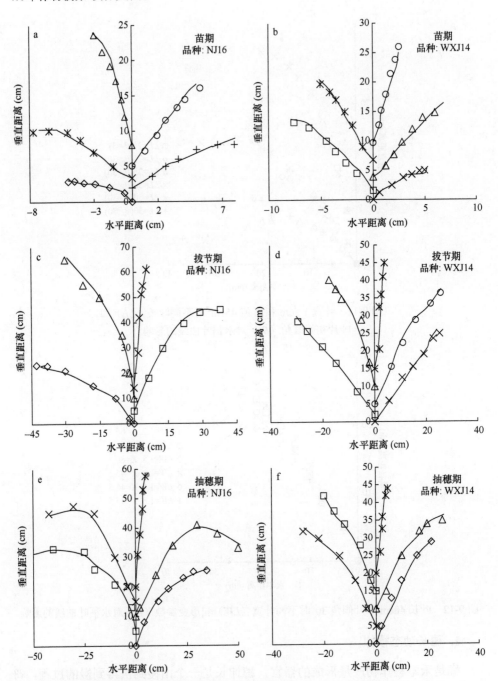

图 9-13　不同水稻品种苗期（a、b）、拔节期（c、d）和孕穗期（e、f）
叶曲线模拟值与观测值的比较

"—"代表模拟叶曲线；"✕"、"✳"、"○"、"△"、"◇"和"□"代表不同叶位上的实际叶曲线

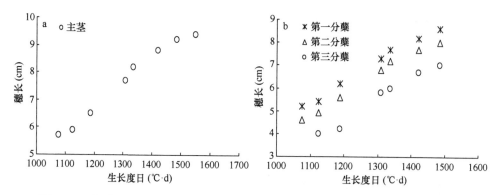

图 9-14　'扬麦 9 号' 主茎（a）和不同蘖位（b）麦穗在不同 GDD 时刻的穗长变化

$$L_{spikeln}(GDD) = \frac{L_{spikeln}}{1 + Spila \times e^{-Spilb \times (GDD - SAGDD)}} \times F(N), \ 0 \leqslant n \leqslant SN \quad (9.38)$$

式中，GDD 为生长度日；SN 为有效分蘖数；n 为 0 代表主茎；$SAGDD$ 为小麦孕穗时的 GDD，由公式（9.39）和公式（9.40）计算得到；$L_{spikeln}(GDD)$ 为第 n 分蘖麦穗在 GDD 时刻的穗长（cm）；$L_{spikeln}$ 为最适氮素水平下第 n 分蘖麦穗定形后的长度（cm），由公式（9.41）计算得到；$Spila$ 和 $Spilb$ 为模型参数，分别取值为 7 和 0.007；$F(N)$ 为氮素丰缺因子。

试验资料表明，冬小麦品种拔节以后，可根据主茎叶龄余数来判断幼穗分化所处的时期，主茎 $LN-4$ 叶伸出后为二棱后期，$LN-3$ 叶伸出后为小花原基分化期，$LN-2$ 叶伸出后为雌雄蕊原基分化期，$LN-1$ 叶伸出后为药隔形成期；由于幼穗进入护颖分化和小花原基分化期对应的幼穗长度一般为 0～1cm，故一般假定此时的 GDD 为 $SAGDD$。故 $SAGDD$ 为主茎第 $LN-3$ 叶露尖时的 GDD，即 $LAGDD_{N-3}$，由公式（9.39）和公式（9.40）计算得出。

$$SAGDD = LAGDD_{LN-3} \quad (9.39)$$

$$LAGDD_n = 102 + PHYLL \times (n-1), \ n = 1, 2, \cdots, LN \quad (9.40)$$

式中，$LAGDD_n$ 为主茎第 n 片叶露尖时的 GDD，与叶热间距（$PHYLL$）线性相关；102 为从播种到出苗所需的 GDD；LN 为主茎总叶片数，是品种参数。

试验结果显示，冬小麦不同蘖位麦穗定形后的长度随蘖位的不同而发生变化，但其变化规律在不同小麦品种中是一致的。从主茎麦穗开始，不同蘖位麦穗定形后的长度随蘖位的升高而降低，上述变化规律可以用二次曲线来描述。假设各个小麦品种穗长的变化幅度相同，由于主茎麦穗长度的不同而造成了不同品种各对应蘖位上穗长的差异。穗长的上述变化趋势可以用公式（9.41）来定量描述。

$$L_{spikel} = a_1 \times rate \times n^2 + b_1 \times rate \times n + rate \times F_{lspikem} + SCV, \ n = 1, 2, \cdots, SN \quad (9.41)$$

式中，a_1 和 b_1 为公式系数，分别取值为 -0.23 和 0.44；$rate$ 为公式的参数，其计

算见公式（9.42）；$F_{lspikelm}$ 为不同小麦品种在最适氮水平下主茎穗长的平均值，取
11；SCV 为穗长变化系数，表征不同植株上同一蘖位麦穗的长度差异性，可根据
穗长正态分布的 95%置信区间来确定，取值范围为–1.5～0.67。

$$rate = \frac{F_{lspikelv}}{F_{lspikelm}} \qquad (9.42)$$

式中，$F_{lspikelv}$ 为小麦品种在最适氮水平下主茎麦穗的穗长，为品种参数。

2. 穗宽动态模拟

由于小麦麦穗在穗长方向上的宽度和厚度差别较小，对小麦的虚拟显示影响
很小，故采用简化处理，即采用麦穗的最大宽度和最大厚度来描述麦穗的形态。
试验研究表明，小麦麦穗的最大穗宽与其对应穗长的比值（$rate_1$）与穗长呈极显
著相关，可用一元二次曲线来表示。因此，不同蘖位麦穗最大穗宽的变化规律可
以用公式（9.43）来定量描述。

$$L_{spikewn}(GDD) = Spiwa \times \left[L_{spikeln}(GDD) \right]^2 + Spiwb \times L_{spikeln}(GDD) + Spiwc \qquad (9.43)$$

式中，$L_{spikewn}(GDD)$ 为第 n 蘖位上麦穗某 GDD 时刻的最大穗宽（cm）；$L_{spikeln}(GDD)$
为第 n 蘖位上麦穗某 GDD 时刻的长度（cm）；$Spiwa$、$Spiwb$ 和 $Spiwc$ 为公式系数，
分别取值–0.031、0.75 和–3.3。

3. 穗厚动态模拟

小麦麦穗厚度的变化主要受灌浆影响，反映籽粒饱满的程度。试验结果表明，
小麦麦穗的最大穗厚与其对应穗长的比值（$rate_2$）与穗长呈线性极显著正相关，
如图 9-15 所示。因此，不同蘖位麦穗最大穗厚的变化规律可用公式（9.44）来定
量描述。

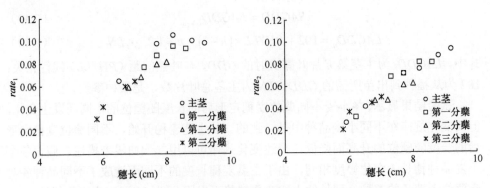

图 9-15 '扬麦 9 号'不同蘖位麦穗的 $rate_1$ 和 $rate_2$ 与对应穗长的关系

$$L_{Spikethn}(GDD) = Spitha \times L_{Spikeln}(GDD) + Spithb \qquad (9.44)$$

式中，$L_{Spikethn}(GDD)$ 为第 n 蘖位上麦穗某 GDD 时刻的最大穗厚（cm）；$Spitha$ 和 $Spithb$ 为公式系数，分别取值 0.22 和 –1.42；$L_{Spikeln}(GDD)$ 意义同上。

9.2 作物结构-功能模型的构建

结构-功能模型是一类对植物形态结构、生物量的产生和分配及两者内在联系进行定量模拟的植物模型的总称。这类模型是基于过程的模型或称为功能模型与结构模型的融合，是在器官层次对植物个体生长发育的建模与仿真，能够更精准地进行光能利用与生产力评估（Bongers，2020）。但作物生长模型目前大多停留在各器官干物质总量分配阶段，尚未深入到不同器官位的物质分配模拟，且较少考虑水分和氮素等环境因素对其影响。本节以水稻为例，通过基于生理过程的作物生长模型的干物质输出，以水稻单位器官干物质分配的变化规律为基础，介绍如何构建可系统描述水稻单位器官分配指数动态的模拟模型（常丽英等，2008b）。

9.2.1 作物单位器官干物质分配的动态模拟

地上部与地下部的干物质分配指数定义为植株地上部分或地下部分干重占整株干重的比例，地上部分各器官（叶片、茎鞘、稻穗）的干物质分配指数定义为各器官占地上部干重的比例。进一步将地上部分单位器官（叶片、茎鞘、稻穗）的干物质分配指数定义为单位器官占各器官总干重的比例，计算公式如公式（9.45）和公式（9.46）所示。

$$LPI = SWLVG / PILVG \tag{9.45}$$

$$SSPI = SWSHT / PISHT \tag{9.46}$$

$$PPI = SWSP / PISP \tag{9.47}$$

式中，LPI、$SSPI$、PPI 分别为单位叶片、茎鞘、稻穗干物质分配指数；$SWLVG$、$SWSHT$、$SWSP$ 分别为单位叶片、茎鞘、稻穗的干重；$PILVG$、$PISHT$、$PISP$ 分别为植株叶片、茎鞘、稻穗的总干重。

研究表明，对于一个特定的水稻叶片（除第 1 叶的分配指数为 1 外），从叶片抽出至定长，其分配指数为直线增长过程，定长后至叶片衰老为干物质分配指数逐渐下降的过程（图 9-16a），因此单位叶片分配指数随 GDD 的动态变化过程可用线性公式和指数函数来描述。

试验观测表明，叶片分化抽出至定长需经过 $1.5 \times a \times GDD^b$ 的历期，因此第一阶段的 GDD 变化范围可以确定为 $IGDD_n \leqslant GDD \leqslant 1.5 \times a \times GDD^b$；叶片从定长至完全衰老的 GDD 变化范围确定为 $GDD > 1.5 \times a \times GDD^b$，如公式（9.48）所示。

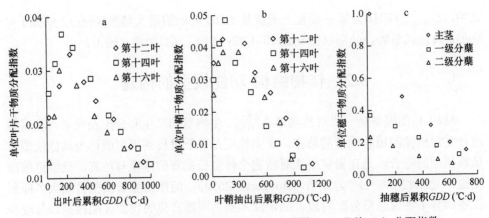

图 9-16 适宜水分条件下水稻单位叶片（a）、茎鞘（b）及穗（c）分配指数
随各单位器官抽出后累积 GDD 的变化动态

$$LPI_n(GDD) = \begin{cases} LPa \times TimeS + LPb, & IGDD_n \leq GDD \leq 1.5 \times a \times GDD^b \\ LPc \times e^{LPd \times TimeS}, & GDD > 1.5 \times a \times GDD^b \end{cases} \quad (9.48)$$

式中，$LPI_n(GDD)$ 为第 n 叶位叶片在该 GDD 时刻的叶位分配指数；a，b 为方程系数，可以通过试验得到；LPa、LPb、LPc、LPd 为公式系数，可以通过公式（9.49）~公式（9.53）来定量描述，其中 n 为叶位。

$$LPa = 0.0017 \times n^{-0.68} \quad (9.49)$$

$$LPb = 0.97 \times n^{-1.42} \quad (9.50)$$

$$TimeS = GDD - IGDD_n \quad (9.51)$$

$$LPc = 1.0019 \times e^{-0.0006n} \quad (9.52)$$

$$LPd = 0.0126 \times \ln(n) - 0.016 \quad (9.53)$$

单位茎鞘干物质分配指数随 GDD 的变化与叶片遵循同样的变化模式（图 9-16b）（除第一叶鞘的分配指数为 1 外），GDD 变化范围同叶片，如公式（9.54）所示。

$$SSPI_n(GDD) = \begin{cases} SSPa \times TimeS + SSPb, & IGDD_n \leq GDD \leq 1.5 \times a \times GDD^b \\ SSPc \times e^{SSPd \times TimeS}, & GDD > 1.5 \times a \times GDD^b \end{cases} \quad (9.54)$$

式中，$SSPI_n(GDD)$ 为第 n 鞘位叶鞘在该 GDD 时刻的分配指数；$SSPa$、$SSPb$、$SSPc$、$SSPd$ 为公式系数，可以通过公式（9.55）~公式（9.59）来定量描述，其中 n 为鞘位。

$$SSPa = 0.052 \times n^{-1.96} \quad (9.55)$$

$$SSPb = 0.068 \times n^{-0.12} \quad (9.56)$$

$$TimeS = GDD - IGDD_n \quad (9.57)$$

$$SSPc = 0.024 \times e^{-0.27n} \quad (9.58)$$

$$SSPd = 0.79 \times \ln(n) - 1.42 \tag{9.59}$$

研究表明，稻株各茎蘖之间，一般主茎与低位分蘖先出穗开花，根据出穗顺序随 GDD 变化，单位稻穗分配指数在稻穗抽出至灌浆结束呈逐渐上升趋势（图 9-16c），因此单位稻穗分配指数随 GDD 的动态变化过程可用公式（9.60）来描述。

$$PPI_n(GDD) = PPIa \times e^{PPIb \times TimeS} \tag{9.60}$$

式中，$PPI_n(GDD)$ 为第 n 穗该 GDD 时刻的分配指数；$PPIa$ 和 $PPIb$ 为公式系数，分别设定为 0.0598 和 −0.106；$TimeS$ 意义同上。

$$PPIa = 1.04 \times n^{-1.1} \tag{9.61}$$

$$PPIb = 0.001 \times \ln(n) - 0.0019 \tag{9.62}$$

式中，n 为各主茎和分蘖稻穗穗位。本研究显示，单位叶片、茎鞘最大分配指数在植株上随各叶位与鞘位增加的变化表现为逐渐下降的过程（图 9-17a 和图 9-17b），符合指数模式。单位稻穗最大分配指数在植株上随各稻穗 $IGDD$ 的变化表现为逐渐下降的过程（图 9-17c），符合一元二次公式，因而可以通过下式来进行描述。

$$LPI_n = LPIa \times e^{LPIb \times n} \tag{9.63}$$

$$PPI_n = PPIa \times IGDD_n^2 + PPIb \times IGDD_n + PPIc \tag{9.64}$$

式中，LPI_n 为第 n 叶位叶片分配指数；n 为叶位或鞘位；$LPIa$、$LPIb$ 为公式系数，叶片分别取值 0.796、−0.218，叶鞘分别取值 1.068、−0.208；PPI_n 为第 n 个稻穗的分配指数；n 为稻穗位置；$PPIa$、$PPIb$、$PPIc$ 为公式系数，分别取值 −0.0003、−0.0001、0.155。

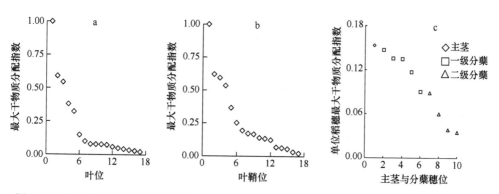

图 9-17 适宜施氮水平下主茎叶片（a）、叶鞘（b）及主茎、一级分蘖、二级分蘖稻穗（c）最大分配指数随各叶位、鞘位、穗位的变化模式

9.2.2 作物单位器官干物质增长的动态模拟

单位叶片、茎鞘、稻穗的每日干重积累是地上部每日实际干重与各单位器官

当日分配指数的乘积，其计算如公式（9.65）～公式（9.67）所示。

$$SWLVG = PILVG \times LPI \qquad (9.65)$$

$$SWSHT = PISHT \times SSPI \qquad (9.66)$$

$$SWSP = PISP \times PPI \qquad (9.67)$$

式中，$SWLVG$、$SWSHT$、$SWSP$ 分别为单位叶片、茎鞘、稻穗的干重（kg/hm²）；$PILVG$、$PISHT$、$PISP$ 分别为植株叶片、茎鞘、稻穗的总干重（kg/hm²），可由生长模型提供；LPI、$SSPI$、PPI 分别为单位叶片、茎鞘、稻穗干物质分配指数。

9.2.3 作物单位叶片叶面积的模拟

对于一个特定的水稻叶片，单张叶片在植株上的分配过程可以通过比叶重来描述，其一生变化的总体模式表现为：在生长初期，单张叶片比叶重随 GDD 逐渐增加；功能后期逐渐下降（图 9-18a）。因此，可将叶片比叶重变化过程用二次函数来描述，如公式（9.68）所示。

$$SLW_n(GDD) = SWa \times (GDD - IGDD_n)^2 + SWb \times (GDD - IGDD_n) + SWc \qquad (9.68)$$

式中，$SLW_n(GDD)$ 为第 n 张叶片在该 GDD 时刻的比叶重；$IGDD_n$ 为第 n 张叶片比叶重变化的初始 GDD 值；SWa、SWb、SWc 为公式的系数，分别由公式（9.69）～公式（9.71）来描述。

$$SWa = 0.0004 \times \ln(n) - 0.0007 \qquad (9.69)$$

$$SWb = -0.0317 \times \ln(n) - 0.0928 \qquad (9.70)$$

$$SWc = 1.3043 \times e^{0.0658 \times n} \qquad (9.71)$$

不同鞘位茎鞘在植株上的分配过程也可以通过单位茎鞘的干重来描述，与叶片遵循同样的变化模式（图 9-18b），见公式（9.72）。

$$\begin{aligned} SHDW_n(GDD) = {} & SHDa \times (GDD - IGDD_n)^2 \\ & + SHDb \times (GDD - IGDD_n) + SHDc \end{aligned} \qquad (9.72)$$

式中，$SHDW_n(GDD)$ 为第 n 叶鞘在该 GDD 时刻的干重；$IGDD_n$ 为第 n 叶鞘干重变化的初始 GDD 值；$SHDa$、$SHDb$、$SHDc$ 为公式系数，分别由公式（9.73）～公式（9.75）来描述。

$$SHDa = 0.0004 \times \ln(n) - 0.0007 \qquad (9.73)$$

$$SHDb = -0.0426 \times \ln(n) - 0.0986 \qquad (9.74)$$

$$SHDc = 0.0845 \times e^{0.0358 \times n} \qquad (9.75)$$

单位稻穗在植株上的分配变化也可通过单位稻穗的干重来描述，其变化过程是不断积累逐渐上升的过程（图 9-18c），可以用幂函数来描述，如公式（9.76）所示。

$$PDW_n(GDD) = PDWa \times (GDD - IGDD_n)^{PDWb} \qquad (9.76)$$

式中，$PDW_n(GDD)$ 为第 n 蘖位穗在该 GDD 时刻的穗干重；$PDWa$、$PDWb$ 为公式的系数，分别取值 0.015、0.91；$IGDD_n$ 为第 n 蘖位穗重变化的初始 GDD 值。

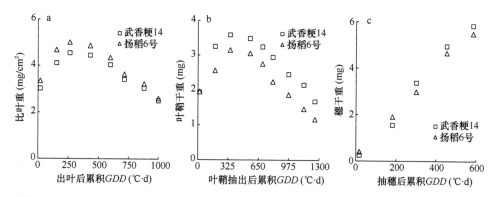

图 9-18　不同水稻品种主茎第 14 叶比叶重（a）、第 10 叶叶鞘干重（b）、稻穗干重（c）分别随出叶后、叶鞘抽出后和抽穗后累积 GDD 的变化动态

单位叶片的叶面积可以用公式（9.77）来表示。

$$LeafA_n = SWLVG_n / SLW_n \qquad (9.77)$$

式中，$LeafA_n$ 为第 n 张叶片的面积；$SWLVG_n$ 为第 n 张叶片的叶片重；SLW_n 为第 n 张叶片的比叶重。

9.3　作物形态结构的可视化表达

作物形态结构的可视化主要包括植株器官、个体和群体等不同层次的可视化，但不同层次水平上的可视化有不同的方法与技术，需要针对不同器官、个体和群体的特点进行真实感的建模、渲染等，也涉及可视化效率与真实感的平衡等。

9.3.1　作物器官的可视化表达

作物器官可视化过程可大致分为两个阶段：建模和渲染。建模，即建立器官的三维形态模型；渲染，是指利用计算机图形学的真实感绘制技术，如纹理映射、光照处理等，处理器官的三维形态模型，生成形象逼真的器官图形。

1. 器官的三维形态建模

基于形态模型输出的器官形态特征参数，可以对作物主要器官如叶、茎、穗、根等进行三维形态建模（雷晓俊等，2011；伍艳莲等，2009a）。

（1）叶几何建模

禾本科叶由叶片和叶鞘组成，叶的下方为叶鞘，叶鞘开口呈圆筒形，完全包围着节间。叶鞘和叶片可以统一使用 NURBS 曲面（non-uniform rational B-spline，非统一有理 B 样条曲面）来建模。非统一是指一个控制顶点的影响力的范围能够改变，有理是指每个 NURBS 物体都可以用数学表达式来定义，B 样条是指用路线来构建一条曲线，在一个或更多的点之间插值替换。一张 $k×1$ 次 NURBS 曲面可表示如下：

$$p(u,v)=\frac{\sum_{i=0}^{n}\sum_{j=0}^{m}w_{i,j}d_{i,j}N_{i,k}(u)N_{j,l}(v)}{\sum_{i=0}^{n}\sum_{j=0}^{m}w_{i,j}N_{i,k}(u)N_{j,l}(v)},\ (0\leqslant u,v\leqslant 1) \qquad (9.78)$$

式中，u 和 v 表示曲面上 u 轴和 v 轴对应的变量；$d_{i,j}$ 及 $w_{i,j}$（$i=0, 1, \cdots, n; j=0, 1, \cdots, m$）分别为控制顶点及与控制顶点相联系的权因子；$N_{i,k}$（$i=0, 1, \cdots, m$）和 $N_{j,l}$（$j=0, 1, \cdots, n$）分别为 u 向 k 次和 v 向 l 次规范 B 样条基，分别由 u 方向和 v 方向的节点矢量 $U=(u_0, u_1, \cdots, u_{m+k+1})$ 与 $V=(v_0, v_1, \cdots, v_{n+l+1})$ 按德布尔递推公式决定。

如何确定叶的控制点是 NURBS 曲面建模的关键。在作物形态结构建成模拟模型中，描述叶片形态特征的模型主要有叶长、叶形、叶曲线及叶鞘形态等，这些模型输出的叶长、叶宽、茎叶夹角和叶鞘长度等参数，可以确定 NURBS 曲面的控制点，进而建立具体的叶几何模型。

每片叶都由一个 NURBS 曲面形成，每个 NURBS 曲面有 10 排控制点，其中叶鞘和叶片各 5 排，且每排有 7 个控制点。叶鞘第一排由 7 个控制点构成一个正方形，定义一个以正方形为外切正方形的圆，由叶鞘粗 Sr 来决定 7 个控制点的坐标（图 9-19a）。

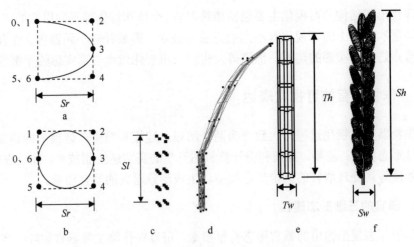

图 9-19 禾本科作物器官几何建模过程示意图

　　假定叶鞘第一排控制点定义的圆的圆心坐标为（0，0，0），则叶鞘的第二、第三、第四排控制点的 y 坐标随着排数增加而增大，x、z 坐标不变。第五排控制点定义了一段非封闭曲线（图 9-19b），7 个控制点的 x、z 坐标由叶鞘粗 Sr 决定，y 坐标由叶鞘长度 Sl 决定（图 9-19c）。

　　对于叶片，由叶曲线模型模拟叶片的空中伸展并确定中间主脉的控制点，叶片边缘控制点与同一排主脉控制点的 x、y 坐标一样，但 z 坐标由叶长和叶形模型确定。在边缘控制点和主脉控制点之间设定了 2 列与主脉平行的控制点，因此，叶片的控制点也有 5 排，每排 7 个，其中第 1 排控制点的 y 坐标与叶鞘第 5 排控制点的 y 坐标一样，这样能够更好地使叶片与叶鞘光滑衔接（图 9-19d）。

　　（2）茎几何建模

　　禾本科作物植株茎由许多节和节间组成，节间呈圆筒形。节的形态结构比较简单，故用圆柱体来模拟。利用茎形态子模型模拟的节间长度 Th 和节间粗度 Tw 分别确定圆柱体的长度和直径（图 9-19e），进而建立植株茎的几何模型。

　　（3）穗几何建模

　　禾本科作物的穗包括穗轴、小穗等结构，模拟穗形态的动态变化过程需要模拟穗的几何形态和空间结构（雷晓俊等，2011；伍艳莲等，2009b）。以麦穗为例介绍其建模过程。小麦穗为穗状花序，由穗轴和着生在穗轴上的小穗组成，互生，具一顶小穗。由于麦穗的形态结构相对较复杂，所以构建穗的三维几何模型时采用组合多个基本图元的方法。穗柄、麦芒用圆柱体来实现，小穗用椭球体来实现。根据穗各个组成部分的拓扑结构，组合各个基本图元，建立了穗的几何模型。麦穗长、麦穗在沿穗长方向上的穗宽和穗厚是描述小麦穗形态变化特征的 3 个主要的形态指标。因此，利用小麦穗形态建成子模型模拟穗长 Sh、穗宽 Sw 和穗厚 St 及穗颜色等形态指标的动态过程，来确定穗几何模型中的关键参数，如用穗长、穗宽和穗厚来确定模拟小穗的椭球体间的相对位置，用椭球体的长、短半径的缩放比例来模拟籽粒的饱满程度等，进而较真实地实现麦穗的可视化（图 9-19f）。

　　（4）根的可视化

　　根系是作物与土壤相互作用的纽带，根系一般包括根轴、分枝、侧根，需要曲线、方向等空间参数进行描述。根系的可视化过程包括根系的拓扑结构、方向、曲线、根轴形态、分枝方向等（谈峰等，2011；徐其军等，2010）。以小麦根系可视化为例，介绍根系可视化过程。小麦属须根系，种子萌发时，从胚根发育的根称为初生根，第一片完全叶出现后停止生长。直接从胚轴上生出的根称为不定根，它们统称为种子根。随着生长进程的推移，初生根成熟区分生出侧根（分枝根），而侧根上又生出次一级的枝根，枝根上再生出各级小枝根。小麦根轴的生长以一定的时间间隔为步长，以段的方式向前递进，每次只向前递进一段。生长过程中遇到需要分枝时，则按照分枝规则分枝，产生新的生长节点，这样就构成了一个生长节点的序列，连接这些生长节点，就构成了一条根轴曲线（图 9-20）。

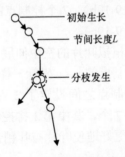

初始生长

节间长度 L

分枝发生

图 9-20　小麦根轴曲线的建立

在小麦根轴曲线三维几何形态模型建立的基础上，由于实际根轴的断面近似于圆截面，在进行可视化时，可以认为根轴曲线是无数个绕轴线圆台的组合，整个根系构型则是由一定数量的根轴依据根系拓扑结构构成。本研究中描述的根轴以如图 9-21a 所示的圆台进行绘制，含有 4 个参数：圆台上底 R_1、下底 R_2、高度 L 和根轴的生长方向。约束条件为：前一根段顶部比后一根段的半径大；主轴根比次生轴根半径大。根轴的绘制采用根段连接的方法，如图 9-21b 所示，调用 OpenGL 图形库中二次曲面绘制函数：

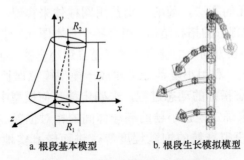

a. 根段基本模型　　　　　b. 根段生长模拟模型

图 9-21　小麦根系根段空间模型

```
gluCylinder (Obj, node->data.thick, node->data.thick, distance,
10, 1);
```

其中，node->data.thick 为半径 R_1；node->data.thick 为半径 R_2；distance 为根轴高度 L；10 为控制该圆柱体的圆截面的数量；1 为控制围绕圆柱体沿 z 轴产生的片段数量。

小麦根系可视化主要包括以下过程：①根系生长控制参数及生长时间的输入。②逐级递归调用根轴的生长函数，计算各根轴单位时间的生长量，确定其几何尺寸和空间位置并新建分根，累加每天的变化量，从而完成特定生长时间整个根系的分级生长。③对模拟结果的输出，包括数值计算结果的输出和根系三维可视化图形的输出。根轴的三维形态是由发根时间、发根部位、根轴生长方向、分枝发生方向等描述参数决定的，这些参数在小麦根系形态建成的不同时期，均可以通过具体的试验资料和小麦根系形态模型进行模拟输出。图 9-22 为模拟的出苗后 6d、15d、25d 和 35d 4 个不同生育阶段小麦根系的可视化输出，较好地展现了出苗 35d 内小麦根系的动态生长过程。

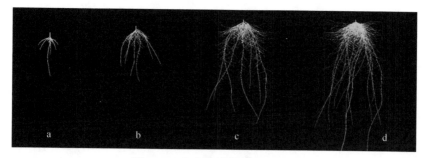

图 9-22　小麦根系的可视化显示

a. 出苗 6d；b. 出苗 15d；c. 出苗 25d；d. 出苗 35d

2. 形态渲染模型

绘制的作物几何形态模型不仅应该保证几何形状的准确性，还应具有比较真实的视觉外观，因此建立作物各器官的三维几何模型后，还需对生成的几何模型进行颜色、纹理渲染及光照处理等生成较逼真的器官形态（雷晓俊，2010；伍艳莲等，2009a）。

（1）颜色、纹理映射

作物器官的颜色渲染可采用两种方式来实现，一种是不用纹理，根据形态模型中的颜色子模型提供的颜色特征的动态变化来表现器官的表面，该方法能够较逼真地模拟作物生长过程中器官颜色的细微变化过程，如叶片衰老时，叶尖和离叶脉较远的部分先变黄，然后扩展到整个叶片；另一种是采用纹理贴图方式，可以用数码相机拍摄器官不同生长时期的图片，进行处理后，从中读取各器官的纹理数据，并将纹理贴图到几何模型中，为了能够逼真地模拟器官颜色的逐渐变化过程，这种方式需要较多的器官纹理图片（图 9-23）。

（2）光照处理

光照对于模拟三维真实感图形非常重要，如果没有光照，绘制的三维图形就没有立体感。OpenGL 在模拟光照时，假定光可以分解为红、绿和蓝成分。光源的特征是由它所发射的红、绿和蓝光的数量决定的，表面材料的特征是由它向各个方向所反射的红、绿、蓝入射光的百分比决定的。函数 glColorMaterial（GLenum face，Glenum mode）可以使物体表面的材料属性总是使用当前颜色以简化其设置。

进一步可以将气象资料中的辐射量量化为太阳光亮度，实现一天中不同时刻的小麦器官的光照渲染（图9-24）。

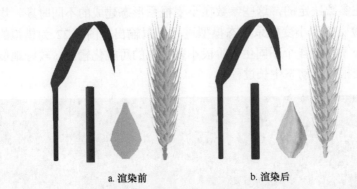

a. 渲染前　　　　　　　　　　b. 渲染后

图 9-23　小麦器官纹理映射前后效果图

a. 渲染前　　　　　　b. 渲染后 (中午)　　　　　c. 渲染后 (黄昏)

图 9-24　小麦器官光照渲染前后效果图

（3）阴影渲染

为增强场景的层次感、真实感，使对象具有逼真的外观效果，阴影处理非常必要。阴影可以表现出场景中物体的远近和相对方位，极大地增强画面真实感。OpenGL 只考虑光源和物体之间的相互作用，未考虑物体间的相互影响，故不支持阴影，在应用过程中需通过编程，调用 OpenGL 库函数执行阴影算法来实现阴影表达。目前常用的阴影算法有平面阴影、曲面阴影、阴影体、阴影图等。这里简单介绍如何利用平面阴影法对作物器官与个体进行阴影渲染。平面阴影算法的核心，是通过将投影矩阵与模型视图矩阵堆栈顶部矩阵相乘，将三维空间的物体投影到二维空间。阴影绘制不需要光照、纹理渲染，因此在绘制时禁用光照、纹理渲染，同时启用混合，使阴影呈现半透明状，阴影颜色可根据需要设置为黑色或灰色。例如，对小麦器官与个体阴影渲染应用，效果如图 9-25 所示。

图 9-25　小麦器官与个体阴影渲染效果图

9.3.2　作物个体的可视化表达

基于作物个体生长的基本模式，研究作物器官的几何结构信息和作物生长的拓扑特征在计算机中的组织和表示方法，并基于作物生长信息的组织方式和作物器官可视化模型建立作物个体生长算法及可视化模型，可使作物个体生长的可视化表达能准确地表现作物生长过程中各器官几何信息和拓扑特征的动态变化（伍艳莲等，2009a）。

1. 植株冠层拓扑结构

禾本科作物个体包含一个主茎和几个分蘖。茎由许多节和节间组成，其他各器官叶、穗、根都着生在节上，因此植株同一节间、节及其着生的叶或穗可以作为一个生长单元，植株主茎即为 n 个生长单元衔接起来的结构链（n 为主茎总叶片数）。由于节一般都很小，在虚拟显示时可不考虑，故前 $n-1$ 张叶片所对应的每个生长单元均包含叶片、叶鞘和节间，最后一个生长单元为穗下节间、旗叶和穗。叶片互生于主茎两侧，分蘖的结构与主茎相似，分蘖的生长与主茎保持同伸规律。

2. 作物个体的可视化

植株的三维形态由植株的拓扑结构、生长单元数量或各器官的数量及各器官的大小和空间分布决定。

一般采用树形结构来表示植株的主茎和各个分蘖（图 9-26），根结点是主茎，第二层上的结点表示各个一级分蘖，第三层上的结点表示各个一级分蘖上的二级分蘖，树形结构能够清晰地表现主茎和分蘖之间的层次关系。树形结构图上的每个结点指向一个链表，此链表存储了某个时期植株主茎或一个分蘖上各器官的形态结构模型输出的形态数据，便于动态控制主茎或分蘖上的各器官形态。

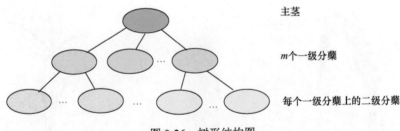

图 9-26　树形结构图

由于树形结构图上的每个结点表示一个主茎或分蘖，并指向一个存储此主茎或分蘖上所有生长单元数据的链表，因此，对表示植株的树进行遍历即可获得某个时期整个植株上所有器官的形态数据。根据形态模型输出的植株拓扑结构，结合器官可视化模型，每隔一个时间单元遍历一次树，即可真实地模拟作物个体的动态生长。图 9-27 是小麦个体生长动态的可视化效果。

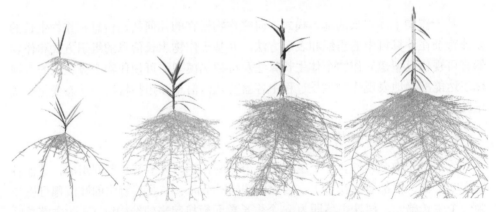

图 9-27　小麦个体生长过程的可视化

9.3.3　作物群体的可视化表达

在实现个体可视化基础上，从优化计算速度、降低内存消耗、增强真实感出发，采用一种兼顾速度和多样性的方法，可实现群体可视化（汤亮等，2011；伍艳莲等，2009a）。在 OpenGL 环境下，将树形多级显示列表技术、外部引用和实例化技术、基于简化视锥体和四叉树相结合的视域裁剪技术，以及细节层次技术等相融合，构建基于多技术融合的作物群体绘制算法，可以有效提高作物群体可视化的真实感与实时性。

1. 树形多级显示列表技术

为加快作物群体绘制速度，可采用树形多级显示列表，并通过改进数据结构设计，使用有条件的深度优先遍历算法进一步改进场景的显示速度，因为该算法在显示状态改变时，可减少重新编译的显示列表数量，缩小树节点的遍历范围。如图 9-28 所示，将禾本科作物群体模型设计成一种多叉树结构，图中每个节点对应一个显示列表。

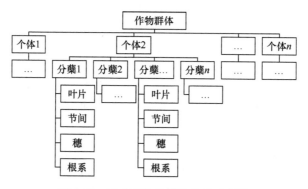

图 9-28　禾本科作物群体模型示意图

在群体绘制过程中，若某一节点的显示状态发生变化，则必须重新生成显示列表。而采用树形多级显示列表，只需重新生成变化节点所在分支从变化节点到树的根节点的某一段显示列表，其他未变化的节点调用已有显示列表即可。并通过在节点设置更新标志及增加指向当前节点父节点的指针，找出需要更新显示列表的分支段，并逆向完成显示列表的更新。

2. 外部引用和实例化技术

外部引用和实例化技术是减少可视化仿真系统的数据量、提高系统实时性的有效途径。外部引用是在一个数据库中包含另一模型的数据库，可以调整外部引用模型的位置和方向，也可以缩放，但不允许编辑。实例是对数据库中已有模型的引用，但实例并不是数据库中真实存在的几何体，而只是指向其父对象的指针。因此，可以对某一实例的几何特征、颜色、纹理等属性进行编辑。

作物群体是许多个体的聚集体，将外部引用和实例化技术综合应用于作物群体可视化，其数据库中仅需存储由作物形态模型得到的各器官形态特征参数的平均值与标准差；进一步通过引入随机量控制因子，生成 N 个互异的作物个体实例样本；实例化样本数量 N 根据群体规模而定，N 越大，则互异个体越多，个体间差异越显著。然后通过随机产生样本引用序列 i（$0 \leqslant i < N$），来绘制群体中的每个个体，并对引用的实例化样本进行旋转、平移、缩放等操作，进一步体现群体中个体间的差异性。该方法能有效减少需要构建的作物个体实例数量，提高场景绘制效率。

3. 视域裁剪技术

视域裁剪是针对场景中每个节点进行的, 如果该节点的包围体位于视野区域内部, 或者与之相交, 则判定该节点可见, 否则剔除该节点。视域裁剪的整体处理速度可以通过减少被检测节点的数量及提高单个节点视域裁剪的处理速度来提高。为减少被检测节点的数量, 可采用四叉树对场景进行分割, 直至该块仅包含一个节点为止。若当前块位于视野区域外部, 则该块内部的节点均被剔除; 否则, 将该块分割 (若该块仅包含一个节点, 则停止分割), 并对分割后的块进行视域裁剪。

提高单个节点视域裁剪的处理速度, 可采用粗裁剪算法实现。使用粗裁剪算法可以剔除场景中大部分位于视域外部的节点。标准的视野区域可以看作是一个金字塔的平截头体, 如图 9-29a 所示。在检查节点与平截六面体远、近裁剪平面的关系时, 其计算量最小, 因此优先进行。检查时使用节点的包围球, 若球心的 Z 坐标加上包围球的半径小于近裁剪平面的 Z 值, 或者球心的 Z 坐标减去包围球的半径大于远裁剪平面的 Z 值, 则剔除该节点。无法根据以上步骤剔除的节点, 继续执行以下裁剪算法。

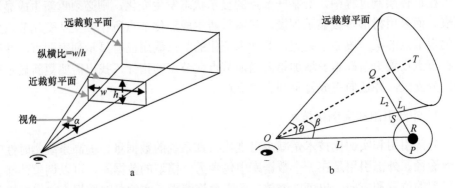

图 9-29   标准的视域平截六面体 (a) 和基于简化视锥体的视域裁剪法 (b)

为进一步加速节点与平截六面体的裁剪检查, 将平截六面体简化为一个圆锥。以视点为顶点, 做一个圆锥刚好包含平截六面体, 远裁剪平面作为圆锥底面 (图 9-29b), 使用这个简化视锥体代替标准的平截六面体对节点进行裁剪检查。

4. 细节层次技术

在作物群体生长的动态过程中, 用户不仅要看到群体生长的整体效果, 还要观察局部的生长细节, 采用细节层次 (level of detail, LOD) 技术可满足该要求。首先根据视点、视角和视线计算节点到视点的等效距离; 然后根据等效距离将群体生长场地分成 N 个区域, 距离视点近的区域采用较高分辨率的 LOD 模型进行绘制, 距离视点远的区域采用较低分辨率的 LOD 模型绘制。

（1）节点到视点等效距离的计算

在实际的视觉效果中，细节层次模型的详细程度不仅与视点位置有关，与视角也有关系。根据试验结果，观察者在观看作物群体仿真时，以视角为 45°时的视觉效果较好，作物间相互遮挡较少，并且能够看清作物个体的生长姿态；在视角接近 0°（相当于与作物群体同一高度平视）时视觉效果较差，许多作物个体的细节被遮挡。因此，可视化过程中除了考虑视点距离因素以外，还应加入视角因子，见式（9.79）。其中 θ 为视角，取值范围为 0°～90°。

$$d = \left[1 + \sin\left(\left|\theta - 45°\right|\right)\right]\sqrt{\left(x - x_{\text{eye}}\right)^2 + \left(y - y_{\text{eye}}\right)^2 + \left(z - z_{\text{eye}}\right)^2} \qquad (9.79)$$

群体中某个体（以下称为节点）到视点的实际距离可通过两点的坐标计算得到。设坐标原点为 O，节点 $A(x, y, z)$，视点 $E(X_{\text{eye}}, Y_{\text{eye}}, Z_{\text{eye}})$，则节点到视点的距离可以用 d 表示。在实际的视觉效果中，假如有距视点距离相同的两个节点，观察者的视线一般会对着自己感兴趣的节点而忽视另一个节点，此时这两个节点的细节层次应该有所区别，即节点距视点距离的计算，还与视线方向有关。

（2）细节层次值的选取

假设 O 为半径分别是 R_0、$R_1\cdots R_N$ 的同心圆的圆心，即视点。在半径为 R_0 的小圆内部，作物位于最靠近视点的区域内，采用最高分辨率的 LOD 模型；而在半径为 R_N 的大圆外部，作物位于远离视点的区域，采用最低分辨率的 LOD 模型；在这两个圆之间的区域，模型的 LOD 级别沿着半径增加呈线性下降。因此，作物模型的 LOD 级别是以视点为中心连续分布的。在实际绘制中，R 可根据实际观察要求取值。

（3）植株 LOD 模型的构建

LOD 模型分为动态和静态两种，在作物群体可视化系统中可根据需要灵活运用。

1）动态 LOD 模型

动态 LOD 模型是在算法中生成一个数据结构，在实时绘制时根据需要从这个数据结构中抽取出具有一定分辨率的细节层次模型，分辨率可以是连续变化的。一般的作物器官几何模型都是基于圆柱体、椭球体等二次曲面规则体或其组合或NURBS 曲面进行构建的，可以自动生成不同层次的细节描述，因此只要给出不同的精度要求，即可构造出不同的 LOD 模型。例如，作物叶片采用 NURBS 曲面进行建模，因此根据 NURBS 曲面公式，对曲面 u 轴与 v 轴选取不同的间隔密度，即可实现具有不同网格数的叶片 LOD 模型。图 9-30 显示了具有不同网格数的作物叶片模型，其网格数分别为 152、96、72 和 40。

2）静态 LOD 模型

静态 LOD 模型是指在预处理过程中产生一个物体的若干个离散的不同细节层次模型，绘制时根据特定的标准选择合适的细节层次模型来表示物体。因为

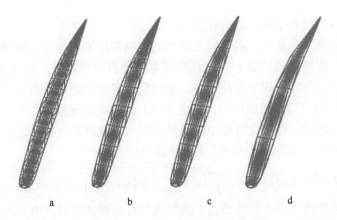

图 9-30　小麦叶片动态 LOD 模型

静态 LOD 模型已经提前定制，可免去实时构造模型的系统开销，且各层次模型的简化程度已知，容易判断模型的临界使用条件。例如，在小麦麦穗的精细几何模型中，原本采用偏圆柱体叠加的方式模拟穗轴（图 9-31a），由 6～9 个三角面片模拟的外稃经旋转、平移等操作后组合成小穗（图 9-31b），麦穗顶端小穗与底端退化小穗均单独模拟（图 9-31c）。为了对以上模型进行简化，穗轴采用圆柱体模拟（图 9-31g），小穗由 3 个椭球体经旋转、平移等操作后组合模拟（图 9-31h），顶端小穗、底端退化小穗等以普通小穗代替（图 9-31e）。经以上简化，提高了绘制效率，但逼真度有所下降。另外，各静态 LOD 模型还可进一步进行自适应细分，即嵌套使用动态 LOD 模型（图 9-31d，图 9-31f）。

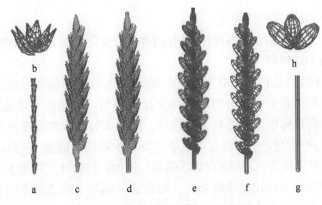

图 9-31　小麦麦穗静态 LOD 模型

5. 作物群体可视化的实例分析

以正常生长条件下的'扬稻 6 号'和'扬麦 9 号'为实例，综合上述规则和可视化技术对不同时期的小麦群体（4 行×20 株，行株距为 25cm×10cm）和水稻群体

（5 行×5 株，行株距为 30cm×30cm）进行三维动态可视化显示（图 9-32 和图 9-33）。

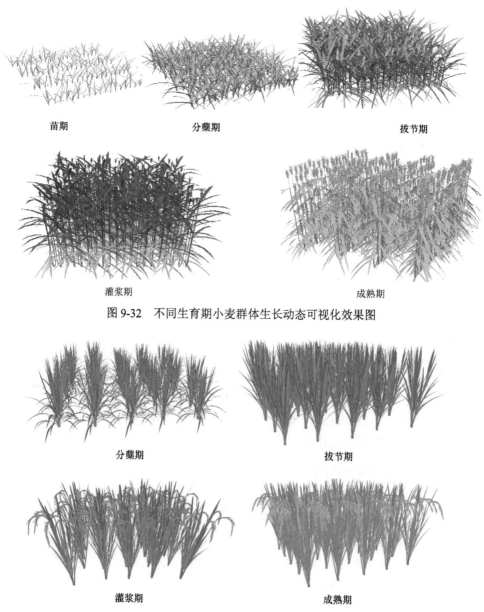

苗期　　　　　　　　　　分蘗期　　　　　　　　　　　　拔节期

灌浆期　　　　　　　　　　　　成熟期

图 9-32　不同生育期小麦群体生长动态可视化效果图

分蘗期　　　　　　　　　　　　拔节期

灌浆期　　　　　　　　　　　　成熟期

图 9-33　不同生育期水稻群体生长动态可视化效果图

9.3.4　碰撞检测技术及效果展示

在研究虚拟植物的三维形态可视化过程中，作物器官交叉的现象出现比较频繁，如一个分蘖或主茎的某些叶片会穿过另一些叶片，而某些叶片会穿过某个主茎或分蘖等现象，从而严重降低了虚拟作物的真实感。碰撞检测技术是一种适用于作物群体植株可视化的有效方法（Tang et al., 2018b；张兴邦等，2018；伍艳莲等，2011），能够增强可视化的真实感。以小麦为例介绍作物群体的碰撞检测技术。

1. 叶片的包围体层次树

包围体层次树（bounding volume hierarchy，BVH）的叶节点集，在空间上包围了所有的几何模型，每个父节点包含了其后继结点所占的几何空间。使用包围体包围物体对象，并在三角形图元测试之前先对包围体执行计算，可有效改善测试性能，通过将包围体整合至树结构中，时间复杂度可显著下降。

不同的包围体特性不同，对确定对象采用何种包围体，要依据对象的特性来确定。为了评价包围体层次树的性能，Weghorst 等（1984）提出了如下的耗散函数：

$$T = NvCv + NpCp + NuCu \tag{9.80}$$

式中，T 为碰撞检测的总代价；Nv 为需要进行包围体相交测试的数目；Cv 为一次包围体相交测试的开销；Np 为参与测试的图元数目；Cp 为一对图元进行测试的耗费；Nu 为由于模型运动的原因需要更新的包围体数目；Cu 为更新一个包围体的开销。

根据耗散函数可以看出，叶片包围体的选择需要考虑两个相互矛盾的制约因素：①包围体应该与叶片的几何模型尽可能地紧密；②两个包围体的测试尽可能地简单。根据以上特点与原则，在叶片组装前应先构建轴向包围体层次树，即叶片的物体空间（object space）；然后，在组装个体时保存对叶片的矩阵操作，利用分离轴定理进行包围体的检测。

2. 包围体层次树的构建

包围体层次树的构建主要包括两个部分：一是计算某一三角形集合的包围体；二是构建树形结构，并将包围体分组嵌套到该树形结构上。由于需要在器官组装后进行包围体的相交检测，本节中使用的包围体用 3 个值来表示：叶片的三角形集合在未进行器官组装时 3 个坐标轴方向上的最大值（Max）和最小值（Min），以及叶片包围体旋转到小麦个体上所使用的矩阵（Matrix）。其中 Matrix 用于在器官组装成小麦个体后使用分离轴理论（SAT）进行包围体的相交检测。

建立叶片的包围体层次树后，处于根节点的包围体相交的层次树需要进行层次树的遍历，常用的遍历方法有广度优先搜索算法（BFS）和深度优先搜索算法（DFS）。BFS 在遍历过程中需要大量内存空间，相比之下，DFS 在碰撞检测系统中是常用的选择方案。因此，本节使用 DFS 算法，且在遍历过程中两个包围体的层次树同时下降，保持相同的深度，即同步深度遍历。

叶片包围体的相交测试可以采用分离轴测试实现（图 9-34）。给定两个叶片包围体，A 和 B，将 B 转换至 A 的坐标系统中的旋转矩阵为 $\boldsymbol{R}$，由 A 至 B 的位移向量为 $\boldsymbol{T}$，A 和 B 的半边长分别为 a^i 和 $b^i (i=1, 2, 3)$，A 和 B 的边为向量 $\boldsymbol{A^i}$ 和 $\boldsymbol{B^i}$，L 为某条分离轴。则 5 条分离轴的 r_A 和 r_B 为 $r_A = \sum_i \left| a^i \cdot A^i \cdot L \right|$ 和 $r_B = \sum_i \left| b^i \cdot B^i \cdot L \right|$，当且仅当 $|T \cdot L| > r_A + r_B$ 成立时，叶片包围体相交。

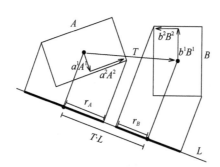

图 9-34　潜在分离轴的计算

在使用 NURBS 对叶片进行几何建模过程中，茎叶夹角、方位角等参数作为形态模型的输出参数影响着叶片的几何模型。为了不改变形态模型输出参数的取值，在叶片发生碰撞后采用的响应方法为将叶片绕小麦茎秆方向旋转一定角度进行重绘（伍艳莲等，2011）。

3. 碰撞检测效果展示

在将小麦器官几何模型组装成个体及群体进行碰撞检测时，需要计算器官在组装成个体和群体过程中的刚体变换矩阵。结合已有的小麦器官形态可视化方法，对叶鞘、麦穗和茎秆，依据各器官的形态数据构建包围体；对叶片按上述方法构建包围体层次树。依据小麦个体、群体的可视化方法计算个体中每个器官的刚体变换矩阵，该矩阵被用作每个器官包围体和层次树进行碰撞检测时的矩阵。

（1）单茎器官层次树的构建

成熟期小麦主茎和分蘖的拓扑结构相同，故以单茎为对象构建单茎的包围体层次树，进行单茎之间的碰撞检测。两个小麦单茎之间的碰撞检测是多器官之间的碰撞检测，为了快速确定潜在发生碰撞的器官，以器官的包围体和包围体层次树作为基本图元，使用最长轴层次树划分法构建器官的包围体层次树，如图 9-35 所示。

（2）单茎的碰撞检测

为了更加清晰地显示两个单茎（图 9-36a）的碰撞检测与响应过程，可对两个单茎的颜色做区分并关闭其中一个单茎的光照效果（图 9-36b），同时使一个单茎的

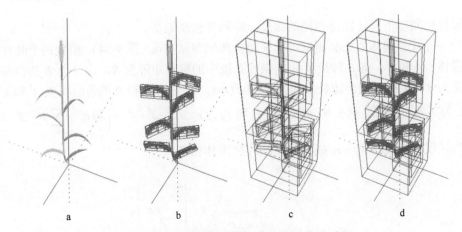

图 9-35　小麦单茎器官包围体层次树的构建过程

a. 一个小麦单茎；b. 红色长方体为所有器官的包围体和包围体层次树；c. 红色长方体为以器官的
包围体和包围体层次树为基本图元的包围体层次树；d. 所有的包围体和层次树

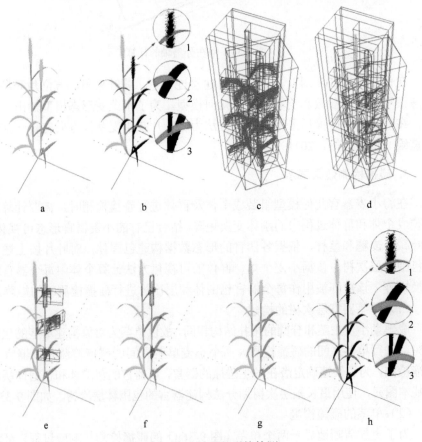

图 9-36　两个单茎的碰撞检测

叶片与另一个单茎的穗、叶、茎秆分别发生碰撞（图 9-36b 中 1、2、3）。两个单茎的所有包围体和层次树如图 9-36c 所示，在进行碰撞检测时，先进行单茎器官包围体层次树的检测（图 9-36d），然后进行器官之间的碰撞检测（图 9-36e），最后确定哪些器官发生碰撞（图 9-36f）。在检测到两个单茎上的某些器官发生碰撞以后，将发生碰撞的叶片旋转一定角度对场景进行重绘。由于小麦的拓扑结构复杂，叶片旋转后还可能与其他器官发生碰撞，故需要更新碰撞的叶片矩阵，然后再次进行碰撞检测，直到没有器官发生碰撞为止（图 9-36g）。图 9-36h 为进行碰撞响应后的两个单茎的可视化效果图。

（3）群体的碰撞检测

在小麦群体的碰撞检测中，场景中小麦发生交叉的状况与植株个数、行距与株距密切相关。为检验碰撞检测算法的普适性，基于单茎的碰撞检测算法对 6 行 6 列每株 3 个单茎的小麦群体进行碰撞检测试验，群体中小麦的茎鞘夹角和叶片与茎秆的夹角采用随机数据，检测效果如图 9-37 所示。图 9-37a 为初始小麦群体，单茎整体层次树如图 9-37b 所示，茎秆和麦穗的包围体分别如图 9-37c 和 9-37d 所示，检测到相交的包围体如图 9-37f 所示，确定相交的叶片三角形如图 9-37g 所示，图 9-37h 为将相交叶片旋转微小角度后再次进行碰撞检测的相交三角形，从图中可看出，在进行一次碰撞检测并重绘后，器官相交减少了约 60%。

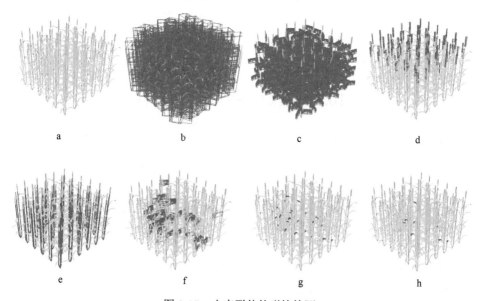

图 9-37 小麦群体的碰撞检测

第 10 章 作物模型的不确定性分析

作物生长模型综合考量作物生长发育内在特性及其与环境因素及管理措施的互作机理，运用数学语言对复杂的作物生产系统精简化表达，能够对作物生长发育、光合生产、干物质积累分配和产量品质形成等生理过程进行动态模拟。目前作物生长模型已经广泛应用于作物生产力预测预警、管理方案动态生成、气候效应量化评估、适宜品种优化设计、耕地利用决策评价等方面。随着作物模型的广泛应用，其预测的准确度逐渐成为模型应用研究中的热点。作物模型的使用者必须掌握模拟结果的可靠程度，这对于决策制定与风险评估至关重要。分析模型模拟结果准确度的过程即为模型的不确定性分析（Wallach and Thorburn, 2017）。作物生长模型的不确定性主要是指模型的模拟结果与实际观测值的偏离性，模拟是一种近似，模型的描述不可能完全包含作物生长发育的全部细节，总是存在一定程度的简化和偏离。此外，模型总是为了特定的目标不断改进，现有模型在结构和参数设置上都存在很大的差别。因此，作物生长模型的不确定性必然存在。根据模型模拟结果的决定因素，本章从模型参数的不确定性、模型输入数据的不确定性和模型算法的不确定性 3 个方面分别介绍作物模型的不确定性分析的原理、方法与案例。

10.1 模型参数的不确定性

模型通过参数衡量系统间各要素的相关关系。在作物生长模型中，通常设置有许多无法通过田间观测直接获得的参数，这部分参数不能通过以往的试验研究获得，由于缺少相似的环境条件，也不能直接沿用以往的研究结果。对于这部分参数，需要通过可观测的变量进行反演。模型为这些参数设定了先验范围，在不同的背景下校正参数时，模型会基于先验分布得到后验分布范围使参数适配相应的环境。参数的后验分布体现了参数取值的不确定性，因此模型参数的不确定性主要来自于参数校正过程。

模型参数的不确定性主要包括以下来源：①参数校正方法的差异。模型参数估算的本质是基于推论统计的数学优化过程，不同的优化方法数学原理有所差异，造成最终的优化结果有显著差异（Gao et al., 2020）；②模型中的参数众多，由于校正数据的不完整，可校正的参数始终是模型所有参数的一小部分，如当校准数据缺少叶面积数据时，就不能校准与叶面积相关的参数，只能通过文献资料或者专家意见将这些参数值设置为较合理的固定值，这些值是基于合理判断得出的，存在不确定性（杨伟才和毛晓敏，2018）；③模型本身存在"异参同效"效应，由于不同模型参数之间存在相关性，一些参数在特定条件下可能彼此之间相互弥补（如光周期敏感性和春化天数之间的互补），这些参数间的相互作用导致不同的参数组合具有相同的模拟效果，同样导致参数值的不确定性。在 Wallach 等（2021）的研究中，不同模型运行小组使用相同结构模型的模拟结果也具有较大的误差，但比使用不同结构模型的模拟结果误差要小，这说明改进模型的不确定性不仅可以通过优化模型结构来实现，降低模型参数的不确定性也是一条重要路径。

10.1.1　模型参数的敏感性分析

作物模型的敏感性分析主要是研究确定模型中的敏感参数及这些参数对输出目标变量的影响，以达到深入了解模型、降低参数的不确定性进而减小模拟误差的目的。一般而言，在对模型参数进行估算之前均需要进行参数的敏感性分析，以识别敏感参数，提高参数估算效率。敏感性分析通常可分为两大类：局部敏感性分析和全局敏感性分析。局部敏感性分析的原理主要是通过改变单个参数来测算参数对输出结果的影响程度，缺乏对参数之间交互作用的估算。全局敏感性分析弥补了局部敏感性分析方法的不足，更符合作物模型多参数的特点，已经在水文模型、作物模型上广泛应用（Xu and Gertner，2007）。常见的全局敏感性分析法包括傅里叶幅度灵敏度检验法（FAST）、Morris 法、普适似然不确定性估计法（GLUE）、Sobol 法及扩展傅里叶幅度灵敏度检验法（EFAST）等。

FAST 法的原理是通过周期取样和傅里叶转换将模型输出值的总方差划分为每个参数的方差，每个参数的方差所占总方差的比率即为参数对输出结果造成的不确定性。由于其只能估测各单一参数引起的方差，并不能估算参数间的交互作用，因此只适用于参数独立的模型。

Morris 法通过一次变化法进行参数空间的搜索，改进了局部敏感性分析方法的缺陷。它利用微分逐个计算每个参数的敏感性，然后对各个参数的敏感程度进行顺序排列，这种方法的前提是假设衡量参数敏感度的"基本因素"服从一种分布，所得的方差和标准差即可确定参数的敏感性。与 FAST 法相比，它大大减少了参数的计算量，简化了计算过程，但只能用于敏感参数的数量远远小于参数总个数的情况，尤其适合输入参数繁多或者计算量大的模型。

GLUE法是基于贝叶斯理论，且集区域敏感性分析方法（regionalized sensitivity analysis，RSA）和模糊数学两种方法优点于一体的全局敏感性分析方法。它将模拟值与观测值进行比较，按照似然度对不同的参数进行区分，与实测值相差越小的模拟值所对应的参数似然度越大，若相差程度大于固定的区间则似然度为 0。GLUE 法不仅能以可接受范围内参数分布与原始均匀分布对比的方式完成敏感性分析，还能够用积累的似然度进行全局分析。但由于似然函数并没有统一的标准，对似然函数的选择带有明显的主观性，所以也会导致由似然函数选择差异带来的敏感性分析结果的不确定性。

Sobol 法是由方差分解理论得到的，不仅考虑到单个参数的敏感性，还考虑到参数间互作效应对输出结果产生的影响，具有高效定量参数敏感性的特点，是最具代表性的一种全局敏感性分析方法。它利用蒙特卡洛法（Monte Carlo method）对参数空间采样，根据参数对输出方差的贡献比例进行敏感性分级，将模型看作由单一参数和各参数之间组合之后的函数，获取参数每一阶的敏感度。

EFAST 法是吸取了 Sobol 法的优点之后对 FAST 法进行优化得到的全局敏感性分析方法，具有高效稳定的特点，在作物模型等方面应用广泛。EFAST 的核心是利用方差定量参数敏感度，模型参数不断变化得到的输出结果的方差即为该参数对应的敏感性，一阶敏感指数代表单个参数自身对输出结果的影响，全阶敏感指数代表参数独立和各参数间互作影响的总和，敏感指数越大，该参数对输出结果的贡献越大。

近年来，国内外学者对不同作物生长模型进行了大量敏感性研究。Liu 等（2019b）对 8 种气候条件下 APSIM-Oryza 模型参数进行了全局敏感性分析，探讨了不同参数变化范围（基本值的 ±30% 和 ±50% 扰动）下和不同 CO_2 水平下各气候区参数对地上总干物质量和器官干重的参数敏感性变化。结果表明，影响程度较大的参数在不同环境条件下是相同的，但是它们的敏感性排序通常是不同的，CO_2 浓度对灵敏度分析结果的影响不大且参数变化范围会影响模型的稳定性。敏感性分析方法多被用来识别不同环境条件下的敏感参数，为参数调试提供依据，如 Vanuytrecht 等（2014）采用 EFAST 方法和 Morris 方法分析了 AquaCrop 模型不同气候条件下玉米、冬小麦和水稻产量的作物和土壤敏感性参数，结果表明环境条件对敏感性参数的重要性顺序有较大的影响。孟怡君（2020）以水稻生长模型 RiceGrow 为基础，运用 Simlab 软件和 MATLAB 环境，对水稻品种参数进行敏感性分析，明确了全国水稻主产区 9 个典型站点在不同气候情景（历史情景及全球增温 1.5℃ 和 2.0℃ 情景）下的参数敏感性，并通过 TDCC（top-down- coefficient of concordance）系数和显著性分析识别不同情景下最敏感参数和敏感性排序，发现影响开花期、根茎叶生物量及总干物质量的最敏感参数为最适温度（OT），其次为温度敏感性（TS）、光周期敏感性（PS）、基本早熟性（IE）；对成熟期和全生育期最敏感的参数为 OT，TS、IE、PS、基本灌浆因子（FDF）也是敏感参数；影响产量的敏感参数主要为最大光合速率（AMX）、比叶面积（SLA）、收获指数（HI），其次包括 IE、TS、FDF、OT、PS；影响穗重的最敏感参数为 HI，其次为 IE、TS、

OT、FDF、PS；各个地区和不同气候情景下敏感参数较为一致但敏感性排序差异较大；不同气候情景下，大部分参数的敏感指数略有增加，少数略有减小，但气候变化情景之间的变化小于不同地区之间的变化。研究结果为 RiceGrow 模型的本地化及参数调试提供了参考依据（图 10-1）。

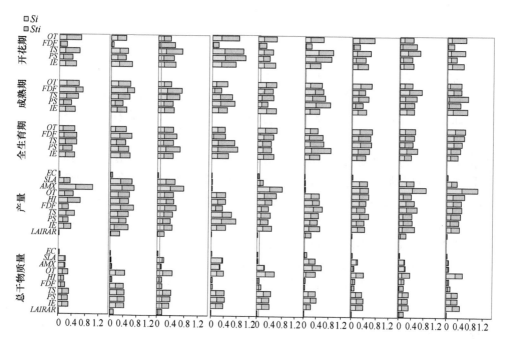

图 10-1　历史气候条件下我国水稻主产区 9 个典型站点水稻品种参数对生育期、产量及总干物质量的敏感性

从左至右依次为安徽合肥、广东高要、贵州江口、黑龙江五常、江西宁都、辽宁新宾、四川绵阳、四川西昌、云南耿马；Si. 一阶敏感指数；Sti. 总敏感指数；EC. 消光系数；SLA. 比叶面积；$LAIRGR$.叶面积指数相对生长速率

10.1.2　模型参数的估算方法

作物生产系统复杂多变，不同的区域气候、土壤等环境条件差异极大，使作物的生育过程表现出很大的差别。为了更充分地模拟作物生产系统，作物模型采用了较多经验公式和参数来量化系统内各成分之间的关系。这些经验公式和参数高度依赖于使用环境，因此在不同环境下应用模型时，首先要结合具体地区、具体作物品种进行作物模型的参数校正和本地化，以提高模拟精度。作物模型的本地化过程主要通过参数校正来完成。

在作物模型的参数校正和本地化中，需要校正的参数主要是指作物品种参数。每种作物都包含众多品种，同时不断有新品种培育出来，由于遗传特性的差异，不同作物品种在同一生理过程中会表现出不同程度的差异。因此在模型中通过引入品种参数来量化不同基因型品种在生长发育过程及其对环境和管理措施响应方面的差异。在作物生长模型中，品种参数是指反映品种遗传特性的一组特征值，与气候、土壤及管理措施一起作为模型的 4 类重要输入数据。品种参数作为一类重要的模型参数，反映了不同作物品种在基因型上的差异，如开花前热量需求等物候发育上的差异、比叶面积等生理特性上的差异、植株高度等形态学上的差异等（Hossard et al.，2017）。品种参数的设置能够使得作物生长模型适用于不同的基因型品种。因此，获得可靠的参数信息对作物生长发育和生产力形成的模拟分析特别重要，参数校正是模型发挥预测作用的重要前提。

作物生长模型的参数校正理论大体可以分为两种：频率论和贝叶斯理论（Wallach et al.，2014）。基于频率论的方法主要是基于一个给定样本数据进行参数估计，利用特定的算法使估计的参数值接近真实值，一般假设参数校正所用到的数据是固定的而不是随机的，因此该方法不考虑参数值的先验信息。贝叶斯方法利用两种不同来源的信息进行参数估计，分别是参数本身的先验信息和样本数据。通过该方法，可以得到参数的后验概率分布，进而根据概率分布得到最终的参数值。作物生长模型中的参数具有特定的生理学意义，贝叶斯方法能够确保参数在合理的生理学意义范围内，因此受到越来越多的关注。

从校正方法来看，作物生长模型的品种参数校正主要分为手动校正法和自动校正法。手动校正法也称为试错法，是指模型使用者依据文献记载或专家经验，将模型中的参数设定为某一初始值，根据模型运行结果不断调整参数值，通过不断优化使模拟值尽可能地接近实测值（用决定系数、相关系数、均方根误差等衡量），参数校正的准确度取决于循环时参数的步长。例如，汤亮等（2008）使用循环校正方法，对油菜生育期模拟模型中温度敏感性、生理春化时间、光周期效应、基本灌浆因子 4 个参数进行了校正。手动校正法需要大量的重复验证，工作效率低，并且手动校正法只能为模型使用者提供一个在合理范围的参数值，不能反馈参数校正过程中的不确定性信息，无法控制不同输出变量之间或同一输出变量在不同时刻之间的模拟精度，无法反映参数之间的相关性对模拟结果的影响。另外，手动校正法依赖模型使用者的经验，受模型使用者主观影响比较大，不同的模型使用者得到的参数结果往往不同，进而影响模型的模拟结果。

自动校正法是指借助计算机程序，利用统计学算法自动在参数分布区间搜寻到合理值。自动校正法规避了手动校正法的许多缺点，可被引入作物模型中，以提高参数优化的效率。例如，最小二乘法、遗传算法（GA）、普适似然不确定性估计法（GLUE）、参数估计软件 PEST 和马尔可夫-蒙特卡洛方法（MCMC）等许多参数优化算法都已在作物生长模型中得到了应用。宋利兵等（2015）利用两年试验数据，采用 DSSAT 模型内嵌的 GLUE 工具和 PEST 方法，对 CERES-Maize 模型中的遗传参数进行了估计，表明 GLUE 和 PEST 两种调参工具所得到的模型参数均有较好的稳定性和收敛性；房全孝（2012）利用自动优化程序 PEST 对根系水质模型（RZWQM）中的土壤参数和作物遗传参数进行了优化，表明 PEST 有较高的参数优化效率，模拟结果优于传统试错法；何亮等（2016）以华北栾城站 3 年的冬小麦观测数据为参照，用 MCMC 方法对 WOFOST 模型中的部分品种参数进行了优化，优化后模型对潜在产量水平模拟较好，表明 MCMC 可用于 WOFOST 模型参数的调试；庄嘉祥等（2013）在遗传算法的基础上引入个体优势算子，通过改进变异算子及种群更新策略，建立了基于个体优势遗传算法（IAGA）的水稻生育期参数自动校正方法（图 10-2），并在 RiceGrow 和 ORYZA2000 两套水稻生长模型中进行了应用，为作物生长模型中品种参数的快速准确估算提供了新方法。

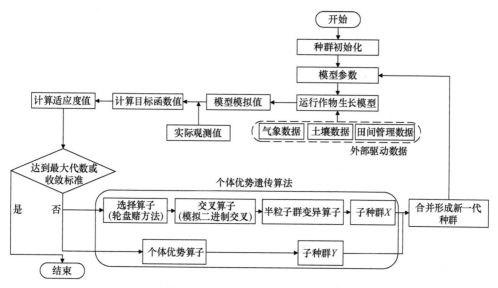

图 10-2　基于个体优势遗传算法的作物生长模型参数优化流程图

近年来，有研究比较了不同参数校正方法的性能。例如，谭君位（2017）比较了试错法、PEST 法、GA 法和 GLUE 法 4 种不同参数校正方法对 ORYZA 模型中的参数校正效果，发现不同参数估计方法得到的参数值具有显著差异，可能是作物模型中的"异参同效"造成的；基于 GLUE 法得到的参数模拟精度总体上优于其他方法，是一种相对可靠的方法；PEST 法的优化效率最高，但模拟精度略低于 GLUE 法；试错法受模型使用者的主观性影响较大，模拟精度最低；GA 法的优化效率较低，且受初始值的影响较大，不如 GLUE 法和 PEST 法可靠。Gao 等（2020）比较了最小二乘法、GLUE 法和 MCMC 法在优化 DSSAT-CERES-Rice 模型中水稻生育期参数的校正效率和准确度，指出 3 种方法均能应用于模型的参数校正，使模拟值与实测值表现出较好的拟合度，但从不确定性分析角度来看，3 种方法差别较大。GLUE 法由于在 DSSAT 校正算法中参数方差固定为 9，其值过小以至于实测值落入模拟结果区间的百分比太小,实用性受到限制。因此若不需要参数的不确定性信息,选用最小二乘法可以最快获取使均方根误差最小的参数组合,若需要获取参数的不确定性,则 MCMC 法是最合理的选择。

自动校正法能够节省参数估计时间,提高参数估算的效率。自动校正法根据参数估算的原理一般可以分为两类:频率法和贝叶斯法。其中贝叶斯法能够确保校正过程中参数始终在合理范围内,因此受到越来越多的关注,如 MCMC 方法中常用的 Metropolis-Hastings(M-H)算法,即属于贝叶斯法,该方法已被很多研究者用于作物模型参数的校正(图 10-3)(Wallach et al., 2012; Iizumi et al., 2009)。通过 MCMC 方法估算的 WheatGrow 模型和 CERES-Wheat 模型中的生育期参数,在我国冬小麦主产区区域尺度上的生育期预测效果均比较好,其中区域尺度上拔节期、抽穗期、成熟期预测值和观测值之间的 R^2 分别高于 0.85、0.85 和 0.82,RMSE分别低于 9.6d、7.8d 和 6.5d(图 10-4)(吕尊富等,2013b)。

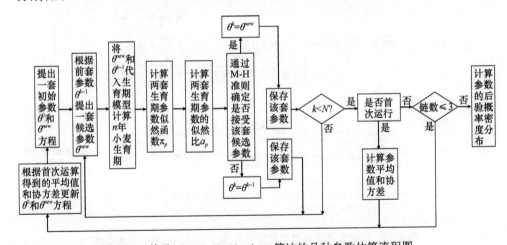

图 10-3　基于 Metropolis-Hastings 算法的品种参数估算流程图

N. 算法设定的马尔可夫链总长度;*k*. 当前马尔可夫链的长度;θ^0. 马尔可夫链的初始参数;θ^k. 马尔可夫链的当前参数;θ^{k-1}. 马尔可夫链的前一组参数;θ^{new}. 马尔可夫链的候选参数

除参数校正方法不同外,参数校正时用到的观测值也会影响参数估算的不确定性。孟怡君(2020)基于 RiceGrow 模型,利用我国种植范围最广的水稻品种'汕优 63'的生育期观测数据,通过设置不同纬度区域、年代、生育期长度和随机样本量观测数据,进行品种参数的校正与验证,探究在有限数据的情况下,不同类别和不同数量观测数据对参数校正不确定性的影响。结果表明,使用单个纬度区域数据进行校正时,位于中间纬度区域的数据校正误差更小;使用单个年代数据进行校正时,位于中间年代的数据校正的结果更好;使用单个生育期长度数据调参时,生育期长度处于中间长度的校正误差更小;使用两组数据进行校正时,对于不同纬度区域的数据,相邻区域的观测值往往校正效果更佳;对于不同年代

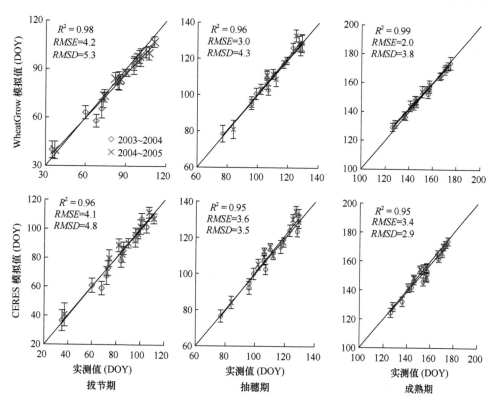

图 10-4　利用我国冬小麦主产区 10 个生态点的实测生育期数据对基于 MCMC 方法估算的
WheatGrow 模型和 CERES-Wheat 模型中的生育期参数进行检验

的数据，20 世纪 80 年代和 90 年代数据校正结果最佳；对于两段不同的生育期长度，
选用具有中间长度段的数据校正时误差小；使用不同数量的随机观测数据进行校正
时，在一定范围内，数据量越多，校正误差越小，越接近全部数据的校正结果。因
此，在采用尽量多的具有较大覆盖范围的观测数据进行校正时，可以考虑将观测值
按生育期和数值取值范围进行适当分类使用，以降低模型参数的不确定性。

10.1.3　模型参数不确定性的量化

尽管目前不同研究者对作物模型品种参数的不确定性量化方法不太一样，但
基本思路均为首先构建模型参数的后验分布，进一步在后验分布中进行抽样获取
参数的不确定性，然后将抽样参数输入模型以获得模型参数不确定性导致的模拟
结果的不确定性。例如，Alderman 和 Stanfill（2017）使用基于贝叶斯理论的 MCMC
方法获得了 3 种小麦生育期模型中与光周期和温度相关的 8 个品种参数后验分布，
通过在参数的后验分布中抽取 25 000 组参数值用于代表参数的不确定性，并使用

随机效应模型量化了参数不确定性大小及参数不确定性占总不确定性的比例；Zhang 等（2017）使用 SCE-UA 算法校准了 CERES-Rice、ORYZA-2000、RCM、Beta Model 和 SIMRIW 5 个水稻生育期模型的参数，假定各个参数服从于正态分布，在正态分布中随机抽取 50 组参数值输入模型所得的模拟结果之间的差异即为参数的不确定性。Ramirez-Villegas 等（2017）在分析基于 GLAM 模型模拟印度花生生长发育时各种不确定性来源的影响时，对模型的 30 个参数分别构建 100 条参数链，每条链迭代 10 次，由此随机过程获得的 30 000 个参数值作为参数不确定性来源。结果发现，模型在模拟叶面积指数等变量时，参数值是影响最大的不确定性来源，表明在应用模型模拟区域尺度作物生长发育时需要引入更多实测数据来提高参数校准精度，以降低参数不确定性。Iizumi 等（2012）利用 MCMC方法得到参数的后验分布，并从中随机抽取 5000 组参数值进行模拟，模拟结果之间的差异即为参数不确定性大小。

　　本节基于小麦生长模型 WheatGrow，采用 MCMC 方法构建了适用于小麦生长模型区域化应用的品种参数估算方法，并研制了区域小麦品种参数估算系统。利用该系统结合徐州、淮安、石家庄、郑州、潍坊 5 个生态点 1980~2005 年小麦生长季的逐日气象资料和实测小麦生育期信息，对 5 个生态点的小麦生育期品种参数进行了估算，获得了各生态点品种参数后验概率分布的 95%置信区间、置信区间内各参数的平均值和标准差（图 10-5）；进一步在 95%置信区间内随机选出

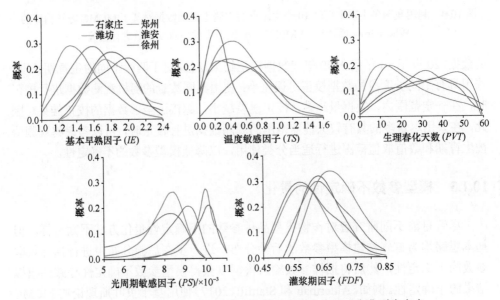

图 10-5　基于 MCMC 方法估算的我国冬小麦主产区 5 个典型生态点
WheatGrow 模型小麦品种参数的后验概率分布

1000 套模型参数，对上述参数估算方法的精确度进行检验。结果表明，各生育期的模拟值与实测值之间表现出较高的吻合度（*RMSE*<4.4d），基于 MCMC 的区域小麦品种参数估算方法用于生长模型品种参数的估算具有较高的可靠性，进而为模型的区域化应用奠定了基础（Lv et al.，2016）。

　　在估算模型参数不确定性基础上，不少研究进一步明确了参数不确定性在不同情景下的变化情况。以气候变化效应评估为例，目前多数研究指出作物模型参数导致的模拟结果的不确定性在未来升温情景下将显著增加。例如，Iizumi 等（2009）使用 MCMC 方法估算得到了大尺度作物模型 PRYSBI 参数的后验分布后，设置基准温度升高 1～6℃共 6 个升温水平，使用从后验分布中抽取的 5000 组参数进行模拟，发现模型模拟水稻产量时的参数不确定性在温度升高的过程中增大。本节在 R 语言环境中利用基于 Gauss-Newton 算法的 *nls* 函数构建了基于最小二乘法原理的生育期参数调试及不确定性量化方法，通过该方法估算了我国冬小麦主产区典型站点 4 个代表性品种的 WheatGrow 模型生育期参数的最优值及参数的后验分布范围，即参数的不确定性。利用估算的参数模拟典型站点在历史气象及未来增温情景下冬小麦的生育期，发现生育期参数的不确定性导致的模型模拟的不确定性随着温度的升高而增大，温度升高 1～5℃时，模拟值的标准差可增加 0～2.8d。其中日平均温度升高对模拟小麦生育期不确定性的影响要大于日最低温度和日最高温度升高带来的影响（图 10-6）。

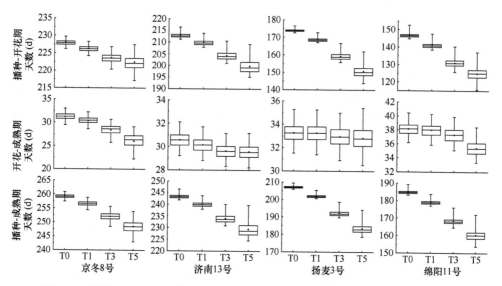

图 10-6　基于 WheatGrow 模型模拟的 4 个冬小麦品种在不同升温情景下的生育期
T0. 基准温度，T1. 日平均温度增加 1℃，T3. 日平均温度增加 3℃，T5. 日平均温度增加 5℃

10.2 模型输入数据的不确定性

作物生长模型模拟之前，需要用户输入气象数据、土壤条件、田间管理措施等观测资料作为模型输入数据，输入数据的准确性直接关系到作物模型模拟结果的不确定性。模型的输入数据如气象、土壤等参数，一般通过观测设备或理化分析等手段获得，而对于田间管理措施则一般通过实际观测记载获得。但观测设备、观察方法等因素对观测数据的准确性具有很大影响，观测数据取样点的选择不合理或样本数量太少会导致观测数据不具有代表性，最终导致观测结果的不确定性。此外，气象、土壤等数据输入模型之前，可能还需要将站点数据转换到模拟单元尺度，而尺度转换过程的误差也会导致一定程度的模拟结果的不确定性。

前人已就输入数据的不确定性导致模拟结果的不确定性进行了量化研究。例如，Aggarwal（2007）综合考虑了作物品种、气象、土壤、管理措施 4 类输入参数的不确定性来源，并以统计分布的形式量化了 4 类因素对 WTGROWS 模型模拟小麦产量、蒸散和氮吸收的影响，最后用蒙特卡洛方法计算了总不确定性。表明 4 类因素都会对模拟结果造成不确定性，并随小麦具体生产环境而变化；当小麦生育过程中遭受水肥胁迫时，不确定性会增大。Niu 等（2009）研究了利用 EPIC 模型模拟美国高粱产量时因输入数据的不确定性而带来的影响，表明气象数据、土壤数据和管理数据都是重要的不确定性来源，其质量影响模拟结果的准确度，而仔细选择输入数据可有效降低输入数据的不确定性，其中有 69% 的可能性使其导致的不确定性占比降低至 20% 以下，远低于模型结构和参数的不确定性占比。总体而言，不同研究采用的研究方法和研究对象有所差异，因此对不同输入数据导致的不确定性研究结果有所不同。本节分别从气象数据、土壤数据和管理措施数据 3 个方面介绍模型输入的不确定性。

10.2.1 气象数据输入的不确定性

逐日气象要素（太阳辐射、温度、湿度、风速、降雨量等）是运行作物生长模拟模型必需的环境参数。对于作物生长模型来说，气象数据的不确定性主要来源于以下几个方面。

1）气象数据一般来源于气象站点，站点数据测量方法不准确或者数据缺失均会导致作物模型模拟结果的不确定性。例如，Fodor 和 Kovács（2005）依据气象观测组织发布的仪器观测误差（温度、太阳辐射、降水量分别存在 ±0.2℃、±2%、±3% 的不确定性）量化了气象数据观测误差对模拟作物产量的不确定性,发现模型输出的不确定性对温度的不确定性较辐射和降水量的不确定性更为敏感,这三者本身存在的不确定性会导致生物量和产量的模拟结果分别表现出 3.2%和 6%的不确定性,而在某些特定误差情景下会导致模拟产量存在高达 20%的不确定性,且由于气象数据误差导致的模拟产量的不确定性在产量较低年份更高。

2)当气象资料不完整或不齐全时,可以利用现有的气象资料生成残缺的资料或临近站点资料代替,不同的气象资料生成方法也会导致生成结果的不确定性,进而带来模拟结果的不确定性。Rivington 等（2006）发现,在气象数据缺失的情况下,尝试使用临近站点的气象数据替代时,绝大多数站点模型输出的不确定性会增大,而基于部分数据生成未知气象资料时模型模拟的不确定性相对较小,表明气象数据的精确性对模型模拟结果的不确定性有很大影响。

3)模型模拟的尺度有时会与获取的气象数据的尺度不太一致,因此在模型模拟之前,需要将气象数据（目前获取的一般是站点尺度的数据）转化到模拟单元尺度后再进行模拟计算,而尺度转换过程会导致一定的模拟误差。Zhang 等（2018c）以中国冬小麦主产区为研究区域,通过构建 6 个空间分辨率气象数据尺度序列,基于 WheatGrow 模型模拟了 2000~2009 年小麦区域光温生产潜力;进一步利用尺度效应指数研究了不同空间分辨率气象数据对区域光温生产潜力模拟的影响,明确了中国冬麦区 WheatGrow 模型模拟光温生产潜力所需气象数据的适宜空间分辨率,发现中国冬麦区多年气象数据空间变异与地形空间变异显著相关,地形空间异质性越强,气象数据空间异质性越强,区域光温生产潜力模拟所需气象数据的适宜空间分辨率越高,反之亦然;另外,研究区东部平原地区所需数据空间分辨率较低,而西部与西南部山地、丘陵区域需要的数据空间分辨率较高（图 10-7）。

4)在未来气候变化情景研究中,气象资料一般来源于气候模型,气候模型预估的不确定性也是气象参数输入不确定性的重要来源之一。其不确定性主要来源如下:IPCC 推出的系列排放情景中,温室气体排放量的估算方法存在不确定性;政府决策对温室气体排放量的影响不确定;未来社会经济发展、技术演变对温室气体排放量的影响不确定;当前对气候系统中各种反馈调节、能量交换、生物化学等的认识仍不完善（姚凤梅等,2011）,即气候情景本身存在不确定性。同时,作物模型作为区域尺度预测时,需要将气候情景从全球气候模式（GCM）转化为区域气候模式（RCM）,而在复杂的地形环境下,GCM 和 RCM 的驱动效果完全不同,因此降尺度过程中会引入新的不确定性。

基于此,本节通过设置不同的增温情景,系统评价了不同气候模式及气象指标对 4 套小麦生长模型（APSIM-Wheat 模型、CERES-Wheat 模型、DSSAT-Nwheat

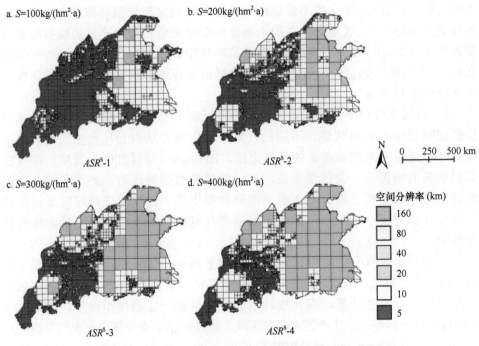

图 10-7　基于尺度效应指数的气象数据适宜空间分辨率
a、b、c 和 d 分别为尺度效应指数阈值为 100kg/(hm²·a)、200kg/(hm²·a)、
300kg/(hm²·a) 和 400kg/(hm²·a) 时的适宜空间分辨率

模型、WheatGrow 模型）模拟我国冬小麦主产区产量结果的不确定性影响。结果发现，在升温幅度较低的排放情景下模型的不确定性较小，而在升温幅度较高的排放情景下模型的不确定性则较大。即增温幅度越大，产量模拟结果的不确定性越大。不同的增温时间对模拟结果的不确定性也有影响，总体表现为夜间温度升高>日间温度升高>全天温度升高。各气象指标对模拟结果不确定性影响的大小随模型和研究区域的不同而改变。在北部冬麦区，对模型模拟结果的不确定性影响最大的是降水，在黄淮冬麦区和长江中下游冬麦区是降水和温度，而在西南麦区则是辐射量。此外，对于 APSIM-Wheat 模型和 DSSAT-Nwheat 模型来说，对模拟结果不确定性影响最大的是温度，对于 CERES-Wheat 模型模拟结果不确定性影响最大的是降水，而对于 WheatGrow 模型来说，模拟结果不确定性影响最大的是辐射量和温度（表 10-1）。

10.2.2　土壤数据输入的不确定性

土壤理化性质直接关系到作物的养分和水分吸收动态，进而对作物生长发育和生产力形成产生重要影响。在作物生长模型中，通常的土壤输入数据包括水分相

表 10-1 不同全天增温情景导致的我国冬小麦主产区典型站点模拟产量的不确定性

模型	增温情景	北部麦区	黄淮麦区	西南麦区	长江中下游麦区	冬小麦主产区
APSIM-Wheat	RCP2.6	2.50	1.05	10.37	3.17	0.36
	RCP4.5	2.76	2.06	9.11	2.10	0.55
	RCP6.0	2.99	2.32	9.61	2.09	0.53
	RCP8.5	3.88	3.83	11.11	0.45	1.49
CERES-Wheat	RCP2.6	2.92	3.29	5.72	4.19	3.52
	RCP4.5	2.84	3.42	6.61	4.94	3.74
	RCP6.0	3.44	3.14	9.44	6.45	4.43
	RCP8.5	2.91	3.89	13.57	9.22	5.36
DSSAT-Nwheat	RCP2.6	7.93	1.26	2.96	1.20	2.10
	RCP4.5	1.69	3.97	3.98	2.87	0.81
	RCP6.0	2.64	3.37	5.50	2.28	1.86
	RCP8.5	15.75	4.16	7.57	3.17	7.01
WheatGrow	RCP2.6	4.75	1.69	2.43	1.73	2.78
	RCP4.5	4.43	3.87	4.06	1.79	3.32
	RCP6.0	5.03	6.65	3.95	1.64	4.42
	RCP8.5	7.68	3.52	3.34	2.43	4.57
模型平均	RCP2.6	0.78	1.39	5.29	0.43	0.87
	RCP4.5	1.48	3.03	5.62	0.58	1.83
	RCP6.0	2.55	3.62	6.48	0.65	2.51
	RCP8.5	6.94	3.59	7.76	2.63	4.50

关输入参数和养分相关输入参数,这些参数直接影响模型对土壤水分和养分动态的模拟。因此,土壤参数输入的不确定性也会直接影响模拟结果的不确定性,特别是在水分和养分限制条件下。土壤参数的不确定性来源主要包括以下几个方面。

1)土壤数据通常具有较大的时空变异性,不同地域、不同深度土壤的理化性质具有显著差别。一方面,土壤时空变异和测试误差本身会导致参数值的不确定性;另一方面,土壤理化性质的观测耗时费力,导致土壤数据的获取成本较高,有些情况下会缺失部分理化参数,难以同时获得模型输入所需的所有参数。此时,部分模型可以采用默认值输入方式进行替代,或者根据已有理化参数进行缺失参数的估算。因此,对于缺失值的处理会造成模拟结果的不确定性。为尽可能减少土壤输入参数的不确定性影响,较多研究对模型输入的土壤参数进行敏感性或不确定性分析,明确对模型模拟结果影响较大的敏感性参数,尽可能提高这些输入参数的精度。目前已有多项研究表明,土壤水分相关参数对作物生长模型模拟结果的不确定性有很大影响,其导致的不确定性可能大于养分相关参数导致的不确定性(Varella et al.,2012)。例如,Žalud(1999)研究发现 CERES-Maize 模型和 MACROS 模型对土壤萎蔫点、土壤饱和含水量和田间持水量 3 个参数表现出较高的敏感性,其中土壤萎蔫点的敏感性最大。而在土壤理化性质的模拟方面,Ogle 等(2010)在使用基于过程的模型研究土壤有机碳含量预测的不确定性时发现,研究的空间尺度增大,模型不确定性也会随之增大。同时，Varella 等（2012）还发现土壤输入参数的年际变化及残茬对土壤性质的影响也会导致模拟结果产生较大的不确定性。

本节利用 APSIM-Wheat 模型、CERES-Wheat 模型、DSSAT-Nwheat 模型和 WheatGrow 模型，通过设置不同的土壤和气候情景，探讨了土壤输入变量所导致的模型模拟结果的不确定性。结果发现，对于 APSIM-Wheat 模型、CERES-Wheat 模型和 DSSAT-Nwheat 模型，在缺少深层土壤数据时，可采用上层的土壤数据进行代替。而对于 WheatGrow 模型而言，模拟结果的精度与土壤深层数据的关系较大，所以在应用时应尽可能获取详尽的土壤数据（图 10-8）。此外，土壤萎蔫点、

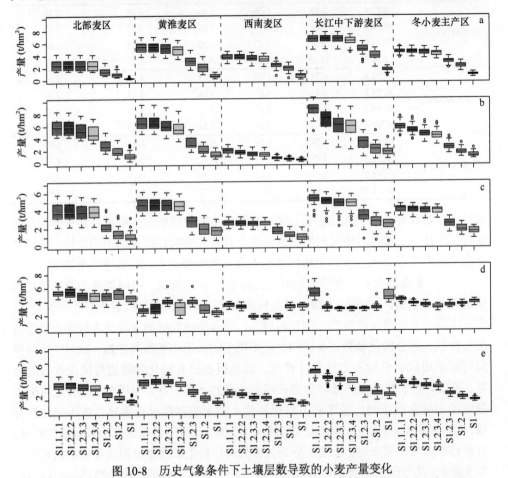

图 10-8　历史气象条件下土壤层数导致的小麦产量变化

a、b、c、d、e 分别表示 APSIM-Wheat、CERES-Wheat、DSSAT-Nwheat、WheatGrow 和 4 套模型模拟平均值；S1. 模型中只输入 0～10cm 土层的土壤数据；S1.2. 模型中只输入 0～10cm 和 10～20cm 土层的土壤数据；S1.2.3. 模型中输入 0～10cm、10～20cm 和 20～30cm 土层的土壤数据；S1.2.3.4. 模型中输入 0～10cm、10～20cm、20～30cm 和 30～70cm 土层的土壤数据；S1.1.1.1. 模型中输入 0～10cm 土层的土壤数据，其他层土壤数据由第一层数据代替；S1.2.2.2. 模型中输入 0～10cm 和 10～20cm 土层的土壤数据，其他层土壤数据由第二层数据代替；S1.2.3.3. 模型中输入 0～10cm、10～20cm 和 20～30cm 土层的土壤数据，第四层土壤数据由第三层数据代替

田间持水量、饱和含水量等与水分相关的土壤特性参数对模型结果的不确定性影响很大，而其他土壤特性参数对模型结果的不确定性影响则较小。

2）在模型区域化应用过程中，由于难以获得区域土壤参数，因此通常采用基于少数取样点观测的土壤数据代替区域尺度的土壤数据，而站点数据的代表性本身会影响模型输出的不确定性。Mearns 等（2001）利用 EPIC 模型研究了两种不同空间分辨率的土壤输入参数对作物模型的影响，结果发现相对于均匀的土壤参数而言，异质的土壤参数会产生更大的空间变异，从而导致模型不确定性增大，并且不同空间尺度的土壤输入数据对模型不确定性的影响也很大。此外，该研究还发现土壤输入参数的空间尺度对研究区的产量空间变异影响较大，但对平均总产量的影响较小。同时，对于不同区域而言，其土壤空间异质性的差异会导致区域生产力模拟时的不确定性在相同分辨率的土壤输入参数情况下差异较大（Maharjan et al.，2019）。

10.2.3 管理措施数据输入的不确定性

作物生长模型中所需的田间管理措施一般包括播栽期、播栽密度、灌溉日期、灌溉量、施肥日期和施肥量等，这些管理措施因各种人为因素导致的不均匀、变量控制不佳等，都会直接导致实测值的误差，进而给模拟结果带来不确定性。但当前多数模拟研究均假定这些管理措施是准确的，少有研究关注上述管理措施的不确定性。

作物生长模型在区域尺度应用时部分管理措施难以获得，进而影响区域尺度模拟结果的不确定性，这也是当前管理措施数据输入不确定性研究的重点和难点。例如，Folberth 等（2019）利用栅格尺度的作物模型模拟全球玉米产量时，发现模拟结果对输入的管理措施（如播期、成熟期、养分水平和灌溉量）极为敏感，通过提高输入管理措施数据的准确度可以显著降低全球范围超过 75%的栅格模拟产量的不确定性，且在雨养条件下和灌溉条件下不确定性降低程度有所差异。管理措施数据输入的不确定性对作物生长模型不同输出变量的不确定性影响有明显差异，且在不同模型间也有显著差异，因此在空间尺度上管理措施的代表性对模拟结果至关重要。此外，Xiong 等（2020）基于 CROPSIM-Wheat 模型、CERES-Wheat 模型、DSSAT-Nwheat 模型开展全球小麦产量模拟时，发现采用不同播期输入数据导致模拟产量的不确定性随温度升高而增加，整体范围在 7%～12%，而提高模型的参数校正精度可以有效降低播期输入的不确定性导致的小麦模拟产量的不确定性。

10.3 模型算法的不确定性

作物生长模型的结构主要是指模型内部的算法，其构建的理论基础是作物生长发育和产量品质形成的生理生态机制。而目前的作物生理生态研究对作物生长发育和产量品质形成的生理机制及作物与环境的互作关系的理解和认识还需要进一步深化。在此背景下，模型只能对作物生产系统内部的复杂关系做一定的简化或模糊处理，这会给模拟过程带来不确定性。同时，一些直接或间接影响作物生长模型模拟结果的因素，如作物倒伏、作物轮作、病虫害、草害等，还未能被模型化，因此支持更多的自然过程模拟是作物模型发展的长远方向。此外，已有的作物模型中，由数学关系构建的模拟框架不完全一样，对光合作用、水分平衡、养分平衡等过程的模拟也各有侧重，同时各模型的适用范围、可模拟和输出的内容及模拟效果之间也存在很大差异。因此，对同一个情景进行模拟时，不同的模型会反馈不同的结果，体现了模型结构或算法的不确定性。

10.3.1 模型算法的不确定性量化

作物生长模型具有较好的机理性和过程性，理论上适用于不同环境下的作物生长发育模拟，但受制于模型算法的不确定性及测试数据的可获得性，大多数作物生长模型仅在模型构建所涉及的少数环境和条件下进行过测试与检验，对其他环境和条件下的模拟表现较少进行评估，造成在这些环境和条件下的模拟不确定性较大。近年来，国际农业模型比较及改进项目（AgMIP）汇集了目前全球范围内最具有代表性的作物生长模型，通过对比不同算法或模型在同一环境条件下的模拟结果来量化模型算法的不确定性，以揭示模型算法差异对作物生长模拟及生产力预测不确定性的影响，进而提升模型在不同条件下的模拟与应用能力（Rosenzweig et al.，2013）。研究结果表明，不同模型在不同环境条件下的模拟误差变异较大，很少有模型能够在全球不同环境和条件下均优于其他模型（图10-9），而在同一环境条件下的模型算法导致的不确定性较高（Wallach et al.，2018），因此开展区域特别是全球尺度的作物模拟与决策支持研究时必须考虑降低模型算法差异导致的不确定性。

目前，降低模型算法的不确定性主要有两种途径。

1）基于多模型集合方式进行模拟。AgMIP 项目的大量研究证实，单一模型之间存在大量的结构或算法上的差异，而多个模型模拟结果的中值或平均值比单个模型模拟结果在不同环境条件下更接近真实作物生长发育情况。因此，多模型的联合运用可以有效减少作物模型的不确定性，提高模拟精度。其中的原因可能是，在随机选择模型前提下，模型之间的误差可以在多模型联合运用时相互抵消（Wallach et al.，2018）。

2）改进模型算法，提高模型在不同环境条件下的适用性。虽然多数研究证实了多模型集合可以有效提高不同环境条件下的预测精度，但当多模型集合中所有模型均不能很好地模拟某一环境时，即存在系统性偏差时，多模型集合的预测不确定性也会较大。例如，当所有的模型本身的算法均不能准确地描述极端气候事

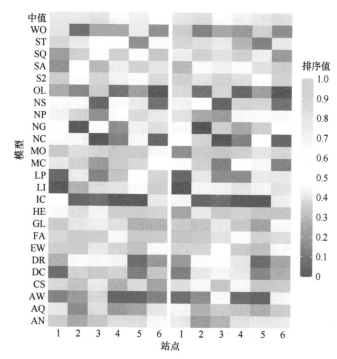

图 10-9　AgMIP-Wheat 国际农业模型比较和改进项目小麦协作组（The Agricultural Model Intercomparison and Improvement Project-wheat，AgMIP-Wheat）所涉及小麦生长模型对不同耐高温基因型在高温胁迫处理下的籽粒产量预测精度排序

纵坐标为模型代码，横坐标为试验站点，图中颜色排序值越大表明模型模拟误差越小，左侧 1～6 列和右侧 1～6 列分别表示 'Bacanora' 和 'Nesser' 两个品种的模拟结果，数据来自 Asseng 等（2015）。AN. APSIM-Nwheat 模型；AQ. AQUACROP 模型；AW. APSIM-Wheat 模型；CS. CropSyst 模型；DC. DSSAT-CERES-Wheat 模型；DR. DSSAT- CROPSIM 模型；EW. EPIC-Wheat 模型；FA. FASSET 模型；GL. GLAM 模型；HE. HERMES 模型；IC. INFOCROP 模型；LI. LINTUL4 模型；LP. LPJmL 模型；MC. MCWLA-Wheat 模型；MO. MONICA 模型；NC. Expert-N – CERES 模型；NG. Expert-N － GECROS 模型；NP. Expert-N – SPASS 模型；NS. Expert-N － SUCROS 模型；OL. OLEARY 模型；S2. Sirius 模型；SA. SALUS 模型；SQ. SiriusQuality 模型；ST. STICS 模型；WO. WOFOST 模型

件对作物生长的影响，采用多模型集合量化极端事件对作物生产力影响的误差也会相对较大。此时，改进模型的算法可以有效降低模拟预测的不确定性，而随着算法的不断改进，可以使得多模型集合模拟中所需的模型个数大幅下降（图 10-10）。

因此，综合来看，通过使用模型集合方式及改进模型算法是降低模型算法不确定性的重要途径，而二者的联合运用也会进一步提升作物模型的适用性，属于未来研究的重点（Martre et al.，2015）。

10.3.2　作物模型不同来源不确定性的比较

不确定性分析可以为模型模拟结果的改进与提升提供指导，通过量化各个来

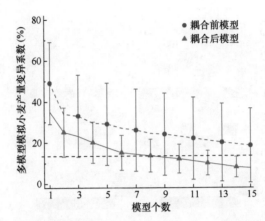

图 10-10　耦合高温胁迫效应模拟前后 AgMIP-Wheat 多模型模拟小麦产量变异
系数与模型个数之间的关系（Maiorano et al.，2017）

源的不确定性，明确不确定性的主要来源，可以做到有的放矢，精确地优化模拟
结果，为进一步降低模型不确定性指明方向。若参数的不确定性占总不确定性的
比重较大，则可以使用更多的实测数据来校正模型，减少参数带来的不确定性；
若模型算法的不确定性占总不确定性的比重大，提高模拟质量则需要重点改进模
型的算法（Wallach et al.，2016）。主要方法如下：

1）只考虑模型算法的不确定性。例如，Palosuo 等（2011）运用 8 个广泛使
用的作物模型模拟了欧洲冬小麦的生长发育及产量，发现所有的模型在单独模拟
时不确定性都比较大，表明模型结构的不确定性是总不确定性的重要来源。

2）假定模型的算法完美，模拟结果的不确定性来源于模型参数的不确定性和
模拟误差。例如，Gao 等（2020）比较了应用最小二乘法、GLUE 和 MCMC 3 种
方法优化 DSSAT-CERES-Rice 模型中的生育期参数时模型误差和参数的不确定性
大小，发现 3 种方法都能够用于模型参数校准。就预测的不确定性而言，最小二
乘法量化的不确定性一般要小于 MCMC 方法和 GLUE 方法，主要原因为 MCMC
方法估算的参数不确定性较大，而模型误差和参数不确定性对模拟结果不确定性
的贡献大小在不同模拟情景和不同方法间有所差异。

3）同时考虑模型输入的不确定性和模型算法的不确定性。Asseng 等（2013）
利用 27 套小麦生长模型模拟全球 4 个典型站点未来情景下的小麦产量时发现，模
型算法导致的模拟产量的不确定性远远大于基于 GCM 输出未来气象数据导致的
不确定性（图 10-11）。

4）同时考虑模型算法和模型参数的不确定性。Wallach 等（2017）使用 DSSAT
和 APSIM 模型模拟气候变暖背景下斯里兰卡水稻的生育期时，发现在基准温度升高
2℃的背景下，模型模拟水稻从出苗到成熟的天数时，来源于模型结构的不确定性为
模型参数的 2 倍左右。Alderman 和 Stanfill（2017）用 3 种生育期模型模拟了 30 个春

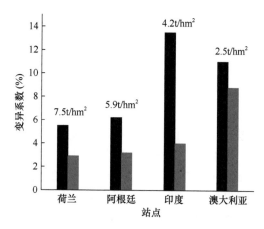

图 10-11　AgMIP-Wheat 多模型模拟全球 4 个站点未来气候条件下小麦产量时由模型算法导致的不确定性（黑色）与未来气象数据输入导致的不确定性（红色）比较（Asseng et al.，2013）

小麦品种的生育期，量化了模型参数值的不确定性和模型结构的不确定性在模拟结果总不确定性中的占比，发现参数的不确定性占 19%～52%，结构的不确定性占 12%～64%，两种来源的不确定性占比均较大，具体取决于所研究的变量和年份。

5）假定不确定性的来源为模型参数的不确定性和模型残差。例如，Wallach 等（2012）构建了基于 MCMC 方法的估算产量不确定性的方法，其中模拟值与实测值之间的差值定义为残差，残差体现了模型结构上的不完善。而在估算参数过程中，假定实测数据的测量过程与系统内的其他随机性导致的总误差相互独立，且服从正态分布。研究结果表明，选用多年平均产量作为产量评价标准时不确定性最小，因为残差在多年产量平均化的过程中被消除。

6）假定不确定性来源于模型算法、模型参数和气象输入数据。例如，Tao 等（2018）量化了模型模拟大麦生长过程中来源于模型结构、模型参数和气候模式的不确定性。该研究中使用 7 套作物模型作为结构不确定性的来源，为每套模型创建多套参数值组合作为参数不确定性的来源，使用 8 种气候模式作为气象输入数据不确定性的来源，使用方差分析法量化各种来源的不确定性。结果发现，不同的模型结构、模型参数和气候模式均能导致模拟结果出现很大的不确定性，其中模型算法带来的不确定性最大，气候预测降尺度带来的不确定性次之，模型参数的不确定性最小。

总体来说，模型参数、模型输入及模拟算法均会导致作物生长模型输出结果的不确定性，不同研究针对不同来源的不确定性假设不一，使用的量化方法也有所差异，在不同环境得到的结论也各有异同。未来作物模型的不确定性分析，应着力加强不确定性量化的系统性与综合性。针对特定的研究目标和环境条件，从作物生长模型的选择、模拟算法的改进、参数估算的科学性、输入数据质量的提升、人工智能算法的耦合等方面入手，不断降低模型应用的不确定性。

第 11 章　作物模型集成构造与辅助建模

作物系统模拟是系统研究与作物研究相结合的产物，主要包括作物系统定量分析、过程模型构建、模拟系统开发三大环节。目前，国际上已建立多种作物生长模拟系统，深层次揭示了"气候-土壤-作物"之间的动态关系，不仅包括多种作物的模拟模型及各类气候和土壤模型，还开发了大量的模型构件和软件系统，具有多功能性、可扩展性、模块化等特点。然而，由于作物生产系统的复杂性及作物模拟系统的综合性，作物生长模型的构建与模拟系统的开发需要依托多专业背景，表现为长时序过程，建模者既要能量化作物本身的生长发育及产量品质形成过程，又要能描述气象、土壤、管理等因素对作物生长及生产力形成的综合影响，还要能掌握计算机编程语言和技巧，构建模型算法和模拟系统。同时，多种作物模拟模型与模拟系统目前仍分散在不同的文献、程序或系统中，难以在计算机上直接共享与复用。随着作物模拟研究复杂度的提高及应用领域的扩大，提供模型快捷开发的辅助工具、实现作物建模的自动化和智能化已成为新的发展方向。作物生长模型集成构造与辅助建模工具的研究，有助于加快作物模型算法与模拟系统开发，促进不同作物模型和模拟方法的相互借鉴，为在无编程状态下实现作物模型算法和模型系统的共享、交流、扩展和测试等提供软件环境与辅助工具。

本章以作物系统模拟技术、领域知识工程及构件化软件开发方法为支撑，运用系统分析和知识建模等手段，基于已有的稻、麦、棉、油等作物生长模拟模型，抽取作物模拟系统通用的技术思路与建模框架，构建作物生长元模型和元数据，开发作物集成建模辅助工具，为作物系统建模的工具化与智能化奠定基础。

11.1　作物模型集成构造的概念与内涵

作物系统模拟任务由模型算法设计者与软件开发者共同完成，包括模型构建、开发和管理过程中所使用的知识、信息、数据和软件组件等，同时由作物建模知识库（Crop Modeling Knowledge Base，CMKB）和作物模型软件组件库（Crop Model Software Component Library，CMSCL）共同支撑。CMKB 和 CMSCL 相互依存并可相互转化，共同促进作物模型算法的积累、完善与应用。图 11-1 反映了作物系统模拟任务的主要活动域和结果域。

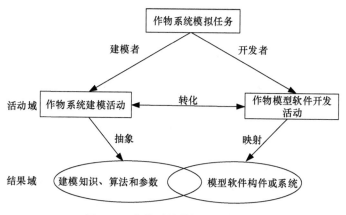

图 11-1　作物系统模拟任务的组成

11.1.1　作物建模知识库

作物建模知识库（Crop Modeling Knowledge Base，CMKB），是作物系统模拟的专业建模知识和算法的集合，它由作物模型、建模实验、建模模式和经验等组成，是模型软件开发的基础，包含显性与隐性专业知识。显性知识亦称为可编码知识，是可被计算机识别与量化、具有一定结构的知识；隐性知识亦称为非编码知识，是储存于作物专家头脑中的建模经验与常识，具有半结构化或非结构化特点。在一定条件下，两类知识可互相转化，研究人员通过两类知识的灵活运用完成复杂的作物系统建模。

作物生长于"土壤-作物-大气"的自然系统中，既存在相似的共性特性又有特定的个性表现。因此，从知识特性方面来看，作物建模知识又可以分为共性知识与个性知识两个方面，两者共同构成了特定作物系统的模型。图 11-2 反映了作物模型知识资源的分层结构。最底层是广义抽象层；中间层从农业生产系统知识功能的角度观察；最上层是特定作物建模知识层，3 层知识相互转化，下层是上层的知识基础，上层是下层知识的一个侧面。

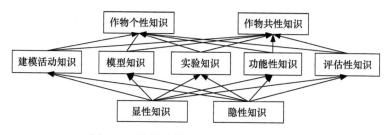

图 11-2　作物建模知识资源的分类及结构

11.1.2 作物模型软件组件库

作物模型软件组件库（Crop Model Software Component Library，CMSCL）是指完成作物系统模拟的软件开发工作所需各类资源的集合，它以作物模型知识为基础，具有易于计算机识别和高度可管理性的特点，具有金字塔结构，自底向上由基础开发环境、应用开发环境、可复用的软件构件和开发人员 4 层组成。基础开发环境层处于金字塔底层，由计算机硬件及通用软件工具组成，其中通用软件工具包括通用开发语言和开发环境，是支撑应用开发的基础；应用开发环境层由面向应用领域的专用工具组成，作物模型集成构造工具即属于这一层次；可复用的软件构件层，即作物模型软件构造模块，是作物建模知识资源在该层的具体映射，它的积累和复用能够极大地降低开发成本，缩短开发周期；开发人员层处于金字塔顶层，由软件分析、设计、开发等人员组成。以上每类资源都具有资源描述、可用性陈述、需要该类资源的时间和资源被使用的持续时间四大特性。

以领域工程为指导，CMSC 由作物模型软件系统分析、设计和实现形态 3 部分组成。随着计算机软件技术的高速发展，作物系统的软件实现形态已不限于计算机程序这一种形式，还包括数据库、类、接口、框架、构件、代码、组件和系统等多种形态，并随计算机软件技术的发展而发展。

11.1.3 作物生长模型集成构造

在作物系统动态模拟技术、计算机网络技术、新一代知识管理和软件构件开发技术的共同支撑下，以作物生长建模通用知识框架为基础，借助集成工具整合建模知识库与软件组件库，实现作物模型系统的构造、完善、管理与共享，即为作物模型集成构造（Integrated Crop Model Construction，ICRC），包括模型结构动态设计、算法描述、模型构造引擎等模块，具有建模知识、模型算法及数据可管理、可复用、可共享、可扩展等特征。作物生长集成建模辅助系统（Integrated Crop Modeling Construction System，ICMCS）是以作物模型集成构造技术为依托，以模型库和算法知识库为基础，基于作物生长发育及产量品质形成过程、气候与土壤变化过程、模型结构、框架与组件等综合资源，采用设计、定制、配置、组装、评价和扩展等手段，无须编程即可高效地生成、完善和积累作物模型的辅助建模软件系统。

作物生长集成建模辅助系统（ICMCS）由 8 个功能模块和作物模型资源库共同组成（图 11-3）。作物模型资源库包括作物建模知识库、作物模型组件库和实验数据库。作物建模定制机构和作物模型运行机构是核心。作物建模定制机构可通过集成方式和算法描述脚本描述新模型,运行机构负责解析执行并产生模拟结果,通过应用框架和界面定制能够生成具体作物的模拟系统和决策支持系统。建模学习机构可为模型定制提供可参考的模型结构、算法和参数;学习内容来源于成熟的作物模型资源库。模型资源存储机构实现对作物模型资源库的统一存储和访问,可将新建模型算法、当前状态及模型参数保存到作物建模知识库中;作物模型组件库保存被抽象封装编译以后的通用模型框架接口组件、模型算法组件等。组件符合软件构件标准,可独立编译,运行时可以动态插拔与组装。作物模型输出机构负责模拟结果的表格或图形等多种形式输出;分析机构负责对模拟结果进行统计和分析,提供各种评价方法、测试与比较手段,为模型完善提供准确依据。作物模型资源的检索功能使用户可以查看各类成熟的模型资源,包括建模框架、接口、算法、构建信息、模型参数等。实验数据管理模块可对田间试验数据、模型驱动数据及模拟结果数据进行管理,并提供数据的检索及增删改功能。

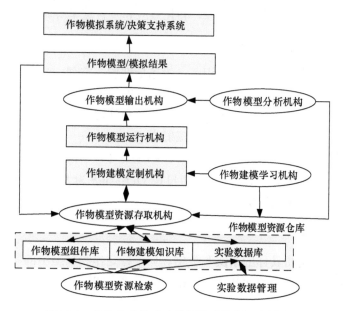

图 11-3　作物生长集成建模辅助系统的组成模块

11.2　作物生长建模通用知识框架

水稻、小麦等作物生长模型包括物候期、光合作用、器官建成、生产力形成及土壤水分和养分平衡等若干具有特定功能的过程子模型(曹卫星和罗卫红,2000)。从知识管理的角度来看,各类作物的生长模型是复合型数学化的知识模型,主要包括 4 类建模知识:结构类知识、控制类知识、公式类知识和事实类知识。

1. 结构类知识

从多种事实、现象和情境中抽象出来，由知识对象、概念术语、属性及属性约束组成。具有功能性、逻辑性、陈述性、静态性特征，可以明确表达概念及关系的知识。作物生长模型包括结构性知识，阶段发育与物候期预测、光合作用与物质积累、器官与形态建成、物质分配与产品形成等功能模型之间具有协作与反馈关系。因此，作物生长概念模型是以作物生理生态过程为指导、通用建模流程为参照建立起来的结构概念模型。

2. 控制类知识

有关"怎么办"的知识，也是程序性知识。它不能直接陈述，但能通过某种作业形式间接推测其存在，属于控制类隐形知识，常用 IF…THEN…规则表示发生的条件约束和具体行为。例如，如果模拟小麦的阶段发育与物候期，就需要依次计算作物生长的热效应、光效应、春化效应和发育速率等。

3. 公式类知识

公式类知识是一类陈述性知识，一般包括性质、定理、公理、法则、运算公式等。作物生长模型的数学知识多以数学公式的形式表达。不同的应用条件可触发不同的数学公式。作物生长模型中包括加减乘除运算、基础数学函数运算、指数运算等。例如，到达地面的太阳总辐射为 Q。

$$Q = 1395 \cdot \tau a \cdot \sin\beta \cdot \{1 + 0.033\cos[2\pi \cdot (DAY - 10)/365]\} \tag{11.11}$$

式中，1395 为太阳常数 $J/(m^2 \cdot s)$；τa 为日长（h）；$\sin\beta$ 为太阳高度角正弦值；DAY 为自 1 月 1 日起的儒历天数。

4. 事实类知识

事实类知识是指具体的事实和数据。一个特定作物模型中的具体算法参数、模型参数及驱动数据中的元知识和数据均属于该类知识。

11.2.1 作物生长建模通用概念模型的组分分析

尽管不同类型的作物系统具有不同的生理生态过程，但都具有相似的生长发育规则、结构和属性，具有通用的概念模型（Keating and Thorburn，2018；Wang et al.，2002）。图 11-4 表示作物生长通用概念模型及其不同成分之间的相互关系。A~F 分别代表作物生长模拟的 6 个子模型。A 是生育期子模型，发育速率受温度（包括春化）和光周期控制。B 是生物量积累子模型，光合速率受太阳有效辐射、温度、空气中 CO_2 浓度、叶片中氮和水分状态的影响，生物量积累取决于生长呼吸与维持呼吸，并受到生育期子模型中发育速率的影响。C 是干物质分配子模型，可以根据分配系数或分配指数模拟分配到不同器官中的生物量，其中叶面积受温度驱动，也受总干物质积累量和各器官生物量的影响。D 是器官建成子模型，器官发生的时间依赖于阶段发育过程，发生的大小和数量与碳同化物的分配及利用有关。作物生长受土壤中水和氮素状况的影响，通过水分和养分胁迫因素影响作物生长发育过程（张立帧，2003；孟亚丽，2002；刘铁梅，2000）。

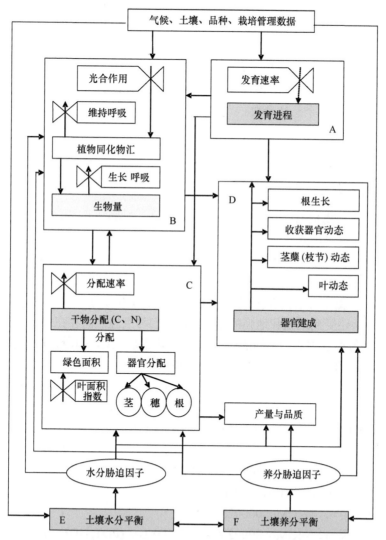

图 11-4　作物生长通用概念模型及其不同成分之间的相互关系
矩形代表数量（状态变量），阀符号代表流速（速率变量），圆形代表辅助变量；实线表示信息流

大多数作物的生长模拟目标一致，关键性的模拟组分、组分与组分之间的关

系及模拟过程相似，都遵守基础生理生态过程及"物质-能量"转换规律。但是不同结构的作物模型算法对环境温度的变化（Liu et al.，2018；Asseng et al.，2015）、水分变化（何亮等，2016）等的响应差异显著，且不同作物对象和不同建模人员建模时使用的模式、数学公式及控制条件各不相同。以小麦、水稻物候期模拟模型为例，驱动模型运行的环境变量相同，均受到气候条件变量、土壤环境变量的共同作用，但不同作物类别的模拟算法存在差异，主要表现在以下几个方面。

1）在关键性模拟环节基础上增加了个性化模拟组分。例如，水稻、小麦的基础生理生态模拟过程相似，不同的是，水稻需模拟移栽期，小麦需模拟春化作用。

2）对类似模拟组分采用了个性化的数学计算方法。

3）模型参数各不相同。例如，ORYZA2000 生育期模型采用了 6 个品种参数，RiceGrow 模型有 5 个品种参数。

11.2.2　作物生长子模型分析与算法框架

1. 阶段发育与物候期模拟

作物物候期模拟的核心是量化发育进程（development process），通过温度效应、春化效应及光周期效应的互作，再加上品种基因型参数的调节来实现。其中，生理发育时间（PDT）、有效积温（GDD）、发育速率（DVD）或发育指数等可视为量化发育进程所用的不同指标。不同作物生长发育过程中所受到的影响因素有所差别，如小麦生育期受春化作用影响，水稻则没有春化作用；棉花生育期不仅受气温影响，还受到地温和地膜的影响，且它们与气温之间存在一定的量化关系；油菜生育期与小麦类似。不同的研究人员模拟目标一致，但所采用的模拟算法不太一样。通用的生育期算法框架形式化描述如下：

<作物生育期模型>∷＝{CMo: 00001001, DEV, 生育期模型结构, 模型算法, 品种参数}

<生育期模型结构>∷＝(<温度效应∨春化作用∨光周期效应>）∧<发育进程>∨<物候期预测>}

<温度效应>∷＝{CMo: 00002001, DTE}

<光周期效应>∷＝{CMo: 00002002, RPE}

<春化作用>∷＝{CMo: 00002003, VP}

<发育进程>∷＝{CMo: 00002004, DVD|DVD∈(PDT, GDD, NI 任一量）}

<物候期预测>∷＝{CMo: 00002005, PHP}

<模型算法>∷＝{<模型算法描述>×子算法(i)|子算法∈<模型算法>的子类；i=1, 2, …, m }

<模型算法描述>::={<DEV>, <算法模拟方法>, <算法描述方式>, <模型输入>, <模型输出>, <关联>}

<模拟方法>::={积温法, 生理发育时间法, Way_DEV(i| i=1, 2, …, n)}

<算法描述方式>::=∫{Ruler(i, j)×Express(i, j)| i=1, 2, …, m; j=1, 2, …, n }

<模型输入>::={<气象参数>×<品种参数>×<兄弟模型输入>}

<兄弟模型输入>::={空}

<模型输出>::={DTE, RPE, VP, CMBZ, PDT, GDD}

<品种参数>::={<品种参数模式>×<品种参数值>}

<品种参数模式>::={基因型品种参数模式, 其他品种参数模式}

<基因型品种参数模式>::={ TS×PS×IE×FDF×PVT×Var_V(i|i=1, 2,…, n)}

<其他品种参数模式>::={ Var_O(i|i=1, 2, …, n)}

其中，TS、PS、IE、FDF、PVT 分别代表温度敏感因子、光周期敏感因子、基本早熟性、基本灌浆因子、生理春化时间；Var_V ( )和 Var_O ( )分别表示其他品种参数和其他类型参数。

2. 光合作用与干物质积累模拟

光合生产模拟涉及冠层辐射的截获与吸收、单叶和冠层光合作用等生理生态过程，常以光合速率计算同化量，该过程受到温度、CO_2 浓度、水分、氮素等因子的影响；呼吸消耗主要包括光呼吸、维持呼吸和生长呼吸等生理生态过程，维持呼吸强度受植物重量的影响较大，对温度较敏感，同时还受其他因子（如生理发育时间、叶龄等）的共同影响；生长呼吸依赖植株光合速率，对温度不敏感；C_3 作物光呼吸明显，C_4 作物光呼吸几乎被完全抑制，可不计。然而，不同研究人员的模拟计算方法各不相同。Gaussion 积分法可模拟作物冠层光合同化量，不同作物在不同时刻的冠层消光系数、反射系数和散射系数可反映光合生产的差异，不同作物在不同发育进程及环境条件下的光合生产与呼吸消耗能力不同。通过对小麦、水稻、棉花和油菜等作物光合作用与干物质积累模拟算法的统计分析发现，作物光合作用与干物质积累所模拟的生理生态过程比较统一，最终的模拟目标也比较一致。生物量（BIOMASS）、叶面积指数（LAI）、地上部干重（TOPWT）、光合同化量（DTGA）、维持呼吸消耗量（RM）、生长呼吸消耗量（RG）等是使用频率较高的关键变量；此外，模拟过程也受到发育进程（PDT/GDD）、水分/养分效应因子（WDF/NDF）和其他气象与环境因子的影响。基于通用概念和关系构建光合作用与干物质积累子模型的算法框架，其形式化描述如下：

<作物生物量模型>::={MO: 00002000, BIOMASS, 生物量模型结构, 生物量模型算法, 生物量品种参数}

<生物量模型结构>∷＝{<光合生产>∧<呼吸消耗>∨<干物质积累>}

<光合生产>∷＝{CMo: 00002001, PHOTO, (<环境影响>∨<光合同化量>)}

<呼吸消耗>∷＝{CMo: 00002005, RESPIRATION, (<维持呼吸>∨<生长呼吸>∨<光呼吸>)}

<干物质积累>∷＝<光合生产>–<呼吸消耗>

<环境影响>∷＝{CMo: 00002002, PHOTO-ENVF}

<光合同化量>∷＝{CMo: 00002003, PHOTO-DIST}

<维持呼吸>∷＝{CMo: 00002006, RESPIRATION-MAINTAIN}

<生长呼吸>∷＝{CMo: 00002007, RESPIRATION-GROWTH}

<模型算法>∷＝{<模型算法>×孩子算法∈<模型算法>的子类}

<生物量模型算法>∷＝{<BIOMASS>, <算法模拟方法>, <算法描述方式>, <模型输入>, <模型输出>, <关联>}

<模拟方法>∷＝{高斯积分法, RUE, Way_BIO($i|i=1, 2, \cdots, n$)}

<描述方式>∷＝{Ruler(i) ×Express(j)|$i=1, 2, \cdots, m$；$j=1, 2, \cdots, n$}

<模型输入变量>→{(兄弟模型输入变量×气象变量)∧<生物量品种参数>}

<兄弟模型输入变量>∷＝{PDT, GDD, LAI, TOPWT, WDF, NDF, In_BIO($i|i=1, 2, \cdots, n$)}

<模型输出变量>∷＝{BIOMASS, DTGA, RM, RG, RP}

<生物量品种参数>∷＝{气象型品种参数, 其他品种参数}

<气象型品种参数>∷＝{冠层消光系数×冠层反射系数×冠层散射系数×Var_W($i|i=1, 2, \cdots, n$)}

其中，作物生物量模型是与时间有关的动态模型，RP 为冠层光呼吸消耗量；<品种参数值>、<其他品种参数模式>、<关联>的表示方法与生育期模型中的相同；Way_BIO ( )表示其他光合作用与干物质积累的模拟方法，In_BIO ( )表示其他兄弟模型的输入变量；Var_W ( )为其他气象型品种参数。

3. 干物质分配与产量形成模拟

同化物在不同器官间的分配与再分配决定作物产品器官的产量与品质形成，其模式随作物种类和生育进程而变化，并受到水肥状况的影响。同化物在不同器官间的分配表现出一定的序列性和优先性，不同器官的分配系数或分配指数随时间的动态变化特征可以用于模拟作物各器官的分配情况。作物的叶是光合作用的载体，叶面积是群体光分布的主要决定因素，与茎蘖数和群体干物质有密切的关系。叶面积增长与温度有关，随作物生育进程而变化。例如，小麦叶面积指数与各器官干重相关，水稻叶面积指数是生育进程的函数。干物质分配与产量形成的模拟模型包括物质分配子模型、叶面积子模型和产量形成子模型等，这些子模型之间关联密切，从较高抽象层次上看，它们依次完成了同化物在不同器官间的分配、绿色面积变化动态监测和产量预测 3 个目标，不同作物的器官分配方法、叶面积计算和产量预测方法，可视为同一目标概念下的具体实例。基于较高层次抽象通用概念和关系，构建了作物干物质分配子模型的模拟框架，其形式化描述如下：

　　<作物干物质分配模型>::={CMo: 00003000, PARITION, 干物质分配模型结构, 模型算法, 品种参数}

　　<干物质分配模型结构>::={<干物质在器官间的分配>∧<绿色面积动态>∨<产量预测>}

　　<干物质在器官间的分配>::={CMo: 00003001, ORGPT}

　　<绿色面积动态>::={CMo: 00003002, GAIPT}

　　<产量预测>::={CMo: 00003003, YIELD}

　　<模型算法>::={<模型算法描述>×孩子算法(i)|孩子算法∈<模型算法>的子类；i=1, 2, ⋯, m}

　　<模型算法>::={PARITION, <模拟方法>, <描述方式>, <模型输入变量>, <模型输出变量>}

　　<模拟方法>::={分配指数法, 比叶面积法, 收获指数预测产量, Way_PAR (i|i=1, 2, ⋯, n)}

　　<算法描述方式>::=∫{Ruler(i, j) ×Express(i, j) | i=1, 2, ⋯, m；j=1, 2, ⋯, n}

　　<模型输入变量>→{<兄弟模型输入变量×气象变量>∧<品种参数>}

　　<兄弟模型输入变量>::={PDT, GDD, BIOMASS, DTGA, WDF, NDF, In_PAR (i|i=1, 2, ⋯, n)}

　　<模型输出变量>::={LAI, TOPWT, W(k)重量, TW(k)重量增量 | k∈根, 茎, 叶, 收获器官}

　　<品种参数>::={基因型品种参数, 其他品种参数}

　　<基因型品种参数>::={收获指数(i|i=1, 2, ⋯, m)×Var_O (j|j=1, 2, ⋯, n)}

　　<气象变量>::={温度}

　　其中，<基因型品种参数>中 i 为品种，j 为方法，作物分配与产量模型是与时间有关的动态模型，<描述方式>、<其他品种参数>、<关联>的表示方法与生育期模型中的相同；Way_PAR ( )表示其他干物质分配与产量预测的模拟方法，In_PAR ( )表示其他兄弟模型的输入变量；Var_O ( )为其他品种参数。

4. 器官建成模拟

植株上不同器官的发生具有一定的时空序列性，受发育进程的调控。现有小麦、水稻和棉花的生长模拟模型均对不同器官的发育进行了定量描述。小麦和水稻集中在叶、茎蘖和根的生长动态上；棉花的器官较为特殊，形态发生体现在叶龄、果枝、果节、蕾铃和根的生长动态。不同作物、不同器官的生长动态和形态建成各不相同，但普遍存在同伸关系，都受温度、光照、生育进程、同化物量、器官重量和肥水环境状况等因子的影响。因此，每种作物的器官发育与建成模拟基本可分为叶、茎蘖（枝节）、收获器官和根生长动态的模拟。其形式化描述如下：

<作物器官建成模型>::={CMo: 00004000, ORGMAKE, 器官建成模型结构, 器官建成模型算法, 器官建成品种参数}

<器官建成模型结构>::={<叶动态>∨<茎蘖(枝节)动态>∨<收获器官动态>∨<根动态>}

{<叶动态>::={CMo: 00004001, LEAFDY}

<茎蘖(枝节)动态>::={CMo: 00004002, ORGDY}

<收获器官动态>::={CMo: 00004003, GAINDY}

<根动态>::={CMo: 00004004, ROOTDY}

<模型算法>::={<模型算法>×孩子算法∈<模型算法>的子类}

<模型算法>::={ORGMAKE, <模拟方法>, <描述方式>, <模型输入变量>, <模型输出变量>}

<模拟方法>::={分配指数法, 比叶面积法, 收获指数预测产量, $\text{Way\_PAR}(i|i=1, 2, \cdots, n)$}

<模型输入变量>→{(<兄弟模型输入变量>×<气象变量>)∧<器官建成品种参数>}

<兄弟模型输入变量>::={$\text{In\_PAR}(i|i=1, 2, \cdots, 5)$}

<模型输出变量>::={茎蘖数, 穗数, 根长, 根长密度}

<器官建成品种参数>::={基因型品种参数, 其他品种参数}

<基因型品种参数>::={收获指数$(i|i=1, 2, \cdots, m)$×$\text{Var\_O}(j|j=1, 2, \cdots, n)$}

其中，<基因型品种参数>中 i 为品种，j 为属性列，物质分配与产量形成模型是与时间有关的动态模型，<描述方式>、<其他品种参数>、<关联>的表示方法与生育期模型中的相同；$\text{Way\_PAR}(\ )$表示其他干物质分配与产量预测的模拟方法，$\text{In\_PAR}(\ )$表示其他兄弟模型的输入变量；$\text{Var\_O}(\ )$为其他品种参数。

11.3　作物模型集成构造的原理

作物模型集成构造是指在作物生长建模通用知识框架的基础上，将作物系统模拟分解为与时间相关的 7 个相互关联的公共过程，并映射形成计算机辅助作物建模流程（图 11-5）。与人工建模流程相比，计算机辅助建模的模拟目标一致，步骤类似，是人工传统建模活动的有益补充。

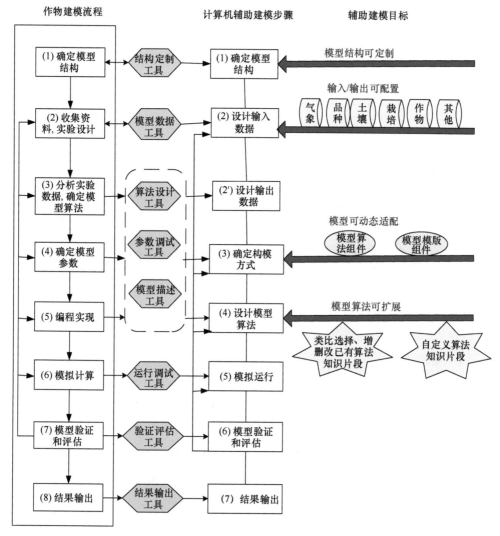

图 11-5 人工实现作物建模流程与计算机辅助建模流程的映射

11.3.1 作物模型的表示与映射

作物模型的表示与映射是作物模型集成构造的基础，是将作物建模知识转化为计算机可识别的软件资源的基础。以作物生长建模通用知识框架为基础，将作物模型分解为模型结构、算法和参数共 3 部分。

1. 模型结构的表示

模型结构由共性概念树和个性算法图两部分组成。共性概念树体现了模型概念与关系，分为模型/子模型层和算法知识页层两个相互依赖的层次（图 11-6），它们从不同侧面描述作物生长概念，形成模型与/或概念树。作物生长模型的每个子模型均对应一棵与/或知识页子树，采用框架知识表示法表示。例如，生育期模型中发育进程等为"与节点"，温度效应、光效应等为"或节点"。

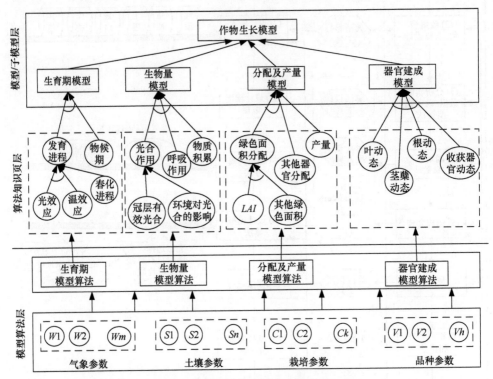

图 11-6　潜在条件下作物生长模型结构图

2. 模型算法的表示

模型算法是模型概念与/或树的具体化，具体作物的模拟算法与概念树节点相结合才能形成具体作物的生长模型。作物模拟反映作物生长沿着时间轴不断推进的动态变化过程，模型算法均可以"日"为单位循环模拟（图 11-7 第三层为模型算法层）。模型算法包括子模型具体算法及模型输入参数两部分。气象、土壤和栽培条件等模型输入参数来自作物建模外部知识框架；品种参数则属于作物模型内部知识框架。模型知识页层中的节点均有模型算法与/或图与之对应，模型算法层的模型参数是表示影响作物生长的原子节点，如气温、日照时数、品种参数等，其他节点为用于模型计算的状态变量或中间变量，如 DPE 等。算法的激活与运算受限于算法规则和计算公式。因此，模型算法知识采用基于规则的表示方法，按照"算法知识组+条件块+公式块"方式进行描述。以"条件块+公式块"为算法知识单元，若干算法知识单元相集合形成算法知识组，若干算法知识组对应一个知识页，若干知识页组成子模型算法。

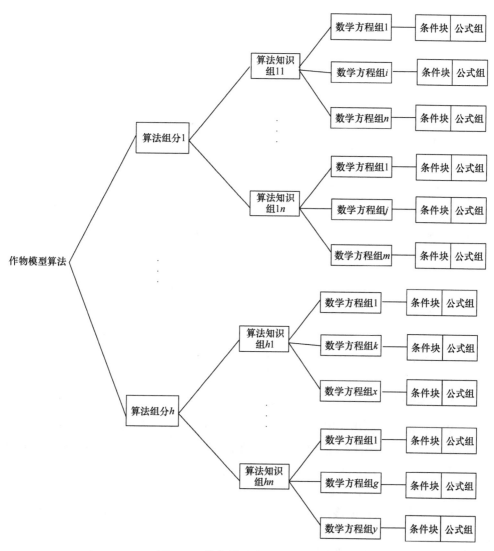

图 11-7 作物模型算法知识的组成

单一知识页可采用二维表格方式进行表示。本节以作物生长建模知识框架为基础，设计了一套模型算法描述脚本，表 11-1 以小麦生育期子模型为例，描述发育进程算法。发育进程从出苗到成熟进行阶段划分，每一阶段分别受到热效应、春化效应、光周期及品种参数的互作影响，并以生理发育时间（PDT）量化发育进程。

表 11-1　小麦生育期模型中发育进程的算法描述

序号	功能	条件块	公式块	说明
0	准备工作 变量/常量赋 初值		PDTTS=14.5 PDTHD=26.8 DPE=0 DTS=0 EM=40+10.2×SDEPTH	PDTTS：顶小穗形成期的 PDT PDTHD：抽穗期的 PDT DPE：每日生理效应 DTS：热效应生理敏感性 EM：出苗所需的热时间
1	计算春化作用 的 DTS	VD<PVT	DTS=RPE×VP	受每日春化作用的调节
2	计算顶小穗形 成期 DTS	PVT>VD & PDT<= PDTTS	DTS=RPE	
3	计算抽穗期 DTS	VD>=PVT&PDT<=PDT HD	DTS=RPE+(1–RPE)×(PDT– PDTTS)/(PDTHD–PDTTS)	顶小穗形成期到抽穗期，光周 期反应降低
4	计算抽穗期前 的 DPE	0<=PDT<=26.8	DPE=DTE×DTS×IE×0.6	DPE：每日生理效应
5	计算抽穗期— 灌浆期 DPE	26.8<PDT<=39	DPE=DTE×0.6	
6	计算灌浆期— 成熟期 DPE	39<PDT<=56	DPE=DTE×FDF×0.6	受灌浆因子影响
7	根据出苗时间 调整 DPE	GDD<=EM	DPE=0	
8	计算 PDT		PDT=PDT+DPE	PDT：日累计值

注：SDEPTH. 播种深度；VD. 春化天数；PVT. 生理春化时间；RPE. 每日相对光周期效应；VP. 春化进程；PDT. 生理发育时间；DTE. 每日热效应；IE. 基本早熟性；FDF. 基本灌浆因子

3. 模型映射

基于作物生长建模通用知识框架，以子模型为粒度，将作物模型映射为"骨架+规则+算法+模板+组件"的综合形式（图 11-8），包括生育期、生物量积累、生物量分配及产量、器官建成、水分/养分平衡等子模型映射。骨架抽象了通用模型结构的两个上部层次关系，并以"日"为时间步长，采用模型框架组件和类框架表示。模型框架组件依赖抽象接口封装各子模型的操作行为，规范子模型之间的通讯格式；类框架采用通用接口传递子模型输入和输出变量，达到子模型之间的协作和交互目的。模型中具体算法采用"规则+算法"形式表示，可映射为模型算法组件和模型模板组件。模型算法组件内部采用面向对象方法组织知识页层，封装子模型整体算法；模型模板组件采用面向过程综合面向对象方法封装模型共性框架，并将具体作物的算法描述外置，在建模时可根据需要动态加载、集成或修改。

4. 模型数据库

模型数据库由模型实验数据库、建模知识数据库和模型构件数据库组成。模

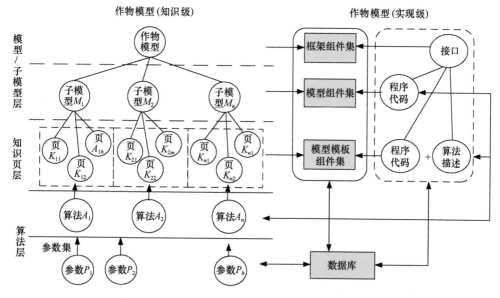

图 11-8　作物模型及模型组件实现形态的映射关系

型实验数据库包括气象、土壤、栽培条件、品种等数据及模型的模拟结果等。建模中所用概念术语、知识框架等信息可保存到建模知识数据库中，作物模型构件的描述与实体等信息可映射到模型构件数据库与文件系统中。

11.3.2　作物生长集成建模的构造原理

作物生长集成建模的过程采用模型描述与运行分离的机制，由作物生长元模型及元数据、建模学习机制、模型构造引擎及建模支撑工具组成。作物建模是建模人员使用建模支撑工具，参考现有模型，从元模型、元数据到模型和算法的一个不断推理与反馈的人工学习过程。

1. 作物生长元模型

作物生长元模型（Crop Growth Meta-Model，CGMM）是指在最小时间单位内描述生长过程的模型，为作物生长建模通用知识框架和映射框架的集合。其中，最小时间单位是指可以反复迭代模拟的最小时间段，最小时间单位为"日"。作物生长元模型以作物生长建模通用知识框架为基础，由驱动数据模式、建模知识、模型模板组件和模型算法组件框架 4 部分组成（图 11-9 上部的 4 层圆圈）。内圈 1、2、3、4、5 表示驱动数据模式，反映受气候、土壤、栽培条件、品种和作物特性等方面的影响；框架、模型算法及模型模板等组件是模型的实现形态。模型模板组件是概念模型的算法骨架，包括对具体作物的建模规则和数学公式进行解析的能力；模型算法组件框架是模型算法的代码骨架，面向对象封装特定作物模型算法。

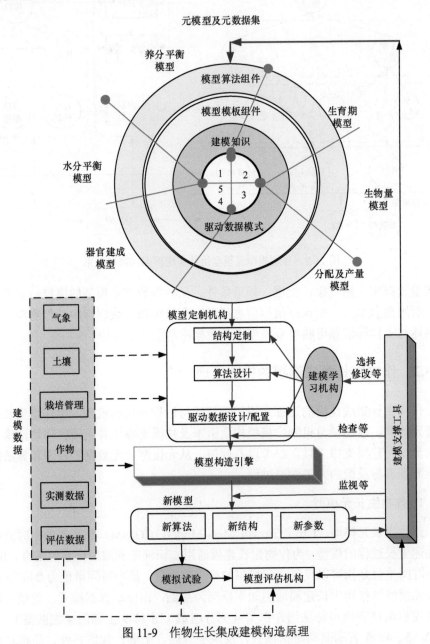

图 11-9 作物生长集成建模构造原理

作物生长元模型由内外层框架共同组成，是作物建模的外部知识框架和作物建模内部知识框架及模型实现构件框架的综合体。外层框架为作物模型共性框架。

模型与自然环境及兄弟模型之间的通讯规约、模型算法组件及模型模板组件的属性和接口、框架组件及驱动数据模式均属外层框架。内层框架是以子模型为粒度的模型算法个性框架。模型算法组件和模型模板组件的内部代码框架，由面向对象方法组织和模型算法知识框架组成，在不改变模拟目标的前提下，内部变量和公式可自由扩展。

2. 基于生长元模型的作物模型集成构造

以作物生长建模通用知识框架为基础，以作物生长元模型和元数据为核心，采用模型描述与运行分离的机制，将作物建模转换为基于作物模型综合框架下的组件组装、算法知识集成、模型资源组织、存储及共享等问题。即新模型可以通过建模模式、模型结构、算法框架和参数模式扩展与演变而获得；已有模型和算法的学习及模拟结果评估又可为构建新模型积累材料。因此，作物模型构建任务可由作物生长元模型（元数据集）、建模学习机构、建模支撑工具、模型定制机构和模型构造引擎协同完成（图 11-9）。作物建模将转变为建模者在参考已有模型的基础上，使用支撑工具，从元模型、元数据到模型、算法和参数的一个不断推理与反馈的学习和实践过程，同时也是改进和积累新模型知识、算法和参数的过程。因此，为完成上述过程，需要开放作物系统各构造环节，实现建模者动态定制与扩展模型结构、算法、参数等功能，并提供可视化模拟环境。

（1）作物生长元数据

作物生长元数据是元模型的具体化，可根据作物通用生长过程和常用建模模式确定。综合作物模型表示与映射，作物生长元模型和元数据可划分为具有继承关系的两级框架结构。具体作物的模型是在通用结构和接口支持下，通过模型类或模板，匹配并集成具体算法规则，实现元模型与元数据的结合和扩展。元模型基础部分形式化描述如下：

作物生长元模型={建模概念, 模型框架, 子模型算法, 驱动数据模式}

作物建模概念={子模型概念, 关键点}

作物模型框架={结构, 接口, 关联}

子模型算法=（规则, 类, 模板, 组件）

驱动数据模式={气象模式, 品种模式, 栽培条件模式, 作物特性模式, 土壤模式}

作物模型接口={属性, 静态驱动数据输入, 日数据输入, 日数据输出, 关联}

关联={→, ∧, ∨}

其中，概念提供作物建模共享术语及表示，关键点为关键概念集，如生理发育时间（PDT）、生物量（BIOMASS）；结构为作物模型概念间关系的静态描述，接口为子模型间关联的动态表示。关联"→"为顺序传递，"∧"为同时选择，"∨"

为选择其中一个。以下是生育期子模型的外部描述：

生育期子模型概念={COP(DTE, RPE, VP, DP, PHE), KEY(DP) }

生育期子模型接口={(名称, 版本, 时间, 错误标志), (品种参数, 栽培条件),
日气象数据输入, 日动态数据输出, ∧}

品种模式={VAR(TS, PS, IE, FDF, PVT, N, Tb, To, Tm), E(i)|i=1, 2, ···, n}

栽培条件模式={SDEPTH, SEEDWG}

日气象数据输入={DOY, TAV, DAYL}

日动态数据输出={DTE, RPE, DPE, DTT, CMBZ, VD, GDD, PDT, PHE}

其中，COP( )为建模概念集合，KEY ( )为关键概念集合。VAR ( )为静态元参数，E (i)为可扩展参数集，参数个数不限。DP、TS、PS、IE、FDF、PVT、N、Tb、To、Tm 分别为作物发育进程、温度敏感因子、光敏感因子、基本早熟性、基本灌浆因子、生理春化时间、品种节间数、基点温度、最适温度、最高温度；SDEPTH 和 SEEDWG 分别为播种深度和播种量；DOY、TAV 和 DAYL 分别为自1 月 1 日起日序、平均温度和日长；DTE、RPE、DPE、DTT、CMBZ、VD、GDD、PDT、PHE 分别为每日热效应、每日光效应、每日生理效应、每日热时间、出苗标志、春化天数、累计生长度日、累计生理发育时间和物候期。

（2）模型定制机构

模型定制机构是建模者使用模拟支撑工具，根据特定作物的建模需要，动态描述和加载模型结构及算法的环节。它综合了建模经验、作物模型框架、信息获取和界面设计等多方面因素，利用集成手段为结构定制、算法描述及参数配置等提供协同工作场所。可集成内容包括模型结构、参数、模拟环境、模型构件和算法知识等，保障了作物生长元模型和元数据的可扩展能力；模型结构集成是以关键点为核心的结构"裁减"过程；参数集成和作物模拟环境集成属于数据集成，是元数据可扩展的具体体现；模型构件集成表现为模型组件组装，由模型构造引擎解析完成；算法知识集成是指具有结构化特征的算法知识片段集成，建模人员可以直接录入或参考并组装已建模型的知识片段来实现，具体可通过知识页、知识组或知识单元的复制、修改和录入，最终形成新的建模知识。

（3）模型构造引擎

模型构造引擎是作物模型运行时态的解析和执行机构，是系统自适应的表现机构，包括引擎接口、模型框架、适配器、组装器和解析器等部件，可完成模型的组装与运行，实现组件的动态适配组装和知识集成与解析。模型构造引擎的基本工作过程如下。

1）引擎接口负责与模型描述机构通讯，通讯数据流传递给模型框架和模型模板组件。

2）模型适配完成框架组件与模型算法组件的匹配。建模人员根据需要，选择构模方式，并可利用模型描述工具，对模型算法和算法知识片段进行选择和检查。

3）进行模型组装。模型组装是模型构造引擎的核心工作，包括模型算法组件组装及模型模板组装两种方式，由模型适配与调用机构协同完成。模型算法组件组装是模型框架组件运行时调用模型算法组件的实例，保证运算结果传递给其他模型。模型模板组装采用引擎与模板接口通讯的方式，动态解析算法知识表获得计算结果。此外，模型模板组件与模型算法组件可混合组装。

4）利用模型解析器执行。模型解析器是作物模型的运行机构，可动态编译作物模型结构、描述脚本、条件公式块与算法公式。

（4）建模学习与评估机构

建模学习与评估机构服务于建模过程和模拟结果评价两个阶段，它以学习系统形式出现，可对作物模型资源学习过程和结果进行分析与评估。建模人员是学习主体，以作物生长元模型和元数据为基础，所建模型为学习内容。建模过程借助独立的学习单元完成，结果的分析和评估是学习效果的反馈，该过程的反复迭代可促进建模活动和作物模拟的深化。

（5）建模支撑工具

建模支撑工具是系统可用工具的集合，包括模型描述工具、结构定制工具、学习工具、驱动数据集成工具、算法配置工具、算法知识检查工具、模型运行状态监视工具、评估工具、模型代码半自动或自动生成工具和存储工具等。同时，作物系统模拟还受到建模学习机构、模拟试验机构、模型库、建模知识库、模型数据库的共同支撑。其中，模型描述工具是供建模人员通过人机交互方式进行模型算法描述的工具；模型学习工具提供基础学习手段，包括类比、选取和复制等；算法知识检查工具完成模型描述算法的词法、语法、语义、算法冗余和一致性检查等功能。

11.4　作物生长集成建模方法

作物生长集成建模将建模框架、模型结构、组件、算法描述和参数等建模资源进行综合集成，它是实现基于资源耦合的作物集成建模辅助系统（ICMCS）的保障。建模方法分层次包括基于概念的模型结构集成、基于组件的模型动态组装、模型算法动态集成及模型参数集成与校正。

11.4.1　基于概念的模型结构集成

作物模型结构是模型概念及关系的集合，可映射为作物生长通用模型结构，对其"裁减"可获得具体作物的模型结构。例如，水稻生育期模型结构中"裁减"

了春化作用，只考虑温光条件和遗传因素的影响；PIXGRO 大麦模型采用 *GDD* 模拟发育进程，"裁减"对光反应的细节模拟，只保留发育进程和物候期两个结构点。以通用结构中关键点为核心，使用结构定制工具"裁减"模型结构树中的"或"节点，可集成作物模型结构（图 11-10）。

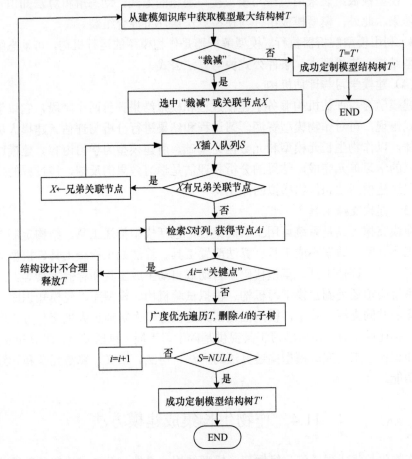

图 11-10　模型结构集成流程

11.4.2　基于组件的模型动态组装

以中间件为基础，通过用户定制模型结构，可将作物模型框架、模型算法和模型模板 3 类组件进行动态组装。

1. 模型框架组件接口标准

基于"黑盒"与"白盒"抽象技术，模型框架组件是模型与模拟环境之间的通讯规约，包括模型组件框架和类框架 2 种形式，并以公共属性和通用接口与外界通讯。通用接口可接收输入变量，子模型之间的通讯信息采用通用接口的输出变量进行输出，其他输出信息由公共属性中的变量输出属性来实现。

模型框架组件是"黑盒"抽象形成的独立编译实体，封装子模型算法之间及驱动数据的通讯规约，通过只读属性和虚拟接口方法与外界通讯。只读属性包括组件名称、发布时间、版本号等基本属性及传递特定变量信息的其他输出变量名称集合、其他输出变量值集合及子模型特殊属性等。接口是抽象数据结构，包含方法的描述，不包含具体实现，分为驱动数据操作（IIniDriveData）和子模型通讯（IRun）接口。IiniDriveData ( )接口对模型驱动数据进行初始化，IRun ( )接口负责与其他子模型间的通讯，输入/输出变量形式、类型和个数固定不变，输入变量来自驱动数据，输出子模型的通讯变量及其他变量通过属性输出。

模型类框架采用"白盒"抽象形成模型模板组件的内部框架。模型模板组件的外部属性信息除了具有与模型算法组件属性相同的部分外，还包括模型算法知识表和输出变量名称/值集合。模型算法知识表保存算法描述信息，输出变量保存模板每日所有计算变量的名称和值。与外界的接口采用 TMake 和 TRun 两个函数，TMake (input1, input2)构造函数传入模型算法知识表和输入变量名称（input1）和值（input2）集合。模型算法知识表通过属性输入，输入变量来自用户驱动数据变量的集成，变量个数及名称均可动态定制。TRun (output1, output2)实现模型计算并输出计算结果，包括循环计算的中间变量。output1 和 output2 完成模型与子模型之间的数据通讯。

2. 基于组件的作物模型动态组装过程

作物模型动态组装包括模型算法组件组装和模型模板组件组装。以组件框架为基础，实现模型算法组件的"即插即用"；以类框架为基础，实现模型模板组件的动态组装，实现在运行时生成新模型和集成比较模拟方法的目的。动态组装过程如下所述。

（1）模型算法组件组装

以反射式中间件（reflective middleware）技术为基础，基于模型框架组件的反射能力，在运行时适配具体模型算法组件，实现作物模型框架的大粒度复用，具体步骤描述如下：首先，模型构造引擎基于模型框架组件对象产生接口类型引用变量；然后，在模型算法定制时，动态选择加载具体作物模型算法组件；最后，采用模型构造引擎的内省机制检查适配后引用实现的具体作物算法组件对象接口，执行该对象的对应算法。

（2）模型模板组件组装

模板组装采用类集成方式，算法知识采用类接口与模型构造引擎中的接口通讯，面向建模人员实现算法知识的重组。具体步骤如下：首先，根据具体作物模型结构树加载相应子模型的模型模板（T），将初始驱动数据的名称和值集输入 T 的构造函数中，并录入模型算法知识表内容；然后，模型构造引擎调用 T 接口函数计算产生中间结果；最后，通过递归调用完成全部组装过程。

11.4.3　模型算法动态集成

模型算法动态集成利用作物模型模板实现。作物模型模板是模型算法从程序性知识向陈述性知识转化的技术保证。它以作物生长元模型和元数据为基础，计算机编译技术为依托，采用作物模型描述脚本，并结合直观的算法表达方式，实现对不同模型算法的解析。

1. 作物模型描述脚本

以作物生长建模通用知识框架与术语为依据，设计了一套模型算法规则描述脚本，包括变量、运算和命令共 3 部分。

（1）常量与变量

常量与变量由常量、关键字、共享变量和计算变量组成，支持双精度型和字符串数据类型。常量 PI=3.1415926。关键字包括 IF、THEN、CALL、OUTPUT 和 PI 等，具有一定的语法格式。共享变量主要来源于元模型，能描述共享概念及模型框架的语法和语义，在模型模板输入和内部计算中可直接使用。例如，TAV、DAYL、GDD、PDT、BIOMASS、LAI、DTGA、TOPWT、WDF 和 NDF 等，其具体语义见第 3~5 章。以上变量采用固定格式来区分大小写。计算变量可由用户自定义，不区分大小写，数据类型为 double，用于模型内部的计算。

（2）运算部分

运算部分包括常用算数运算、逻辑运算、条件运算、过程及函数运算。算数运算支持常用数学公式解析，包括+、−、*、/、^、=、（、）、SIN、COS、SQRT、EXP、LOG、MAX、MIN、E+、E−、单目负等 18 种运算。关系及逻辑运算支持<、<=、>=、<>、=、&（逻辑与）、??（逻辑或）7 种。条件运算包括多条件解析运算和简单 IF 嵌套。过程及函数运算用来封装特定的模型计算方法。

例 1，小麦从二棱期至抽穗期热效应的计算可描述为

IF Tb<=TAV<To THEN DTE=SIN((TAV−Tb)/(To−Tb)*PI/2)^TS

其中，DTE、TAV、PI 和 TS 为共享变量，To 和 Tb 为自定义变量。

例 2，小麦进入分蘖期的描述为

IF EM+332.5<=GDD & 8<=PDT<16.1 THEN PHE="分蘖"

其中，GDD、PDT 为共享变量，EM 和 PHE 为自定义变量。

例 3，旱地作物径流计算采用 CSC 曲线算法，描述为

CALL RUNOFF = CSC (WATEREFP, CN)

其中，CALL 表示 CSC ( ) 过程调用，RUNOFF (径流量)、WATEREFP (到达地表的有效降雨量) 和 CN (径流系数) 为自定义变量。

（3）命令部分

命令包括跳转、终止、输出等。

2. 作物模型算法动态解析机构与执行过程

以子模型为粒度，作物模型采用知识页为单元的两级表格表示法，其中，第一级为一维表，保存知识页节点概念；第二级为二维表，保存模型算法知识内容。通过作物模型算法动态解析描述脚本和计算公式，进而获得模拟结果。作物模型算法动态解析机构包括数学公式解析器、条件解析器和知识表解析器。数学公式解析器采用逆波兰式解析方法，结合职责链模式，实现多数学公式的计算；条件解析器和知识表解析器采用 LR 语法分析算法，以自左向右递归下降方式实现解析计算。

模型算法动态解析执行的过程如下：在作物模型内层框架指导下，基于模型描述脚本，参考已有模型算法，填写模型算法知识表。基于模型模板组件运行时态动态组装，作物模型引擎激活模型算法动态解析机构，解析并生成具体作物子模型算法。

11.4.4 模型参数集成与校正

模型参数集成包括环境参数集成和品种参数集成。用户配置外部驱动数据，实现自然物理环境参数（气象要素、土壤参数和栽培条件）的集成。用户通过"选择+自定义"的方式定制品种参数和作物参数，实现模型参数的集成。模型参数校正是模型应用的基础，该项工作费时费力，可采用手动试错法、贝叶斯统计估算法或者演化算法等实现模型参数的自动校正。

11.5 作物生长集成建模辅助系统与建模案例

作物生长集成建模辅助系统（Integrated Crop Modeling Construction System，ICMCS）是指在作物系统动态模拟、领域工程及构件化软件开发等技术的支撑下，基于通用建模流程、作物生长发育及产量品质形成过程、气候与土壤变化过程、模型结构与接口，采用设计、定制、配置、组装、评价和扩展等步骤，无须编程即可生成、完善和积累作物模型的辅助建模软件系统。其结构呈现层次化，由基

础库层、业务逻辑层、组装解析层、输出层、工具层等组成（图 11-11）。每层既独立又关联，下层支撑上层，上层动态表现下层。作物建模变成建模者参考已有模型算法和结构，使用辅助建模工具，从作物生长元模型和元数据到模型和算法的推理与反馈的构造过程。

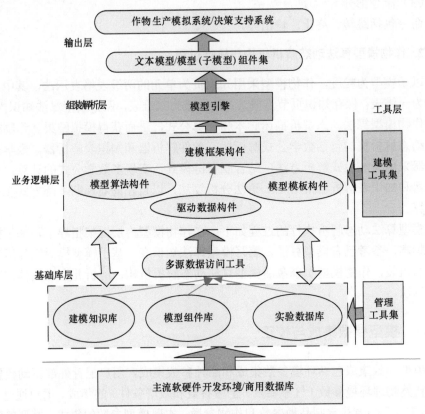

图 11-11　基于资源融合的作物生长集成建模辅助系统结构

11.5.1　ICMCS 结构

ICMCS 可为作物建模人员提供模型定制、描述、组装解析、保存、分析比较、流程监控等功能的一体化综合集成建模环境。系统分为基础库层、业务逻辑层、组装解析层、输出层、工具层（图 11-11）。每层可形成构件包，具有独立扩展能力。

1. 基础库层

基础库层是指作物模型资源库，是建模系统的支撑，包括实验数据库、模型组件库及建模知识库。

（1）实验数据库

实验数据库包括实验描述信息及田间试验、模型驱动及模拟结果数据。实验描述信息是指计算机辅助建模方案的基本信息（模型名称、建模单位和实验数据来源等）。模型驱动数据由气象要素、土壤特性、栽培技术和作物参数组成。其中，作物参数包括初始模拟模式、作物消光系数、作物最大系数和最长根深等参数；栽培条件包括基本信息（纬度、播种量和播期等）、灌溉（模式、时间和灌溉量）和施肥条件（日期、方式和施肥量）；土壤特性包括基本特性（名称、类型、数据测定时间、土层数、土壤径流系数和裸土反射率等）和分层理化性状（土层编号、厚度、土壤有机质含量与容重等）。田间试验数据用于确定子模型或参数及模型检验；模拟结果用于分析与评估模型的成熟程度。

（2）模型组件库

模型组件库分类存储模型组件描述信息及实体，支撑建模系统运行。模型组件分为通用框架、算法子模型和模型模板 3 类：通用框架按照子模型粒度封装通用接口；算法子模型封装作物模型的具体算法，如小麦生育期预测组件、水稻生物量积累组件等；模型模板是作物生长通用概念模型的算法骨架，与算法知识表相结合能产生具体的作物子模型组件，包括生育期预测、生物量积累、器官建成、干物质分配及产量形成、土壤水分和养分动态等模型模板组件。

（3）建模知识库

建模知识库存储通用模型结构和作物模型算法片段的量化信息，是模型积累与完善的动力，包括建模方案、模型/算法知识框架、建模流程、变量字典、算法规则、算法片段和模型评估指标等。

2. 业务逻辑层

该层是建模者使用建模工具，根据特定作物的建模需要，动态描述和加载模型结构及算法的环节，主要包括建模框架、模型算法、模型模板和驱动数据 4 种构件。其中，建模框架构件可根据作物生长通用过程，动态激活建模通用概念中的节点，包括生育期（温度效应、光效应、春化作用、发育进程和物候期）、生物量积累（环境影响、冠层光能吸收、呼吸作用和物质积累）、干物质分配及产量形成（器官分配、绿色面积指数和产量）、器官建成［叶、茎蘖（枝节）、收获器官和根生长］、水分平衡（作物截流、地表径流、地表渗漏、作物潜在蒸散、土壤潜在及实际蒸发、作物实际蒸散和水分效应因子）及养分平衡（基础计算、肥料运筹、水分运转、挥发损失、矿化作用、硝化作用、反硝化作用、潜在需求量、潜在吸收能力、实际需求量和影响因子计算）6 个子模型。模型算法构件是具体作物算法的映射；模型模板构件是建模者使用模型算法描述脚本，填写模型算法知识表，完成建模模型算法集成的部件；驱动数据构件映射建模者根据特定作物驱动数据模式定制新驱动数据。

3. 组装解析层

该层的核心部件是模型引擎，可基于模型结构框架组件、驱动数据和算法知识，在运行态下协同完成模型算法组件和模型模板组件的组装、解析和运行。

模型组件及模型模板组件是模型算法的实现形态。模型组件面向对象封装具体作物子模型，并依赖接口与规约实现"黑盒"抽象；模型模板组件包含子模型通用建模知识框架、模型解析组件、多公式解析组件和条件解析组件，依赖"白盒"抽象实现重用；具体过程是基于模型描述脚本，在模板建模知识框架指导下，参考已有模型算法描述，将模型算法外置并形成定量算法描述表，结合作物生长模型整体框架，生成具体作物子模型。已有作物的算法描述存储于数据库中，通过 ADO.Net 访问。以生物量子模型为例描述模型模板内部可扩展的建模框架如下：

（1）$BIOMASS = \sum_{i=1}^{n} f_{(DTGA, RM, RG, RP)}$

（2）$DTGA = \int (f_{(AMAX, PAR, SCP, KDRT, REFS, LAI, DAL)}) \times f_{VAR(m)} \mid m = 1, 2, \cdots, l$

（3）$AMAX = f_{(MAX, FA, FT, FCO2)} \times f_{VAR(m)} \mid m = 1, 2, \cdots, l$

（4）$RM = f_{(TAV, DTGA, WLV, WST, WRT, WSO)} \times f_{VAR(m)} \mid m = 1, 2, \cdots, l$

（5）$RG = f_{(DTGA, GLV, GST, GSO, GRT)} \times f_{VAR(m)} \mid m = 1, 2, \cdots, l$

（6）$RP = f_{(DTGA, TAV)} \times f_{VAR(m)} \mid m = 1, 2, \cdots, l$

其中，框架（1）的 $BIOMASS$ 为外部共享变量；$DTGA$、RM、RG 和 RP 为内部变量，分别代表冠层日光合同化量 [kg CH_2O/(hm²·d)]、维持呼吸消耗量 [kg CH_2O/(hm²·d)]、生长呼吸消耗量 [kg CH_2O/(hm²·d)] 和光呼吸消耗量 [kg CH_2O/(hm²·d)]，计算方法可扩展。框架（2）中 $DTGA$ 可用高斯三点积分法计算，如不用该方法，则 $\int [f_{(AMAX, PAR, SCP, KDRT, REFS, LAI, DAL)}] = 1$；其中，$AMAX$、$PAR$、$SCP$、$KDRT$、$REFS$、$LAI$ 和 DAL 为元参数，分别表示最大光合速率 [kg CO_2/(hm²·d)]、冠层光合有效辐射、散射系数、消光系数、直射光反射系数、叶面积指数和日长。$f_{VAR(m)} \mid m = 1, 2, \cdots, l$ 表示计算方法可扩展为其他因子的函数，如不考虑其他因子则为 1；框架（4）、（5）和（6）中的 $AMAX$、RM、RG 和 RP 的计算方法与此类似。f( ) 函数中可包括多规则。

4. 模型输出层

基于 XML 文档、数据库等输出新建模型/算法文档、模型组件及参数，为自动生成模拟系统或决策支持系统提供输入部件。

5. 工具层

该层包括建模工具集及管理工具集。前者由模型脚本描述器、结构定制器、算法设计器、模型解析器、驱动数据设计器、知识检查器、组件测试器、运行状态监视工具、模型评估工具、模型代码自动生成工具、模型存储工具等组成。后者由模型组件库管理系统、建模知识库系统和实验数据库管理系统构成，与建模系统协同完成模型构建。

11.5.2　ICMCS 主要功能

作物生长集成建模辅助系统可在一体化、图形化集成建模环境中完成。通过对建模流程各环节的检查、比较、监视和控制，达到建模过程和模型算法透明的效果。包括模型构建、模拟计算、模型分析和评估、模型数据管理、模型资源查询及模型资源字典等主要功能。

1. 模型构建

新建模型包括结构定制、算法设计和驱动数据配置。结构定制是根据模型或子模型关联，自动产生模型结构和建模概念点，可采用通用模型结构和用户自定制两种方式。用户自定制方式可根据需要灵活选择系统已有通用模型概念，经计算机检查后获得用户设计的模型结构。算法设计首先在现有模型和模型模板两种方式中选择，然后组装产生新模型。现有模型方式是在模型组件库中选择合适的已有模型组件完成在线集成；模型模板方式是使用模型描述脚本，根据建模者的需要直接录入新算法知识片段或选择已有模型算法知识片段进行修改，完成算法知识的描述与集成。驱动数据配置主要包括气象要素、土壤特性、栽培条件和作物品种遗传参数，其中品种遗传参数可在元参数基础上添加新参数。同时，系统提供多种形式的保存与打开功能。具体实现流程如图 11-12 所示。

2. 模拟计算

模拟计算包括连续与继承运行两种方式。连续运行根据模型起止时间迭代运行；继承运行可分段设定起止时间，系统自动保存上段模拟结果，并能在用户修改上段模拟结果后继续运行。后者可有效促进模型运行的人机交互，有利于分阶段、跨播期的作物模型调试。

3. 模型分析和评估

模型分析和评估提供模拟结果的图表分析、比较、评估及评估指标查询等功

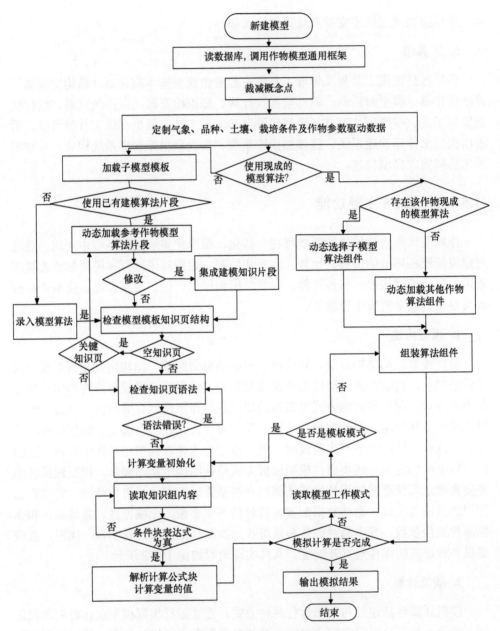

图 11-12　作物模型构建流程

能。此外，模拟结果可输入 Excel 与实际测定结果进行比较；也可根据评估指标
得出模型基本评估报告，输入 Word 文件保存并打印。

4. 模型资源查询

模型资源查询提供机器建模及各类建模资源（方案、结构、接口、组件和算法知识）的查询，帮助建模者在线了解资源库中的信息。

5. 模型资源字典

模型资源字典是模型描述脚本和接口表示的帮助机构，可快速获得建模共享概念、变量、接口及评估指标信息。

11.5.3 基于 ICMCS 的小麦生长模型构建案例

基于 ICMCS 重构了小麦生长模型，并通过对模拟结果的分析与比较，初步测试了 ICMCS 的计算精度和功能。

1. 建模材料

以南京农业大学的小麦生长模型算法为依托，使用 ICMCS 重构了小麦生长模型及模拟系统。其中，生育期与器官建成子模型算法来源于严美春等（2000a，2000b，2001a，2001b）；生物量积累与分配子模型算法来源于刘铁梅等（2001）；水分与养分平衡子模型来源于叶宏宝（2005）。模型运行选择'扬麦 9 号'和'徐麦 26'两个品种，逐日气象资料为南京 1998 年 11 月 5 日~1999 年 6 月 5 日的日最高气温、日最低气温、日辐射量和日降水量。其他驱动数据来源于小麦生长模拟系统（潘洁，2005）。

2. 模型构建与分析

共设计 2 个建模实验。实验 1 采用模型模板，动态装载生育期算法构造生育期子模型；实验 2 采用模型模板与算法组件混合组装的方式构建小麦生长模拟模型，其中生物量与干物质分配子模型采用模板方式，基于算法知识集成实现；其他子模型可加载现有模型组件（图 11-13）。此外，基于代码编程实现的小麦生长模拟系统（GMDSSWM^W）（潘洁，2005）由 C#语言开发，模型算法及驱动数据与 ICMCS 系统相同。

图 11-14 是实验 1 及实验 2 建立的小麦生长模型对生育期和产量的模拟结果，能较好地反映小麦生长发育及产量品质的形成过程。

不同作物虽有物种差异，但其生长发育过程及其与环境的关系、模型构建过程等都有相似之处。以作物生长通用生理生态过程为主线，基于作物生长元模型和元数据研究并开发了智能化作物集成建模辅助系统。建模者可参考已有模型完成新模型结构、算法和参数的设计与描述，计算机实现新模型解析与计算，从而

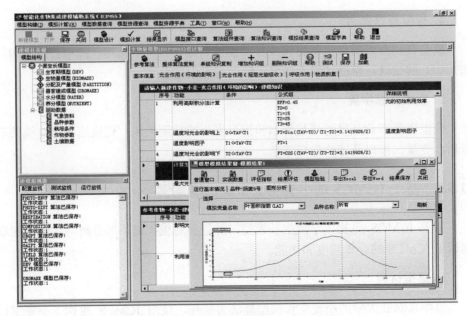

图 11-13　ICMCS 系统界面（以小麦为例）

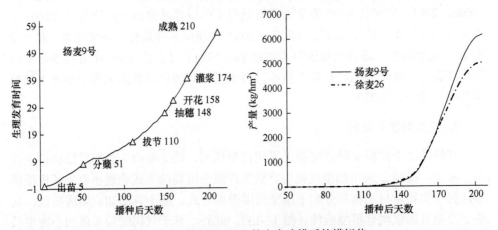

图 11-14　基于 ICMCS 的小麦建模后的模拟值

将建模活动转化为学习活动，有效融合了模型构建与软件开发。

通过综合分析已建麦、稻、棉等作物的生长模拟模型及模拟系统，以通用建模思路和作物通用生长过程为依托，提炼了作物通用建模流程、模型概念、结构、接口和模板，并以此为基础构建了作物生长元模型。在作物系统动态模拟、问题求解结构化组织技术和自适应软件开发方法支撑下，基于模型资源库、模型构件、描述脚本和引擎等环节，设计了层次化、组件化和智能化的作物集成建模辅助系统（ICMCS）结构及核心部件。基于.Net/CLR 体系，使用 C#.Net 语言和 SQL Server

数据库，开发了构模资源、工具和集成环境，方便作物模型的开发、测试、维护和共享，促进了建模者使用学习、定制、设计、配置、组装、评估和扩展等手段，无编程、智能化地构建作物模型及模拟系统，实现了作物辅助建模流程化、手段工业化、接口通用化及模型透明化。

3. 与基于代码编程的小麦模拟系统的比较

（1）模拟精度分析

基于 ICMCS 的模拟结果与 GMDSSWM^W 的模拟结果相比，预测的物候日期相同，生理发育时间（PDT）的均方根误差 $RMSE$ 为 7.55342×10^{-15}，叶面积指数（LAI）的 $RMSE$ 为 9.325×10^{-15}，DTE（温度效应）的 $RMSE$ 为 9.5524×10^{-15}。由于 ICMCS 模型构造引擎可混合组装模型组件与算法描述脚本，组装过程中存在数据类型的转换，可能造成变量计算的微弱误差，且局部误差可能有累计现象，两者的误差在可接受范围（图 11-15）。ICMCS 基本可替换基于代码的模型实现方式。

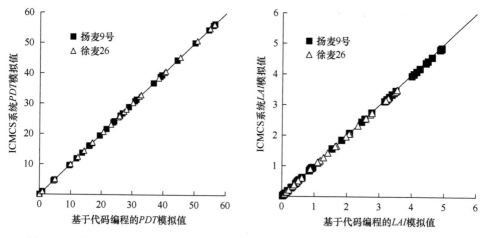

图 11-15　基于 ICMCS 建模与基于代码编程实现的不同小麦品种的模拟值之间的比较

（2）功能比较与分析

在作物建模框架引导下，ICMCS 实现了具体算法和参数的有效集成，建模过程直观，建模者不用学习 C#语言和关心程序调试中的各种问题，从而降低了作物模型开发难度，节省了开发时间。此外，ICMCS 中每个子模型可动态插拔，或通过模型模板开放模型算法，建模者在不编程的情况下，可以动态修改或增减子模型算法，克服了模型算法组件化后带来的"黑箱"问题，为模型及模拟系统的动态修改、测试、维护和共享创造了条件。表 11-2 对两者的功能进行了多方面的比较。

表 11-2　ICMCS 与 GMDSSWM^W 的功能比较

比较项目		GMDSSWM^W	基于 ICMCS 构建作物模型
开发流程	作物模型及建模知识	学习（learning）	在线学习已建模型资源
	模型算法描述	计算机编程语言	模型描述脚本
	模型调试运行	代码级调试	根据模拟结果分析调试
	模型修改	需针对程序代码修改	仅修改模型描述
开发者		软件开发人员	建模者或有建模知识的专家
开发时间		较长	很短
开发难易程度		较难（跨学科）	容易
模型开放性		基于源码开放	基于数据库或 XML 开放
模型透明程度		不透明	透明
模型复用能力		源码级	可复用知识级
学习能力		无	有
自适应性		较弱	较强
用户使用简单程度		简单	简单（需基本操作培训）
模型计算时间		较短	较短

第 12 章　作物模型与空间信息耦合

将作物模型与空间信息相耦合来准确模拟并定量预测与分析区域作物生产力，对指导农业生产管理、服务国家粮食安全、支撑政府科学决策等具有重要意义。作物模型以作物生长发育的内在规律为基础，能够定量描述和预测作物生长发育过程及其与环境和技术之间的动态关系；但气象要素、土壤特性、品种参数、技术措施等模型驱动变量具有显著的时间和空间分布特征，导致区域尺度上的高精度驱动变量获取较难，从而进一步限制了作物模型从单点模拟到区域尺度的拓展。近年来，以地理信息系统（geographic information system，GIS）和遥感（remote sensing，RS）为代表的空间信息技术快速发展，为作物模型的区域应用提供了多尺度、多时相、多维度的空间数据及处理方法，可有效支撑区域农作物长势、产量与品质的时空动态模拟与定量预测，进一步结合最新的空间数据智能分析方法，真正达到服务科学决策的目的。本章主要阐述作物模型与空间信息耦合的策略、方法和过程，以及基于地理信息系统、遥感的作物模型应用案例。

12.1　作物模型与地理信息系统（GIS）耦合

GIS 是现代时空信息管理、分析、可视化的技术集成，是完整的时空信息处理分析平台。由于输入数据随时间和空间的变化，现有作物模型难以在区域尺度上应用，而 GIS 可对大尺度空间数据进行分析和处理，为区域尺度的农业系统建模提供了新的方法（石晓燕，2009；曹卫星，2008）。将作物模型与 GIS 耦合建立区域作物生产力模拟模型，有助于研究评估区域环境对农业生产的影响状况及程度，进一步发挥 GIS 软件生态的优势，构建作物区域生产力模拟软件平台，可以为区域农业管理提供科学决策工具。

12.1.1　作物模型与 GIS 耦合的基本策略

将作物模型与 GIS 耦合实现区域生产力的模拟预测主要有两种策略，即基于空间数据的耦合和基于空间模型的耦合（徐浩等，2020；Zhang et al.，2018b）。基于空间数据的耦合，包括基于空间插值的升尺度方法和基于空间分区的升尺度方法；基于空间模型的耦合是在目标研究区域上探索和建立区域产量与环境变量的耦合关系，从而适用于更大尺度的作物产量模拟与预测。

1. 基于数据的模型与 GIS 耦合

（1）基于栅格数据的耦合

基于栅格数据的模型与 GIS 耦合，是利用 GIS 的空间插值等方法，获取模型区域模拟所需要输入的栅格数据。每个栅格作为一个均质模拟单元，具有作物模型运行所需全套输入参数，从而能够模拟获得整个区域的模拟结果（图 12-1）。

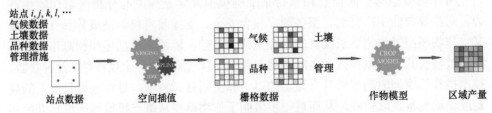

图 12-1 基于栅格数据的区域生产力模拟

作物生长模型运行所需要的输入数据主要有气象要素、土壤特性、品种参数与管理措施四大类。高空间分辨率的栅格数据，可较好地反映区域数据的空间分布，但也会造成数据量过大、模型计算效率低下等问题。而较低空间分辨率数据，尽管可以提高模型的计算效率，但会导致模拟偏差大、模拟精度低等问题。因此，如果能对区域模拟中输入的栅格数据的尺度效应进行系统分析，量化输入数据的空间分辨率对模型模拟结果的影响，就可以确定模型模拟所需数据的适宜空间分辨率，对提高区域模拟效率和精度等均具有重要意义。

气象要素是作物产量形成的决定性因子，目前气象要素的栅格数据获取方法主要有两种：一是对气象站点实际监测的数据进行空间插值生成栅格表面，常用的插值方法如反距离加权法（IDW）、克里金法（Kriging method）、ANUSPLIN 法等；一定空间范围内，站点密度越大插值精度越高。二是利用气候模型，包括大气环流模型（General Circulation Model，GCM）与区域气候模型（Regional Climate Model，RCM）等，来模拟未来的区域尺度的气象数据（De Wit et al.，2005）。其中，GCM 数据的空间分辨率较低（空间分辨率大于 200km），RCM 数据的空间分辨率一般在 10~50km。不同空间尺度的数据之间可以进行升尺度和降尺度转换，目前气象数据升尺度以栅格均值法应用最为广泛，即利用高分辨率气象数据通过均值重采样获得所需的空间分辨率。不管采用哪种升尺度方法，随着空间分辨率的降低，必然会造成像元内部空间细节特征的丢失，且环境越复杂的区域，数据信息丢失越严重。

土壤特性也是作物生长的决定性因子，其栅格数据的获取通常也有两种方法。一是基于土壤采样点数据，利用克里金等点插值方法获取（Zhang et al.，2018a）；二是基于高空间分辨率土壤类型数据，将区域划分成目标分辨率网格，在单个格网内部利用面积占优法选择主导土壤类型来代表格网的土壤类型，从而获取不同空间分辨率土壤栅格数据，此方法在区域生产力模拟中已得到广泛应用。

管理措施数据的空间差异较大，数据搜集的准确性难度高，且管理措施在地域上存在政策指导的影响，因此目前研究较少。解决方案通常有 3 种：一是设置为默认或最优条件，如假设氮肥或水分均充分满足；二是利用不同管理措施进行组合模拟，求模拟结果的均值以降低单一管理措施带来的不确定性，如利用多种播期组合来模拟并取其模拟结果的平均值；三是将一定范围内的管理措施数据（如施肥量）进行平均来代表区域整体水平。

作物品种参数是作物与自然环境关系的一种量化表达，不同自然环境通常对应不同生态型品种。模拟所采用的作物品种参数可以根据研究区域的大小来选择，研究区域较小，自然环境相似，可以使用主导品种来代表一类生态型的品种，否则根据不同区域使用不同品种组合分别进行模拟。

种植面积是作物区域生产力模拟的一个重要影响因子。目前主要采用开放的种植面积栅格数据产品作为模型输入，常用的有 MIRCA2000、Iizumi、Ray 和 SPAM2005。这些数据产品的栅格单元值为每个栅格单元内的种植面积。因为同一种植区域内有可能既包含雨养也包含灌溉。在高空间分辨率下对种植面积数据进行升尺度会发生像元混合效应，造成所模拟的栅格单元内同时包括雨养或灌溉，从而引起产量模拟的不确定性。研究表明，栅格单元内种植面积越小，模拟结果升尺度到区域的不确定性越大。

（2）基于分区数据的耦合

基于分区数据的耦合，是在站点数据的基础上，利用分区方法将研究区域划分成若干均质单元，在每个单元内部选择典型生态点进行模型的模拟，并将模拟结果通过面插值方法外推到整个研究区域（图 12-2）。

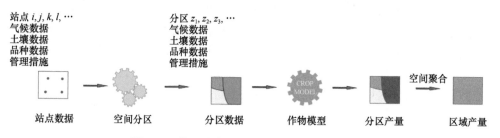

图 12-2　基于站点分区数据的区域生产力模拟

分区是全面认识地理环境的重要方法之一，分区内部具备均一性、稳定性、空间区域代表性等特点。均一性特征要求分区内部的自然条件、土地利用类型及其他自然社会条件的一致性；稳定性特征要求在一定时间段内该分区空间单元的边界相对稳定；空间区域代表性特征则要求该空间单元的面积大小适中，具备一定的空间代表性。由于农业生产相关自然环境特征在空间上具有连续性与变异性，根据地理学第一定律，一定空间单元内的信息与其周围单元信息有相似性，空间单元之间具有连通性。因此，可以利用分区选择典型生态点进行作物区域生产力的模拟预测，进而有效降低数据获取成本，提高模型计算效率。

目前作物模型区域化应用中的常用分区有农业气候分区（agro-climatic zones，ACZ）和农业生态分区（agro-ecological zone，AEZ）。其中，农业气候分区考虑了农业生产中温度、降水、日照等气候因素。由于气象条件会对土壤成土过程产生影响，导致有机质、阳离子交换量及 pH 等发生变化，所以不同气候区内的土壤条件也有较大差异；农业生态分区除考虑自然环境结构外，还考虑农业生产中的地域分异规律、经济结构与农业生产合理布局等，因此将特定的空间环境划分为不同的农业生态单元，揭示各生态区农业生态系统的合理结构，是一种特殊的生态分区。此外，也可以利用与模型相关性较强的环境变量，如温度、降水和日照等，进行聚类获得相应的空间分区。由于分区数据的空间异质性会造成分区结果不同，所以分区法最好应用在地形较为平缓、气候条件相对稳定、数据获取相对充分的区域。

基于分区数据的耦合方案中，模拟站点的选择会影响区域模拟的精度。目前站点选择一般有如下 3 种方法。一是优先选择农业气象站点，即典型生态站点。这些站点具有完善的气象要素、土壤特性、管理措施、品种特征及作物生育期及产量数据等，可以保障更好的模拟精度及模拟结果评价；二是在分区内没有典型生态点的情况下，利用可获取的农业气象站点观测数据进行模拟，并利用面积占优的原则选择分区内主导输入参数；三是利用随机采样选取模拟站点。对于均质区域，稀疏采样即可满足要求，否则需增加采样密度来保证数据能够充分反映环境要素的空间变异特征。此外，站点数目也会对最终模拟结果产生影响。部分研究认为典型生态点数量过少，自然条件差异导致作物生长状况的空间差异明显，特别是在地形空间异质性较大的区域，站点模拟的代表性较差。另外一部分研究表明，站点模拟结果的局部不确定性在升尺度过程中会被抑制，需根据具体需求确定合适的分区尺度。因此，基于典型站点模拟结果升尺度到区域的过程中，站点数目及所需分区均是需要重点解决的关键问题。

2. 基于空间模型的耦合

长期以来数据获取代价高昂是制约作物模型区域应用的主要因素，而将作物生长模型与空间统计模型相耦合，通过量化分析作物产量与环境数据之间的关系进而建立空间模型可提供简便合理的预测方法，达到降低数据需求量、提高计算效率的目的（图 12-3）。此外，利用空间模型对原有模型进行优化，可以使用空间聚合的气候变量直接在较大空间范围（如国家）与作物生产力建立关系，更适合预测大尺度的区域生产力平均状态。

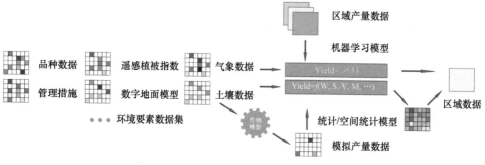

图 12-3　基于空间模型的区域生产力模拟

　　其中，所采用的空间模型主要包括简单回归模型、空间统计模型和机器学习模型。不少学者综合利用站点监测和遥感区域观测等数据构建了基于多环境变量的区域产量回归预测模型。其中线性回归因为具有数据需求量少、运算速度快等优点被广泛应用于不同气候条件背景下的区域生产力预测。然而，不同区域作物产量的关键环境影响因素不同，且环境因素本身具有显著地域差异，导致模型跨区域应用效果不稳定且存在尺度依赖性，难以动态解释作物产量变化的时空特征。此外，回归模型是建立在经典统计学大样本及样本独立的假设前提下，而作物产量和环境数据具有空间自相关性，不满足样本间独立性假设，这极大地降低了回归模型的可靠性和准确性。

　　空间统计建模是以地理学的"格局－结构－过程－机理"的研究思路为主线，从单要素空间分布入手，分析空间要素局部或整体格局结构和过程，描述要素内部或要素之间的相互关系及作用机制（Zhang et al.，2018b），为作物区域生产力预测提供了新的思路与方法。空间建模过程中应考虑以下因素：一是考虑变量的空间自相关与空间异质性，选择区域上与作物生长密切相关的环境因素进行建模，突出作物与环境之间的交互反馈机制；二是选择作物生长的区域限制性因子作为建模指标以更好地体现作物生长的空间异质性，并能够解释作物区域产量的形成机制；三是考虑建模指标的时空尺度依赖性，通过建立最优建模指标选择策略，为不同时空尺度区域产量模拟选择不同建模指标。其中，基于空间自相关理论的地理加权回归分析（geographically weighted regression，GWR），是最小二乘模型在区域尺度上的扩展，已经得到广泛应用。该方法将区域环境因素的空间自相关性考虑到建模中，使得环境要素回归参数随着时空分布位置和尺度的变化而不同，其空间模拟结果更符合客观实际。这对于寻求区域产量形成的解释性因子、明确区域范围内作物产量与环境要素之间的关系具有重要作用。

　　近些年，随着大数据和高性能计算技术的发展，机器学习方法作为一种无须考虑输入输出依赖关系的"黑箱"系统，具有能够识别并建立预测变量之间的复杂关系、无须对预测变量关系类型进行先验假设等优点，为区域建模提供了新的思路。作物生长是一个复杂的生态系统，存在大量非线性关系，作物生长模型建模过程中无法完整考虑所有影响作物生理机能的潜在因素，同时存在较多的专家经验参数。然而，机器学习可简化对作物生长与环境交互内在机理的探讨，强调外部环境变量与预测目标之间的非线性关系，以牺牲模拟机理性和解释性为代价，提高作物生长模型升度模拟精度和应用能力。目前，常用的机器学习算法包括神经网络、随机森林、支持向量机等。同时，机器学习模型输入可以是非数值型特征数据，提高了区域辅助环境变量的可获取性，如年份、灾害等级、品种类型均可以作为输入特征，加之较强的泛化能力及非线性映射能力，机器学习模型已经被广泛应用于作物区域产量的预测。

12.1.2　作物模型与 GIS 耦合的尺度效应

　　作物模型与 GIS 耦合的实质是利用 GIS 数据管理与空间分析的手段建立点模型到区域（面）模型的连接，实现作物模型的升尺度应用。然而包括作物生产时空分布在内的地理现象及过程总是尺度依赖的。在点尺度上构建的作物模型不能完全表达区域上的产量形成过程，简单直接使用将导致生态谬误的问题（邬建国，2004）。因此，不管采用何种升尺度方法，均要考虑和评价升尺度转换过程中的尺度效应，从而减小尺度转换带来的模拟精度降低。此外，由于区域上的地理现象（过程）模拟往往涉及较大规模的数据，所以采用合适的升尺度策略，选择适宜的分辨率或者分区策略，可以在抑制尺度效应的同时，提高模型的模拟效率，为作物模型的区域应用奠定良好的基础。解决方案通常是定量评价作物模型与 GIS 耦合过程中的尺度效应，如构建尺度效应指数指导最优尺度及分区方案的选择（图12-4），从而最大限度地降低升尺度过程给区域生产力模拟带来的精度影响。通常，根据数据属性的不同类型，采用尺度间标准差或者尺度间信息熵对区域环境变量的尺度效应进行定量描述，从而衡量作物生长模型升尺度模拟的不确定性。

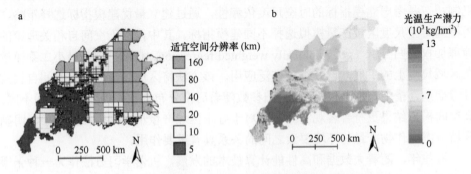

图 12-4　基于模型与 GIS 耦合的中国冬麦区生产力模拟

a. 适宜模拟单元分辨率；b. 光温生产潜力模拟结果

12.1.3　作物模型与 GIS 耦合的软件工具

　　基于模型与 GIS 耦合的区域作物生产力预测，其核心策略是通过 GIS 将作物生长模型与地理数据库进行有效集成，实现区域作物生产力的模拟分析，并能反映生产力要素在空间上的变异特征，进而为农业产业布局提供科学有效的工具。但我国作物区域生长模拟及软件系统的自主研发并未得到足够重视。

　　目前，作物区域生长模拟的实现可分为松耦合与紧耦合两种方法。松耦合是指作物生长模型模块与 GIS 模块分别构建独立系统。其中，GIS 模块用来管理空间数据，作物生长模型系统用来模拟计算。这种方法通过 GIS 获取模型输入数据，并转换成作物生长模型系统的文件格式提供给作物生长模拟模块进行计算，并将计算结果通过 GIS 赋值给每一个模拟单元。生长模型模块与 GIS 模块通过文本文件交互的方式实现彼此调用，具有开发代码量少、难度小等优点，是目前应用较为广泛的方法。但松耦合需要在两种应用系统间进行切换并转换数据，容易导致数据出错，降低分析效率。同时，这种方法一般不提供可视化的图形操作界面，增加了非专业人员实际使用的难度。紧耦合将 GIS 模块与作物生长模型模块集成到一起，是基于 GIS 的作物生长空间模拟系统。其中，GIS 集成了数据管理、分析和交互的所有功能，用户只需简单点击操作即可进行作物生长模型的数据选择、区域模拟与结果展示，大大减小了操作难度，提高了作物生长模型的可用性。但这个过程需利用 GIS 的系统架构和开发方式对原作物生长模型进行重构与耦合，并将区域生产模拟功能发布成为可在桌面 GIS、网络 GIS 及移动 GIS 上都能调用的地理处理工具（图 12-5），同时能基于核心的耦合模型，集成开发有针对性的桌面应用系统，为相关研究提供有效工具（徐浩等，2020；花登峰等，2008）（图 12-6）。

图 12-5　ESRI ArcGIS 环境中基于栅格数据的 WheatGrow 模型地理处理工具

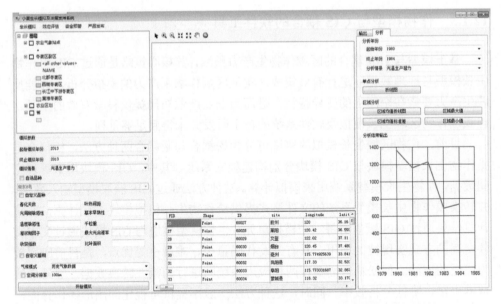

图 12-6　基于作物模型和 GIS 紧耦合的小麦区域生长模拟预测系统界面

12.2　作物模型与遥感（RS）耦合

作物生长模拟模型能动态预测不同条件下作物生长发育及生产力形成过程，但其机理性的强弱取决于对作物生产力形成的生理生态过程的认识程度及对已认识过程的准确量化；而作物生产力形成的生理生态过程相当复杂，因此已有作物生长模拟模型基本上还属于半经验性半机理性模型。再者，机理性较强的模拟模型通常要求输入包括气象、土壤、品种、管理措施和初始输入参数五大类参数，这些参数的精度影响着模型模拟结果的准确性，尤其是当模型从单点研究发展到区域应用时，优质的高空间分辨率模型输入参数就更难获得。另外，现有作物生长模型基本没有考虑突发性灾害天气和病虫害对作物生产力的影响，一定程度上也会影响不同条件下作物生产力的预测效果。

遥感尤其是航空遥感，通过适当的反演方法能够快速提供大面积区域作物的实时长势信息，但受卫星运行周期和云雨等天气因素的影响，遥感通常在作物整个生长期中只能获得有限的作物群体表面的瞬间物理状况，因而无法揭示作物生长发育和产量品质形成的连续的过程机理。如果将生长模型和遥感信息相耦合进行作物空间生产力的预测，则可以充分发挥模拟模型的机理性和遥感信息的实时性，以及模型模拟结果的时间连续性和遥感监测结果的空间连续性，比基于单个技术进行作物生产力预测的结果更全面科学、更准确可靠，具有良好的应用前景。

12.2.1 作物模型与遥感耦合机制

目前，遥感信息与作物生长模型结合的方式可分为初始参数反演、中间变量更新及生长过程顺序同化 3 种策略（张玲等，2014）。

1. 初始参数反演策略

初始参数反演策略也称为初始参数同化策略，是指通过调整作物生长模型中与作物生长发育及产量品质形成密切相关的，并在区域尺度上难以获取的模型参数，来减小遥感反演值与相应模型模拟值之间的差距，从而优化所选模型初始值或参数值，并将优化后的初始值或参数值输入作物模型进行作物生长发育及产量品质的模拟。初始化过程如图 12-7 所示。

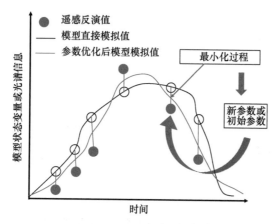

图 12-7　基于初始参数反演策略的遥感与模型耦合原理图

初始化过程中用于比较的状态变量可以是作物模型的状态变量（如 *LAI*、*LNA* 等农学参数），也可以是作物光谱信息（如植被指数 *NDVI*、*SAVI*、*TSAVI* 等），相应的初始化方式如下：一是以一定步长变换生长模型的相关参数或初始值，使得模型模拟的状态变量与同一时间的遥感反演值之差最小，以此得到模型的最优初始值或参数，并在优化后的初始值或者模型参数基础上运行模型，进而预测作物生长发育及产量品质形成过程。二是将辐射传输模型与作物生长模型相结合，通过优化算法最小化遥感观测的作物冠层反射率与耦合模型模拟的反射率之间的差异，从而得到作物模型最优的初始值或参数。其中，以农学参数为耦合指标的初始化法需要先构建统计模型来反演农学参数，尽管统计模型与辐射传输模型相比相对简单而实用，但统计模型依赖于植被类型和作物生育时期，通用性较差，因此以作物光谱信息为耦合参数的初始化法目前研究较多。初始化法也是以遥感观测值比模型模拟值更准确为假设前提的,这种假设忽略了遥感观测值带来的误差,对遥感观测值的准确性有较高要求。

2. 中间变量更新策略

中间变量更新策略又称为驱动策略,是将遥感反演的状态变量直接替换成模型模拟值,驱动模型向前模拟。该方法是建立在遥感观测值比模型模拟值更准确的假设基础上,驱动过程如图 12-8 所示。该方法在早期的研究中应用得比较多,操作简单,但前提是遥感反演的参数要准确,且对遥感观测次数要求较高。

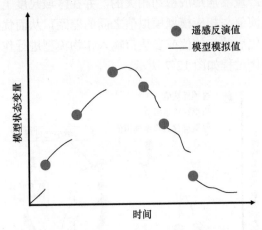

图 12-8　基于中间变量更新策略(驱动策略)的遥感与模型耦合原理图

3. 顺序同化策略

顺序同化策略是指以某时刻的遥感观测值和模型模拟值的滤波结果来修正之后时刻模型模拟的状态变量,同时考虑遥感观测值与模型模拟值之间的误差。同化过程如图 12-9 所示。

顺序同化策略要求用遥感观测值至少同化一个模型状态变量值,*LAI* 通常被选为待同化的状态变量。因为 *LAI* 是生长模型中最重要的变量之一,是反映作物冠层光合作用、呼吸作用、蒸腾作用的重要参数,与作物的干物质累积和产量形成有着密切的关系,同时 *LAI* 也能利用遥感手段来监测。也有研究发现,通过其他变量如叶片氮含量、地上部干物质、土壤水分等单个或者多个作物生长参数作为耦合指标,也能够取得较好的耦合效果(Guo et al.,2018;Zhang et al.,2016)。在顺序同化法中,除了可通过遥感反演的农学参数来同化状态变量,也可通过同化作物光谱信息来获得最优状态变量。生长过程同化法是以对某一时刻模型模拟值的优化来提高其后时刻的模拟精度为前提,同时考虑了遥感观测值与作物生长模型的模拟误差,而非直接假设遥感监测或模型结果为真值。

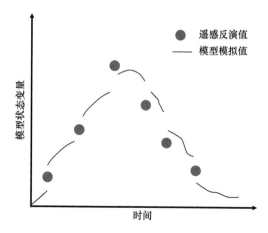

图 12-9　基于生长过程顺序同化策略的遥感与模型耦合原理图

12.2.2　作物模型与遥感耦合方法

遥感与模型耦合过程中存在耦合算法选择、耦合参数指标确定、时序同化最佳耦合生育期选择和区域升尺度应用计算量过大等问题，本小节主要介绍在不同耦合策略选择下进行耦合算法选择、耦合指标比较、耦合时段优化及基于分区的升尺度应用等研究工作。

1. 遥感与模型耦合算法选择

初始参数的反演策略和顺序同化策略本质上均属于现代数据同化的策略，而其中同化算法的性能直接影响到遥感与模型耦合的精度和运算效率。目前主要存在两类数据同化算法：基于代价函数的参数优化算法和基于估计理论的滤波算法。初始参数反演策略中，参数优化算法通常采用单纯型搜索、最大似然、粒子群优化算法（PSO）和遗传算法等；而顺序同化策略中，常用的顺序滤波算法有拓展卡尔曼滤波（EKF）、集合卡尔曼滤波（EnKF）和粒子滤波（PF）等。其中，PSO 和 EnKF 是目前最为常用的算法（Battude et al.，2016）。

2. 遥感与模型耦合参数确定

基于初始参数的反演策略和顺序同化策略中，耦合参数的确定是遥感与模型耦合的关键。目前，通常采用作物模型的状态变量（如 *LAI*、*LNA* 等农学参数），或者是作物光谱信息（如植被指数 *NDVI*、*SAVI*、*TSAVI* 等）作为耦合参数，其中 *LAI* 是最为常用的耦合参数。在基于初始参数的反演策略中，作物生长模型中待优化的初始参数对不同耦合参数的敏感度不一致，从而影响了遥感与模型耦合的效果。分析耦合参数 *LAI*、*LNA* 对 RiceGrow 模型各个待优化初始参数（播种期、

播种量、施氮量）的敏感性发现，3 个待优化参数对 LAI 和 LNA 影响的强弱顺序
为播种期、播种量和施氮量（图 12-10）。LAI 对 3 个初始参数的敏感度分别为 38.6%、
15.9% 和 14.0%；LNA 对 3 个初始参数的敏感度分别为 48.4%、18.1% 和 17.4%（图
12-10）。总体来看，水稻 LAI 和 LNA 对 3 个待优化参数均较敏感，但 LNA 的敏感
度较 LAI 更高一些，可单独或共同作为遥感-模型的耦合指标。在基于顺序同化策
略中，不同的耦合参数同样影响最终的耦合效果。分析 4 种不同植被指数（$NDVI$、
RVI、$SAVI$、EVI）对 WheatGrow 模型与 PROSAIL 模型顺序同化的效果，发现 $SAVI$
在测试案例区作为耦合参数效果最佳（表 12-1），LAI、LNA 预测值与实测值之间
的 R^2 达到 0.582 和 0.560，$RMSE$ 分别为 0.918g/m^2 和 1.368g/m^2。

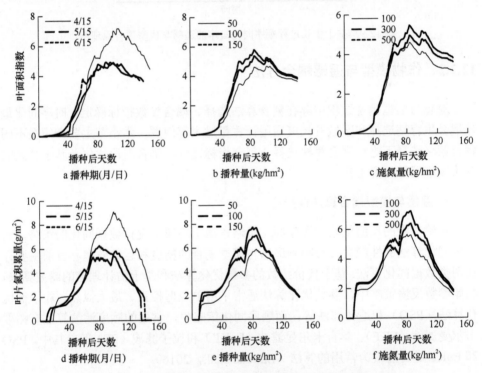

图 12-10　耦合参数对水稻生长模型初始化参数的敏感性分析

表 12-1　不同植被指数作为同化参数的模拟结果分析

植被指数	LAI		LNA	
	R^2	$RMSE$（g/m^2）	R^2	RMSE（g/m^2）
$NDVI$	0.324	1.165	0.442	1.546
RVI	0.455	0.981	0.570	1.494
$SAVI$	0.582	0.918	0.560	1.368
EVI	0.464	0.998	0.561	1.428

3. 遥感与模型耦合时期选择

遥感信息的多时间分辨率特点导致基于初始参数的反演策略和顺序同化策略中,其耦合时期可有多种不同选择,并且不同的耦合时期影响耦合效果。通过设置同步观测试验来对比分析不同耦合算法、不同耦合参数的最佳耦合时期。基于初始参数的反演策略,利用拔节、孕穗、抽穗、开花、灌浆 5 个时期作为耦合时期,地面遥感观测的 *LAI* 和 *LNA* 为耦合参数,反演 WheatGrow 模型所需的播种期、播种量和施氮量 3 个初始参数,结果表明基于初始参数反演策略的遥感与 WheatGrow 模型耦合中,开花期之前的生育期明显好于灌浆期,其中抽穗期、开花期对播种量与施氮量的反演效果较好。因此,同化时期更适合在开花期之前。而基于顺序同化策略的耦合中,通常可以采用单一时期和多时期进行耦合。以江苏沿湖农场案例区单时期 *SAVI* 数据作为同化数据,利用构建的耦合模型模拟 *LAI* 和 *LNA*,评价单耦合时期选择对模拟效果的影响。结果显示,以单时期的 *SAVI* 为同化参数时,从拔节初期开始 *RMSE* 逐渐减小,抽穗期达到最小,*LAI*、*LNA* 模拟值与实测值之间的 *RMSE* 分别为 1.375g/m²、1.672g/m²,R^2 分别为 0.501、0.521,但抽穗期以后模拟精度有所下降,灌浆初期以后下降明显(图 12-11)。采用江苏白马湖案例区的时序性 *SAVI* 数据作为同化数据源,研究了多耦合时期对模型预测精度的影响(图 12-12),

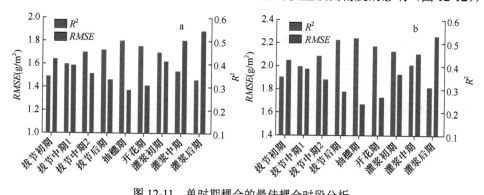

图 12-11 单时期耦合的最佳耦合时段分析

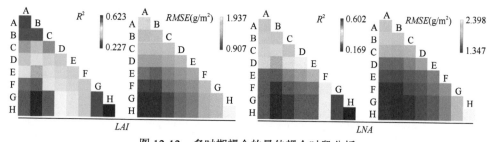

图 12-12 多时期耦合的最佳耦合时段分析

A. 拔节初期;B. 拔节中期1;C. 拔节中期2;D. 拔节后期;E. 抽穗期;F. 开花期;G. 灌浆初期;
H. 灌浆中期

表明随着耦合时期增多,遥感数据增多,预测精度逐渐增高,但灌浆前期以后的模拟精度开始下降,即同化拔节前期到灌浆前期的影像时,预测的 LAI、LNA 与实测值最接近,R^2 分别为 0.677、0.680,$RMSE$ 分别为 1.060g/m^2 和 1.434g/m^2,且整体优于同化单个时期遥感数据的结果。

4. 遥感与模型耦合尺度优化

遥感与作物模型耦合的过程主要采用逐像元计算的方法,在区域尺度上面临着很大的计算量,因此如何提高耦合模型模拟效率已成为遥感-模型耦合升尺度研究的热点之一。部分学者以大像元为模拟单元,以此来提高耦合模型的模拟效率,但以大像元为模拟单元势必会降低模拟结果的空间分辨率。采用空间分区的升尺度方法可以通过对作物生长环境及生长状况较为一致的区域进行归类划分,并以子区为模拟单元运行耦合模型,既体现了空间差异性,又提高了耦合模型的模拟效率。同时,这种升尺度策略与基于空间分区的作物模型与 GIS 的耦合升尺度策略本质上是一致的。因此空间分区能够有效解决生长模型的区域化升尺度问题,并为区域尺度下遥感与模型耦合过程中计算效率问题提供了有效解决途径。

利用 ESRI ArcGIS 10.1 软件提供的 ISODATA 算法模块,采用案例区在拔节期、抽穗期和灌浆期的 RVI 及 3 个土壤养分指标(全氮 TN、有机质 OM 和速效钾 AK)的空间数据,进行空间聚类分析(图 12-13)。结果显示,分区后各子区有机质、全氮和速效钾的变异系数分别为 2.8%~6.6%、34.2%~55.1%和 5.7%~8.2%,均小于各指标在整个区域的变异系数 7.63%、65.99%和 9.89%;各子区 3 个时期小麦 RVI 变异系数分别为 4.4%~17.8%、3.1%~5.7%和 5.6%~9.5%,均小于各指标在整个区域的变异系数 25.38%、9.61%和 16.52%。

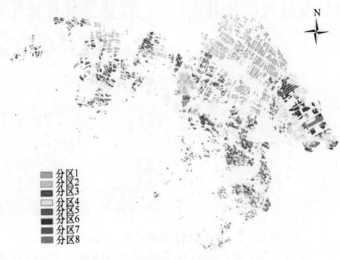

图 12-13　基于聚类分区的空间分区图

基于以上聚类分区结果，在各子区的基础上以比值植被指数 *RVI* 为耦合指标反演播种期、播种量和施氮量等区域尺度难以准确获取的栽培管理参数，并驱动 WheatGrow 模型重新模拟，实现对研究区的模拟预测。图 12-14 为研究区冬小麦拔节期 *LAI* 和 *LNA* 及籽粒产量模拟值分布图。将模拟预测结果与地面取样点的实测值进行比较（图 12-15），预测的 *LAI*、*LNA* 与实测之间的 *RMSE* 分别为 1.09g/m^2 和 1.39g/m^2，*RE* 分别为–0.15 和–0.15。籽粒产量预测值与实测值间 *RMSE* 为 498.27kg/hm^2，*RE* 为–0.06。表明基于分区模拟的区域尺度预测能达到较高精度。

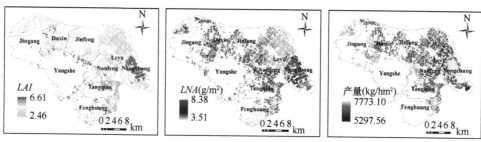

图 12-14　研究区小麦拔节期 *LAI*（左）和 *LNA*（中）及成熟期籽粒产量（右）空间分布图

Jingang. 金港；Daxin. 大新；Jinfeng. 锦丰；Leyu. 乐余；Nongchang. 农场；Nanfeng. 南丰；Yangshe. 杨舍；Tangqiao.塘桥；Fenghuang. 凤凰

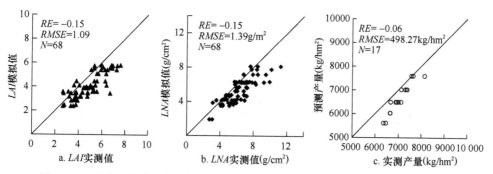

图 12-15　研究区取样点小麦拔节期 *LAI*（左）和 *LNA*（中）及成熟期产量（右）预测值与实测值比较

12.3　作物生产力的时空预测

将作物区域生产力信息与基础的作物生产时空信息融合，采用空间分析技术和手段挖掘作物生产时空数据集中的新知识，是当前大数据科学背景下的研究热点，也必将是作物模型与空间信息耦合研究的新增长点。因此，充分利用大数据的时空分析技术，从空间、时间两个维度描述和解释作物生产力的时空分布特征与演变规律，可以为作物生产力的时空预测提供新方法。本节从基于时空大数据的作物生产力预测方面介绍相关的方法与技术。

12.3.1　基于时空大数据的作物生产力预测

近年来，由于气象遥感卫星、地面气象站点的广泛建设，获取长时段不同区域范围的逐日气象数据已成为可能。同时，国际相关气象模型的研究和共享过程中，也生产了不同气候变化背景下的未来逐日气象数据。加上广泛可获得的土壤数据和管理措施，基本形成了可供作物模型区域应用的环境时空大数据（Xu et al.，2020；Zhang et al.，2018a）。通过有效集成相关数据集，构建满足格式要求的环境时空大数据，基于作物模型与 GIS 耦合策略，即可实现区域尺度上不同层次作物生产力的时空预测。预测结果可用于研究未来气候条件下全球不同尺度作物生产力的时空分布，为粮食安全预测预警提供决策支持。

基于气象环境大数据与作物模型耦合的作物生产力时空预测，本质上并未脱离基于站点的作物模拟，其空间区域结果通常是采用 GIS 升尺度模型进行插值获得。这导致该方法多用于全球、国家等大空间尺度作物生产力时空分布特征的分析及宏观政策应对。面对精确农业对小空间尺度作物生产力时空综合预测的需求，这种方法存在空间分辨率偏低的缺点。近年来"星-机-地"立体化作物生长监测平台的研发和部署，为获取多时相高分辨率的作物长势遥感监测大数据提供了可能。可进一步通过耦合作物模型与遥感监测信息，实现从田块到园区、县域甚至国家尺度的作物生产力时空预测，通过提供高空间分辨率模拟结果，广泛应用于不同尺度范围内的作物精确作业（Guo et al.，2018）。这种方法得益于遥感的高时空分辨率特征，但高时空分辨率的遥感影像也极大地增加了区域模拟的计算难度和对计算资源的需求。在一线的生产实践中，这种方法多用于园区尺度的作物生产力时空预测，在大区域上的应用需借助高性能云计算平台，如在美国谷歌公司的 Google Earth Engine 平台上建立作物模型与遥感的耦合模块，则可实现国家乃至全球的作物生产力时空预测。

12.3.2　基于机器学习的作物生产力时空预测

基于时空大数据，采用模型与 GIS 或者遥感耦合方式，基本能够实现区域作物生产力的时空预测，然而在数据获取和模拟效率上仍有待进一步提升。例如，在区域生产力模拟中，如何降低对气象数据的时空分辨率要求，同时能着实提高模拟性能，机器学习等人工智能方法为解决这一问题提供了可能。本小节以区域作物光温生产潜力为例进行简单介绍。

光温生产潜力是指作物在理想的水分、养分及管理措施等条件下，充分利用光温资源所能达到的最大生产能力。基于机理过程的作物生长模型通过解析气象要素、土壤环境、品种特性及管理措施与作物生长之间的关系，可较好地反映不同营养水平与生长环境下的作物生长发育进程，已广泛应用于区域光温生产潜力的模拟。但作物生长模型是基于过程的逐日模拟，而高空间分辨率的逐日气象数据获取难度较大，同时，高空间分辨率的逐日气象数据也导致了区域模拟过程中计算效率低下，从而限制了作物生长模型的区域应用（Zhang et al.，2018b）。解决这个问题的主要思路是基于机器学习算法构建一个中间模型，通过建立对作物生长具有显著影响且获取难度较低的区域变量与作物生长模型输出结果之间的关系，降低区域光温生产潜力模拟所需的数据量，进而改善区域模拟的效率。这种中间模型通常无须利用田间数据进行校验，从而减小了对现场校准数据的依赖性。

　　研究表明，基于机器学习的作物生产力时空预测无须考虑作物生长与环境之间复杂的机理性，只需通过特征提取即可对作物生长过程中的非线性关系进行建模，具有较高的泛化能力与鲁棒性。同时，机器学习方法可综合不同类型数据进行建模，由于农业时空大数据搜集类别不同，如气象数据一般为数值型，而种植品种、产量、土壤类型等为类别数据，这使得基于机器学习的中间模型更适合基于环境大数据的区域生产力模拟。例如，利用 WheatGrow 模型模拟获得 2000～2009 年的区域光温生产潜力；进一步以区域光温生产潜力作为目标变量，以该区域主要的环境变量为特征变量，利用不同的机器学习方法（包括多元线性回归、多层感知机、随机森林与支持向量回归等），构建区域光温生产潜力与特征变量之间的机器学习模型，从而建立区域光温生产潜力模拟的中间模型（图 12-16）。中间模型与 WheatGrow 模型的模拟结果对比表明基于机器学习耦合常见的区域环境空间信息来替代逐日气象资料，可以实现区域生产力的时空预测。

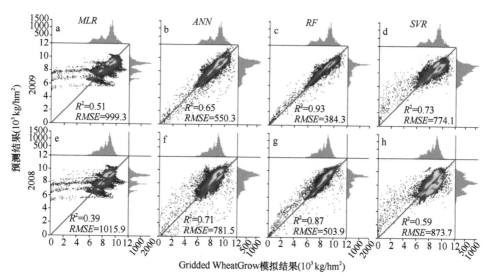

图 12-16　WheatGrow 模型与机器学习模型预测结果之间的关系

第13章 作物生产力分析与评估

2020 年 7 月 13 日，联合国粮食及农业组织（FAO）等联合发布的《世界粮食安全和营养状况》指出，2019 年全球有近 6.9 亿人处于饥饿状态，占世界总人口的 8.9%，比 2018 年增加 1000 万，比 2014 年前增加近 6000 万（FAO，2020，http://www.fao.org/faostat/en/#data.）。保障我国粮食安全始终是关系国民经济发展、社会稳定和国家自立的全局性重大战略问题。粮食总产的提高主要依靠扩大种植面积或提高单产，在目前种植面积难以大幅度扩增的背景下，提高单产已成为增加作物总产和确保粮食安全的必要途径。

作物生长模拟模型可用于评价光、温、水、土等资源的生产潜力（Lobell et al.，2009），量化品种遗传特征和管理技术措施等对作物生长发育和生产力形成的影响，揭示作物生长发育过程中的限制因素，为制订相关的农业生产政策和农业资源规划管理提供依据（杨晓光和刘志娟，2014；Licker et al.，2010）。本章主要介绍作物生长模拟模型在作物层次生产力预测、产量差估算、高产稳产性分析、产量因子贡献评估及粮食安全预测预警等方面的应用。

13.1 作物层次生产力预测

明确作物不同层次生产力的潜在水平、量化实际产量与潜在产量之间的差距，是提高粮食单产、保障国家粮食安全的长期需求。而如何科学准确地估算作物不同层次的潜在产量是量化产量差的关键所在。国内外对作物生产潜力的研究始于20 世纪 50 年代，日本、美国等科学家及荷兰瓦赫宁根（Wageningen）大学、FAO等先后在光合作用机制的基础上，逐渐将温度、降水、土壤等因素进行综合考虑后探讨作物生产潜力。1964 年，我国的竺可桢先生首先从气候学角度阐述了其对作物生产潜力的影响，之后许多学者在作物生产潜力的设计思想、研究方法和应用等方面开展了大量工作。

13.1.1 不同层次生产力的划分

按照不同的生产水平及限制条件，可将作物生产潜力分为不同的层次。在不考虑政策、经济、市场等影响下，作物生产力可划分为三大类、六个等级的层次水平。三大类分别是作物潜在产量、作物可获得产量以及作物实际产量（图 13-1）。

其中，潜在产量主要由大气二氧化碳浓度、太阳辐射、温度和作物性状确定（生长确定）；可获得产量主要受到水分和养分（如氮、磷、钾）等限制因子的影响（生长限制）；实际产量由于受到杂草、病虫害及污染物的影响而低于可获得的产量（生长下降）。另外，根据不同环境限制因素的影响，作物潜在产量可进一步划分为光温生产潜力、雨养生产潜力（水分限制生产潜力）和土壤生产潜力，作物可获得产量也可进一步细化为试验站的最高产量及农户的高产纪录产量（van Ittersum et al.，2003；Sumberg，2012；Lobell et al.，2009）。

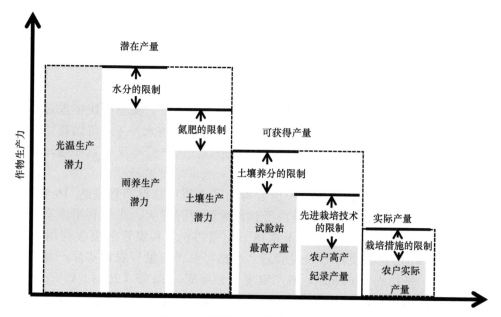

图 13-1　不同层次生产力及限制因子

13.1.2　不同层次生产力的概念及估算方法

1. 作物潜在产量

作物潜在产量，也称为理论上限产量，是指在最优管理水平下（没有水分、养分及病虫害的影响），一个特定作物品种所能实现的单位面积田块上的上限产量。对于一个给定的作物品种和生长季环境，产量潜力的高低主要取决于当地的光温条件（太阳辐射和温度）（van Ittersum et al.，2003；Lobell et al.，2009）。在此基础上，考虑水分限制（无灌溉投入下）的影响，则定义为雨养生产潜力（Anderson et al.，2016），也被称为气候生产潜力。在气候生产潜力基础上，考虑土壤养分的影响，则被称为土壤生产潜力（Zhao et al.，2018；

Zhang et al.，2017）。

作物潜在产量通常可基于统计模型或作物生长模拟模型进行估算。国内外普遍应用的统计经验模型有瓦赫宁根（Wageningen）模型（Bouman et al.，1996）、FAO 农业生态区（AEZ）模型（Hansen and Jones，2000）、筑后（Chikugo）模型（侯光良和游松材，1991；Uchijima and Seino，1985）及光温水逐级订正的气候生产潜力模型（侯光良和刘允芬，1985；黄秉维，1978）等。这类模型是根据作物生物量与气象要素之间的统计相关关系而建立的一种简化的数学统计分析模型，不具备作物生长发育的生理生态过程机理。但是，利用气温、光照和降水的变化量与作物生产潜力变化量之间的关系式，一定程度上可定量评估气候变化对作物生产潜力的影响（Li et al.，2017）。

2. 可获得产量

可获得产量，是在无物理、生物或经济学障碍下，试验田块依据最优的栽培管理措施所能获得的产量，或者在现有农户栽培水平下，可以获得的最高产量（Fischer，2015；Lobell et al.，2009）。该产量可反映目前栽培水平下的产量潜力，即可以达到的最大产量，一般可通过试验观测获得。大田试验研究表明，最佳水肥管理下中国云南地区水稻可获得产量高达 16.5t/hm^2（Katsura et al.，2008），主要是由于该地区辐射强度大、光能利用率高，因而在水肥最优管理状况下有利于水稻干物质的积累和氮素的吸收利用。Xu 等（2016）指出若实现养分最优管理，水稻可获得产量与农户实际产量的单产产量差，平均约为 6t/hm^2，增产幅度十分可观。Bu 等（2014）研究表明，在降水充足的年份，不施氮处理下的玉米可获得产量仅能达到其潜在产量的 40%～50%，而在施 100kg/hm^2 纯氮处理下则能达到其潜在产量的 70%～80%，然而在施 250kg/hm^2 和 400kg/hm^2 纯氮处理下均能 100%达到其潜在产量水平。另外，受试验数据采集年份的影响，在降水量较少的年份，可获得产量相对会偏低，但通过优化肥料管理方案，仍然可获得较高的产量水平（刘保花等，2015）。

3. 实际产量

实际产量是指一定区域内农户实际生产中获得的产量，即在当地气候条件、土壤特征、品种遗传特性及农民普遍使用的栽培管理措施等条件下可实现的产量（Lobell et al.，2009）。通常也可以利用统计年鉴数据，将多年产量进行平均作为实际产量水平。

13.2　作物产量差估算

在耕地资源持续减少的今天，依靠增加播种面积来提高我国粮食总产的可能性已非常小。因此，在现有耕地的基础上提高单位土地面积的作物生产力，即缩小作物产量差，是提高粮食生产力、确保粮食安全的重要手段。

13.2.1　产量差的提出与发展

长期以来，农学家一直关注农业生产力的时空差异，并解析相应的限制因素。早在 1954 年，Clark 就利用生产力函数，来定量解析国家之间的作物生产力差异。针对作物生产力层次差异研究的首次报道始于 20 世纪 70 年代中期，由 1974 年国际水稻研究所（IRRI）在亚洲开展的系列产量差研究开始（Barker，1979）。而产量差的定义则是由 de Datta 在 1981 年首次提出，他定义并分析了造成产量差的原因，并将试验站潜在产量与农田实际产量之间的差距定义为总产量差；将试验站潜在产量与农田潜在产量之间的产量差定义为产量差 1，造成该产量差的主要原因是一些不可能应用到田间的技术和环境因子的限制；将农田潜在产量与农田实际产量之间的产量差定义为产量差 2，主要是生物限制和社会经济限制所造成的，前者包括品种、病虫草害、土壤、灌溉及施肥等因素，后者则主要包括投入产出比、政策、文化水平及传统观念等因素。Fresco（1984）在前人研究的基础上进一步完善了产量差概念模型的内涵，除用"潜在田块产量"和"技术上限产量"概念外，又引入了一个"经济上限产量"的概念。而后，de Bie 在 2000 年详细总结了不同定义下的各级产量差，并对各级产量差的主要限制因子进行了分类，加入"模拟试验站潜在产量"，该潜在产量分为两大部分内容，一个是在试验站水平上，一个是在农田水平上。Lobell 等（2007）又提出了新的定义，即田块产量差为农户田块最高产量与平均产量的差距。随着研究的逐步深入，产量差的内涵也在逐渐丰富。

13.2.2　产量差的估算方法

起初，产量差的研究方法以统计分析为主。Surabol 等（1989）利用快速农村评估法对泰国大豆产量限制因素的贡献率进行了解析，将农户调查和政府有关统计资料相结合，分别获得了灌溉农田和不灌溉农田的大豆产量，最后找出限制产量潜力发挥的主要因素，包括不合理的土地利用、杂草和虫害的不合理防控、整地不充分及不能合理引用先进技术等。Silva 等（2017）利用随机前沿函数法将产量差分解为效率、资源和技术产量差，从而分离出导致产量差的不同因素的贡献率。Hajjarpoor 等（2018）引入界线函数分析法，解析了伊朗小麦主产省戈勒斯坦的产量差状况。Ran 等（2018）利用回归树法分析了不同因子对中国西南地区水稻产量的影响。由此可见，统计方法能够较好地完成作物产量差的研究目标，成为各国科学家广泛选用的方法手段。另外，也可以通过大田试验对产量差进行估算，以最优化技术措施下科学试验田可获得的最大产量为基准，与实际产量进行比较（Hajjarpoor et al.，2018；杨晓光和刘志娟，2014）。但是，用田间试验方法来获取产量最大潜力，需要不计成本的投入和不计破坏环境的承载能力来实现，同时试验周期长、耗时久、所需样本量大、花费高，并且研究结果还存在一定的局限性。

与上述两种研究方法相比，利用作物生长模拟模型估算产量差的方法更为行之有效（van Ittersum et al.，2003）。作物生长模型的发展，能够定量精确地描述外界条件对作物生长发育的影响，并能够得出各个要素的胁迫时间和胁迫程度。具有可重复性强、覆盖面积广、节省人力物力、动态表达作物生长过程、使用方便、功能强大等优点（杨晓光和刘志娟，2014）。但是作物生长模拟模型也存在一定的不足。例如，模型对许多生理生态过程的描述仍然是经验性的，并且区域参数难以获取，给模型的区域应用增加了困难（林忠辉等，2003）。因此，作物生长模拟模型与地理统计方法、遥感技术（RS）及地理信息系统（GIS）相结合，成为在空间大尺度上分析产量差的有效方法（朱艳等，2020）。Lv 等（2017）利用 WheatGrow 模型和美国的 CERES-Wheat 模型，对我国冬小麦主产区的产量潜力、产量差和水分利用状况进行了评价。Espe 等（2016）利用 ORYZA v3 模拟了水稻潜在产量并分析了其与实际产量之间的产量差，发现美国南部的水稻产量差为 $1.1 \sim 3.5 \mathrm{t/hm}^2$。

13.2.3　产量差的划分

产量差即为不同层次生产力水平之间的产量差距。产量差概念发展至今，众多学者对其做了不同的定义及阐述。总体而言，针对潜在产量（光温潜在产量和雨养潜在产量）、可获得产量和实际产量可将产量差分为 3 个等级，分别为光温潜在产量与可获得产量之间的产量差，可获得产量与实际产量之间的产量差，光温潜在产量与雨养潜在产量之间的产量差。计算公式如下：

$$YG_{p-t} = Y_p - Y_t \tag{13-1}$$

$$YG_{t-a} = Y_t - Y_a \tag{13-2}$$

$$YG_{p-r} = Y_p - Y_r \tag{13-3}$$

式中，光温潜在产量（Y_p）与可获得产量（Y_t）之间的产量差（YG_{p-t}），反映了目前栽培水平下的产量潜力与最大理论产量的差距；可获得产量与实际产量（Y_a）之间的产量差（YG_{t-a}），表示将实际产量下的管理措施提升到目前所能达到的最佳管理水平可提升的产量空间；光温潜在产量与雨养潜在产量（Y_r）之间的产量差（YG_{p-r}），反映了在雨养基础上，若灌溉充分满足可提升的产量，即反映了灌溉水分的利用效率。

在上述 3 个等级产量差的基础上，刘一江（2019）结合区域高产创建目标，分析了中国水稻主产区 294 个站点在 1981～2010 年不同层次的潜在产量，并量化了不同层次产量差。结果表明，不同层次产量差的空间分布呈现明显的区域差异，但中国水稻生产力仍具有较大的提升空间，其中西南单季稻区增产潜力最大，长江中下游单季稻区次之，东北单季稻区和南方双季稻区的提升空间相对较小（图 13-2）。如果中国水稻主产区均能实现农业农村部设计的高产目标，则中国单季稻、早稻和晚稻的总产量可以在现有实际产量的基础上，分别增加 48.9×10^6t（34.3%）、24.3×10^6t（25.1%）和 29.6×10^6t（29.2%）；若水稻主产区均能达到潜在产量水平，则可以在现有高产目标的基础上，总产再分别增加 18.8×10^6t（11.7%）、15.8×10^6t（13.7%）和 25.6×10^6t（20.1%）。

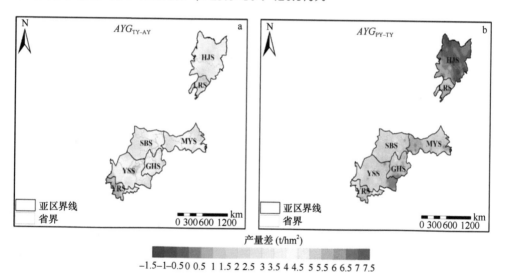

图 13-2　中国水稻主产区不同层次单产和总产产量差的空间分布特征

a. YG_{TY-AY}. 目标产量–实际产量；b. YG_{PY-TY}. 潜在产量–目标产量

HJS. 黑吉平原亚区；LRS. 辽河平原亚区；MYS. 长江中下游平原亚区；SBS. 川陕盆地亚区；GHS. 黔西湘东高原亚区；YSS. 滇川高原岭谷亚区；YRS. 滇南河谷盆地亚区

13.3　作物产量影响要素的贡献率评估

对产量差的研究，除需要了解一个地区增产潜力外，最重要的是发掘产量限制因子，进而提高作物产量。然而，农业生产系统是复杂的多因子动态系统，其影响因子（包括气候条件、土壤特性、品种遗传特征、管理技术措施等）具有较强的时空变异性、区域分散性和管理经验性，因而对区域内作物生产的影响具有较高的不确定性，难以定量化和规范化（曹卫星，2005）。因此，如何有效量化不同组分的贡献率，分析不同组分对作物生产影响的差异特征及作用规律，对探求适宜的调控措施、协调组分之间的效应及挖掘作物生产系统的潜能等具有重要的现实意义。作物生长模拟模型可定量描述气候要素、土壤特性、品种遗传特征和管理技术措施等对作物生长发育及生产力形成的影响，是综合评价气候条件、土壤特性、品种遗传特征、管理技术措施等多因子互作对作物生产影响的有效工具（李存东等，1998）。

　　Liu 等（2013）使用 APSIM-Oryza 模型量化了太湖区域气候变化、土壤改良、品种更新和措施优化对水稻产量提升造成的影响。结果发现，我国太湖地区 1980～2010 年气候变化、土壤改良、品种更新和措施优化等对水稻生产力提升的贡献率分别为–19.5%、12.7%、21.7%和 34.6%（图 13-3）。具体研究方法为，首先采用 ArcGIS 软件将太湖区域的土壤和气象数据栅格化；然

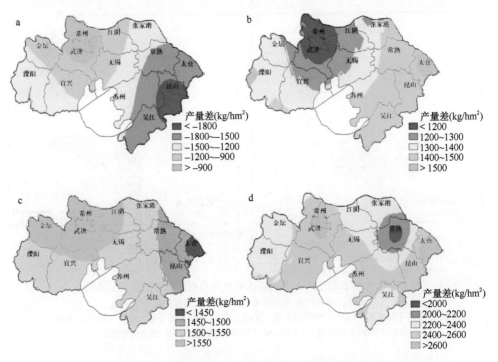

图 13-3　1980~2010 年气候变化、土壤改良、品种更新和措施优化对太湖区域水稻产量提升的贡献率

a. 气候变化导致的产量差；b. 土壤改良导致的产量差；c. 品种更新导致的产量差；d. 措施优化导致的产量差

后，将栅格化的土壤数据和气象数据及 20 世纪 80 年代和 21 世纪初的品种和管理措施数据输入 APSIM-Oryza 模型中，分别模拟太湖区域不同年代气候、土壤、品种和管理措施组合下的水稻产量；最后，通过分析不同情景组合下的水稻产量差，定量分析太湖区域气候变化、土壤改良、品种更新及措施优化对水稻产量提升的贡献率。研究中设置的不同年代气候、土壤、品种和管理措施组合如下：

1）20 世纪 80 年代气候、土壤、品种和管理措施；

2）21 世纪初气候、土壤、品种和管理措施；

3）21 世纪初气候、土壤、品种和管理措施（不施肥）；

4）20 世纪 80 年代气象、21 世纪初土壤、21 世纪初品种、21 世纪初管理措施；

5）21 世纪初气象、20 世纪 80 年代土壤、21 世纪初品种、21 世纪初管理措施（不施肥）；

6）21 世纪初气象、21 世纪初土壤、20 世纪 80 年代品种、21 世纪初管理措施；

7）21 世纪初气象、21 世纪初土壤、21 世纪初品种、20 世纪 80 年代管理措施；

8）组合 2）和组合 4）之间的产量差与组合 4）的比值为气候变化的贡献；

9）组合 3）和组合 5）之间的产量差与组合 5）的比值为土壤改良的贡献；

10）组合 2）和组合 6）之间的产量差与组合 6）的比值为品种更新的贡献；

11）组合 2）和组合 7）之间的产量差与组合 7）的比值为措施优化的贡献。

叶紫等基于 4 套小麦生长模拟模型（APSIM-Wheat、CERES-Wheat、DSSAT-Nwheat 和 WheatGrow）及我国冬小麦主产区的历史气象、土壤和小麦生产数据，通过设置 16 种模拟情景，定量评估了 1981~2020 年气候变化、品种更新、措施优化和土壤改良单一因素及多因素组合对我国冬小麦产量提升的贡献。结果表明，在单一因素中，气候变化在北部冬麦区（NS）中部、黄海冬麦区（HHS）西部及西南冬麦区（SWS）南部呈现负效应，其他区域为正效应；品种更新对产量变化的影响最大，且最高分布在 HHS；措施优化影响效应最大的区域主要分布在 NS 和长江中下游冬麦区（MYS），NS 措施的优化可能主要是灌溉技术的改进，而 MYS 可能主要是施肥技术的进步；土壤改良对产量的影响在 NS、HHS 和 SWS 均呈正效应，而在 MYS 部分区域呈现负效应。在多因素综合效应中，品种更新和措施优化的互作效应最大，其次是品种更新与土壤变化和气候变化与品种更新的互作效应，其中品种更新能完全抵消气候变化所带来的负面影响（图 13-4）。

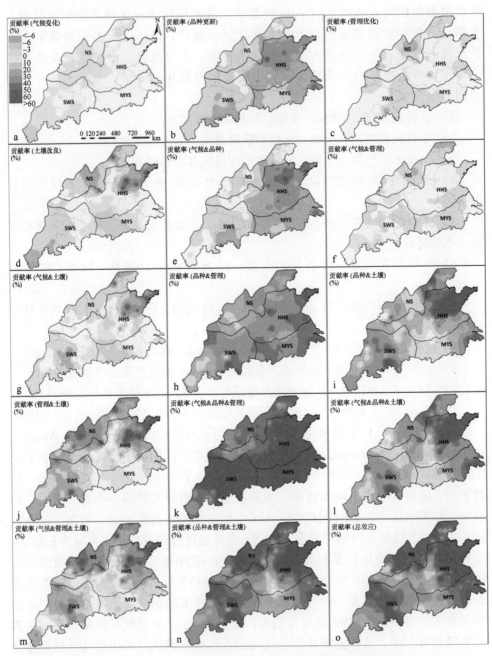

图 13-4　1981～2010 年气候变化、品种更新、措施优化和土壤改良单因素和多因素共同作用对
我国冬小麦主产区小麦产量提升的贡献率

13.4 粮食安全预测预警

粮食安全始终是关系国计民生和社会稳定的全局性、基础性重大战略问题。近年来,影响世界粮食安全的不利因素增多,如国际冲突、极端气候及新冠肺炎疫情引发的经济衰退和粮食贸易供应链中断的相互叠加,加剧了全球粮食供给体系的不稳定性和不确定性,给粮食安全带来巨大挑战。保障粮食安全是我国当前乃至今后相当长时期的一项重大任务。

粮食安全预测预警是基于粮食生产供给与需求平衡理论,通过分析粮食系统运行状况及发展趋势,对未来粮食供给和需求变动趋势及供需平衡状况做出预测和评估,并提前发布警情预报,对于政府宏观决策具有较强的指导意义。1975 年FAO 就研制开发了"粮食和农业的全球信息及预警系统"(GIEWS),定期或不定期提前发布有关粮食安全方面的信息,其对粮食安全的监测涵盖了全球、区域、国家、地区 4 个层次。之后,一些发达国家也相继建立了粮食预警系统(Genesio et al.,2015;Qi et al.,2015)。例如,Chris 等(2019)将粮食安全归咎于灾害的发生,进而将饥荒预警系统网络(FEWS NET)与粮食安全相互关联,通过分析全球的气候变化给粮食安全提供相关预报。

已有大部分研究中,关于粮食需求的预测一般通过经济统计方法进行(Gandhi and Zhou,2014;吕新业和胡非凡,2020)。粮食总产的预测也以统计分析为主,主要有两种方法:一种是直接分析各种影响因素与粮食总产之间的关系,建立粮食总产预测的统计模型;另一种是基于粮食总产为粮食播种面积与粮食单产的乘积,分别建立粮食单产的统计模型与播种面积的预测模型,最后相乘得到粮食总产。而利用基于过程的作物生长模型预测粮食生产力,相对于统计模型而言,应该更具机理性和动态性,可以为不同条件下的粮食安全预警提供新的方法与平台。

13.4.1 作物供给量模拟与预测方法

随着我国社会经济的发展、人民生活水平的提高,城乡居民的膳食结构正逐步转变。城乡居民膳食结构的调整会导致粮食消费的变化,而消费需求又反作用于生产供给。因此,预测未来我国的粮食消费,对调整我国的作物种植规划、实现全国粮食供需平衡等具有重大意义。

1. 作物单产预测

作物产量预测是世界各国都非常关注的问题。目前预测作物单产的数学模型有很多,大致可分为:农业气象预测方法,典型代表有基于作物生长模型的产量模拟（Singh et al., 2017）；统计预测方法，主要有灰色多元线性回归模型、指数平滑法和自回归移动平均模型；以及农学预测方法、经济学预测方法和遥感估产法等。其中，统计预测方法是利用粮食产量及其影响变量之间的相关性建立预测模型。但由于粮食产量是自然、技术、市场、社会经济条件等多种因素共同作用的综合结果，因此涉及的建模变量多，需获取大量资料。其次，变量取舍难以准确判断，而且有些变量如自然灾变因子、政策制度因子等难以量化，变量因子的选择及取值的准确程度直接影响到预测模型的选择及其预测结果的精确性。时间序列预测从粮食产量的时间序列资料出发，将影响粮食产量的相关因素在时间序列中考虑，注重历史数据的发展趋势。而作物生长模型则关注作物生长过程中的气候变化、品种更新、管理措施等因素，更具有机理性和解释性（曹卫星，2005），是作物估产模型迈向机理化的大势所趋。郭浩等（2015）以浙江省宁波为研究区域，通过 EPIC 模型模拟了未来水稻单产，结果表明：IPCC 第 5 次评估报告中的 4 种未来排放 RCPs（representative concentration pathways）情景下，宁波地区的水稻单产均呈下降趋势，每 10 年下降 0.176～0.383t/hm^2，单产的不稳定加强。熊伟等（2001）模拟了未来 4 种气候情景下我国主要水稻产区的产量变化趋势，发现地区间呈现不同程度的减产趋势。比较不同水稻类型发现，早稻的减产幅度最大。在不考虑 CO_2 浓度增加带来的施肥效应时，南方稻区无论是单季稻还是双季稻，均表现为减产。如果考虑 CO_2 肥效作用，水稻单产则有所增加。

2. 作物统一面积预测

作物统一面积的动态变化早已引起国内外研究学者的广泛关注。关于作物播种面积预测主要有以下模型：人工神经网络模型、Logit 模型、灰色预测模型和指数平滑预测模型等。刘加海（2013）提出了基于粒子群优化的 GM(1,1)模型构建思路，以黑龙江连续 15 年的农作物播种面积为基础，对未来几年农作物播种面积进行了模拟预测。吴文斌等（2007）利用多元 Logit 模型初步建立了全球尺度的农作物播种面积变化模拟系统，并对 2005～2035 年水稻、玉米、小麦和大豆四大世界粮食作物的播种面积进行了模拟，结果表明不同作物播种面积变化的数量特征和空间格局是不相同的。钟甫宁和刘顺飞（2007）研究表明各区域水稻生产相对于替代作物净收益的差异是导致不同区域水稻生产布局变化的直接原因，在部分地区，资源约束条件、制度改革等因素也起到显著作用。付雨晴等（2014）基于气候条件与农作物熟制的关系，选取大于 10℃和大于 0℃两个积温指标，得到我国农作物的潜在播种面积，发现其与实际播种面积变化趋势一致。程勇翔等（2012）运用重心拟合模型分析了我国水稻生产的时空动态，并结合敏感性分析发现，播种面积已成为目前最有可能造成中国水稻总产量大幅下滑的关键因素。华东和华中地区是我国水稻播种面积波动的主要来源地区，对总体波动的影响程度几乎各占一半，而华北和东北地区则从总体上削弱了总体波动，西南和西北地区的影响甚微。

13.4.2　粮食需求量模拟

伴随着城镇化水平提高，人们的食物消费结构升级，对食物的需求发生了很大变化。近年来，我国城乡居民口粮消费量明显减少，城乡口粮消费差距缩小（辛良杰和李鹏辉，2017）。

人口和消费结构的变动是影响粮食需求的首要因素，而收入和粮食价格变化对稻谷中长期需求影响较小。廖永松和黄季焜（2004）采用 CAPSIM-PODIUM 模型对粮食需求进行了预测，进而分析了 2010 年和 2020 年我国九大流域的水稻、小麦和玉米的需求量。结果表明，人口增加和收入提高后间接引起饲料粮需求增加是未来粮食需求增长的主要原因。刘静义等（1996）则认为对粮食需求总量和结构起决定性因素的是粮食进口状况、国民收入水平、食物结构变化及粮食生产和转化技术。李志强等（2012）基于 EMM 模型对我国未来粮食消费趋势进行了预测。结果表明，近年来我国粮食消费结构与品种结构及生产空间布局变动明显，其中人口增加、城镇化进程、膳食结构变化、粮食加工业快速发展及生物质能源等是影响我国粮食消费变动的主要因素；预计未来我国粮食消费总需求仍将平稳增长，口粮消费继续稳定下降，饲料粮、加工用粮是我国粮食需求增长的主体。各粮食品种间，预计对稻谷和小麦的需求稳中略降，对玉米、大豆的需求呈现规模和比重双增态势。

目前，对粮食需求量的预测主要是利用数量模型和计量模型。在数量模型构建方面，吕新业和王济民（1997）采用历史趋势外推法和相关地区人均消费量比较法等构建了粮食需求增长率预测模型，其公式为 $D=P+eS$，式中，D 为粮食需求增长率，P 为人口增长率，S 为人均收入增长率，e 为粮食需求的收入弹性。陈永福（2005）在全国选取 30 个省份，以小麦、水稻、玉米、大豆 4 种粮食作物为主要研究对象，采用双边取对数的恩格尔函数模型，分析玉米、大豆的需求变动影响因素，采用对数—对数—倒数模型的形式，分析水稻和小麦的需求变动影响因素。黄文校等（2006）采用灰色系统预测模型对广西的粮食消费需求进行了预测和分析，并据此预测了广西在 2010 年的粮食需求量。戴进强（2018）运用 HP 滤波法和趋势外推法，预测全国及各省 2016～2030 年水稻生产的潜在种植面积和趋势种植面积，并结合我国水稻单位面积播种量数据，预测了我国各省未来水稻种子的消费量。在计量模型研究方面，何忠伟（2005）根据口粮需求曲线采用线性公式预测我国的口粮需求总量，并通过种子用粮、饲料用粮、工业用粮呈周期性波动现象，按照 ARIMA 模型和傅里叶级数理论建立三角函数公式分别预测我国对种子、饲料和工业用粮的需求量。肖国安（2002）、刘晓俊等（2006）根据历年的粮食消费量，采用比例估算出历年粮食的需求量，其中对口粮、饲料用粮的预测采用简单线性公式，而种子用粮、工业用粮因呈周期性波动，故采用傅里叶级数的三角函数形式进行预测。

13.4.3 粮食供需平衡与安全保障

当前，我国正处于农业供给侧结构性改革阶段，粮食安全事关国计民生。粮食供需平衡与安全保障的研究能较全面地反映粮食安全问题，对于政府调整粮食收购价等宏观决策具有较强的指导意义。陈永福等（2016）从贸易历史、国际比较和模型模拟 3 个视角对我国未来食物供需平衡进行了研究，结果认为我国将从重视总体粮食安全向重视区域安全、主食安全、运输安全（或航道安全）、流通和分配渠道安全及不同收入群体家庭食物安全转变。

1. 粮食供需平衡与安全保障研究进展

改革开放以来，学术界根据各个阶段国内外经济形势的变化，将我国粮食供需平衡问题的研究大致分成 3 个阶段。

20 世纪 80 年代后期。这一时期的研究以二元经济结构下的农村经济非农化为背景，以粮食产量和价格波动问题为导向，讨论如何通过粮食的价格制度、购销制度、储备制度和必要的农业支持政策来促进粮食生产的稳定增长，以确保粮食产需的基本平衡。所以，这一时期的粮食供求平衡问题实际上是产需平衡问题。

20 世纪 90 年代。这一时期的研究基于中国农村改革取得了重大进展，粮食流通体制也于 1993 年进行了较为彻底的市场化改革，于是粮食供求平衡问题的研究呈现出三大特征：首先突出了粮食安全问题的研究，其次是丰富了粮食供求平衡的研究内容，最后是中国粮食供求平衡问题的国际化。这一时期在粮食问题的相关研究中都考虑了粮食储备、粮食进出口的因素。

21 世纪初期至今。随着中国加入 WTO 和国内粮食生产与流通体制的进一步变革，中国粮食供求平衡的研究已经从生产与供给系统、储备与吞吐系统、市场与流通系统的深入研究，进一步拓展到了粮食产销衔接与区域粮食流通、全国粮食供求平衡的区域粮食供求平衡、国内粮食供求平衡与国际粮食市场供求波动等领域，并且取得了大量富有价值的研究成果。

2. 粮食供需平衡与安全保障研究模式

田波和王雅鹏（2000）将我国粮食供需平衡与安全保障研究模式概括为三

种：一是库存储备型年际间平衡调节模式，二是市场调节型平衡模式，三是区域间分工协作型平衡模式。实际上，在开放条件下，还有第 4 种模式，即进出口调节模式。高国庆和宋建慧（2000）认为一国调节粮食供求余缺的平衡途径主要有 3 条：粮食储备调节、国内粮食生产结构和布局的调整，以及粮食进出口调节。李春华等（2006）指出目前国内粮食生产的成本已经很高，粮食进口尚有一定的上升空间，因此我国的粮食保障应该选择适度进口的"双保险"粮食安全模式。

3. 粮食供需平衡与安全保障的预测

粮食供需平衡与安全保障事关国家粮食安全。一方面，人民生活水平提高，膳食营养结构逐步升级，城乡居民的粮食消费偏好也正在改变，把握未来我国粮食消费需求情况，有助于指导粮食生产。另一方面，全球气候变暖，粮食种植面积、种植规模正发生变化，了解未来我国粮食生产是否可以满足人们对粮食的消费需求，对于国家制定粮食安全战略具有前瞻性作用。目前，常见的粮食供需平衡与安全保障预测的方法主要有：经济周期法、景气分析法、经济计量模型法、警兆指标法、Delphi 法、系统分析法及综合分析法等。

王蕾和张虎（2010）选取了稻谷产量波动率、年末库存与消费比、稻谷自给率、人均稻谷占有量 4 项指标并赋予各项指标不同权重，构建了 4 项指标加权平均安全系数，研究表明：我国稻谷安全系数为 0.63，供需形势依然严峻。张雪（2010）研究基于农作物遥感估算技术中的水稻产量估算方法，并结合统计数据建立了 2000～2004 年东南地区各省稻谷生产和需求数据序列，利用建立的产需平衡短缺监测指标，分析了东南地区稻谷产需平衡短缺警情。结果表明，2000 年是短缺中警，2001～2004 年都是短缺重警。Xu 等（2015）利用中国农业监测预警系统（CAMES）研究认为，2015～2024 年我国农业消费需求将略高于农业生产，与此同时谷物自给率如水稻、小麦和玉米将稳定在 97%左右。吴文斌等（2010）选择人均粮食占有量和人均 GDP 两个指标来描述粮食安全状况，提出了一个综合自然、社会和经济等多因子的粮食安全评价方法。研究表明，粮食供给短缺与贫困是危及粮食安全的最主要因素。

尽管近年来我国粮食安全总体较好，粮食作物的品质也在不断提高，但从中长期来看，我国粮食供需的总体态势是"紧平衡"，粮食消费量的增长仍快于产量的提高，保障国家粮食安全这个底线任何时候都不能放松。随着社会经济的发展和生活水平的提高，人们越来越关注粮食作物中营养元素对人体营养和健康的作用，营养和健康已成为近 10 年国际粮食作物品质研究的主题。进入 21 世纪以来，我国粮食综合生产能力不断提升，粮食产量实现历史性"十六连丰"，连续 5 年保持在 6.5 亿 t 以上，谷物总体自给率超过 95%，粮食安全总体情况较好，但我国仍是全球第一大粮食进口国。统计资料显示，2015 年以来，我国粮食进口量维持在 1 亿 t 以上，进口量保持高位主要是国内对高品质粮食的需求。因此，转变产量导向的粮食安全保障思维，适度弱化对高产量和高自给率目标的追求，把提高粮食作物品质、顺应国内消费需求作为粮食安全保障与农业供给侧结构性改革的重要目标和内容，是现阶段我国粮食生产的主要目标。

第 14 章　作物模拟与决策支持

经过近 30 年的不断发展,作物生长模型的各个模块不断构建和完善,模型的决策支持功能也得到不断拓展,主要涉及气候效应定量评估、适宜管理方案生成、表型与理想品种设计、农田气体排放模拟等。基于历史和未来气象数据,利用作物模型可以开展不同空间尺度的气候变化效应评估,并制定作物生产系统应对气候变化的适应性对策。在适宜管理方案生成方面,通过不同播期、密度、氮肥、灌溉等单一或组合方案的多年情景模拟试验,可以确定不同情景下的最适管理方案。通过将作物生长模型与基因效应模型耦合,评价和预测不同遗传品系在不同环境条件下的生育期、株型、光合作用及产量等表型指标,可生成理想品种的遗传参数组合,为作物生产中优良品种的选择与选育提供有效支撑。此外,作物生长模型可以进一步与温室气体排放等模型耦合,通过量化作物与土壤的交互影响与反馈,开展作物生产力与土壤气体排放动态的同步模拟,辅助农田气体排放的定量预测与科学管理,为农业减排与绿色可持续发展目标的实现提供数字化工具。本章主要介绍基于作物生长模型的决策支持功能在以上 4 个方面的具体应用。

14.1　气候变化效应评估

以气候变化为代表的全球环境变化是当前人类面临的重要挑战。自工业革命以来,人类活动引起的气候变暖是气候变化的主要特征。农业是最易遭受气候变化影响的行业之一(IPCC,2014)。已有大量观测事实表明,过去几十年来的气候变化已对作物生长发育、农业水资源利用及区域粮食生产等产生了较大影响。而在可预见的未来,气候持续变化也将继续深刻影响作物生产。定量评估气候变化对作物生产力的效应,是制定应对气候变化措施的首要步骤,对于保障粮食安全生产及农业的可持续发展至关重要。

气候变化引起全球生态系统发生广泛而深远的改变,生态系统各个要素相互反馈和作用,几乎影响到系统的各个方面。对于作物生长发育和生产力形成来说,主要表现为平均温度升高、大气 CO_2 浓度升高、降水总量及分布变化、太阳总辐射降低而散射辐射比例增加、极端气候事件增加等。量化气候变化对作物生产的影响,可以开展作物对气候变化响应的观测试验,也可以基于作物模型开展气候变化影响的模拟研究。与观测试验研究相比,模型模拟具有成本低、时效高、变量易于控制等优点，因而成为气候变化效应评估的主要研究方法。本节主要围绕未来气候情景生成、气候变化对作物生产力影响的定量评估等内容展开。

14.1.1 未来气候情景生成

评估气候变化对作物生产效应的第一步是明确需要评估的气候变化情景。评估历史气候变化效应，可以直接将实际观测到的历史气象数据输入作物生长模型。而对于未来气候变化效应的评估，首先要明确未来气候变化的情景，并生成适用于作物生长模型的气候数据。有关未来气候变化对作物生产影响的研究中，未来气候变化情景的生成主要有两种方法：①以当前气候状况为基准，人为修改气候参数生成假定条件下的逐日气象资料，将其作为模型的输入变量驱动作物模型的模拟。例如，Asseng 等（2015）直接在全球 30 个典型生态站点基准年代（1980~2010 年）的逐日气温上分别增加 2℃和 4℃得到增温 2℃和 4℃的情景，用于模拟量化增温 2℃和 4℃对小麦产量的影响。②可将气候模式输出的未来气候情景与作物模型相结合，来模拟未来特定气候变化情景对作物生长发育和生产力形成的可能影响。目前，第 2 种方法已经成为评估未来气候变化对作物生产影响的主要方法（Challinor et al.，2009）。气候模型可模拟生成全球或区域尺度的未来气候变化状况，从而为作物模型的运行提供所需的逐日气象数据。目前气候模型主要分为以下两类。

1. 全球气候模型（Global Climate Model，GCM）

GCM 是大气科学家根据能量守恒、物质守恒等理论建立的模拟海洋-陆面-大气系统基本物理过程的大型数值模型。基于 GCM 可以对不同社会经济发展情景下的气候要素变化情况进行预测，是人类预估未来气候条件的首要方法。一般而言，对未来气候条件的预测多采用多个气候模式集合的方式，以降低单一气候模型预测的不确定性。GCM 的未来气候数据的输出一般采用网格尺度逐月数据，而作物模型一般需要逐日数据输入。因此，通常采用历史资料叠加法、天气发生器等统计降尺度方式生成逐日尺度的气候数据。在评估全球增温 1.5℃和 2.0℃对我国稻麦主产区生产力的影响中，利用 4 套气候模式（CanAM4、CAM4、MIROC5 和 NorESM1），结合统计降尺度方法，在主产区气象站点历史观测数据基础上叠加生成了增温 1.5℃和 2.0℃情景，用于作物模型的输入（Liu et al.，2020；Ye et al.，2020）。GCM 数据的空间分辨率较低（目前一般在 200km 以上），不能精细地反映区域的异质性特征，因此在预估区域气候变化情景时一般还需要进行空间降尺度处理。

2. 区域气候模型（Regional Climate Model，RCM）

RCM 数据的空间分辨率较高（一般在 10~50km），能够细致描述部分区域性信息，并逐渐将传统意义上的天气变化过程与气候发展演变联系起来，已成为研究区域气候变化的重要途径。目前国内外有多种区域气候模型，其中意大利国际理论物理中心的区域气候模型（RegCM3）在国内应用比较广泛。但 RegCM3 也具有气候模型普遍存在的问题，如生成的气象数据与实际数据之间存在一定的偏差，连续干旱天数较少，无法重现高降雨事件和微降雨天气频发等（Baigorria，2007；Leander and Buishand，2007）。另外，尽管区域气候模型具有较高的空间分辨率，但直接使用区域气候模型产生的逐日气象数据与基于站点的作物模型相连接，还存在时空尺度不匹配的问题。例如，在陆地表面，区域气候模型的网格值一般代表对应气候带的平均值（Goddard et al.，2001；Mearns et al.，1995），以这些平均值代表站点尺度的气象值，常常会高估降雨事件的发生，造成更短的连续干旱天数，进而低估了水分胁迫（Shin et al.，2006）。

针对 RegCM3 的模拟值与观测值之间存在一定偏差及与作物模型结合时存在时空尺度不匹配的问题，选取徐州、淮安、郑州、潍坊、石家庄 5 个生态点，利用各站点 1960～1993 年的历史气象数据，采用伽马分布等方法对区域气候模型 RegCM3 生成的 1994～2010 年降雨频率、逐日降雨量、太阳辐射、最高气温、最低气温等气象要素进行修订。结果发现，修订后 5 个生态点 1994～2010 年的逐月降雨量、温度、太阳辐射等气象要素参数及逐日降雨量、温度、太阳辐射等数据的概率分布，与实际观测数据更加吻合，尤其是 RegCM3 生成数据中的极端高温和高频率降水得到了较好的修正，反映降雨频率的连续干旱天数与实测数据也更趋一致（图 14-1）。基于修订后 RegCM3 逐日气象数据在 5 个生态点的 WheatGrow 模型模拟产量与实测产量之间的决定系数（R^2）和均方根误差（$RMSE$）分别达 0.72 和 10.5%，比修订前分别增加 0.35 和减少 8.2%左右，表明修订后的气象数据可以提高未来气候情景下作物模型预测的可靠性（吕尊富等，2013b）。

14.1.2 气候变化对作物生产力影响的定量评估

基于过程的作物生长模型为量化基因型、土壤特性、管理措施和气候要素对作物生长发育过程影响的交互作用提供了数字化工具，已被广泛运用于从站点到全球尺度的气候变化效应评估。目前，开展气候变化效应定量评估的通用做法是基于情景模拟技术，将研究站点或区域的历史或基准气候情景及不同气候变化情景，分别输入作物生长模型中模拟得到不同气候情景下的作物生产力（生育期、产量、品质等指标），通过对比不同气候变化情景和历史或基准情景下作物生产力模拟值之间的差异，即可得出不同气候变化情景对研究站点或区域作物生产力的影响。基于 CropGrow 模型，结合不同情景气候数据，作者团队较为系统地开展了历史和未来气候情景对我国稻麦主产区作物生育期、生产力及水分利用等方面的效应评估。

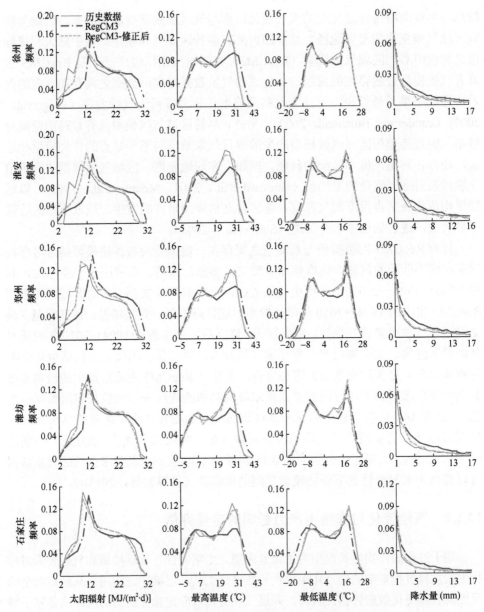

图 14-1　RegCM3 逐日气象数据修订前后概率分布比较

1. 对作物生育期的效应

作物物候发育直接受到光、温等气候因素的影响，对气候变化极为敏感。而物候发育进程直接关系到作物干物质积累和生产力形成，也是作物生产管理决策的重要依据，因此明确未来气候情景下的作物生育期变化具有重要意义。作者团队基于

CropGrow 模型系统评估了不同气候变化情景对中国稻麦主产区生育期的影响。

将降尺度的高分辨率全球气候模型与区域化的小麦生长模型 WheatGrow 相结合，预估了 IPCC 报告中构建的 B1（低温室气体排放情景）、A1（中温室气体排放情景）、A2（高温室气体排放情景）下 2000s、2030s、2050s 和 2070s[①]中国冬小麦主产区的小麦生育期。结果表明，小麦开花期从南到北、从西向东不断推迟，四川地区的生育时期最早，甘肃、山西、陕西、河北北部地区生育期最晚。与 2000s 相比，未来 2030s、2050s、2070s 冬小麦主产区小麦开花期平均分别提前 3～6 天、6～9 天和大于 9 天，各个省份提前程度比较一致。B1 情景模拟的小麦开花期提前最少，其次是 A1 情景，提前最多的是 A2 情景（图 14-2）。与 2000s 相比，陕甘地区和山西、

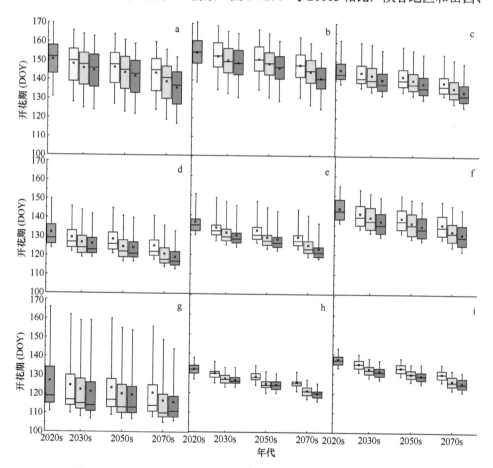

图 14-2 基于 WheatGrow 模型预测的 3 种气候变化情景下各省份 2000s、2030s、2050s、2070s 的开花期（DOY，day of year）

a. 陕甘地区；b. 山西；c. 河北；d. 湖北；e. 河南；f. 山东；g. 四川；h. 安徽；i. 江苏

① 2000s、2030s、2050s、2070s 分别表示 21 世纪初、30 年代、50 年代、70 年代，本章同。

河北、山东、四川等省份的小麦灌浆持续期在 2030s、2050s、2070s 略有缩短，其他省份不同年代小麦灌浆持续期的变化并不明显（Lv et al., 2013）。

为了进一步控制全球变暖幅度，2015 年联合国气候变化框架公约（UNFCCC）通过了《巴黎协定》，其主要目标是控制全球温室气体排放以保障到 21 世纪末期增温水平较工业革命前低于 2.0℃，并努力将增温幅度控制在 1.5℃以内。在此背景下，作者团队基于多模型集合的方法，结合 HAPPI（Half a degree Additional warming，Projections，Prognosis and Impacts）项目提供的 4 套全球气候模式（CanAM4、CAM4、MIROC5 和 NorESM1），系统评估了中国水稻和冬小麦生产在全球增温 1.5℃和 2.0℃气候情景下可能面临的挑战。

在小麦作物上，选用 4 套典型小麦生长模拟模型（CERES-Wheat、DSSAT-Nwheat、WheatGrow 和 APSIM-Wheat）进行多模型集合评估。结果表明，冬小麦营养生长期内的平均温度（GST）在增温 1.5℃和 2.0℃情景下分别升高 0.6～1.4℃和 0.9～1.8℃，而在生殖生长阶段 GST 则分别下降 0～0.9℃和–0.3～1.1℃。小麦生育期内的平均温度升高，导致小麦全生育期（GSD）在增温 1.5℃和 2.0℃情景下分别缩短了 6～15d 和 8～18d（图 14-3）。GST 的升高和 GSD 的缩短在西南冬麦区（SWS）表现最为显著，明显高于北方麦区，且全生育期 GSD 的缩短主要是营养生长阶段 GSD 的缩短导致的（Ye et al., 2020）。

在水稻作物上，基于 3 套知名水稻生长模型（CERES-Rice、ORYZAv3 和 RiceGrow）模拟结果表明，相比历史时段（1981～2010 年），在未来增温 1.5℃和 2.0℃情景下，水稻生长季内气温增幅最高的区域位于华中地区（长江中下游单、双季稻区）。整体而言，不同稻作系统生殖生长阶段的气温增幅高于营养生长阶段。利用多模型集合模拟的水稻生长发育进程结果显示，在增温 1.5℃和 2.0℃情景下，水稻生长季内的平均生育期天数分别缩短了 3～15d 和 4.5～18d，且全生育期的缩短主要发生在水稻营养生长阶段（Liu et al., 2020）。

2. 对作物生产力的效应

基于中国水稻主产区 1980s 和 2000s 的逐日气象资料，以及典型品种特性和管理措施，利用 3 套水稻生长模拟模型（CERES-Rice、ORYZA v3 和 RiceGrow）定量模拟了气候变化对我国主产区水稻产量的影响。结果表明：与 1980s 相比，2000s 中国水稻主产区绝大部分地区水稻生长季内的平均气温呈上升趋势，而辐射量呈减少趋势；总降雨量的变化趋势不太一致：单季稻和晚稻生长季内总降雨量以降低为主，而早稻生长季内的总降雨量以升高为主；1980s 到 2000s 的气候变化对中国水稻主产区单季稻、早稻和晚稻产量提升的贡献度分别为–15.6%、–17.3%和–18.5%。由此表明，气候变化对中国水稻主产区产量的影响为负效应，依次为晚稻>早稻>单季稻（图 14-4）。

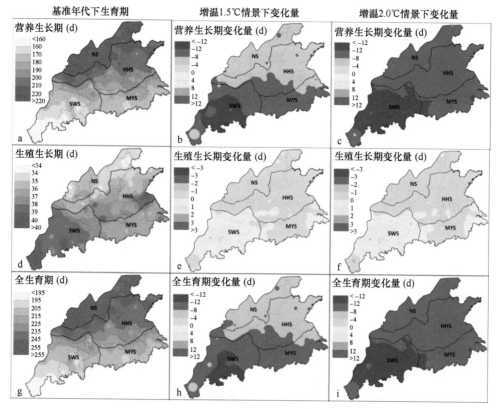

图 14-3　基于多模型集合模拟的基准年代（a、d、g）、增温 1.5℃（b、e、h）和 2.0℃（c、f、i）情景下小麦生育期及其变化量的空间分布特征

NS. 北部冬麦区；HHS. 黄淮冬麦区；MYS. 长江中下游冬麦区；SWS. 西南冬麦区

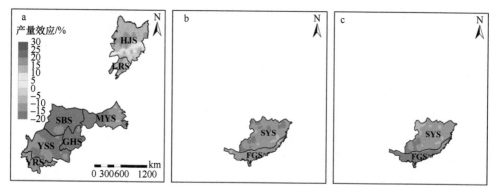

图 14-4　1980s~2000s 气候变化对中国水稻主产区单季稻（a）、早稻（b）及晚稻（c）产量的贡献率

HJS. 黑吉平原河谷特早熟单季稻亚区；LRS. 辽河沿海平原早熟单季稻亚区；MYS. 长江中下游平原单季稻亚区；SBS. 川陕盆地单季稻亚区；GHS. 黔东湘西高原山地单季稻亚区；YSS. 滇川高原岭谷单季稻亚区；YRS. 滇南河谷盆地单季稻亚区；SYS. 江南丘陵平原双季稻亚区；FGS. 闽粤桂平原丘陵双季稻亚区

　　此外，利用多作物模型和多气候模型集合的方法，预估了 HAPPI 的两个增温情景下，中国稻麦主产区潜在单产和总产的变化情况。对于小麦而言，虽然不同模型对小麦潜在产量的预测在同一增温情景下表现出一定差异，但其空间趋势一致，均表现为北部冬麦区、黄淮冬麦区和长江中下游冬麦区增产，而西南冬麦区减产。两个增温情景下 CO_2 浓度每升高 100ppm 中国小麦潜在产量增产率为 7%～14%，且 CO_2 浓度的升高对整个区域主要表现为正效应，在部分区域能抵消增温带来的负效应；但对于基准年代下小麦生育期平均温度（GST）大于 11℃的区域，CO_2 浓度的升高不能完全抵消增温带来的负效应。结合研究区域内的小麦种植面积数据，发现增温 1.5℃和 2.0℃情景下中国冬小麦总产分别增长 2.8%和 8.3%，且黄淮冬麦区由于种植区域较大而增幅显著（Ye et al.，2020）（图 14-5）。

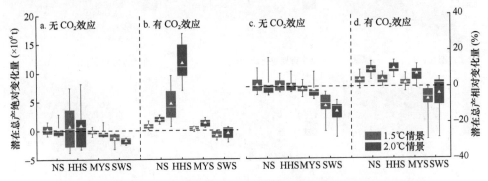

图 14-5　增温 1.5℃和 2.0℃情景下基于多模型集合预测的我国冬小麦主产区 4 个
亚区潜在总产变化的绝对值（a、b）和相对值（b、d）

NS. 北部冬麦区；HHS. 黄淮冬麦区；MYS. 长江中下游冬麦区；SWS. 西南冬麦区

　　多模型模拟结果表明，增温 1.5℃和 2.0℃情景下，我国单季稻和晚稻产量的变化均与生殖生长阶段的增温和营养生长阶段的天数变化呈显著负相关关系，而早稻产量的变化则与营养生长阶段增温和生殖生长阶段天数的变化呈显著负相关关系。在增温 1.5℃和 2.0℃情景下，如果不考虑 CO_2 的肥效，升温对中国水稻主产区会产生负面影响，且在增温 2.0℃情景下更为严峻；减产效应整体呈现由北向南逐步加重的趋势。若考虑 CO_2 肥效，增温对东北北部低热量区的水稻产量具有正效应，但在其他地区，CO_2 的肥效不能完全抵消气候变暖对水稻生产产生的负面影响（Liu et al.，2020）（图 14-6）。

　　除评估气候变化对作物生产力的综合效应外，还利用耦合极端温度胁迫响应的 CropGrow 模型，将温度变化对作物生产力的总效应分解为平均温度升高和极端温度胁迫效应，并分别进行量化。以小麦为例，发现基准年代和未来增温情景下高温胁迫对小麦的减产效应在我国冬小麦主产区的空间分布表现为显著的"南低北高"特征，不同气候增温情景下的空间分布较为一致。其中在北部冬麦区和

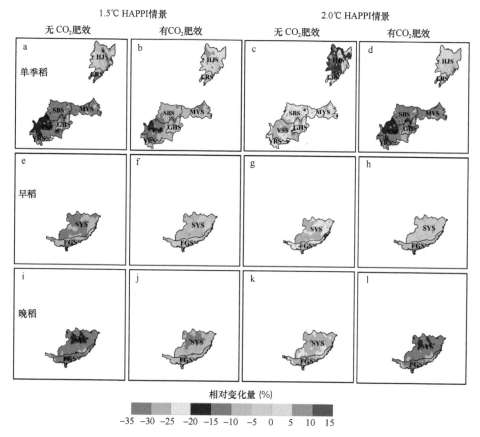

图 14-6　增温情景下中国水稻主产区单季稻（a～d）、早稻（e～h）及晚稻（i～l）单产的变化
HJS. 黑吉平原河谷特早熟单季稻亚区；LRS. 辽河沿海平原早熟单季稻亚区；MYS. 长江中下游平原单季稻亚区；SBS. 川陕盆地单季稻亚区；GHS. 黔东湘西高原山地单季稻亚区；YSS. 滇川高原岭谷单季稻亚区；YRS. 滇南河谷盆地单季稻亚区；SYS. 江南丘陵平原双季稻亚区；FGS. 闽粤桂平原丘陵双季稻亚区

黄淮冬麦区，高温胁迫在基准年代及未来增温情景下造成的减产损失平均为2.6%、2.1%和3.9%、2.6%。未来3个增温情景下由温度升高造成的我国冬小麦潜在总产损失为 3%～5%，温度变化和平均温度升高对整个主产区冬小麦产量均为负面影响，其中影响最严重的区域集中在西南冬麦区。相比基准年代，北部冬麦区、黄淮冬麦区和长江中下游冬麦区在增温情景下整体上表现高温胁迫发生及减产效应加重，而西南冬麦区高温胁迫发生及减产效应呈略微减轻趋势。高温胁迫变化对小麦潜在产量的效应要明显小于平均温度升高造成的负面效应。温度变化、平均温度升高及高温胁迫变化对潜在产量的负面效应在整个主产区表现出随着增温幅度增大呈现逐渐上升趋势（图 14-7）。

此外，基于全球小麦主产区 60 个代表性站点，采用包括 WheatGrow 模型在内的国内外 30 多套小麦生长模拟模型，在生态点、国家和全球尺度上系统评估了全

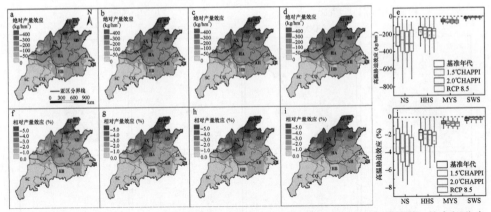

图 14-7　我国冬小麦主产区不同气候情景下高温胁迫对产量的效应（30 年平均值）的空间分布
a~e. 高温胁迫绝对效应，f~k. 高温胁迫相对效应；a 和 f. 基准年代；b 和 g. 1.5℃ HAPPI；c 和 h. 2.0℃ HAPPI；
d 和 i. RCP8.5。BJ. 北京；TJ. 天津；HE. 河北；SD. 山东；HA. 河南；SX. 山西；SN. 陕西；GS. 甘肃；
SC. 四川；CQ. 重庆；HB. 湖北；AH. 安徽；JS. 江苏；SH. 上海

球增温 1.5℃ 和 2.0℃ 对小麦生产力的影响（Liu et al.，2019）。结果显示，在考虑未来增温情景下 CO_2 浓度升高对小麦产量的正面效应下，全球多数区域的小麦生产力略有升高，其中在增温 1.5℃ 和 2.0℃ 情景下全球小麦总产增幅分别为 1.9% 和 3.3%。但对于包括印度、非洲部分国家在内的小麦生长季高温且缺少降雨的区域来说，小麦产量却呈显著降低的趋势，且小麦产量波动增加、极端低产风险明显加大（图 14-8）。例如，在 3 个位于印度的代表性站点，增温 2.0℃ 将使得小麦极端低产概率从现有的 5% 增加到 15% 左右。而这些产量风险加大的地区目前多属于经济欠发达区域，因此气候变化的不利影响将会进一步加剧这些区域的粮食安全问题。

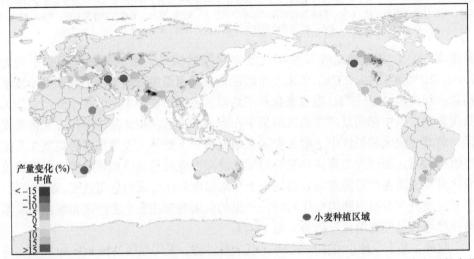

图 14-8　全球增温 1.5℃ 情景下基于多模型集合预估的全球 60 个典型生态站点小麦产量的变化

3. 对作物水分利用的效应

水分是作物生长的重要农业资源，是作物生产力形成的重要基础。气候变化背景下，多个气候因素的变化均会改变作物水分条件，一方面作物生育期内的温度和太阳辐射变化会显著影响蒸腾蒸散，而降雨量的变化直接影响作物生育期内的水分供给。此外，有研究表明，在大气 CO_2 浓度增加条件下，作物水分利用效率可能提高。因此，气候持续变化会对作物水分利用产生显著影响，而解析未来气候变化条件下的作物水分利用变化，科学有效地进行农业水资源管理与利用，对于我国特别是北方等水资源不足地区雨养作物的可持续生产至关重要。

基于 WheatGrow 模型，分别模拟了 B1（低温室气体排放情景）、A1（中温室气体排放情景）、A2（高温室气体排放情景）下 2000s、2030s、2050s、2070s 中国冬小麦主产区雨养及充分灌溉条件下小麦的累积蒸散量变化情况。结果发现，2000s 区域雨养小麦累积蒸散量由北向南呈逐渐增加的趋势，2030s、2050s、2070s 的累积蒸散量与 2000s 相比，北方地区呈现降低趋势，南方地区呈现增加趋势，其空间分布与小麦区域气候生产潜力基本一致（Lv et al.，2013）。而在充分灌溉的情况下，2000s 河南、山东 2 个省份的小麦生育期累积蒸散较高，2030s、2050s、2070s 小麦生育期累积蒸散与 2000s 相比，大部分地区呈现增加的趋势，其空间分布规律与充分灌溉条件下的区域小麦产量分布基本一致（Lv et al.，2013）。

小麦生育期内灌溉水分的利用效率在山东西部、河南、山西和陕西北部及四川南部地区较高，大部分地区超过了 $2.07kg/(hm^2 \cdot mm)$；2030s、2050s、2070s 与 2000s 相比，小麦灌溉水分利用效率的变化率在山东西部、河南、山西和陕西北部及四川南部地区出现降低现象。而在其他大部分地区，小麦灌溉水分利用效率都是增加的（图 14-9）。在南方绝大部分地区，由于降雨量基本满足了小麦生长

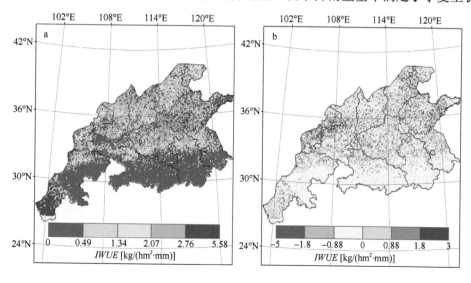

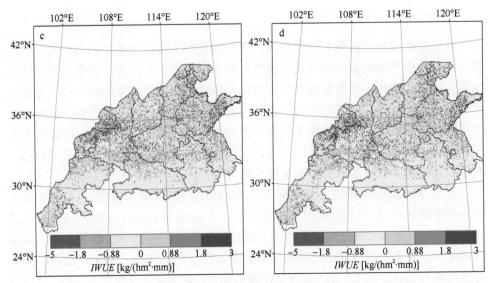

图 14-9　基于 WheatGrow 模型模拟的 2000s（a）小麦灌溉水分利用效率（*IWUE*）及 2030s（b）、
2050s（c）、2070s（d）灌溉水分利用效率的变化（正值表示 *IWUE* 降低）

对水分的需求，充分灌溉条件下的小麦产量与雨养条件下的小麦产量的差异较小，
因此灌溉水分利用效率也接近 0（Lv et al.，2013）。

14.2　作物生产管理方案的优化

　　管理方案对作物产量和品质形成的影响极为复杂。在生产实践中，广大农民既
不能准确地把握由田间栽培试验得出的栽培技术体系，又不能人人都得到专家的指
导。即便是农业技术人员，因手段和条件等限制，也不能准确地把握和进行指导。
例如，在小麦栽培专家所制订的田间管理要点中，拔节期应追肥浇水，但不同的品
种、土壤类型和肥力基础、气象条件、苗情状况、拔节期植株和土壤养分与水分动
态等都应区别对待。农民和农业技术人员只能凭经验去判断和决策。随着作物生长
模拟模型各个模块的构建与完善，模型的数字化设计与决策支持功能也得到不断拓
展，将作物生长模拟模型与专家系统、人工智能方法及地理信息系统等结合，建立
综合性和智能化的作物生产管理决策系统，可以大大促进生长模型在生产实践中的
应用（曹卫星等，1999）。例如，通过实施不同播期、密度、氮肥、灌溉等单一或
组合方案的多年情景模拟试验，可以确定不同概率下的最适管理方案。

14.2.1　播期

　　作物生长除受品种特性、栽培条件制约外，与营养生长期长短关系极大，播

种过迟，营养生长期短，养分积累少，生长量明显不足，表现为株矮、分蘖少、长势弱、结实率降低等。因此，合理确定播期是作物栽培管理中的关键技术，是作物高产、优质的基础。适宜播期的确定受光温资源、生产条件、品种特性和前后茬口等诸多因子的综合影响，表现出较强的变动性和系统性（Jahan et al.，2018；张军等，2016）。适宜的播期对有效利用温光资源、改善作物生育进程、提高分蘖成穗率、保证个体正常发育和完全成熟、提高抗倒伏性和减轻病虫草害发生等具有重要作用（袁静和许吟隆，2008）。因此，研究播期对作物生产的影响，进而确定不同概率下的最适播期，可以合理利用当地的温光资源，提高作物产量。例如，基于 RiceGrow 模型，通过情景模拟试验，为我国水稻主产区不同区域设计了现在和未来气候条件下的最适宜播期（王莉欢，2017）。

利用 RiceGrow 模型，基于 1980～2010 年历史气象数据和全球气候模式 HadGEM2-ES 输出的 2030s（2020～2040 年）、2050s（2041～2060 年）和 2070s（2061～2080 年）RCP8.5 气候情景数据，模拟分析了单季稻各个亚区的最适播期在未来气候情景下的变化特征。表明 2030s、2050s、2070s 的水稻适宜播期与 2000s 相比，仅在 II 2 亚区的部分地区，2030s 最适播期有小幅推迟外，其余亚区和年代的最适播期都呈现提前的趋势，特别是在长江中下游地区的 II 1 亚区，各年代的适宜播期均提前较明显（图 14-10）。

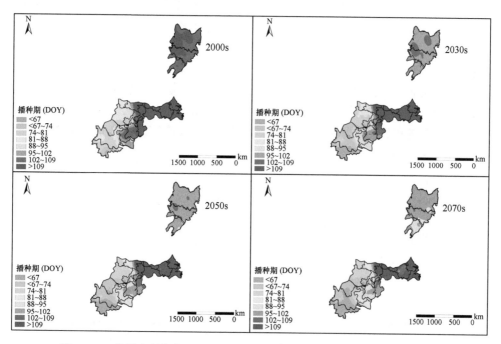

图 14-10　我国水稻主产区不同气候情景下单季稻的适宜播期空间分布特征

14.2.2 氮肥运筹

氮肥作为农业生产的重要生产资料，在提高粮食产量和品质方面具有十分重要的作用。近几十年来，我国氮肥生产和施用量都持续攀升，单位面积氮肥用量已处于世界较高水平。然而，我国的作物氮肥利用率却比同期世界平均水平低 20%～30%（闫湘等，2017；Peng et al.，2006）。生产实践证明，氮肥是把"双刃剑"。一方面，氮肥施用量不足，作物产量低、土壤氮肥力耗竭；另一方面，氮肥施用量过高，氮肥利用率下降、损失量增加，严重影响农业、社会和生态的可持续发展（Galloway et al.，2008）。因此，开展氮肥运筹方案的设计与评估工作，对实现作物优质、高产、稳产、低排放等具有重要的指导意义。作物生长模拟模型能够动态模拟作物生长发育规律及其与基因型、环境和管理措施之间的交互作用（G×E×M），为作物氮肥运筹的设计与评价提供了有效工具。例如，南京农业大学国家信息农业工程技术中心团队利用 ORYZA2000、RiceGrow、CERES-Rice 3 套水稻模型模拟不同氮肥情景下 1981～2010 年的水稻产量变化，同时结合水稻价格、肥料价格及人工费用等，基于达到较高产量、收益和氮肥利用率的累积概率，分析了不同氮肥运筹方案对水稻生产的影响，在此基础上提出合理的施肥方案，以提高肥料利用率、增加农民收入（常瑞佳，2015）。情景模拟结果表明，施氮量及施肥比例对水稻产量有较大影响，在施氮量较低时，产量随施氮量的增加而增加，当施氮量高于 270kg/hm² 时，产量随施氮量的增加变化不明显（图 14-11）；当施氮量高于 270kg/hm² 时，农民收益随施氮量的增加而略降低（图 14-12）；氮肥利用率随施氮量的增加呈明显降低趋势（图 14-13）。基追比对产量和氮肥利用率的影响相似，主要表现为适当氮肥后移可以提高产量和氮肥利用率，在不同施肥次数间，4 次施肥的产量高于 3 次，高于 2 次（图 14-14）。

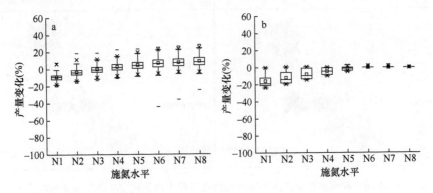

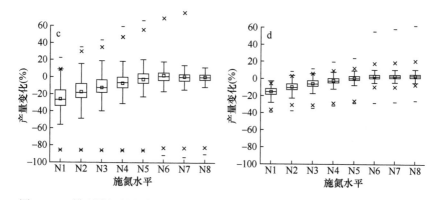

图 14-11　模型模拟的如皋市不同施氮水平下的水稻产量相对于基准模式的变化

a. RiceGrow，b. ORYZA2000，c. CERES-Rice，d. 3 套模型的平均值

N1. 150kg/hm²；N2. 180kg/hm²；N3. 210kg/hm²；N4. 240kg/hm²；N5. 270kg/hm²；N6. 300kg/hm²；N7. 330kg/hm²；N8. 360kg/hm²

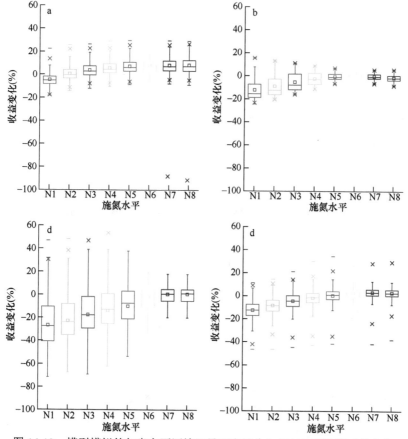

图 14-12　模型模拟的如皋市不同施肥量下农民收入相对于基准模式的变化

a. RiceGrow，b. ORYZA2000，c. CERES-Rice，d. 3 套模型的平均值

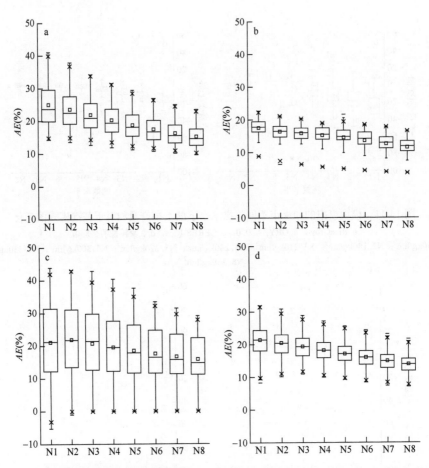

图 14-13　模型模拟的如皋市不同施氮水平下氮肥农学利用率（AE）相对于当地常规的变化
a. RiceGrow，b. ORYZA2000，c. CERES-Rice，d. 3 套模型的平均值

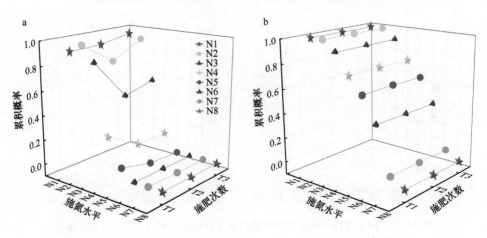

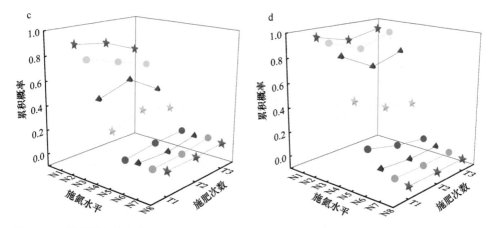

图 14-14　模型模拟的如皋市不同施氮水平和不同施肥次数下水稻产量达到较高产量的 30 年
（1981～2010 年）累积概率

a. RiceGrow；b. ORYZA2000；c. CERES-Rice；d. 3 套模型的平均值。T1. 施肥四次（基肥、分蘖肥、保花肥、促花肥）；T2. 施肥三次（基肥、保花肥、促花肥）；T3. 施肥两次（基肥、促花肥）

14.2.3　综合管理方案

作物生长模拟模型不仅可以进行单一管理方案的优化设计，还可以同时考虑氮肥、水分、密度、播期、轮作制度等因素的综合效应。Asseng 等（2001）利用 APSIM 模型，使用当前的作物生产管理措施、栽培品种和历史气象记录，模拟分析了不同土壤类型、降雨条件和氮肥运筹对小麦水分利用效率（WUE）和氮素利用效率（NUE）的影响。该模拟分析指出，小麦产量、WUE 和 NUE 取决于土壤类型、氮肥投入、降雨量，特别是降雨量的分布。在中高降雨区，黏土往往具有更高的生产力、WUE 和 NUE，但在低降雨区，大多数年份的生产力较低。由于砂土的硝酸盐浸出潜力较高，所以砂土在高降雨区的生产力较低。在低降雨黏土条件下，由于小麦开花前生长较差，用水量较少，土壤水分蒸发较少，能满足开花后水分需求，因此低降雨区黏土生产力比高降雨区砂土的生产力高。在砂土上施用氮肥增加了小麦产量的变异性，且随着施氮量的增加，小麦产量呈上升趋势。与砂土相比，在黏土上施用氮肥小麦产量的变异性更大。李亚龙等（2005）应用 ORYZA2000 模拟不同灌水和密度组合在 13 个施氮水平下的产量，然后根据肥料效应函数原理求得旱稻的经济最佳施肥量。结果表明，旱稻经济最佳施肥量在 200～225kg/hm^2，超过此施肥量区间，施肥利润为负值。同时，种植密度对旱稻经济最佳施氮量的影响要比灌水大。毛婧杰（2013）利用 APSIM-Wheat 模型模拟分析了旱地小麦的水肥协同效应，研究发现在干旱年、平水年、丰水年，施氮量对小麦的产量效应为丰水年>平水年>干旱年。施氮量在 0～300kg/hm^2 对小麦产量的影响 40 年均呈现先增加后相对平稳的趋势，施氮量在 $0\sim100kg/hm^2$，小麦产量快速增加，施氮量>$150kg/hm^2$，如继续增加施氮量，小麦产量则趋于平稳。Bai 和 Tao（2017）利用中国东部稻麦轮作地区 1981~2009 年 4 个具有代表性的农业气象试验站的田间试验数据，结合 APSIM-Wheat 模型，进一步优化了小麦的施氮量。结果表明：在保持稻麦轮作系统高产且资源利用效率较高的基础上，建议水稻施氮量为 $180\sim210kg/hm^2$，小麦施氮量为 $210kg/hm^2$，有助于提高稻麦轮作系统的产量生态效率。Zhang 等（2019）应用 CERES-Wheat 模型，评估了华北平原冬小麦的最佳管理生产策略。研究表明，通过调整氮和植物密度管理策略可以提高产量和氮利用效率，施氮量为 $180kg/hm^2$，植株密度为 300 株/m^2 时，籽粒产量较高，氮素利用率显著提高，同时净回报达到最高值。常悉尼（2020）利用 ORYZA、CERES-Rice 和 RiceGrow 3 套水稻生长模型，模拟分析了不同管理措施互作对水稻产量和氮肥利用率的影响。结果发现，在一定的范围内，不同管理措施互作下水稻产量随着播期的提前、移栽密度的增大和施氮量的增加而增加，且管理措施之间存在互补作用。其中对水稻产量和氮肥利用效率提升最高的管理措施组合为播期提前和密度增大。

14.3　作物理想品种设计

作物表型是基因型与气候条件、土壤环境、管理措施相互作用的结果。作物生长模拟模型可以综合定量基因型、环境和作物生产管理措施及它们之间互作对作物生产力的影响，因而在作物表型预测和辅助育种选择方面具有巨大的应用潜力。基于作物生长模型的预测功能，可以快速有效地筛选不同环境和管理措施条件下的适宜作物表型特征，进而设计出理想品种的生理和株型特征，辅助智慧育种。此外，随着基因测序技术的快速应用和作物表型高通量测量技术的发展，将作物基因型效应与作物生长模拟模型相耦合，构建基因型效应模拟模型，可以直接预测不同基因型在不同环境和管理措施下的表型特征，对于加速作物不同品系的表型鉴定选择过程，进而实现高效育种具有重要意义。本节主要介绍作物生长模型在作物基因效应模拟与遗传参数设计、作物株型设计等方面的应用情况。

14.3.1　作物基因效应模拟与品种遗传参数设计

作物生长模型通过一系列遗传参数表征作物的遗传特性。基于作物生长模型进行作物表型指标设计的本质是通过设计作物品种的遗传参数来实现的。其主要手段是，通过大量的情景模拟试验，分析比较不同遗传参数组合在不同环境和管理措施下的表型特征，进而确定最优的遗传参数组合，可称之为理想品种。基于作物生长模型的理想品种设计通过以下两个层次表征理想品种的遗传信息。

1. 基于作物生长模型的品种参数

现有作物生长模型的品种参数本质是反映品种的部分主要特性，属于表型特征。将设计的不同品种参数组合输入模型，进而识别和确定某一特定环境下提高作物生产力的适宜性状组合，可以直接基于现有的作物生长模型进行。

以生育期相关参数为例进行介绍。在水稻作物上，选取黑龙江五常市、河南信阳市、江苏的徐州市和兴化市、安徽合肥市 5 个单季稻种植点作为研究生态点。在各生态点已确定品种参数的代表性品种基础上，对 RiceGrow 模型中的基本早熟性（IE）、光周期敏感性（PS）和温度敏感性（TS）3 个生育期参数，分别按照步长 0.1、0.4 和 0.4 进行变化并随机组合得到 3969 个水稻基因型，利用不同年型的气象资料，通过运行模型来模拟各基因型的生育期和产量变化趋势。分析不同生态点、不同年型下，较对照品种产量增加 5% 以上的生育期参数组合变化特点发现，除信阳和合肥两地偏冷年型，其他生态点不同年型均可以通过改变生育期参数而达到产量增加 5% 以上的目的。且在不同生态点、不同年型下，产量增加 5% 以上，不同生育期参数变化在各研究点均有较大的差异，其中，PS 值在各生态点均减小，而 IE 和 TS 值的变化相对复杂，增加或降低的幅度大小不等。

进一步分析平均年型下，相对对照品种生育期更短而产量更高的品种组合的生育期参数（IE、PS 和 TS）的分布特点。如图 14-15 所示，除五常市 IE 和 PS 的分布与其他生态点有所差异外，其他各点不同生育期参数的频率分布范围及趋势较为一致。选取各生态点品种中产量最高的生育期参数组合模拟发现，与历史年份实际生育期比较，5 个生态点大部分年份高产组合品种的预测生育期比当年历史品种的实际抽穗期平均缩短 9.0d，预测成熟期平均缩短 6.0d；而在产量表现上，绝大部分年份高产品种组合的预测产量均高出当年历史水稻品种的实际产量，平均增产 17.5%，具有显著的增产效果（陈雷，2011）。

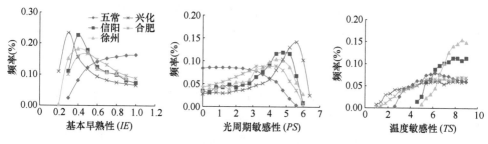

图 14-15　不同生态点水稻生育期参数组合频率分布

在小麦作物上，选取南京、徐州、郑州、泰安及保定 5 个生态点，以小麦生育期在各个生态点对照品种基础上延长 7d 为设计目标，发现各生态点的小麦优化设计的品种参数组合是不一致的。以两参数组合设计为例，在南京生育期延长 7d

时，产量增加幅度在 5%～8%，各品种参数的变化范围为：生理春化时间控制在 58%～100%，基本早熟性减小 3%～5.2%，光周期敏感性增加 15%～28%，温度敏感性增加 12%～19%；而在保定，生育期延长 7d 时，产量增加幅度在 5.1%～7.4%，各参数的变化范围为：生理春化时间控制在 6.7%～67%，基本早熟性减小 1.3%～7.6%，光周期敏感性增加 7.4%～48%，温度敏感性增加 3.3%～20%。总体来看，在对照品种基础上改变某一品种参数可以调控小麦的发育和产量，但相同品种参数的变化在不同生态点间的调控效应是不一致的（段艳娟，2010）。

2. 基于基因效应模拟模型的遗传信息

传统作物生长模型中不同品种基因型效应多是通过品种参数加以体现，与作物实际基因型存在较大差异。现代基因测序技术的飞速发展使得作物基因信息的快速获取变成现实，进而为量化作物生长模型中品种遗传参数与基因效应之间的关系奠定了良好基础，有望克服传统作物生长模型中品种遗传参数的机理性不足这一难题（Wang et al.，2019；Yin et al.，2018）。通过利用基因效应来定量模拟作物生长模型中的品种遗传参数，探索主要性状基因效应与环境及管理措施之间的互作机制与定量方法，可以构建以"基因效应-遗传参数-田间表型-生产力形成"为主线的基于基因效应的作物生长模型，为作物表型高效预测与育种性状快速选择奠定数字化技术基础。基于基因效应的作物生长模拟模型，可以直接基于基因等遗传信息来预测不同品系在不同环境条件下的主要表型性状，进而筛选确定能满足目标性状需求的遗传信息组合，为作物育种品系选择乃至分子育种设计提供直接依据。

实现基于遗传信息的作物品种优化设计，首要是构建基因效应的模拟模型。通常而言，作物模型的每个品种参数均应处于简单且独立的遗传控制之下，而一组不同的品种参数可以描述某一特定基因型品系的遗传特性。因此，当前建立基因效应模拟模型的主要途径是，探索建立作物生长模型相关品种参数与对应表型特征直接相关的功能基因的等位基因位点信息或数量性状基因座（quantitative trait locus，QTL）信息的关联模型，进而用基因信息代替品种参数作为作物生长模型的输入参数。其中，部分研究针对目前遗传功能已经明确的主效基因，一般通过少数几个主效基因的等位基因位点信息直接确定了对应的品种参数值，当前主要以简单的表型特征如抽穗期、开花期等为主。例如，White 等（2008）和 Christy 等（2020）分别建立了基于春化基因 *Vrn* 和光周期基因 *Ppd* 位点信息的小麦生长模型 CERES-Wheat 和 APSIM-Wheat 生育期参数的估算模型。而对于尚未明确遗传机制的复杂性状，可以对模型相关参数进行 QTL 分析并明确各个 QTL 的效应值，进而依据各个 QTL 效应值来估算群体各个基因型的参数值（Yin et al.，2004）。

14.3.2　基于模型的作物株型设计

作物的形态结构很大程度上决定着作物的竞争能力和资源获取强度，如作物冠层对太阳光辐射的截获能力、相邻植株根系之间对土壤水分和养分的竞争能力等。其中株型特征，特别是地上部的茎型和叶型，是影响作物冠层光分布及光合作用的最重要的形态结构因素之一。受作物冠层结构及各器官的几何形状等影响，植物冠层的光分布具有很大的空间变异性，应用仪器进行光分布的试验测定通常费时、费力且需要专门的仪器设备。而基于作物功能-结构模拟模型，可以实现作物冠层光分布的精确模拟，最终预测出不同冠层结构下群体光能利用率与光合作用。

基于作物功能-结构模型的虚拟试验，其最为重要的应用领域是作物株型设计。为大幅度提高作物产量，需培育超级作物品种，如超级杂交稻；而为了获得超级品种必须优化作物株型（袁隆平，2000）。依据作物光能-结构模型可以建立超高产作物株型设计系统，通过情景假设方式虚拟设计不同株型，模拟各种株型下植株各个器官的形态和空间位置，进一步利用虚拟试验来模拟光线在作物冠层内的传输、反射和透射等，能精确模拟各种株型的光截获能力与光合产量形成能力，进而优选出理想株型，为育种明确方向。

以作者团队构建的基于过程的作物生长模型 CropGrow 为基础，通过耦合稻麦形态结构与冠层光分布模型，构建了基于冠层结构和光分布的稻麦光合作用模拟模型。基于该模型，通过不同的冠层结构参数组合设定了紧凑型和披散型两种不同株型稻麦品种，定量分析了不同株型品种消光系数、冠层辐射分布及光合速率的变化规律及分布特征等（李艳大等，2011；张文宇，2011）。

进一步的数值模拟分析表明，稻麦冠层内光合作用速率的分布总体上与冠层内光分布趋势相似，在冠层上部由于辐射较强，紧凑型品种和披散型品种的叶层光合作用速率相近，以披散型品种截获光能较多而略高。由于紧凑型品种的群体消光系数较小，有利于光向下层透射，因而中下部叶片能截获较多的光能，冠层中下部的光合作用速率显著大于披散型品种。拔节前两个株型品种的冠层日光合速率大致相等；随后直到灌浆后期，紧凑型品种的冠层日光合速率都大于披散型品种。

此外，稻麦冠层光合速率日变化趋势与冠层光合有效辐射完全相同，即在各生育时期内均呈正午高、晨昏低的单峰曲线（图 14-16）。在一天中的大多数时段，特别是拔节后的生育阶段，紧凑型品种比披散型品种的冠层消光系数更小，到达冠层同一高度处的辐射强度更高，光合速率更快。但由于叶片总是对入射角接近其切线方向的光线遮挡较小，而对垂直于叶片切线方向的光线遮挡较大（Tadaki，2005），因此在晨昏前后等太阳高度角较小时，紧凑型品种的消光系数会大于披散型品种，导致冠层基部辐射强度和光合速率都略低于披散型，但差异不明显。在小麦作物上，两种株型拔节前的消光系数变化规律基本一致，模拟值变化幅度都较大；而拔节后紧凑型品种的消光系数变化幅度较披散型品种大（图 14-17）。

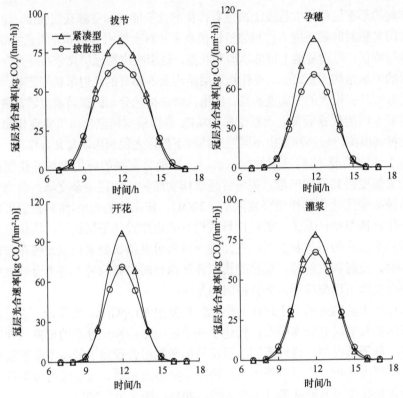

图 14-16　两种株型小麦冠层光合速率日变化

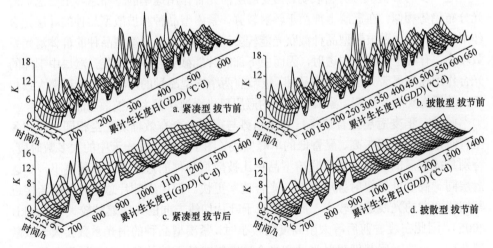

图 14-17　两种株型小麦冠层消光系数（K）的动态变化

分析两种株型冠层光合作用速率与叶面积指数（LAI）的关系发现，当 LAI 较小时，披散型品种有利于截获更多的光能，其冠层光合作用速率略高于紧凑型品种，但差异不明显。随着 LAI 的增大，紧凑型品种的冠层光合作用速率迅速递增，披散型品种增加较少并逐渐趋于平缓。紧凑型品种，由于光容易透射到冠层中下部，且上部叶层仍远离光合作用上限，随着辐射强度的增大，冠层光合作用速率显著增加。总体来看，在相同叶面积指数条件下，紧凑型品种的增产潜力依赖于较大的太阳高度角，而辐射强度相同时，则依赖于较大的叶面积指数（图 14-18）。

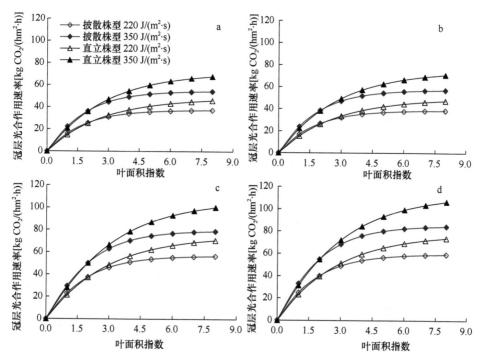

图 14-18 不同叶片光合效能下直立株型和披散株型冠层光合作用
速率与叶面积指数和辐射强度的关系

a. EFF=0.3，AMAX=40；b. EFF=0.3，AMAX=50；c. EFF=0.5，AMAX=40；d. EFF=0.5，AMAX=50

第15章 数字作物平台的构建与实现

数字作物是基于系统学理论与方法，综合运用农业气象学、作物生理学、作物生态学、过程建模和软件工程等，以"生理机制解析—模拟算法构建—生产力区域预测—效应定量评估—应用平台研发"为主线，集成构建的数字化作物技术体系，其目标是实现作物生长过程的全面数字化表达，具有系统化、模型化、智能化、可视化、网络化等基本特征。随着数字作物技术的发展，数字作物平台系统在不断完善，逐步形成了作物生长模拟与决策支持系统、作物生长可视化系统、基于模型与 GIS 的作物生产力预测预警系统、基于模型与遥感的作物生长监测与生产力预测系统、数字作物综合应用平台等。这些系统是数字作物技术落地应用的重要载体和保障，为不同规模和不同类型用户群体实施粮食生产的预测预警、情景效应的量化评估、生产管理的智能决策、作物品种的优化设计等提供了数字化支撑，为保障国家粮食安全和推进数字农业快速发展提供了科学工具。本章以南京农业大学国家信息农业工程技术中心团队研发的系统与平台为例进行介绍。

15.1 作物生长模拟与决策支持系统

作物生长模拟与决策支持系统是在作物生长模型构建的基础上，利用计算机软构件技术封装发育进程、光合同化、物质分配、器官建成、产品形成、养分动态、水分平衡等模块算法，结合决策支持技术，拓展数据管理、因苗预测、时空分析等功能，研制开发的作物生长模拟软件系统（李卫国，2005；潘洁，2005）。该系统实现了对作物生长发育过程及其与环境、技术的动态关系的定量描述和预测，可以对不同条件下的作物生长动态进行定量模拟，制定适宜的管理决策方案，具有动态模拟、方案评估、因苗预测、时空分析等核心功能。

15.1.1 系统结构设计

作物生长模拟与决策支持系统由数据库、模型库、人机接口 3 部分组成（图15-1）。各部分既相互独立，又紧密衔接，形成有机的整体结构。用户从人机接口界面录入决策点信息，然后运行模型，模型通过调用模型库中的模块和数据库中的数据（或人机接口读入数据）进行计算，其结果直接存入数据库或从人机接口输出（包括界面显示和打印输出）。

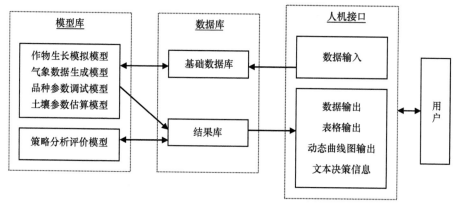

图 15-1　作物生长模拟与决策支持系统结构图

1）数据库。主要包括 3 类数据。第一类是气象数据库，存储作物生长季的逐日气象要素，包括日期、日最高气温、日最低气温、日照时数和日降水量。第二类是土壤数据，存储反映土壤物理性状的数据，包括土壤类型、土壤深度、土层厚度、pH、有机质含量、全氮含量、硝态氮含量、铵态氮含量、速效磷含量、全磷含量、速效钾含量、缓效钾含量、容重、黏粒含量、实际含水量、田间持水量、永久萎蔫点、饱和含水量、碳酸钙含量。除土壤类型为字符串型外，其他数据均为浮点型。第三类是品种数据，品种的遗传参数包括品种基本早熟性、光敏感因子、温度敏感性、灌浆期因子、总叶片数、比叶面积、叶热间距、千粒重、收获指数、伸长节间数、品种分蘖能力、籽粒淀粉含量、籽粒蛋白质含量等。

2）模型库。模型库是存储模型和表示模型的计算机系统。该系统中的模型库除了作物生长模拟模型（WheatGrow、RiceGrow）外，还包括气象数据生成模型、品种参数调试模型、土壤参数估算模型及策略分析评价模型。

气象数据生成模型：可根据多年月平均资料，方便、快捷而又准确地自动生成一年中逐日气候数据（包括逐日最高气温、最低气温、平均气温、日照时数和降雨量）。

品种参数调试模型：根据田间观测值，分别利用迭代法和遗传算法，自动估算新品种的遗传参数。

土壤参数估算模型：根据土壤有机质、容重、沙砾含量、黏粒含量、粗粒含量等估算较难获取的田间持水量、饱和含水量、有效含水量等指标。

策略分析评价模型：对模型运行结果进行分析比较，从而生成决策方案。模型结果评价可参照的指标一般为作物产量水平或品质指标（一般参照蛋白质含量）或肥水利用效率或农户收益。依据用户选择的目标不同，建立不同的策略评价模型。

3）人机接口。通过下拉菜单、工具条、图标、图形和表格等方式与用户进行交互，屏幕给出逐级菜单选择提示，用户通过简单的鼠标点按或快捷键敲击即可完成系统界面上的参数输入，以及模型运行结果与决策信息的生成。

15.1.2 系统主要功能模块

作物生长模拟与决策支持系统主要实现了文件管理、数据管理、动态模拟、方案评估、因苗预测、时空分析、系统维护、系统帮助等功能，如图 15-2 所示。

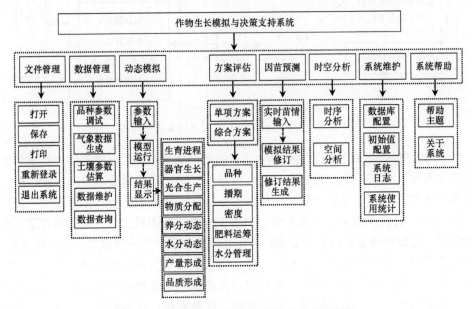

图 15-2　作物生长模拟与决策支持系统功能图

1）文件管理。可以实现基本的文件操作功能，包括打开文件、保存或打印结果文件及登录或退出系统。其中登录操作设置了系统使用权限，具有权限的用户才能对系统的维护功能如数据管理进行操作，一般用户只能浏览系统信息，无法实现对数据库的访问、查看与增删功能。系统运行结果与决策方案均以文本文件的形式保存，从而方便用户查看与使用。

2）数据管理。主要实现数据库中基础数据（气象、品种、土壤与管理数据）的生成、输入、查询等功能。通过调用品种参数调试模型生成用户所用品种的遗传参数，经系统确认后可保存至品种数据库中。通过调用气象生成模型生成用户所需年份的逐日气象数据，经系统确认后可保存至气象数据库中。通过土壤参数估算辅助用户估算土壤田间持水量、饱和含水量、有效含水量等难以测算的土壤参数。同时，特定年份和时期的历史气象资料或预报气象资料也可由用户实时输入和保存。

3）动态模拟。主要实现作物生长动态的模拟功能。通过调用作物生长模拟模型，访问数据库获取模型必需的基础数据，并输入模型所需的界面参数，即可运行模型，所得模型输出结果存放于数据库系统的结果库中，并可按照用户所选功能模块分别显示生育进程、器官生长、光合生产、物质分配、养分动态、水分动态、产量和品质形成等过程的实时模拟结果。

4）方案评估。通过循环多次调用作物生长模型，实现作物栽培管理的单项方案评估与综合方案评估。单项方案依用户目的分别实现不同品种、播栽期、密度、施肥或灌水处理的模拟试验；每次模拟试验都生成一个结果文件，保存于数据库管理系统的结果库中。进一步利用模型库中的分析评价模型，对结果库中的多个模拟试验结果进行分析，为用户生成适宜品种、播期、密度、施肥量及灌水方案等单项决策方案。用户选择某一单项模拟试验，如品种试验，则模型的其他输入参数（如播期、密度、施肥与灌水）都保持相同水平，初始设置为决策地的推荐水平。综合方案则是用户可同时选择品种、播期、密度、施肥和灌水处理等多个管理措施进行组合模拟试验，然后为用户生成最优化的综合性决策支持方案。

5）因苗预测。可以依据田间实时苗情实现作物生长模拟的动态预测，并对因苗调控后的模拟结果与未调控的模拟结果进行比较。在调用生长模型前，用户将已获取的特定生长时期的实际观测值或用户预期值，通过界面菜单输入并传递给模型，然后比较用户输入值与对应日期模拟值的大小，如果二者差异超出 5%，则用实测值对模拟结果进行修订，该日期以后的模拟按照修订后的结果继续向下进行。模型运行完成后，输出基于修订值的模型结果与未修订的模型结果（表格），并通过曲线图直观显示调控前后的动态轨迹。

6）时空分析。可以实现作物生长的时序分析与空间分析。时序分析是指不同年际间作物生长与产量品质等模型输出指标的变异分析。用户调用基础数据库中不同年际气象资料及与之对应的品种和土壤参数，循环调用作物生长模型，并将模拟结果保存在结果库中，循环结束后，对不同年际间的模型输出结果进行差异分析，找出产量与品质等指标的时序变化规律，并预测未来年份作物产量与品质等指标的变化趋势。空间分析是指不同生态点作物生长与产量品质等指标的变异分析。用户调用基础数据库中多生态点土壤参数和气象资料及与之对应的品种参数，并循环调用作物生长模型，最后对不同生态点间的模型输出结果进行差异分析，找出产量与品质等指标的空间变化规律，为基于空间差异的精确管理决策奠定基础。

7）系统维护。主要实现系统数据库的维护，包括数据库的配置，各数据初始值的设置，限定数据输入的数值界限。同时对系统的使用情况进行统计，并生成系统使用日志，以方便系统即时更新。

8）系统帮助。对系统的使用提供帮助文档，指导用户正确操作与运行系统。同时，提供系统的开发研制单位与版权说明。

15.1.3 系统的实现与示例

在.NET 环境下应用 C#和 VB 语言开发系统人机界面，并将作物生长模型封装为 COM 组件，采用 Access 设计数据库结构，分别实现了小麦生长模拟与决策支持系统（WheatGrow）、水稻生长模拟与决策支持系统（RiceGrow）的各项功能，如图 15-3 为小麦生长模拟与决策支持系统主界面。

图 15-3　小麦生长模拟与决策支持系统（WheatGrow）主界面

1）数据管理。功能包括品种参数调试、气象信息生成、土壤参数估算，以及数据维护与查询。相关功能界面见图 15-4～图 15-7。

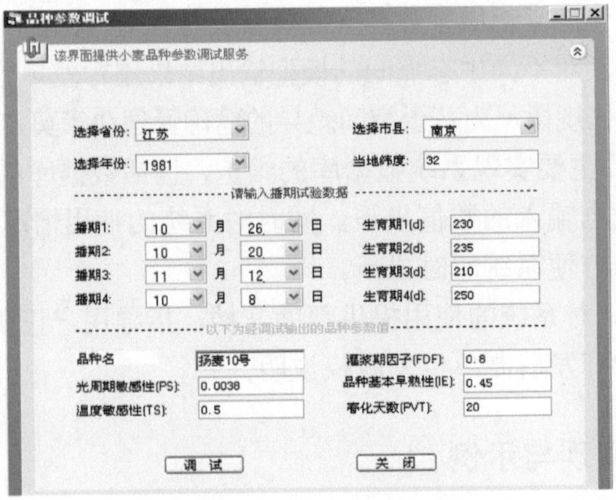

图 15-4　品种参数调试界面

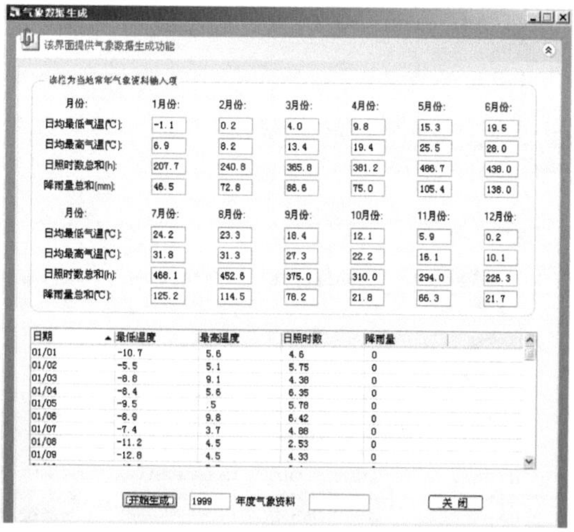

图 15-5　气象数据生成界面

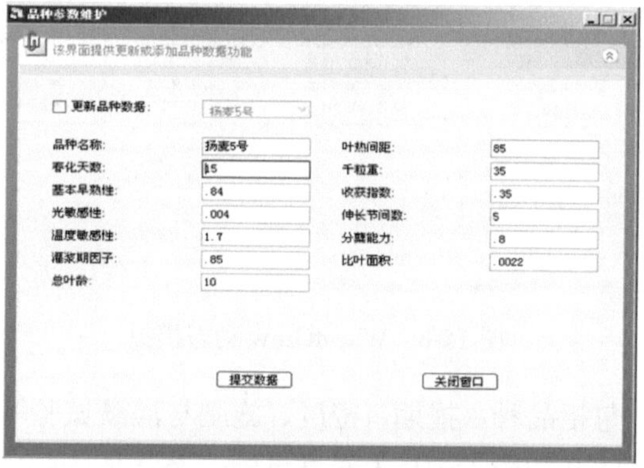

图 15-6　WheatGrow 品种参数维护

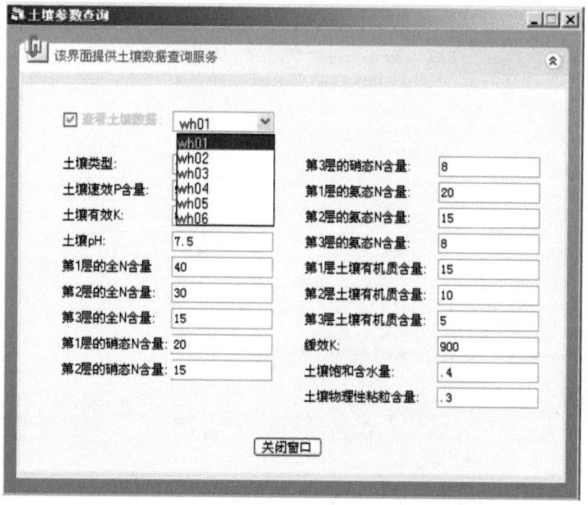

图 15-7　WheatGrow 土壤参数查询

2）动态模拟。主要包括界面参数输入、模型运行和结果显示 3 项功能，其界面见图 15-8。

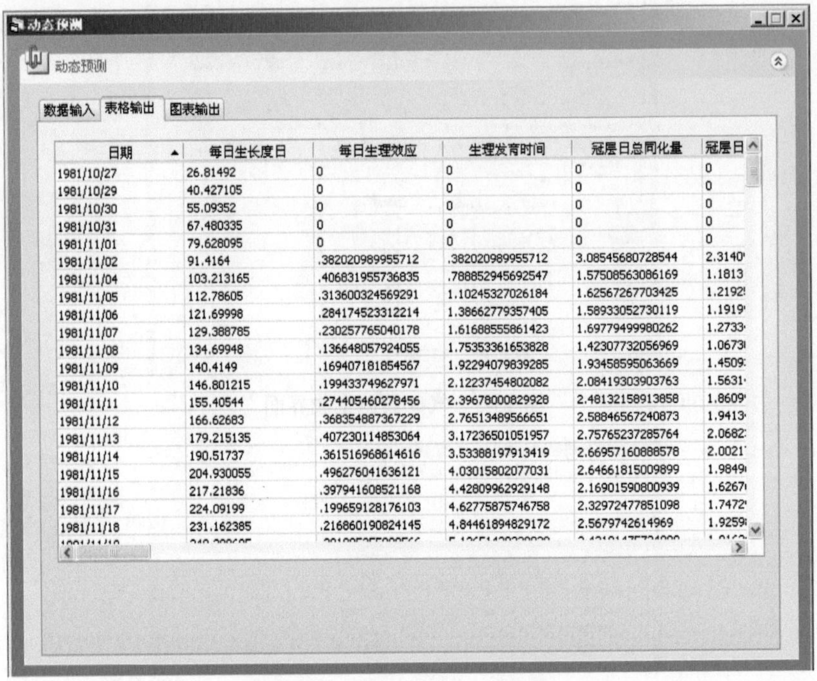

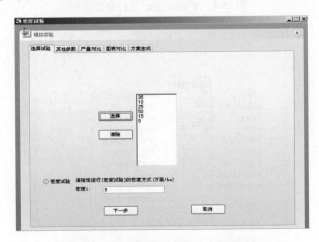

图 15-8　WheatGrow 动态模拟

3）方案评估。包括品种、播期、密度、施肥与灌溉试验等单项方案评估和综合方案等功能。图 15-9 和图 15-10 为密度试验方案评估的功能界面。

图 15-9　WheatGrow 密度实验参数输入

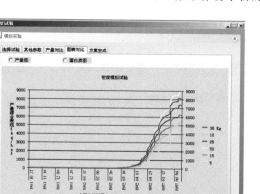

图 15-10 WheatGrow 密度实验评估结果

4）因苗预测。根据实时苗情输入实现实时调控功能，其功能界面见图 15-11 与图 15-12。

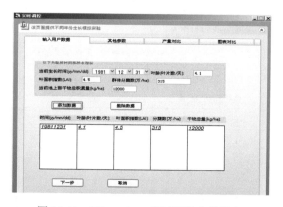

图 15-11 WheatGrow 实时调控参数输入

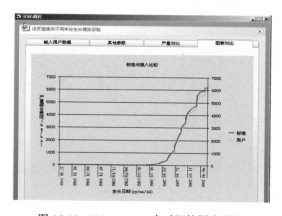

图 15-12 WheatGrow 实时调控图表结果

5）时空分析。包括生长时序分析与空间分析功能，其功能界面见图 15-13～图 15-16。

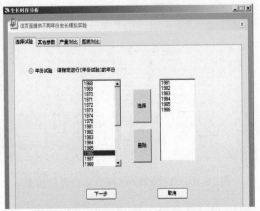

图 15-13　WheatGrow 生长时序分析参数输入

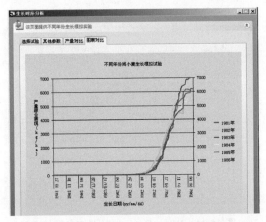

图 15-14　WheatGrow 生长时序分析图表结果

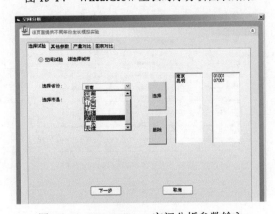

图 15-15　WheatGrow 空间分析参数输入

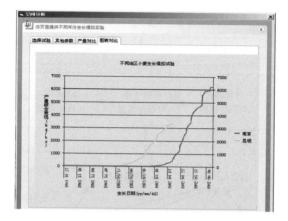

图 15-16　WheatGrow 空间分析图表结果

15.2　作物生长可视化系统

作物生长可视化系统是在气象因子、土壤条件、品种参数和栽培措施等基础数据的支持下，通过耦合作物形态建成模拟模型和作物生长可视化模型（张永会等，2012；雷晓俊等，2011；谈峰等，2011；徐其军等，2010），构建的单机版软件系统，可以实现不同环境和生产技术条件下作物生长的动态模拟和器官-个体-群体不同层次作物形态的三维可视化（汤亮等，2011；刘慧等，2009；伍艳莲等，2009a）。

15.2.1　系统结构设计

作物生长可视化系统分为数据库层、模型库层和输出层共 3 层（图 15-17），各层的基本内涵与特征描述如下。

1. 数据库层

数据库层包括气象因子数据、土壤特性数据、品种参数数据、管理措施数据和纹理特征数据等。其中气象、土壤、品种等数据与 15.1 节作物生长模拟与决策支持系统一致；管理措施数据存储作物栽培管理措施，包括播种方案（播栽期、播种深度、播栽密度）、灌溉管理（灌溉日期、灌溉量等）、肥料运筹（施肥日期、肥料种类、施肥量、施肥深度）等；纹理特征数据存储作物不同生长时期的器官纹理图片特征。

2. 模型库层

模型库主要包括构建的小麦、水稻等作物形态结构建成模型和作物形态可视

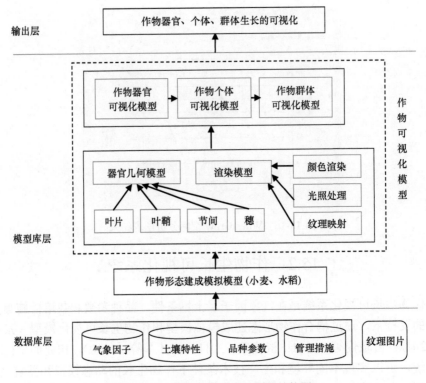

图 15-17　作物生长可视化系统结构图

化显示模型。作物形态结构建成模拟模型是以作物生理生态过程为主线，通过不同类型品种的播期、密度、氮素和水分等试验观测，运用系统分析方法和动态模拟技术而构建的，能够模拟植株的形态发生随生育进程的变化规律及其与环境和技术之间的动态关系，其输出指标包括叶片、叶鞘、茎、穗等器官的几何形态特征参数和拓扑结构。模型包括叶片（不同叶位的叶长、叶宽、叶面积、叶色、茎叶夹角、叶片倾角、叶曲线等）、叶鞘（不同叶位的叶鞘长度和颜色）、节间（不同节间的节间长、节间直径）、麦穗（穗长、穗宽、穗厚、穗的颜色、芒的形态）、稻穗（穗长、一次枝梗长、一次枝梗数目、二次枝梗长、二次枝梗数目、谷粒大小、小穗数）等子模型。

作物可视化模型主要包括器官几何模型、渲染模型及器官可视化模型、个体可视化模型、群体可视化模型等子模型。器官几何模型是根据作物形态建成模拟模型输出的器官形态特征参数，用二次曲面体（如圆柱体、球体等）、自由曲面体（如 NURBS 曲面）等建立的器官三维形体模型，包括叶片、叶鞘、节间及麦穗、稻穗等器官几何子模型。渲染模型包括颜色渲染、光照处理、纹理映射等子模型，是利用计算机图形学的真实感显示技术而构建，颜色渲染是根据作物形态建成模拟模型中的颜色子模型提供的颜色数据来绘制作物器官。光照模型是采用 OpenGL 的光照模型来模拟现实世界的光照效果,将光照分成环境光、散射光、镜面反射光和发射光 4 类,可以实现不同光照下的显示效果。纹理映射模型是把二维的纹理图片映射到三维的器官模型表面,来增强显示的真实感。器官可视化模型是指利用颜色、纹理映射、光照处理等渲染技术,对作物器官的几何模型进行加工,从而生成形象逼真的作物器官图形。个体可视化模型是基于作物形态建成模拟模型输出的植株拓扑特征,在器官可视化模型基础上构建的,能够实现作物个体生长的可视化。群体可视化模型是在作物个体可视化模型的基础上,根据作物群体形态建成规律而构建的,能够从群体层次上模拟作物生长过程中的形态特征变化。

3. 输出层

输出层提供虚拟显示结果的输出,可分别以静态、动态两种方式显示作物从器官—个体—群体 3 个层次上的可视化模拟结果。

15.2.2　系统主要功能模块

系统主要功能模块分为交互式器官形态编辑、田间试验实时可视化、植株生长动态可视化 3 个核心模块。前两者用于作物器官到分蘖层面的可视化,支持器官参数的编辑;植株生长动态可视化模块主要用于个体与群体层面的可视化,以形态模型的输出作为输入,无法对其进行编辑操作。

此外,为收集纹理照片,组建了器官纹理库,开发了纹理管理模块,该模块可根据设定的参数对纹理照片进行查找或编码入库。

1. 交互式器官形态编辑

器官可视化编辑以作物形态模型输出结果为输入,输出器官生长动态可视化效果图,并能调整叶片、叶鞘、茎秆、麦穗、根系等器官及主茎或分蘖等的形态参数、植株拓扑结构、场景绘制方式、器官渲染方式等,为个体与群体可视化提供数据编辑操作。

2. 田间试验实时可视化

田间试验实时可视化是通过收集大田试验气象资料、土壤数据、品种参数、水肥运筹、栽培参数、生育期参数及器官、主茎(分蘖)形态参数等基本信息,输出器官与主茎(分蘖)的生长动态可视化效果图。该模块支持手动输入信息与Excel 数据导入两种数据收集方式,其输出可作为个体与群体生长动态可视化模块的输入。

3. 植株生长动态可视化

作物生长动态可视化以形态模型的输出作为输入，输出作物个体与群体生长动态的可视化效果图。该系统可选择模拟个体或群体的生长动态，且能调节生育速度（默认为 300ms/d），虚拟生长过程中显示逐日器官形态特征参数、气象资料及水肥运筹等栽培管理措施。

15.2.3 系统的实现与示例

基于 Microsoft .NET 框架，以 C#为编程语言，结合 OpenGL 3D 图形库构建了作物形态建成模拟模型和可视化模型组件，进一步在气象资料、土壤特性、品种参数和栽培管理措施等基础数据的支持下，开发了作物生长可视化系统，实现了不同生态环境、栽培品种、管理措施条件下器官、个体、群体 3 个层面作物生长动态的全程逼真模拟。

1）形态模拟。根据作物生长季气象资料、土壤特性、品种参数及栽培管理措施等基础信息，运行作物形态建成模拟模型，输出作物各器官形态特征参数和植株拓扑结构，作为可视化模块的输入。部分界面见图 15-18～图 15-21。

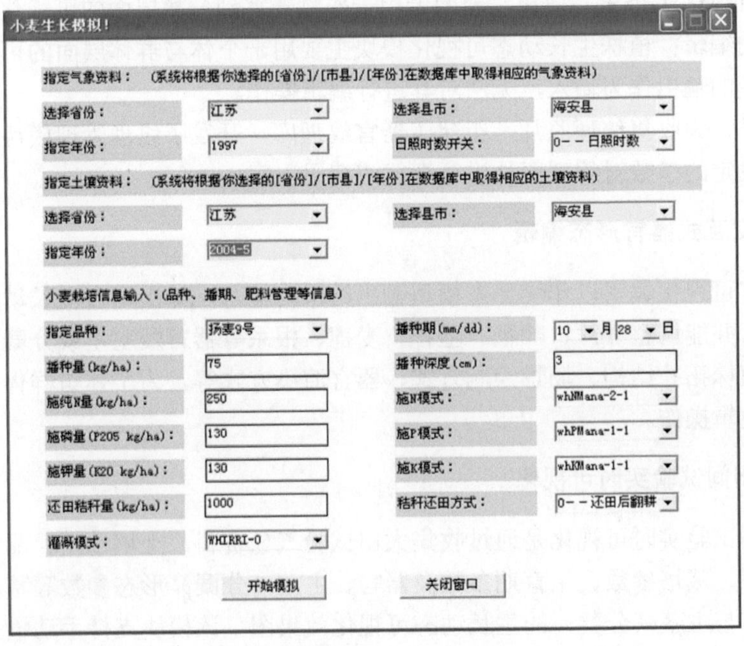

图 15-18　小麦生长形态模拟输入

小麦单季模拟结果

小麦生长模拟结果 | 土壤水肥动态 | 小麦形态模拟结果 | 生长模拟图表形式输出 | 形态模拟图表形式输出

选择显示项

显示内容：第 0 分蘖　　　显示器官：营养器官▼　　　显示内容：显示所有项▼

第1叶 第2叶 第3叶 第4叶 第5叶 第6叶 第7叶 第8叶 第9叶 第10叶

日期	叶长	最大叶宽	平均SPAD	叶鞘长	节间长	节间粗	茎叶夹角
1997/10/28	0	0	0	0	0	0	0
1997/10/29	0	0	0	0	0	0	0
1997/10/30	0	0	0	0	0	0	0
1997/10/31	0	0	0	0	0	0	0
1997/11/01	0	0	0	0	0	0	0
1997/11/02	0	0	0	0	0	0	0
1997/11/03	0	0	0	0	0	0	0
1997/11/04	1.8336	0.3748	15.0022	0	0.0024	0.0007	0.001
1997/11/05	2.3948	0.3801	19.305	0	0.0033	0.0009	1.9579
1997/11/06	3.1848	0.3857	23.8882	0	0.0048	0.0013	4.2178
1997/11/07	4.2158	0.3914	28.4769	0	0.0073	0.002	6.7181
1997/11/08	5.3658	0.3963	32.6046	0	0.0111	0.0031	9.2482
1997/11/09	6.6731	0.4008	36.6419	0	0.0179	0.005	12.1048
1997/11/10	8.0077	0.4047	40.4478	1.954	0.0307	0.0086	15.3706
1997/11/11	9.1412	0.4075	43.6465	2.1264	0.0551	0.0154	18.9766
1997/11/12	9.8471	0.409	45.6372	2.2037	0.0922	0.0258	22.2478
1997/11/13	10.2333	0.4098	46.6131	2.2476	0.1374	0.0384	24.8929
1997/11/14	10.4669	0.4103	47	2.2782	0.1905	0.0533	27.1808
1997/11/15	10.6407	0.4107	46.9461	2.3058	0.2634	0.0736	29.6157
1997/11/16	10.7368	0.4109	46.5709	2.3242	0.3318	0.0928	31.5143
1997/11/17	10.7636	0.4109	46.3749	2.3302	0.3574	0.0999	32.1657
1997/11/18	10.8007	0.411	45.9937	2.3392	0.3999	0.1118	33.1984
1997/11/19	10.8474	0.4111	45.2297	2.3524	0.4695	0.1312	34.8037
1997/11/20	10.8959	0.4112	43.7748	2.3695	0.5721	0.1599	37.0989
1997/11/21	10.9276	0.4112	42.01	2.3843	0.6665	0.1863	39.2851
1997/11/22	10.9509	0.4113	62	2.3988	0.7583	0.212	40
1997/11/23	10.9648	0.4113	62	2.4102	0.8256	0.2308	40
1997/11/24	10.9771	0.4113	62	2.4239	0.8958	0.2503	40
1997/11/25	10.9858	0.4114	62	2.438	0.9533	0.2665	40
1997/11/26	10.9899	0.4114	62	2.4473	0.9827	0.2747	40

作图显示 | 虚拟显示 | 关闭　　　数据导出

图 15-19　小麦生长形态模拟输出

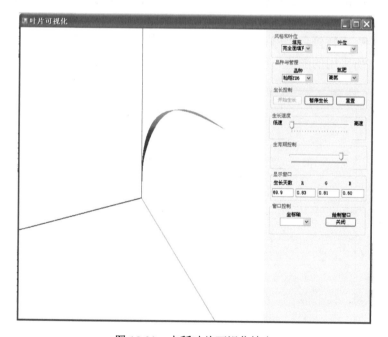

图 15-20　水稻叶片可视化输出

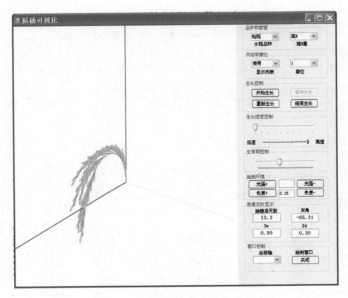

图 15-21　水稻稻穗可视化输出

2）交互式器官形态编辑。交互式器官形态编辑可对作物叶片、叶鞘、茎秆、根系等器官及主茎（分蘖）的形态特征参数进行编辑（图 5-22 与图 5-23）。系统界面左侧为绘图区，通过鼠标可实现场景上下左右移动与旋转等场景漫游操作；右侧上方可选择需要编辑的器官及其所属分蘖和叶位；器官选择面板下，用户可点击"开始"、"暂停"、"停止"或拖动滚动条实现器官的虚拟生长；然后，用户可指定器官所采用的颜色、纹理、光照和阴影参数，以及其绘制方式。

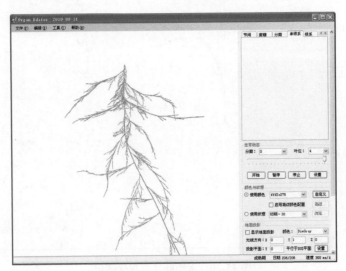

图 15-22　小麦单根系形态编辑

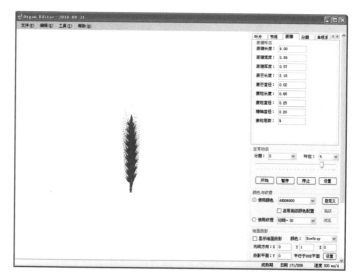

图 15-23　小麦麦穗形态编辑

3）田间试验实时可视化。通过 Excel 导入田间试验测量的各器官形态特征参数，系统基于田间试验栽培参数、水肥运筹、形态参数（主茎或分蘖参数）、生育期参数、品种参数及气象资料，自动插值生成各器官逐日形态特征参数。部分界面见图 15-23 和图 15-24。

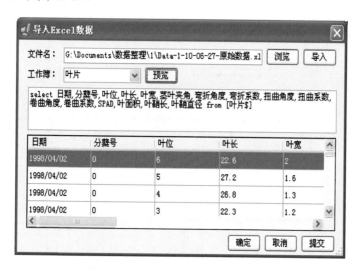

图 15-24　田间试验实时可视化输入

4）植株动态可视化。以形态模型的输出作为输入，实时绘制作物个体或群体可视化生长动态，系统支持场景漫游，且能调节动态模拟速度（默认 300ms/d）等。部分界面见图 15-25～图 15-29。

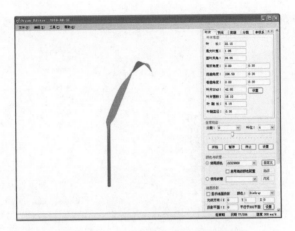

图 15-25   田间试验实时叶片可视化

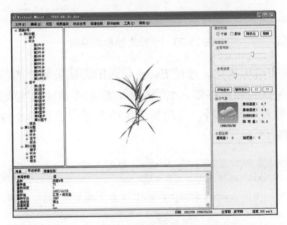

图 15-26   小麦个体拔节期长势可视化

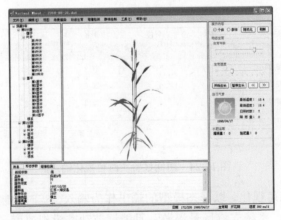

图 15-27   小麦个体灌浆期长势可视化

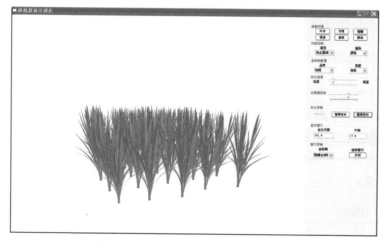

图 15-28 水稻群体拔节期长势可视化

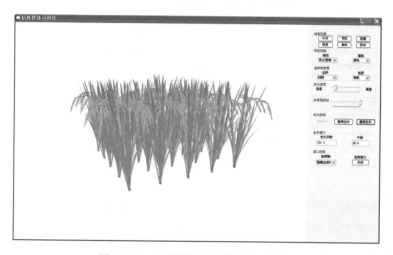

图 15-29 水稻群体成熟期长势可视化

15.3 基于模型与 GIS 的作物生产力预测预警系统

粮食安全是关系国计民生的重大问题。面对未来人口刚性增长、耕地面积不断减少及人均消费水平稳步提高的严峻形势，准确预测和评估我国粮食生产能力及发展趋势、研发粮食安全生产预测预警系统，对保障我国粮食安全、促进农业可持续发展具有重要意义。在作物生长模型 CropGrow 基础上，耦合 GIS 技术，构建了基于模型与 GIS 的作物生产力预测预警系统（徐浩等，2020；石晓燕等，2009；叶宏宝，2008），实现不同品种类型、生态环境、生产技术水平、空间尺度下的作物生产力模拟预测与分析评价，以期为探索作物生产潜力、评估气候变化效应及制定农业政策等提供数字化分析平台。

15.3.1　系统结构设计

系统主要由生长模型、GIS 组件、数据库、人机接口等部分组成（图 15-30）。在 Windows 界面下，以数据为纽带，将作物生长模型与 GIS 进行无缝耦合。GIS 既通过数据组织与处理，为模型提供运行所需的品种参数、环境条件及管理措施等方面的输入，又是模型运行结果的管理平台，可以存储、处理、查询和显示模型运行结果。

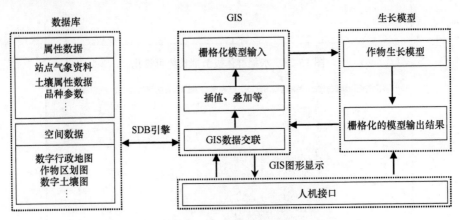

图 15-30　系统组织结构
SDB. 超图数据库

系统的构建以作物生长模型（WheatGrow、RiceGrow）为核心，采用了栅格数据格式。首先是利用反距离权重法（IDW 法）对站点气象数据进行插值生成栅格气象要素，并以此栅格图层为基础，通过与数字土壤图、作物种植区划图等图层叠加，查询相应属性数据库，完成输入数据的栅格化，使得每个栅格获得一套完整的作物生长模型运行所需的输入数据（气象要素、土壤特性、管理措施、品种参数）；然后，基于区域内的栅格批量地运行生长模型，每个栅格运行一次模型并得到一组模拟输出，最终可获得栅格形式的模拟结果空间分布图，如生产力分布，还可对各栅格的模拟值进行空间归并以获得区域总的模拟结果。作物生产力空间预测的结构框架如图 15-31 所示。其中所涉及的各种处理过程如插值、叠加等，在 GIS 与数据库技术的基础上通过二次编程自动完成。

15.3.2　系统主要功能模块

基于模型与 GIS 的作物生产力预测预警系统，有效地耦合了 GIS 与生长模型，主要包括空间信息管理、产量模拟预测、生产情景分析、粮食安全预警及系统使用帮助等功能模块（图 15-32）。

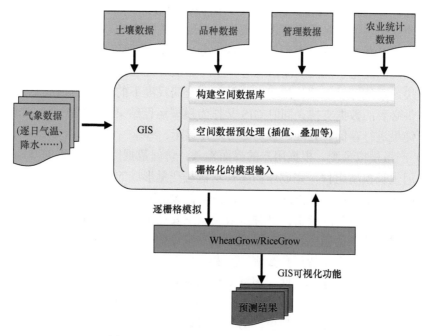

图 15-31 作物生产力区域预测的基本框架

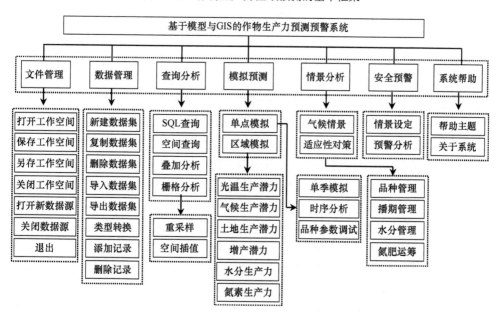

图 15-32 基于模型与 GIS 的作物生产力预测预警系统功能图

1）空间信息管理。基于 SuperMap Objects 的 GIS 功能组件，通过二次开发编程实现了对空间数据与属性数据的基本管理与预处理，包括文件管理、数据管理、查询分析。文件管理模块完成 GIS 工作空间和数据源的打开、保存、关闭等功能；数据管理模块主要是对数据集进行操作，实现了数据集的导入、导出、删除、新建及常用 GIS 数据格式的类型转换；查询分析模块可对空间数据进行查询更新、图层叠加，以及基于点的观测信息进行空间插值等处理。基于上述各个 GIS 自编功能模块，系统可以管理、处理、分析不同空间尺度下的基础空间信息，为系统模拟提供必要的数据支持。同时 GIS 又作为模型运行结果的管理平台，可以对模型运行结果进行存储、处理、查询与可视化显示。

2）产量模拟预测。根据用户的界面输入，访问数据库获取必需的基础数据，通过调用生长模型组件，完成作物生长发育与产量形成的模拟。系统提供了单点模拟与区域模拟两种模拟方式。单点模拟以假设对象区域内环境均匀为前提，包括单季模拟与多年时序分析；品种参数调试主要利用试错法和遗传优化算法，按照各品种参数的取值范围、用户设定的品种参数初始值及试验实测数据，帮助用户确定所需品种的遗传特征参数值。区域模拟则考虑对象区域内环境变量（气候、土壤）和管理变量的非均匀性，根据变量的空间变异，将对象区域划分为许多更小、相对均匀的基本模拟单元（栅格），每个基本模拟单元调用一次生长模型组件进行模拟得到栅格尺度的模拟值，另外还可以对栅格尺度的模拟值进行空间归并得到区域结果（如总产量等）。系统可以实现光温水平、水分限制及氮素限制 3 个不同水平的作物生产潜力及增产潜力的空间预测与分析。

3）生产情景分析。包括两种情景模式：未来气候情景与适应性对策情景。未来气候情景的构建考虑温度与 CO_2 浓度这两个基本气象要素。CO_2 浓度默认设定 370ppm、450ppm、560ppm 和 680ppm 4 个水平；温度默认设定实际温度（+0℃）与比实际温度增加 1℃、2℃和 3℃（+1℃、+2℃、+3℃）。适应性对策从品种选择、播期调整、水分管理、氮肥运筹 4 个方面进行考虑。用户可以随意选择并组合各种情景条件，进行特定情景模式下的模拟试验，并根据模型模拟结果，研究未来气候中 CO_2 与温度变化对不同地区作物生产力的影响，以及不同气候情景下，品种改良、播期变化及水氮管理等对策对气候变化的适应性作用，辅助用户制定适宜的农业生产管理政策。

4）粮食安全预警。粮食安全预警就是依据粮食供给与需求平衡理论，对未来粮食供求状况做出评估和预测，并提前发布警情预报，以便有关部门采取相应的对策，防范和化解粮食不安全风险。粮食生产的预测是粮食安全预警的一个步骤，也是粮食安全预警的基础之一。该系统利用模型的预测功能，主要从小麦或水稻等作物生产角度进行粮食安全预警分析，将人均粮食占有量和粮食总产波动系数作为安全预警的指标，其中粮食总产量由作物总产预测值以假定作物总产占粮食总产的权重进行换算得到，人均粮食占有量＝粮食总产量/人口预测值；粮食总产量波动系数＝（当年粮食总产量−前一年粮食总产量）/前一年粮食总产量×100%。结果分成无警、轻警、中警、重警、巨警等不同警级，分别对应不同上下限。依据用户对生产管理、气候情景与适应性对策，以及人口增长速率与耕地减少等状况的设定，系统进行情景模拟试验，并基于情景模拟结果，对照上述警级，对未来粮食安全与否及不安全程度作出判断。

15.3.3 系统的实现与示例

系统采用面向对象的程序化设计思想与构件化技术，基于 Visual Studio C#.NET 设计与实现，所涉及的 GIS 功能选用北京超图地理信息有限公司的组件式 GIS 产品 SuperMap Objects 进行二次编程实现；采用 Microsoft Access 及 SuperMap 提供的 SDB 引擎技术构建和管理数据库。在统一的界面下，实现生长模型与 GIS 组件的高效无缝耦合。系统程序打包后，能够脱离 GIS 平台和系统开发环境进行独立运行，如图 15-33~图 15-44 为基于模型与 GIS 的水稻生产力预测预警系统截图。

图 15-33 基于模型与 GIS 的水稻生产力预测预警系统

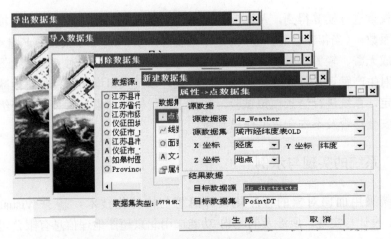

图 15-34 数据管理功能界面截图

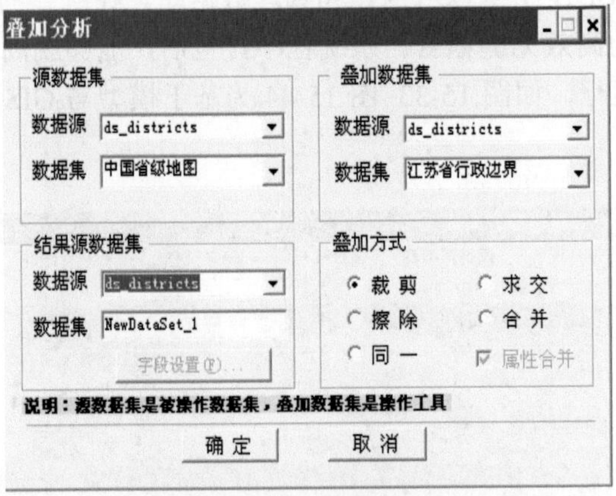

图 15-35 叠加分析功能界面

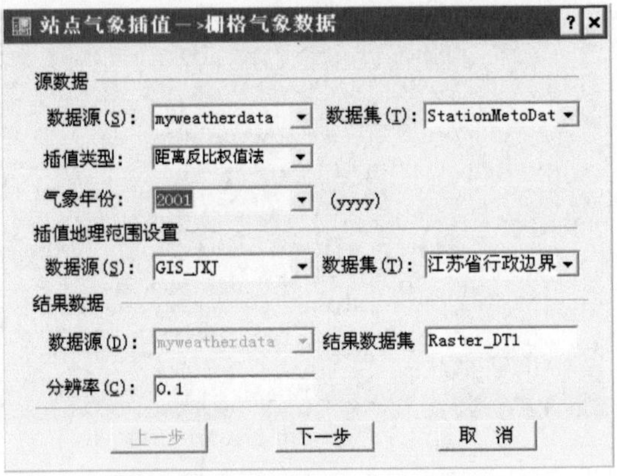

图 15-36 气象插值功能界面

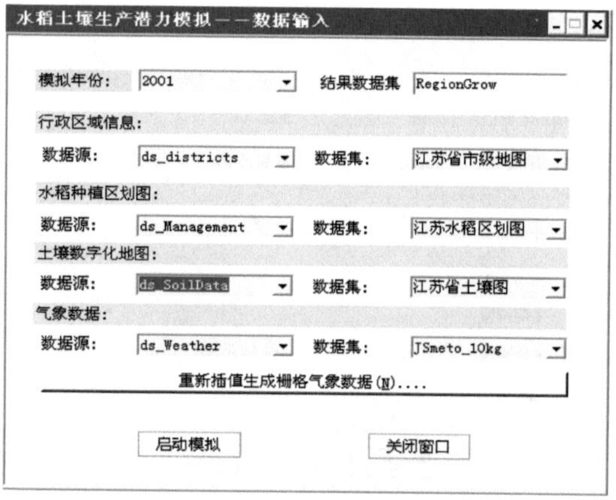

图 15-37　区域模拟输入界面

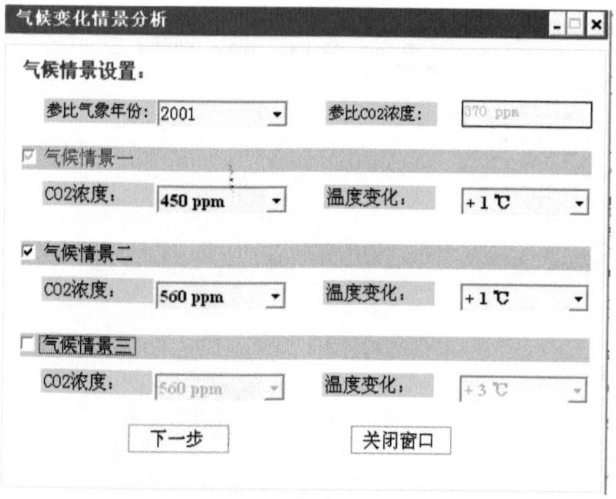

图 15-38　气候情景设置界面

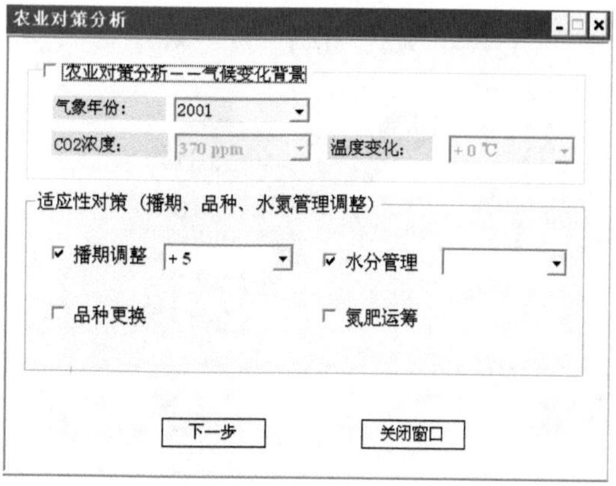

图 15-39　适应对策分析输入界面

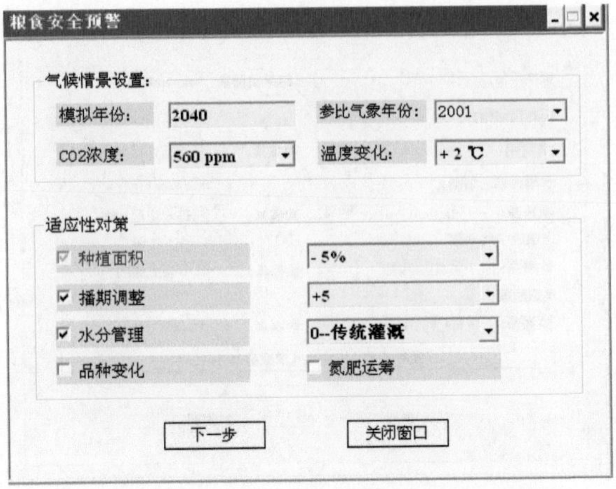

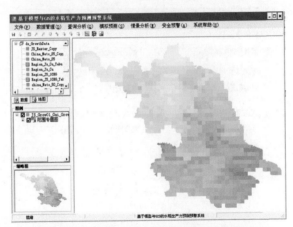

图 15-40　粮食安全预警的生产情景设置界面

图 15-41　水稻生产力空间分布输出（江苏省）

图 15-42　区域水稻单产模拟结果输出（江苏省）

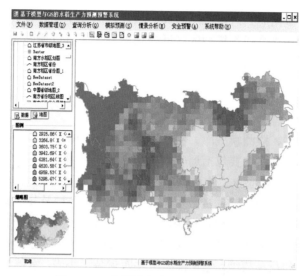

图 15-43　水稻增产潜力模拟结果输出

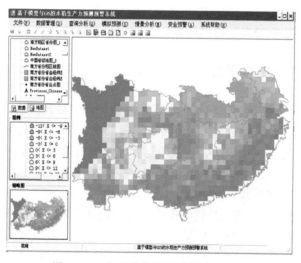

图 15-44　气候变化情景模拟结果输出

15.4　基于模型与遥感的作物生长监测与生产力预测系统

实时、准确预测作物长势及生产力，不仅可及时了解农作物的生长和营养状况，提高传统作物栽培和因苗管理的技术水平，而且能够掌握粮食产量信息，为农产品贸易和决策制定提供依据。基于遥感与模型的作物生长监测与生产力预测系统，根据不同参数同化策略将遥感与模型有机结合（李文龙，2012；朱元励等，2010），充分利用遥感（RS）定量、实时监测区域作物生长状况的优势，克服作物模型从单点模拟拓展到区域应用时其区域尺度的模型输入参数难获取的问题，系统的实现既能够提高作物模型的区域应用能力，又可以增强遥感监测预测的机理性（Wang et al.，2014；Huang et al.，2013）。

15.4.1 系统结构设计

系统由数据库、监测模型库、生长模型组件库、RS 组件库、GIS 组件库和人机接口等组成。数据库主要包括遥感数据和生长模型数据，其中高空遥感以 IMG 数据格式存储，地面遥感以文本数据库存储，生长模型数据利用空间数据库存储，包括地理空间数据及相应的属性数据（气象、土壤、品种及其他参数等）。监测模型库主要包括作物生长与生理指标监测模型、产量及品质指标预测模型，它提供了包括基于多光谱、高光谱图像的多种反演算法，用户可根据不同遥感信息源灵活选择光谱波段和反演模型。生长模型组件库封装了小麦、水稻等作物生长模型，可用于任何生态点、土壤特性和环境条件下各种品种类型的作物生长发育动态模拟。RS 组件用于系统中影像处理与光谱信息提取等相关功能；GIS 组件主要用于地图操作、空间数据管理、栅格计算与专题制图等功能。

15.4.2 系统主要功能模块

1）影像解译。影像解译模块包括了遥感数字图像处理及农学参数遥感反演，主要包括几何校正、辐射定标、大气校正、图像增强、影像信息查询、影像镶嵌、影像融合、波段提取、波段合并、波段运算、波谱曲线、图像分类和专题制图及包括植被指数计算、地物识别、面积提取、生长指标监测、生理指标计算、产量与品质指标预测等子模块。

2）耦合预测。耦合预测是利用作物生育期内某时刻遥感监测的农学参数，如叶面积指数（LAI）、叶片氮积累量（LNA）等，利用初始参数反演、顺序同化等不同耦合机制，实现模型模拟值的优化，以提高单点或区域尺度的模型模拟精度。遥感和模型耦合不仅可以对作物生长模型进行实时的校正，还可以增加生长模型模拟结果的空间连续性。

3）空间信息管理。空间信息管理主要包括对空间数据的读取、显示和计算，以及空间运算结果的格式转换、分析和专题制图等。

15.4.3 系统的实现与示例

在图 15-45 所示的作物生长模型、RS 及 GIS 系统集成中，采用面向对象的程序化设计思想与构件化技术，基于 Windows 操作系统与 Microsoft .NET 平台，以

C#为编程语言实现了系统整体架构和界面定制。

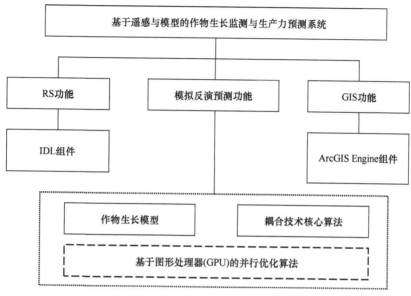

图 15-45　系统集成作物生长模型、RS 及 GIS 功能示意图

以小麦为例，图 15-46 和图 15-47 展示利用粒子群优化算法的初始参数反演，以及反演后模型模拟的功能。该功能首先将遥感影像监测的农学参数值作为输入，并通过优化算法反演得到区域范围内的播期、播种量和施氮量分布等模型初始值，最后再利用初始值作为模型输入，进行区域模拟（图 15-47）。计算结果以 ASCII 文件或 ESRI GRID 格式输出，也可通过格式转换变为 TIFF 等图像格式。

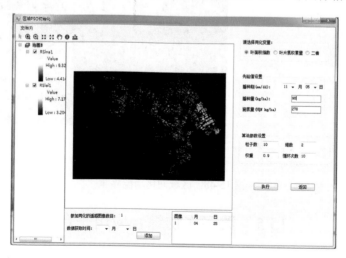

图 15-46　区域初始参数反演功能界面

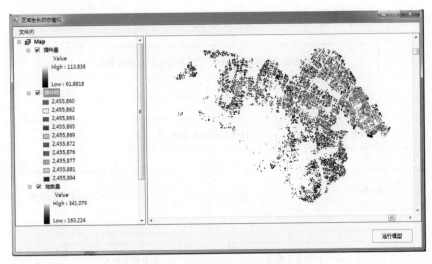

图 15-47　区域生长动态模拟界面

图 15-48 为利用 *LAI*、*LNA* 作为同化参数实现模型与遥感区域耦合的功能，该功能需要输入模型模拟所需参数、遥感监测的农学参数和遥感数据的获取日期，然后利用滤波算法计算得到区域尺度的滤波更新值序列，并继续运行生长模型模拟得到最终的产量结果，最后以 ASCII 文件或 ESRI GRID 格式输出。

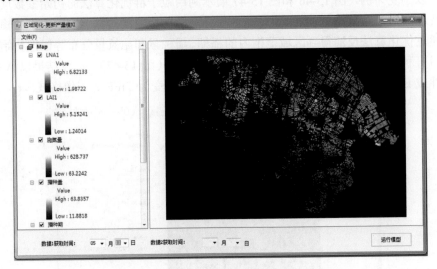

图 15-48　区域同化功能界面

15.5　数字作物综合应用平台

在作物生长模拟与决策支持系统、作物生长可视化系统、基于模型与 GIS 的作物生产力预测预警系统、基于遥感与模型的作物生长监测与生产力预测系统等基础上，利用构件化程序设计思想，重构核心功能模块，集成开发了数字作物综合应用平台，实现了数据管理、参数优化、生长模拟、遥感耦合、区域预测、方案设计、效应评估、安全预警、产品发布等综合功能，平台具有多功能、空间化、数字化、可视化等特点。

15.5.1　平台架构设计

平台架构设计如图 15-49 所示，分为数据层、支撑层、应用层和表现层。数据层为数字作物综合应用平台提供基础地理数据库、农田环境数据库、农情监测数据库、作物品种数据库、生产管理数据库、经济社会数据库和模型应用参数库等核心数据的存储与管理；支撑层采用面向对象、组件式设计等多项技术，提供作物生长模拟模型、气象数据生成模型、品种参数调试模型、土壤参数估算模型、策略分析评价模型、粮食需求供给模型、作物形态结构建成模型、作物形态可视化显示模型、作物生长监测模型等构件支撑服务，以及商用 RS、GIS 支撑服务和其他辅助服务等；应用层提供平台核心应用；表现层是平台应用载体，包括桌面系统、Web 系统、移动终端，以及集成平台相关应用的其他服务终端等。

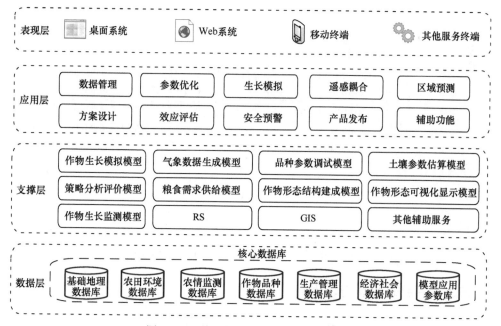

图 15-49　数字作物综合应用平台架构图

15.5.2 平台主要功能模块

平台的主要功能如图 15-50 所示。其中，数据管理可实现气象因子、土壤特性、品种参数、管理措施、病虫草害、生产成本、生育进程和产量水平等基础数据的查询与维护，以及相关数据的时空特征分析功能。参数优化实现了品种参数调试、气象数据生成、土壤参数估算及各农作区常规栽培管理措施配置等。生长模拟包括单点模拟、空间模拟、时序模拟、虚拟显示和模拟验证；空间模拟和时序模拟可以在不同空间尺度和长时间序列上模拟作物生长，并预测作物生产力的时空变化动态；虚拟显示是通过耦合作物形态结构建成模型和作物形态可视化显示模型，实现不同生长条件下作物生长动态的三维可视化；模拟验证是基于田间实测数据验证模型预测结果的准确性。遥感耦合可以通过初始参数反演、中间变量更新和生长过程同化 3 类耦合机制，提升对区域尺度作物生长和生产力的预测精度。方案设计和效应评估通过有针对性的情景模拟试验与分析，辅助用户进行管理决策和效应评价。安全预警是通过定量评估环境要素变化对作物生产的影响，结合粮食需求供给模型，实现粮食安全预测预警与应对策略制定。产品发布功能无缝对接数字作物综合应用平台门户网站，实现生长模拟、管理方案、生产潜力、气候效应、要素贡献、农业政策等应用报告的生成及实时在线发布。

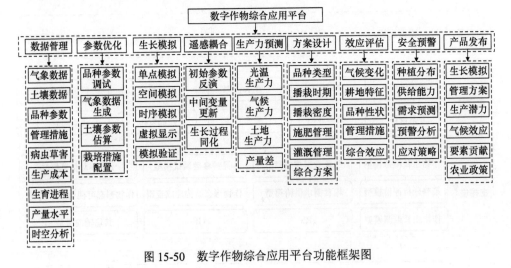

图 15-50　数字作物综合应用平台功能框架图

15.5.3 平台的实现与示例

平台的开发基于混合架构，利用 C#、Java、HTML、JavaScript 等多种语言，实现了桌面应用、Web 应用、移动 APP，以及第三方集成等不同应用场景需求，逻辑框架如图 15-51 所示。

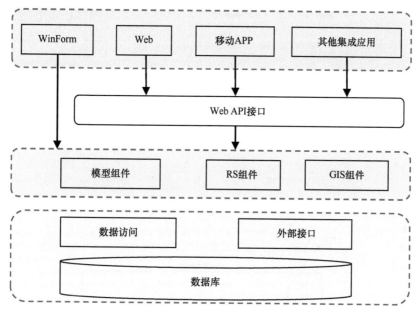

图 15-51　数字作物综合应用平台开发框架

为便于数字作物综合应用平台的推广、服务与应用，开发了门户网站（www.cropgrow.net），如图 15-52 所示。门户网站提供了桌面应用软件（图 15-53和图 15-54）、各种功能应用的 Web 访问入口（图 15-55 和图 15-56）、API 接口服务，以及相关案例、帮助文档、在线演示、研发动态等功能。

图 15-52　数字作物综合应用平台门户网站

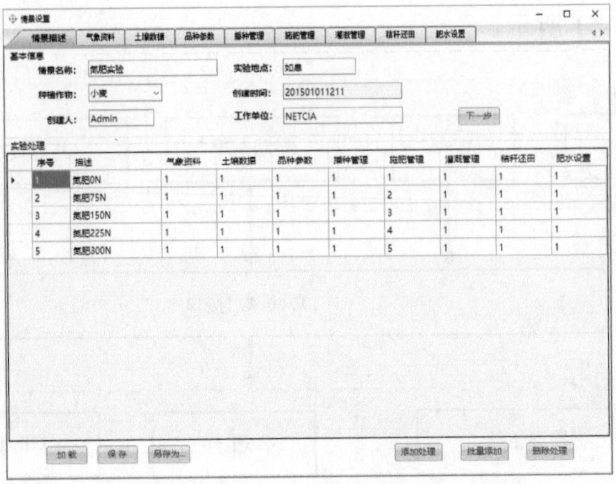

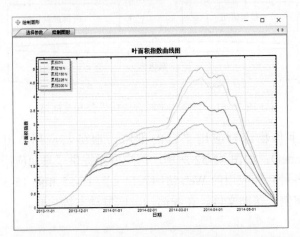

图 15-53　小麦情景模拟设置（桌面版）

图 15-54　小麦情景模拟叶面积曲线图（桌面版）

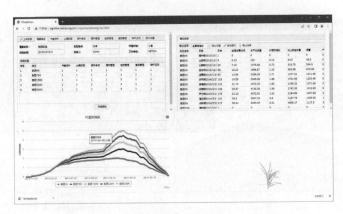

图 15-55　小麦生长模拟与可视化（Web 版）

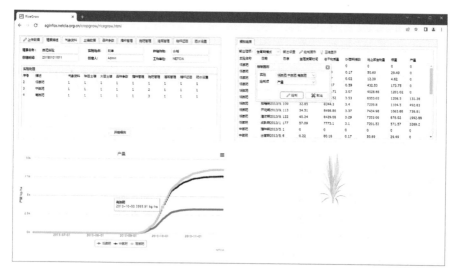

图 15-56 水稻生长模拟与可视化（Web 版）

其他第三方应用可通过平台提供的 Web API 接口，基于 JSON 数据格式调用相关功能，如图 15-57 所示平台为移动版"江苏稻麦生产智慧服务"的"稻麦栽培管理方案设计"模块提供了生育期预测功能（刘春炳，2020）。

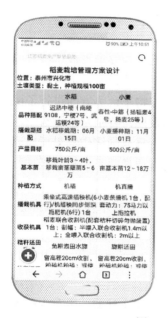
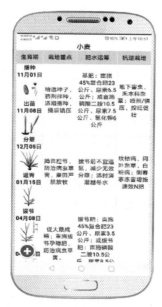

图 15-57 稻麦栽培管理方案设计（移动版）

第 16 章　作物模拟与数字作物前景展望

数字农业与智慧农业已成为当今现代农业发展的重大趋势，有力推动了数字化、精确化作物生产管理决策技术的创新和应用，使得基于模型的数字作物在全世界得以快速发展。数字作物，即以作物生长发育的内在规律为基础，定量描述和预测作物生长发育过程及其与环境、品种、技术之间的动态关系，进而实现作物生产系统的情景模拟和决策支持。数字作物可为作物生产力预测与效应评估提供定量化工具，为作物生产精确管理提供科学的决策支撑，其发展对推动智慧农业与现代农业的研究与应用具有重要的现实意义。本章重点围绕作物系统过程模拟、虚拟表达、基因效应模拟、模型耦合与高性能计算等多个方面进行研究展望，并探讨作物模型与数字作物在精确管理、资源利用、表型设计、气候变化应对、粮食安全预警及智慧农场等方面的应用前景，以期为数字农业与智慧农业发展规划提供技术参考。

16.1　数字作物研究方向

经过半个多世纪的发展，作物模拟与数字作物的研究已经逐渐形成了特有的理论与技术体系。在作物-土壤-大气过程模型、植物结构-功能模型、虚拟可视化表达、作物系统数字化设计、气候变化效应评估、数字作物平台等方面进行了深入的研究与实践。随着模拟研究的深入和多学科交叉的发展，特别是基因组学、高性能计算、农业气象和经济等领域模型的发展，未来可重点围绕作物量质协同形成模拟、生长过程虚拟表达、功能基因效应模拟、土壤质量关系模拟、极端气候效应模拟、多模型耦合与高性能智能计算等方面进行更深入系统的研究，从而形成多功能、综合性、高效率、强耦合的数字作物应用平台与技术体系（朱艳等，2020）。

16.1.1　量质协同形成模拟

生产数量充足、品质优异的作物产品是实现国家粮食安全战略、满足人们对美好生活向往的重大社会需求。但作物产量与品质的协同提升给作物生理及模拟研究带来了巨大的挑战。目前有关作物产量品质协同提升的生理生态机制尚不够明晰，尤其是籽粒蛋白质与淀粉组分的协同调控模式有待深化，迫切需要重点围绕产量品质协同形成的生理调节机制、气候生态效应、定向调控途径等开展系统深入的研究，进而深化发展作物量质协同栽培的理论与技术，并为粮食作物生产力的数字化模拟与预测研究奠定生理生态基础和观测数据支持。

在生理调节机制方面，需在不同类型的作物优势生产区，构建针对不同产量层级和不同品质类型的作物生长群体，解析不同产量水平下不同品质类型作物植株碳氮积累、分配与转运特征及关键调控过程；探究不同产量层级和不同品质类型作物籽粒蛋白质和淀粉合成动态过程及重要功能基因表达模式，阐明不同品质类型作物量质协同的籽粒蛋白质和淀粉合成能力调控机制。在气候生态效应方面，需要重点明确高温、低温、寡照、干旱、渍水等气候逆境因子对作物籽粒产量和品质形成的生理生态影响，阐明单一与复合气候生态要素对不同品质类型作物产量和品质形成的调控效应；解析作物产量和品质形成过程对主要气候生态要素的动态响应规律与协同调控路径，明确调控作物产量和品质协同形成的关键气候生态指标。在定向调控模式上，需要针对不同类型的作物优势生产区，研究主要栽培措施对作物产量和品质的调控效应，明确不同栽培措施调控主要产量和品质指标的同步性、异步性及作用大小，构建不同品质类型作物量质协同提升的技术途径；明确关键调控指标对不同栽培措施的响应规律，创建作物产量品质协同提升的调控指标体系、定向调控技术及精确调控模式。

在揭示作物产量品质形成过程对基因型、环境条件、管理措施响应机制的基础上，量化未来气候变化背景下主要气候要素、重要遗传基因及关键管理措施对作物生产力形成的互作效应，探讨作物产量品质形成过程对气候变化响应模拟与基因效应定量表达的交互作用规律与可能耦合途径，拓展完善已有的作物生长模型，研究创立基于植株光合生产及碳水化合物积累与转运过程的籽粒淀粉形成模型、基于植株氮素吸收与转运过程的籽粒蛋白质形成模型、基于碳流与氮流互作动力学的作物籽粒产量与品质指标协同形成的过程模型，能够定量预测作物籽粒重及籽粒产量、籽粒蛋白质含量与产量、淀粉含量与产量及蛋白质组分和淀粉组分等主要产量和品质指标（Osman et al.，2020）。进而提出基于遗传特征（G）×环境条件（E）×管理措施（M）互作关系的作物产量品质协同形成新模型，有效提升未来气候变化及作物遗传改良背景下作物生产力定量预测的适用性与准确性。

16.1.2　作物生长虚拟表达

开展作物生长可视化和虚拟仿真技术研究，应用数字技术对作物及其生长环境进行三维形态的交互设计、几何重建和生长发育过程的可视化表达，进而形象生动地再现各种条件变化对作物生长发育过程和生产目标的影响，对人们进行三维可视交互分析、科学计算和预见性决策,对作物生产系统调控、超高产作物株型设计、科学管理措施制订和农业科技教育培训等具有重要理论和实际价值。目前作物生长可视化在器官、个体水平上研究比较完善,在群体水平上有部分研究开发,而交互式、真实感、功能-结构模型耦合及如何融入虚拟场景等方面,还有待进一步加强和拓展。

今后将开展作物形态结构多尺度建模方法与技术研究,研究群体、个体、器官、组织、细胞等不同尺度水平上作物生长发育、形态结构、生理生态机制等,构建不同尺度形态结构数据获取与三维重建技术,建立多尺度的数字化可视化模型(图 16-1);研究多尺度整合模型的统一计算与无缝展现技术,建立融合群体-个体-器官-组织-细胞信息的作物多尺度数字化可视化模型。

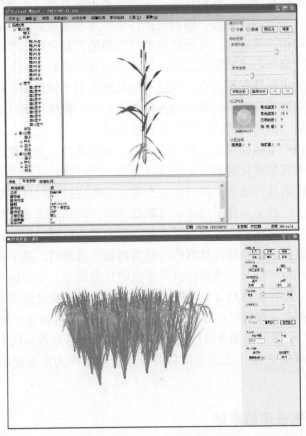

图 16-1　小麦个体生长(上)与水稻群体生长(下)虚拟表达

开展作物生长过程三维可视化及虚拟体验技术研究,提出作物生理过程及生产过程的几何建模、场景生成、过程显示、虚拟体验和交互应用等环节的关键技术，包括作物三维模型快速多分辨率构建技术、三维模型真实感增强技术、交互式设计技术、大规模植物场景的实时绘制技术和作物物理变形技术等。

开展作物生长过程结构-功能模拟技术研究，揭示作物结构-功能-环境的互作关系及响应机理，建立具有结构和功能负反馈机制的作物生长过程结构-功能模型，实现对作物生理和生产过程的自然生命行为属性和对环境变化响应的定量化描述和可视化表达。

开展农作系统数字化设计与验证技术研究，以作物生产管理过程为对象，研究作物理想株型、种植规划、管理方案制订等的数字化设计及分析评价的技术和方法。用户可以直接置身于农田虚拟场景中，通过改变环境因子及管理措施等输入条件，开展系列化情景模拟试验，实时感知田间作物虚拟生长场景，为用户带来直观性和沉浸式的模拟体验。

16.1.3　功能基因效应模拟

传统的作物育种是基于选择具有理想的可观察表型的优良个体，这代表了选择性状的遗传结构和环境因素的集聚效应。现代基因测序技术的飞速发展使得作物基因信息的快速获取变成现实。全基因组关联研究（GWAS）检测到密集的 DNA 序列变异和来自群体样本的表型性状之间的相关性，在作物科学中被越来越多地用于鉴定与作物许多重要农学性状相关的分子标记或 QTL。基因组预测（GP）通过全基因组密集标记预测个体的总育种价值或表型特征。GWAS 和 GP 的目标性状是在个体或种群水平上的复杂特征，如抽穗期和籽粒产量，这是受多基因控制的性状。虽然可以通过 GWAS 和 GP 对单一简单性状进行单独分析，但现有的 GWAS 和 GP 技术，基于多个单一性状对复杂性状（如产量）影响的预测能力有限。主要原因是这些方法没有考虑控制植物生长发育的基本过程，因此，它们在分离基因型与环境交互作用和整合多个交互性状贡献方面的能力有限。作物生长模型具有分解复杂性状（如抽穗期、产量）和过程的能力，使其能够在整合多成分性状（如光周期效应、早熟性、比叶面积）贡献的同时，明确地解释品种、环境与管理措施的相互作用。因此，作物生长模型辅助 GWAS 和 GP 日益被认为是扩展基因组学研究潜力的强大技术，为量化作物生长模型中品种遗传参数与基因效应之间的关系奠定了良好基础，有望克服传统作物生长模型中品种遗传参数的机理性不足这一难题（Wang et al.，2019；Yin et al.，2018）。

今后将系统量化作物重要功能基因对主要表型性状与产量品质形成的调控效应，深入解析具有不同功能基因的作物遗传材料在不同年份、不同生态区主要表型性状（如生育期、株高、叶倾角、光合效率、氮素利用效率、千粒重、蛋白质含量等）的动态变化特征，系统量化作物重要功能基因对主要表型性状与产量品质形成的调控效应，研究创建基于功能基因生理效应和遗传规律的作物遗传参数估算新方法，并融入已有的作物生长模型中，进一步探索主要性状基因效应与环境效应之间的互作机制与定量方法，揭示不同基因型品种对生态环境及管理措施的响应机制，构建可定量描述"基因效应-遗传参数-环境或技术-表型特征"动态关系的作物生长与生产力形成模拟模型，有效提升作物生长模型对作物表型特征的预测潜能，为量质协同提升目标下作物品种的数字化设计与评价奠定基础。例如，通过耦合基因效应模型与作物三维可视化模型有望为水稻理想株型的分子育种设计提供技术支持。另外，作物生长模型结合作物表型监测技术，可应用于高通量作物表型指标的动态模拟预测，为作物表型快速鉴定、作物株型优化设计等提供智能化工具。

16.1.4 土壤质量关系模拟

我国人均耕地占有量不足世界平均水平的 1/2，保障粮食安全只能依靠单位面积产量的提高，因此土壤质量便成为决定作物生产力的基础因素。土壤质量是土壤物理、土壤化学和土壤生物学性质的综合反映，包括肥力质量、环境质量和健康质量。对于作物生产来说，通过作物生长模型可以综合评价土壤质量，量化土壤在作物生长力、生长环境及食品安全等方面的综合能力。

土壤肥力质量通常是指土壤提供植物养分和生产生物物质的能力，可以通过土壤中各种植物营养元素含量和土壤基本性质确定。目前，作物生长模型对土壤水分、氮素动态的模拟已经较为完善和可靠，对土壤磷钾动态模拟也形成了一定的体系，但在作物吸收有机无机元素及转换等方面还需要进一步加强；另外，硫、钙、铁等植株营养元素还未涉及，今后还需研明这些元素在作物-土壤间的动态变化，以及营养元素间的互作关系；此外，盐碱化、酸性土壤、生物功能退化等均影响作物生产能力，如何将这些因素引入作物生长模型，对于评价土壤肥力质量、植株营养动态及品质指标等具有重要作用。

土壤环境质量包括土壤调控温室气体和氮磷排放、保护大气和水体安全的能力。国际上个别作物生长模型通过耦合已有的温室气体及氮磷排放模型，实现了温室气体、氮磷排放的动态模拟。已有的温室气体及土壤生化过程模型，对单独土壤系统排放具有较好的模拟结果，但未能很好地结合不同作物、不同管理措施进行动态模拟，因此需要对现有模型进行更大范围的改进完善与验证测试，尤其是不同地点、不同作物在不同管理措施下温室气体与氮磷排放的动态模拟。

土壤健康质量包括土壤容纳、净化污染物质和保障清洁生产、提供人畜健康所需养分的能力。土壤的高强度利用和粗放管理及工业化、城市化快速发展造成的污染物排放等，都容易导致土壤退化和污染。重金属、农药及工业化污染等对作物产品安全具有重要影响，将这些污染物质的动态过程引入作物生长模型，研究重金属和化学污染物质在土壤-作物间的动态过程和规律特征，并构建相关模型算法，有助于实现土壤健康质量、作物产品安全及农村环境评估等。

16.1.5 极端气候效应模拟

目前，大部分基于过程的作物生长模型基本都能以"天"为步长预测作物的生长发育进程，包括模拟光温潜在、水分限制和养分限制等不同生产水平下的作物生长发育状况。然而，随着全球变暖，极端气候事件（如高低温、干旱渍水、寡照、台风、干热风等）的发生强度和频率不断增强，现有作物生长模型难以定量预测极端气候环境带来的可能影响，因此探讨极端气候条件对作物生长发育与产量品质形成的生理机制及响应模式，提高作物模型在极端气候环境下的模拟精度，是作物模拟研究未来关注的重要领域之一。

极端气候下作物生长模型的改进与发展，需要综合解析高温、低温、寡照、干旱、渍水、台风、干热风等气候逆境下作物产量和品质形成的动力学模式，量化作物生育进程、光合生产、物质分配、器官生长与衰老、产量及产量结构、品质及品质组分形成过程与上述单一及复合气候生态要素之间的规律性关系，创建作物产量品质形成过程对气候逆境响应的模拟算法，并与已有的作物生长模型相融合，发展基于生理生态过程、适用于未来气候情景的作物生长发育与产量品质形成模拟模型，进一步提升未来气候变化背景下作物生产力预测的准确性与机理性，为作物生产力的动态预测与安全预警等提供广适性的数字化工具。

气候变化对作物生产影响效应的定量模拟，需要利用构建的作物生长模型，结合量化历史条件下气候变化、品种更新、土壤改良、措施优化对不同作物主产区生产力的影响效应，提出不同作物主产区产量差和效率差缩减途径。在此基础上，进一步结合未来气候预测模型和情景模拟方法，模拟分析未来气候情景下作物生产力的时空变化趋势，并面向不同作物主产区，提出未来气候情景下作物生产力提升的技术途径和应对措施，实现作物生产力预测分析、气候变化效应评估、生产管理策略制定的定量化和数字化。

16.1.6 多模型耦合与高性能智能计算

全球气候变暖给未来世界粮食安全和农业可持续发展带来极大威胁，探讨作物生长模型与气候预测模型的耦合机制与方法，以更好地评估气候要素对粮食生产力的影响并制定相应的应对措施，现已成为当前的研究热点。同时，为了减少模型参数与模型结构给模拟结果带来的不确定性，将开发集多种生长模型于一体的作物模拟支持系统，采用多模型模拟结果的中值或均值，以减少单一模型模拟结果的不确定性（Asseng et al.，2015）。此外，作物生长模拟系统可耦合农业经济模型，估测农业生产的经济效益，评价国家粮食供需平衡关系，辅助农户进行作物生产的决策，帮助政府制定粮食安全政策。作物生长模拟系统还可耦合农田生态模型，优化农业资源的高效利用并评价温室气体排放的环境效应等。

作物生长模型的不断完善可进一步拓展决策支持功能。近年来，人工智能技术在农业领域得到快速发展与应用，如能将作物生长模型的动态预测功能与人工智能决策的相关算法相结合，构建农业生产智慧管理决策系统，则可提高管理决策的智能化程度。例如，利用作物生长模型进行不同条件下的生育期与产量模拟，为基于卫星遥感影像和人工智能算法的产量预测提供训练数据，可提升区域作物生产力的预测与决策能力。模型参数估算方法也将逐步从手工试错法转向基于遗传算法、粒子群算法及蒙特卡洛等人工智能算法的自动估算，进而实现不同应用场景下作物生长模型参数的快速自动估算。利用人工智能算法对作物生长模型预测的残差进行建模，进而提升模型的预测精度，也就是将作物生长模型模拟过程中出现的中间变量或特征引入机器学习模型中，利用新环境新技术下获得的实测表型数据驱动构建机器学习模型，进一步表征目标表型性状与环境或技术变量、分子标记之间存在的新的非线性特征与关系，从而可降低模型预测的不确定性。

大区域、长时间序列、多模型及深度学习等智能算法的应用，可能会带来模型计算的复杂性，因而增加应用系统的计算负担。而目前高性能计算和云计算技术的快速发展为解决计算效率问题带来了新的机遇。作物模型与高性能计算技术的结合还需在不同场景下针对具体问题进行研究与应用。例如，在全球或者国家尺度上进行百万级别的计算单元数量下的情景模拟，如何提升运行效率及结果的匹配度，从而实现全球或国家尺度上作物产量的动态预测。同时，作物模型与大数据、深度学习等人工智能技术的结合，需要高性能计算的支持以提升计算效率，研究针对不同作物模型、模拟尺度、数据格式、智能算法等应用场景与高性能计算技术深度耦合的方法，提升应用的高效性、实用性和可靠性，也是未来的重点研究领域之一。

16.2　数字作物应用前景

以作物生长模型为核心的数字作物技术，在计算机软硬件的支持下能动态模拟作物生长发育过程及其与气候因子、土壤特性、品种性状、管理技术之间的关系，从而有效克服传统农业生产管理受时空局限的缺点，为不同条件下的作物生产力预测预警与效应评估等提供了量化工具。随着大数据、云计算、人工智能和5G通信技术的迅速发展，未来有望建立完善的跨尺度基础农情与环境数据库，构建高性能、高精度的作物生长模拟计算平台，从而进一步实现和拓展数字作物的实践应用，为现代作物生产管理提供数字化智能化决策支持。结合现代作物生产的迫切需求和智慧农业发展趋势，数字作物将在农作精确管理、资源利用评价、作物表型设计、气候变化应对、粮食安全预警、未来农场建设等方面，发挥关键作用。

16.2.1　数字作物与农作精确管理

农作精确管理是数字化时代大田作物管理的一种高科技手段，通过现代技术与装备的综合集成，按照田间种植环境的空间变异，确定农作管理的基本单元，并基于生产目标与农作单元特征，定时、定位、定量地制订适宜农作管理方案，从而更好地利用耕地资源潜力、科学合理利用物资投入，以提高农作物产量和品质、降低生产成本、减少农业污染和改善环境质量。其中，农作管理方案的设计与评价是农作精确管理决策的核心，通常依赖有限的经验知识和历史观测的统计分析。而数字作物突破了田间试验受时空限制的缺陷，可在计算机支持下更大规模地模拟不同品种和管理措施下作物的生长发育过程和产量品质形成，从而在有限的条件下获取多样化方案数据，实现最优化栽培管理方案的生成。未来在大数据与高性能计算技术的支持下，数字作物可实时模拟和预测农田精确管理措施的未来效果，为实现农田精确设计、精确管理和精确控制的统一提供有效支撑。

1. 农作精确管理方案设计

突破传统知识模型的经验性限制，数字作物将在更为复杂的种植条件下，设计和评价更多的作物管理方案，并根据用户需求给出最优的方案选择。未来由于高时空分辨率农田土壤、气象数据库和品种特性数据库的建成，决策者可在数字农作平台的支持下模拟多个品种在多种气象条件和不同肥水管理措施组合下的作物生产效果，并从中选择最优栽培管理方案。例如，针对特定田块，决策者可以选择 5 个待选品种、3 种气象模式、3 种肥料管理、3 种水分管理方案，共计 135 个栽培管理方案进行产量和品质的模拟预测，从而选择最优栽培措施组合。这里的品种类型、气象模式和肥水管理模式是假设性的，而种植预期效果是直观的，这种"所想即所得"的定制化栽培方案设计，必然成为未来精确农作乃至智慧农作的核心技术。

2. 农作精确诊断与调控

随着"卫星-无人机-物联网"作物生长立体监测网络的建设完善，作物生产过程中可获取全生育期的作物长势监测数据。然而基于有限的知识模型，仅能在有限的时间窗口和作物长势条件下对田间作物进行水肥管理，并且无法进一步衡量评价调控效果，因而降低了作物生长监测大数据的作用与价值（黄健熙等，2018）。基于实时生长监测与数字作物预测的耦合，在高性能计算的支持下采用切入模拟的手段，可在任何有效的田间管理时间窗口下对作物长势进行诊断，生成管理调控处方，并预测调控处方的期望效果。这将有助于提高农田水肥管理调控的时间分辨率，发挥高时空分辨率作物生长监测大数据的优势，同时提高现代智能农机装备的精确作业能力，发挥作物生产决策技术的调控作用和管理效能。

16.2.2　数字作物与资源利用评价

农业资源通常是指农业生产过程中所需自然资源和社会经济资源的总称，其中自然资源通常包括生物资源、气候资源、土地资源及水资源。而农业资源评价即对农业资源的质量、适宜性、经济价值、开发利用的可行性和预期效果进行综合分析评价。其基本原则是在维护生态平衡与资源可持续利用的前提下，发挥资源优势，通过农作生产将这些资源转化为农产品产量和品质上的优势（孙进群和雷娜，2010）。数字作物作为模拟作物产量品质形成机理的科学工具，可在特定气象、土壤等资源分析的基础上，为区域农业资源的利用和评价提供作物生产力的定量预测，而这种分析预测功能也是数字作物应用的重要领域。因此，数字作物可为自然资源开发利用、区域农业空间布局、农田生态环境保护、农业可持续发展等提供科学的决策依据，尤其在大尺度耕地资源利用评价及区域种植制度设计方面具有重要价值。

1. 耕地资源利用评价

世界上现有耕地约 13.7 亿 hm^2，但每年损失 500 万～700 万 hm^2。而中国依靠占世界 7%的耕地养活了世界 22%的人口，同样面临耕地资源保护的严峻形势，耕地资源的不足成为我国农业资源结构中最大的矛盾（付修勇和刘连兴，2007）。综合气候、生物、土壤、水分等其他农业资源因素，我国耕地资源主要分布在东南湿润区和半湿润季风区，且普遍质量不高。因此，在当前形势下，如何有效规划、利用好耕地资源，优化耕地利用结构，发展高产、优质、高效农业，成为解决耕地矛盾的关键举措。然而，在当前小规模经营为主体的条件下，耕地破碎度高，田块间耕地质量差异显著，依靠传统区域种植经验，无法科学制定耕地政策、指导耕地的高效可持续利用。而数字作物可在不同空间尺度水平下，模拟不同品种、气候、土壤资源限制下的作物与土地生产力。通过设置不同的情景组合，可以科学有效地评价不同耕地资源配置下的耕地生产力，从而确保耕地资源优化配置，保障粮食安全生产。

2. 种植制度优化设计

国土耕地资源的优化配置是从空间布局的角度对农业耕地资源的科学规划，而区域种植制度的优化设计更多的是从时间角度对农业自然资源的利用进行合理的周年配置，即因地制宜，通过间套作等耕作制度，发展多熟、高效、复合种植，使有限的耕地资源产出较高的经济效益和生态效益。这种规划是基于周年时间过程的，是多目标的、多作物的。作物模型作为模拟作物生长生育的过程模型，在时间过程分析上有先天优势，可有效地模拟特定研究区域周年不同作物的生产力，从而评价不同轮作、间套作种植制度的资源利用效率和综合生产效益。同时，经过多年的发展，作物模型的研究已经基本覆盖主要大田作物，并积累了丰富的作物生产数据。未来在决策优化模型的支持下，将能够实现多目标、多作物的区域种植制度优化配置及效益评价，进一步提高我国农作生产的集约化经营水平和核心竞争力。

16.2.3　数字作物与作物表型设计

作物表型是受基因和环境因素决定或影响的，反映作物形态结构及组成、作物生长发育过程及物理、生理、生化特征和性状（Pan，2015）。作物表型与冠层光截获、土壤水分消耗和作物生长发育等诸多特征或过程密切相关（Pieruschka and Poorter，2012）。目前，作物表型观测对象多为常见的粮食和经济作物，如小麦、水稻、玉米、高粱、大麦、番茄、豆类和葡萄等，这些作物对农业生产具有重要的实用和经济价值。表型观测通常关注于一些具有代表性的农学参数，这些参数可以被划分为形态学参数和生理学参数。形态学参数包括作物高度、茎粗、叶面积或叶面积指数、叶倾角等，生理学参数包括叶绿素、光合速率、叶片含水量、生物量、耐盐性等，这些参数都可以影响或表征作物的生长状况。现今，多种传感器和技术的融合应用，为作物表型观测提供了快速有效的高通量技术手段（图 16-2）。许多常用的和新颖的传感器被用于作物表型观测，包括数码相机、光谱相机、雷达或激光传感器、光谱传感器、热成像仪和荧光传感器等。

数字作物能根据气象条件、土壤特性及作物品种和管理措施，定量描述作物生长发育和产量品质形成等动态过程，但需要大量的输入参数包括品种遗传参数，以提高数字作物模型模拟的精准性和可靠性。数字作物一般基于大量的实验研究观测数值，借助数值模拟的方法对作物生长发育过程进行动态模拟。而利用现代化监测技术实时获取作物表型特征，可为数字作物模型提供重要的作物性状数据支撑，从而进一步提高模型对不同表型的模拟精度，适应不同生态区域和生产系统等复杂情景下的作物生产力模拟及影响因素评估，最终为品种选育和生产管理提供更加高效、更为精准的数字化决策支持。因此，作物模型与数字作物在作物表型大数据分析建模及数字化育种等领域具有广泛的应用前景。

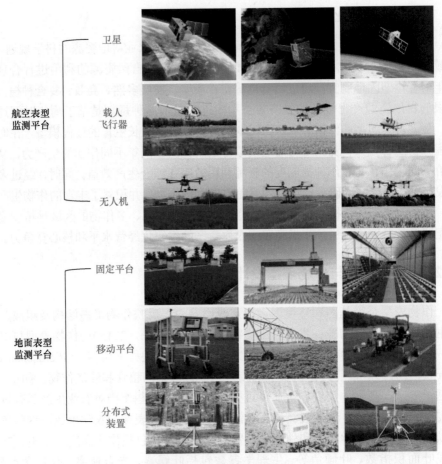

卫星

航空表型
监测平台

载人
飞行器

无人机

固定平台

地面表型
监测平台

移动平台

分布式
装置

图 16-2　作物表型监测平台

1. 作物表型大数据分析建模

表型监测平台通过搭载不同类型的传感器，能够在短时间内获取与作物表型相关的多源遥感海量数据。通过将获取到的作物表型大数据融入数字作物模型，可以对作物表型数据进行深度分析和动态建模，从而评估、预测不同作物品种在生育期间的长势状况及产量品质形成。一方面，作物表型大数据能够拓展作物多种性状参数，发展基因效应模拟方法，从而辅助数字作物模型模拟预测不同基因型作物在不同生长条件下的生产力表现；另一方面，作物表型大数据作为实际监测到的作物生长信息，能够更好地校正数字作物模型的参数因子和状态变量，提高数字作物模型模拟作物生长过程的精确性和面对多种复杂环境的适应性，从而提升数字作物模型的适用性和预测性。

2. 数字化育种体系构建

作物表型是作物基因和环境共同作用的结果，理解基因型和表型的关系，并在细胞和组织的结构层面将它们与生理学相关联，就变得越来越重要。育种学家不仅关注最终的作物产量，而且关注作物的整个生长过程。一些作物的特性和表型参数，会随着作物器官的生长而变化，为了培育优良的作物品种，这些特性和参数需要在较长的时间内被连续观测和定量表征。因此，可基于作物表型观测值，结合数字作物模型，解析作物生长的生物学规律及遗传参数的发展过程，从而预测出不同田间情境下、不同生育时期的作物表型性状和适宜性状组合，最终筛选出性状表现突出、产量品质优异的理想品种，从而为作物品种设计和智慧育种提供目标基因型的定量化参考，并为作物生长的精确管理提供决策支持。

16.2.4　数字作物与气候变化应对

气候变化是自然气候变化之外由人类活动直接或间接地改变全球大气组成所导致的气候改变。自工业化时代以来，化石燃料的燃烧、森林的破坏及土地利用变化所排放的温室气体等均导致大气中温室气体不断增加，温室效应不断增强，全球平均温度不断升高。气候变暖导致全球范围内高温、冻害、干旱等极端气候频发，进而导致全球粮食生产遭到破坏，粮食减产且粮食生产的不确定性增强，从而影响粮食安全。数字作物作为模拟气候变化对粮食生产影响的重要手段，在应对气候变化、保障粮食安全生产上具有重要作用。数字作物可模拟气候变化对作物生长发育与器官建成、光合同化物积累与分配、作物产量与品质形成的定量影响。因此，数字作物作为作物生产系统与自然环境之间的纽带，将在极端气候条件下的粮食生产力预测、农业温室气体减排应对中发挥重要作用。

1. 极端气候下的粮食生产力预测

近几年，我国极端气候现象种类多、频次高、范围广，已经成为困扰我国粮食生产和社会发展的重要问题。在当前粮食需求量不断增加、粮食生产条件日趋恶化的背景下，通过研究极端气候条件对农业生产的影响，从而了解目前粮食生产的抗风险能力，可为应对未来粮食缺口和粮食危机提供重要决策基础。基于阈值法确定干旱、高温、洪涝、低温等极端天气的气候指标，利用数字作物模型评价未来气候变化情景下品种、气象、管理措施对粮食生产的影响程度，模拟极端气候下的粮食生产力水平；并结合乡村从业人数、农机总动力、有效种植面积、化肥施用量等粮食生产相关条件，建立较为综合的区域粮食生产面板数据，进而评价我国的粮食供给能力和粮食安全关系。这将有助于制定相应的农业生产政策，提高品种抗逆特性，改善农田基础设施，从而为应对气候变化和稳定粮食生产提供定量化决策参考。

2. 农业温室气体减排应对

农业温室气体排放占全球排放总量的 20%~35%，仅次于化石能源燃烧所产生的温室气体排放。其中，农田系统中 CO_2、CH_4 和 N_2O 的排放对温室效应的增强和全球温度变暖具有促进作用。所以，如何在保证粮食产量的同时减少农田温室气体排放，是目前应对全球气候变化需要解决的关键问题。由于农田温室气体排放受施肥水平、环境温湿度、土壤水分及理化性质等多要素的共同影响，且在时间、空间上变异性较强，利用田间观测方法难以反映不同农业生产方式对温室气体排放的动态影响。而利用数字作物模型耦合农业化学生态模型，模拟农作生产过程中碳、氮等多种气体的排放特征，从而分析评估不同粮食生产模式及管理措施与温室气体排放的关系，这将为制定温室气体减排相关决策提供科学依据。

16.2.5 数字作物与粮食安全预警

粮食安全是关系国家经济稳定和社会发展的全局性和基础性问题。据联合国 2020 年就粮食问题发出预警称，2020 年共有 25 个国家面临严重的饥饿风险，预计全世界将有 6.9 亿人处于饥饿状态，世界濒临至少 50 年来最严重的粮食危机。通过将数字作物耦合社会经济模型和人口增长模型、粮食流通模型，可建立基于动态模型的粮食安全预警体系，对稳定农产品市场价格，制定农产品生产和进出口策略，具有重要的指导意义。随着我国从国际粮食市场中进口量的增加，我国对国际粮源的依赖性不断加大，通过数字作物模型预测未来气候情景下的粮食生产力，并进行国内国际粮食贸易统筹及风险评估，对保障我国粮食安全和发展智慧农业具有重要作用。

1. 未来情景下粮食生产力预测预警

农业生产对气候变化高度敏感，随着近几年极端气候事件频发，未来我国作物生产区遭受极端气候的风险将会提高，给粮食安全生产带来极为不利的影响。利用数字作物模拟研究，可以更好地评价未来气候变化对我国粮食生产的影响，并制定未来气候变化条件下我国粮食生产应对极端气候的适应措施，为区域及全国粮食安全生产提供指导。例如，通过数字作物模拟未来温度上升 2.0℃对中国小麦产量影响的空间分布特征，表明温度升高对不同区域的影响程度不同，温度增加对北部冬麦区和黄淮冬麦区小麦生产具有显著正效应，而对长江中下游冬麦区和西南冬麦区具有显著负效应（Ye et al., 2020）。

2. 全球性粮食贸易风险评估

随着世界人口不断增加、膳食结构升级、城镇化不断推进，粮食需求增长的速度远快于粮食供给的速度。同时，虽然我国粮食贸易规模在逐年扩大，但是粮食进口量的急速增加带来的贸易逆差扩大，使得我国粮食在国际市场上的竞争力越发处于劣势（张云华，2018）。通过数字作物预测全球的粮食产量及地区分布，结合气候变化、自然灾害、农业生产资料、全球资本流动性与货币汇率、粮食出口国政策等因素，建立全球性的粮食供需及贸易模型，覆盖粮食生产、流通及消费 3 个关键环节，对我国准确预测全球粮食市场变化，制定和优化粮食贸易策略等具有重要支撑作用（曹卫星，2008）。同时，也将有助于优化国内粮食种植结构，加强对粮食市场价格的监测和预警，以应对未来全球性的粮食生产风险和贸易争端。

16.2.6　数字作物与未来农场构建

随着虚拟技术和智慧技术的广泛兴起及其与现代农学的交叉渗透，虚拟农业技术和智慧农业技术的创新与应用正成为农业现代化发展的重要支撑，也是提高农业资源管理和农业生产水平的有效工具，为虚拟农场和智慧农场建设展示了美好前景。可以预见，虚拟农业和智慧农业将极大地推动现代农业产业的新模式构建、新产品研发、新技术应用，并为农业科研、教育、推广等领域带来全新的技术变革和转型升级。

在虚拟农业和智慧农业的技术体系中，数字作物是实现虚拟农作与虚拟农场、智慧农作与智慧农场的关键与核心。数字作物是数字化模拟技术与可视化虚拟技术结合的关键产物，通过模拟不同情景下作物系统的生长表现和生产力形成，为智慧农业实现农机、农艺、信息三位一体融合提供智能大脑。只有在数字作物实时模拟和精确设计的支持下，虚拟农场和智慧农场才能动态预测和科学评价不同情景环境、不同作物品种、不同管理措施对作物生长和生产力的影响，从而指导现实农场的数字化管理决策和智能化作业控制。

1. 虚拟农作与虚拟农场

虚拟农作就是利用虚拟现实技术，以作物个体与群体为研究对象，在计算机上模拟作物在三维空间中的生长发育过程，是数学、植物学、计算机图形学和虚拟现实技术等交叉融合的学科领域（薛宏岩，2017）。虚拟农作具有较强的交互性，依赖数字作物模型的输入参数与输出结果，服务于作物性状分析、资源利用、生长模拟和产量预测。基于数字作物模型，虚拟农作既可以在个体上设计展示作物的三维形态与结构，体现作物所具有的空间性状，又能在群体层面模拟显示作物发芽、生长、抽枝、展叶、开花、结果等整个生长周期及空间三维群体，无须长时间实地种植就可以直观高效地展示和体验预期的作物生长状态，并可进行不同情景下的模拟试验和生长系统的优化设计。因此，通过将数字化模型与可视化技术相融合，虚拟农作有助于进一步理解复杂环境中的作物生长发育规律，量化作物群体对太阳辐射及根系对土壤水分和养分的空间利用，探究不同因素对作物产量和品质形成的实时影响，对指导作物株型设计和生长调控具有重要理论意义和应用价值。

在虚拟农作的基础上，进一步应用虚拟仿真技术和系统工程方法，以农业产业链为主线和大数据平台为依托，可以拓展构建农业生产系统的虚拟环境和实验平台，在虚拟农场等领域中具有广泛的应用前景。因此，虚拟农作进一步延伸为虚拟农场，是建立在可视化技术和虚拟现实技术基础上的一种仿真农业，是以虚拟作物与虚拟农作为基础的虚拟农业生产系统。可以说，未来虚拟农场是农业现代化的发展趋势与客观要求，是计算机技术在农业领域应用的更高境界。

2. 智慧农作与智慧农场

随着人类社会工业化、信息化的推进，农业产业已经基本实现了生产管理的机械化（机械农作），未来必将朝着智慧化（智慧农作）目标继续推进。总体上，智慧农作的技术框架包括 3 个基本要素：智慧感知、智慧决策和智慧作业（图 16-3）。智慧感知即利用现代化传感技术获取农作生产要素、环境条件、作业过程等数据，形成农作生产全领域、全过程的数字化描述与记录。智慧感知的核心是先进的传感器技术、稳定的传感平台技术和可靠的数据传输技术，从而为智慧决策提供过程化全要素的数据支撑。智慧决策即在信息感知的基础上，在计算机软件平台的

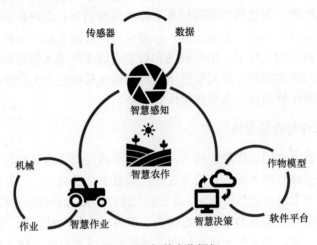

图 16-3　智慧农作框架

支持下，再现和拓展人类的智能化决策过程，从而为农作生产过程管理提供决策支持。智慧决策的核心是决策模型的研制与软件平台的构建。决策模型受到人类知识水平和认识世界能力的限制，是该领域发展的关键核心技术。智慧作业即利用智能农机，依托田间管理处方和导航平台，面向耕、种、管、收等主要作业环节，将智慧决策的结果付诸田间操作，从而实现变量作业与智慧管理等生产目标。智慧作业的核心是先进的智能农机装备，是一种农机、农艺、信息一体化的融合系统。例如，在北斗导航支持下，按照空间作业处方图，可实现小麦播种施肥的精确化和智能化。

智慧农作的 3 个要素彼此相互影响，共同决定智慧农作的技术水平和应用效果。其中智慧决策是智慧农作的大脑。而作物模型或数字作物由于具备可解释性和可操作性的优势，在农作智慧决策中举足轻重。首先，作物模型可以定量模拟和动态预测不同农作方案的实施效果，实现田间作业处方的数字化设计与评价。其次，作物模型可以在不同时空尺度上耦合其他模型和技术，实现农作信息的高效处理、综合分析和统一决策。最后，未来在智慧感知大数据的基础上，数字作物可为智能农机装备系统提供更加优化的作业处方，并通过实时感知将作业状态和作业效果反馈给智慧决策，从而形成智慧农作数据流和作业流的闭环，实现"感知—决策—操作"一体化和系统化的智慧农作技术体系。

在智慧农作的基础上，还可以综合依托大数据、云计算、人工智能、5G 网络、遥感平台等多种技术支撑，结合农业生产系统的产前规划和产后服务，进一步构建面向作物生产全过程和全产业链的数字化、智能化、业务化技术装备系统和应用管理平台，实现农业生产的实时感知、智能决策、精准控制、智慧服务，达到"机器代替人力，电脑代替人脑"的目标，进而开展数字化、智能化现代农场的建设与示范。可以预见，随着我国现代化建设新征程的开启，农村基础设施建设将不断完善，现代科技发展将日新月异，智慧农作的研发和智慧农场的建设将会具备更好的基础条件和内生动力，并展示广阔而美好的应用前景，从而为现代农业发展和美丽乡村振兴服务。

参考文献

曹卫星. 2005. 农业信息学. 北京: 中国农业出版社.

曹卫星. 2008. 数字农作技术. 北京: 科学出版社.

曹卫星. 2011. 作物栽培学总论. 第二版. 北京: 科学出版社.

曹卫星, 郭文善, 王龙俊, 等. 2005. 小麦品质生理生态及调优技术. 北京: 中国农业出版社.

曹卫星, 李存东, 李旭, 等. 1998. 基于作物模型的专家系统预测和决策功能的结合. 计算机与农业, (2): 8-10.

曹卫星, 李旭, 罗卫红, 等. 1999. 基于生长模型的小麦管理专家系统. 模式识别与人工智能, 12: 30-35.

曹卫星, 罗卫红. 2000. 作物系统模拟及智能管理. 北京: 华文出版社: 2-6.

曹卫星, 罗卫红. 2003. 作物系统模拟及智能管理. 北京: 高等教育出版社.

曹卫星, 潘洁, 朱艳, 等. 2007. 基于生长模型与 WEB 应用的小麦管理决策支持系统. 农业工程学报, 23(1): 133-138.

曹卫星, 朱艳, 田永超, 等. 2006. 数字农作技术研究的若干进展与发展方向. 中国农业科学, 39(2): 281-288.

常丽英. 2007. 水稻植株形态建成的模拟模型研究. 南京: 南京农业大学硕士学位论文.

常丽英, 顾东祥, 张文宇. 2008a. 水稻叶片伸长过程的模拟模型. 作物学报, 34(2): 311-317.

常丽英, 汤亮, 曹卫星, 等. 2008b. 水稻地上部单位器官物质分配过程的定量模拟. 中国农业科学, 41(4): 986-993.

常丽英, 汤亮, 顾东祥, 等. 2008c. 水稻叶鞘和节间生长过程的动态模拟. 南京农业大学学报, 31(3): 19-25.

常瑞佳. 2015. 水稻土壤-植株氮素模拟及氮肥情景模拟研究. 南京: 南京农业大学硕士学位论文.

常悉尼. 2020. 基于模型的水稻生产管理优化设计研究. 南京: 南京农业大学硕士学位论文.

陈国南. 1987. 用迈阿密模型测算我国生物生产量的初步尝试. 自然资源学报, 2(3): 270-278.

陈国庆, 朱艳, 曹卫星. 2005a. 冬小麦叶片生长特征的动态模拟. 作物学报, 31(11): 140-143.

陈国庆, 朱艳, 曹卫星. 2005b. 小麦叶鞘和节间生长过程的模拟研究. 麦类作物学报, 25(1): 71-74.

陈雷. 2011. 水稻生产力的基因型与播期效应模拟研究. 南京: 南京农业大学硕士学位论文.

陈永福. 2005. 中国粮食供求预测与对策探讨. 农业经济问题, (4): 8-13,79.

陈永福, 韩昕儒, 朱铁辉, 等. 2016. 中国食物供求分析及预测: 基于贸易历史、国际比较和模型模拟分析的视角. 中国农业资源与区划, 37(7): 15-26.

程勇翔, 王秀珍, 郭建平, 等. 2012. 中国水稻生产的时空动态分析. 中国农业科学, 45(17): 3473-3485.

戴进强. 2018. 基于模型的中国水稻生产力供需平衡与安全保障研究. 南京: 南京农业大学硕士学位论文.

段艳娟. 2010. 小麦生产力的基因型与气候效应模拟. 南京: 南京农业大学硕士学位论文.

范雪梅, 姜东, 戴廷波, 等. 2004. 花后干旱和渍水对不同品质类型小麦籽粒品质形成的影响. 植物生态学报, 28(5): 680-685.

房全孝. 2012. 根系水质模型中土壤与作物参数优化及其不确定性评价. 农业工程学报, 28(10): 118-123.

付修勇, 刘连兴. 2007. 环境保护与可持续性发展. 北京: 国防工业大学出版社.

付雨晴, 丑洁明, 董文杰. 2014. 气候变化对我国农作物宜播种面积的影响. 气候变化研究进展, 10(2): 110-117.

高国庆, 宋建慧. 2000. 入世后我国粮食供求平衡途径初探. 国际贸易问题, (11): 1-5.

高亮之, 金之庆, 黄耀, 等. 1992. 水稻栽培计算机模拟优化决策系统. 北京: 中国农业科技出版社.

郭浩, 张兴明, 林德根, 等. 2015. 未来 RCPs 情景下水稻单产模拟研究——以浙江省宁波市为例. 浙江师范大学学报(自然科学版), 38(4): 452-460.

何亮, 侯英雨, 赵刚, 等. 2016. 基于全局敏感性分析和贝叶斯方法的 WOFOST 作物模型参数优化. 农业工程学报, 32(2): 169-179.

何忠伟. 2005. 中国粮食供求模型及其预测. 新疆农垦经济, (3): 41-44.

侯光良, 刘允芬. 1985. 我国气候生产潜力及其分区. 资源科学, (3): 52-59.

侯光良, 游松才. 1991. 用筑后模型估算我国植物气候生产力. 自然资源学报, 5(1): 60-65.

胡继超, 曹卫星, 姜东, 等. 2004a. 小麦水分胁迫影响因子的定量研究: Ⅰ. 干旱和渍水胁迫对光合、蒸腾及干物质积累与分配的影响. 作物学报, 30(4): 315-320.

胡继超, 曹卫星, 罗卫红. 2004b. 渍水麦田土壤水分动态模型研究. 应用气象学报, 15(1): 41-50.

花登峰, 刘小军, 汤亮, 等. 2008. 基于构件化生长模型的作物管理决策支持系统. 南京农业大学学报, 31(1): 17-22.

黄秉维. 1978. 自然条件与作物生产: 光合潜力. 北京: 科学出版社: 1-52.

黄策, 王天铎. 1986. 水稻群体物质生产过程的计算机模拟. 作物学报, 12(1): 1-8.

黄健熙, 黄海, 马鸿元, 等. 2018. 遥感与作物生长模型数据同化应用综述. 农业工程学报, 34(21): 144-156.

黄文校, 莫明荣, 陆耀邦. 2006. 广西粮食消费需求趋势预测分析. 广西农学报, 21(1): 42-45.

蒋德龙. 1982. 水稻分蘖与光温条件的统计模式. 植物学报, 24(3): 247-251.

雷晓俊. 2010. 基于组件的小麦生长可视化技术. 南京: 南京农业大学硕士学位论文.

雷晓俊, 汤亮, 张永会, 等. 2011. 小麦麦穗几何模型构建与可视化. 农业工程学报, 27(3): 179-184.

李春华, 李宁, 史培军. 2006. 我国粮食安全模式探析. 商业研究, (20): 163-167.

李存东, 曹卫星, 李旭, 等. 1998. 论作物信息技术及其发展战略. 农业现代化研究, 19(1): 17-20.

李贺丽, 罗毅, 薛晓萍, 等. 2011. 冬小麦冠层对入射光合有效辐射吸收比例的估算方法评价. 农业工程学报, 27(4): 201-206.

李卫国. 2005. 水稻生长模拟与决策支持系统的研究. 南京: 南京农业大学博士学位论文.

李文龙. 2012. 基于遥感与模型耦合的小麦区域产量预测研究. 南京: 南京农业大学硕士学位论文.

李亚龙, 崔远来, 李远华, 等. 2005. 基于 ORYZA 2000 模型的旱稻生长模拟及氮肥管理研究. 农业工程学报, 21(12): 141-146.

李艳大, 朱相成, 汤亮, 等. 2011. 基于株型的水稻冠层光合生产模拟. 作物学报, 37(5): 868-875.

李志强, 吴建寨, 王东杰. 2012. 我国粮食消费变化特征及未来需求预测. 中国食物与营养, 18(3): 38-42.

廖永松, 黄季焜. 2004. 21 世纪全国及九大流域片粮食需求预测分析. 南水北调与水利科技, 2(1): 29-32.

林忠辉, 莫兴国, 项月琴. 2003. 作物生长模型研究综述. 作物学报, 29(5): 750-758.

刘保花, 陈新平, 崔振岭, 等. 2015. 三大粮食作物产量潜力与产量差研究进展. 中国生态农业学报, 23(5): 525-534.

刘灿, 王玲, 任胜利. 2018. 数据期刊的发展现状及趋势分析. 编辑学报, 30(4): 344-349.

刘春炳. 2020. 稻麦周年生产管理决策支持系统的设计与实现. 南京: 南京农业大学硕士学位论文.

刘慧, 汤亮, 张文宇, 等. 2009. 基于模型的可视化水稻生长系统的构建与实现. 农业工程学报, 25(9): 148-154+362.

刘加海. 2013. 基于粒子群优化 GM(1, 1)模型的黑龙江省农作物播种面积发展态势研究. 水利规划与设计, (4): 5-7.

刘静义, 温天舜, 王明俊. 1996. 中国粮食需求预测研究. 西北农业大学学报, 24(3): 61-66.

刘铁梅. 2000. 小麦光合生产与物质分配的模拟模型. 南京: 南京农业大学博士学位论文: 16-50.

刘铁梅, 曹卫星, 罗卫红. 2000. 小麦抽穗后生理发育时间的计算与生育期的预测. 麦类作物学报, 20(3): 29-34.

刘铁梅, 曹卫星, 罗卫红, 等. 2001. 小麦物质生产与积累的模拟模型. 麦类作物学报, 21(3): 26-31.

刘晓俊, 李春萍, 侯聪. 2006. 我国粮食需求分析与预测. 金融教学与研究, (3): 34+49.

刘一江. 2019. 中国水稻主产区层次产量差、组分贡献率及增温效应的模拟研究. 南京: 南京农业大学博士学位论文.

柳新伟, 孟亚利, 周治国, 等. 2004. 水稻颖花与籽粒发育模拟的初步研究. 中国水稻科学, 18(3): 249-254.

柳新伟, 孟亚利, 周治国, 等. 2005. 水稻颖花分化与退化的动态特征. 作物学报, 31(4): 451-455.

吕新业, 胡非凡. 2021. 2020 年我国粮食供需预测分析. 农业经济问题, 10: 11-18.

吕新业, 王济民. 1997. 我国粮食供需预测. 农业现代化研究, 18(1): 12-16.

吕尊富, 刘小军, 汤亮, 等. 2013a. 基于 WheatGrow 和 CERES 模型的区域小麦生育期预测与评价. 中国农业科学, 46(6): 1136-1148.

吕尊富, 刘小军, 汤亮, 等. 2013b. 区域气候模型数据修订方法及其在作物模拟中的应用. 中国农业科学, 46(16): 3334-3343.

毛婧杰. 2013. 基于 APSIM 模型的旱地小麦水肥协同效应分析. 兰州: 甘肃农业大学硕士学位论文.

孟亚利. 2002. 基于过程的水稻生长模拟模型研究. 南京: 南京农业大学博士学位论文: 18-22.

孟亚利, 曹卫星, 柳新伟, 等. 2003a. 水稻茎蘖动态的模拟研究. 南京农业大学学报, 26(2): 1-6.

孟亚利, 曹卫星, 周治国, 等. 2003b. 基于生长过程的水稻阶段发育与物候期模拟模型. 中国农业科学, 36(11): 1362-1367.

孟怡君. 2020. 基于水稻模型品种参数的不确定性研究. 南京: 南京农业大学硕士学位论文.

潘洁. 2005. 小麦生长模拟与决策支持系统的研究. 南京: 南京农业大学博士学位论文.

石春林, 朱艳, 曹卫星. 2006. 水稻叶曲线特征的机理模型. 作物学报, 32(5): 656-660.

石晓燕. 2009. 基于生长模型与 GIS 的小麦生产力预测技术研究. 南京: 南京农业大学博士学位论文.

石晓燕, 汤亮, 刘小军, 等. 2009. 基于模型和 GIS 的小麦空间生产力预测研究. 中国农业科学, 42(11): 3828-3835.

宋利兵, 陈上, 姚宁, 等. 2015. 基于 GLUE 和 PEST 的 CERES-Maize 模型调参与验证研究. 农业机械学报, 46(11): 95-111.

孙进群, 雷娜. 2010. 我国农业资源评价与利用研究. 安徽农业科学, 38(36): 20899-20901+20905.

谈峰, 汤亮, 胡军成, 等. 2011. 小麦根系三维形态建模及可视化. 应用生态学报, 22(1): 137-143.

谭君位. 2017. 作物模型参数敏感性和不确定性分析方法研究. 武汉: 武汉大学博士学位论文.

谭子辉. 2006. 小麦植株形态建成的模拟模型研究. 南京农业大学硕士学位论文.

汤亮, 雷晓俊, 刘小军, 等. 2011. 小麦群体生长状态实时绘制技术及实现. 农业工程学报, 27(9): 128-135.

汤亮, 朱艳, 刘铁梅, 等. 2008. 油菜生育期模拟模型研究. 中国农业科学, 41(8): 2493-2498.

田波, 王雅鹏. 2000. 中国粮食供求平衡模式的比较与选择. 农业经济, (12): 10-11.

王蕾, 张虎. 2010. 我国稻谷供需平衡与安全研究. 生态经济(学术版), (2): 147-151.

王莉欢. 2017. 基于作物生长模型的水稻适宜播期模拟研究. 南京: 南京农业大学硕士学位论文.

邬建国. 2004. 景观生态学中的十大研究论题. 生态学报, 9: 2074-2076.

吴荣凯, 李炳生, 王代逞, 等. 1965. 稻株体内干物质增长与分布的研究. 作物学报, 4(3): 235-241.

吴文斌, 杨鹏, 唐华俊, 等. 2010. 一种新的粮食安全评价方法研究. 中国农业资源与区划, 31(1): 16-21.

吴文斌, 杨鹏, 周清波, 等. 2007. 2005～2035 年全球农作物播种面积变化情景模拟研究. 农业工程学报, 23(10): 93-97.

伍艳莲, 曹卫星, 汤亮, 等. 2009a. 基于 OpenGL 的小麦形态可视化技术. 农业工程学报, 25(1): 121-126.

伍艳莲, 汤亮, 曹卫星, 等. 2011. 作物可视化中的碰撞检测及响应研究. 计算机科学, 38(10): 263-266+284.

伍艳莲, 汤亮, 刘小军, 等. 2009b. 基于形态特征参数的稻穗几何建模及可视化研究. 中国农业科学, 42(4): 1190-1196.

肖国安. 2002. 未来十年中国粮食供求预测. 中国农村经济, (7): 9-14.

肖浏骏. 2019. 拔节孕穗期低温胁迫对冬小麦生长发育及产量形成影响的模拟研究. 南京: 南京农业大学博士学位论文.

肖浏骏, 刘蕾蕾, 邱小雷, 等. 2021. 小麦生长模型对拔节期和孕穗期低温胁迫响应能力的比较. 中国农业科学, 54(3): 504-521.

辛良杰, 李鹏辉. 2017. 中国居民口粮消费特征变化及安全耕地数量. 农业工程学报, 33(13): 1-7.

熊伟, 陶福禄, 许吟隆, 等. 2001. 气候变化情景下我国水稻产量变化模拟. 中国农业气象, 22(3): 1-5.

徐晨哲. 2019. 中国水稻主产区花后低温寡照的时空分布特征及其对产量的影响研究. 南京: 南京农业大学硕士学位论文.

徐浩, 张小虎, 邱小雷, 等. 2020. 格网化小麦生长模拟预测系统设计与实现. 农业工程学报, 36(15): 167-172.

徐其军, 汤亮, 顾东祥, 等. 2010. 基于形态参数的水稻根系三维建模及可视化. 农业工程学报, 26(10): 188-194.

薛宏岩. 2017. VR 在虚拟农业中的应用. 农村经济与科技, 28(16): 227-227.

闫湘, 金继运, 梁鸣早. 2017. 我国主要粮食作物化肥增产效应与肥料利用效率. 土壤, 49(6): 1067-1077.

严美春, 曹卫星, 李存东, 等. 2000a. 小麦发育过程及生育期机理模型的检验和评价. 中国农业科学, 33(2): 43-50.

严美春, 曹卫星, 罗卫红, 等. 2000b. 小麦发育过程及生育期机理模型的研究 I. 建模的基本设想与模型的描述. 应用生态学报, 11(3): 355-359.

严美春, 曹卫星, 罗卫红, 等. 2001a. 小麦地上部器官建成模拟模型的研究. 作物学报, (2): 222-229.

严美春, 曹卫星, 罗卫红, 等. 2001b. 小麦茎顶端原基发育模拟模型的研究. 作物学报, 27(3): 356-362.

杨伟才, 毛晓敏. 2018. 气候变化影响下作物模型的不确定性. 排灌机械工程学报, 36(9): 874-879+902.

杨晓光, 刘志娟. 2014. 作物产量差研究进展. 中国农业科学, 24(14): 2731-2741.

姚凤梅, 秦鹏程, 张佳华, 等. 2011. 基于模型模拟气候变化对农业影响评估的不确定性及处理方法. 科学通报, 56(8): 547-555.

叶宏宝. 2005. 稻麦生产的水肥动态模拟及管理决策支持系统研究. 南京: 南京农业大学硕士学位论文.

叶宏宝. 2008. 基于模型与 GIS 的水稻生产力预测预警技术研究. 南京: 南京农业大学博士学位论文.

殷新佑, 戚昌瀚. 1994. 水稻生长日历模拟模型及其应用研究. 作物学报, 20(3): 339-346.

袁静, 许吟隆. 2008. 基于 CERES 模型的临沂小麦生产的适应措施研究. 中国农业气象, 29(3): 251-255.

袁隆平. 2000. 杂交水稻超高产育种. 杂交水稻, (S2): 34-36.

张建平, 张立言. 1992. 冬小麦高产优质高效氮磷钾锌肥用量及配比方案研究. 河北农业大学学报, 15(4): 5-9.

张军, 方书亮, 张永进, 等. 2016. 播种期对稻茬小麦籽粒产量及物质生产的影响. 大麦与谷类科学, 33(2): 10-13.

张俊平, 陈常铭. 1990. 水稻群体生长过程和产量的动态模拟. 生态学报, 10(4): 311-316.

张立言, 张建平, 李雁鸣, 等. 1993. 高产冬小麦氮、磷、钾的积累和分配动态的研究//卢良恕. 中国小麦栽培研究新进展. 北京: 农业出版社: 237-245.

张立帧. 2003. 基于过程的棉花生长发育模拟模型. 南京: 南京农业大学博士学位论文: 14-19.

张玲, 姚霞, 程涛, 等. 2014. 基于 WheatGrow 与 PROSAIL 模型耦合的小麦区域产量遥感预测.

2014 年中国作物学会学术年会论文集. 中国江苏南京.

张卫峰, 马林, 黄高强, 等. 2013. 中国氮肥发展、贡献和挑战. 中国农业科学, 46(15): 3161-3171.

张文宇. 2011. 小麦株型及冠层光分布模拟研究, 南京: 南京农业大学博士学位论文.

张文宇, 汤亮, 朱相成, 等. 2011. 基于过程的小麦茎鞘夹角动态模拟. 应用生态学报, 22(7): 1765-1770.

张兴邦, 胡滨, 汤亮, 等. 2018. 基于改进包围盒树和 GPU 的水稻群体叶片间快速碰撞检测. 农业工程学报, 34(1): 171-177.

张雪. 2010. 中国东南地区稻谷产需格局及平衡预警研究. 长沙: 中南大学博士学位论文.

张永会, 汤亮, 刘小军, 等. 2012. 不同品种和氮素条件下水稻茎鞘夹角动态模拟. 中国农业科学, 45(21): 4361-4368.

张云华. 2018. 关于粮食安全几个基本问题的辨析. 农业经济问题, (5): 27-33.

赵犇, 姚霞, 田永超, 等. 2012. 基于临界氮浓度的小麦地上部氮亏缺模型. 应用生态学报, 23(11): 3141-3148.

钟甫宁, 刘顺飞. 2007. 中国水稻生产布局变动分析. 中国农村经济, (9): 39-44.

朱艳, 汤亮, 刘蕾蕾, 等. 2020. 作物生长模型(CropGrow)研究进展. 中国农业科学, 53(16): 3235-3256.

朱元励, 朱艳, 黄彦, 等. 2010. 应用粒子群算法的遥感信息与水稻生长模型同化技术. 遥感学报, 14(6): 1226-1240.

庄恒扬, 曹卫星, 蒋思霞, 等. 2004. 作物钾素养分的动态模拟. 农业系统科学与综合研究, 20(3): 168-171.

庄恒扬, 曹卫星, 刘传松. 2005. 作物磷素养分的动态模拟. 生态学杂志, 24(3): 335-338.

庄嘉祥, 姜海燕, 刘蕾蕾, 等. 2013. 基于个体优势遗传算法的水稻生育期模型参数优化. 中国农业科学, 46(11): 2220-2231.

Aggarwal P K. 2007. Uncertainties in crop, soil and weather inputs used in growth models: implications for simulated outputs and their applications. Agricultural Systems, 48(3): 361-384.

Alderman P D, Stanfill B. 2017. Quantifying model-structure-and parameter-driven uncertainties in spring wheat phenology prediction with Bayesian analysis. European Journal of Agronomy, 88: 1-9.

Anderson W, Johansen C, Siddique K H M. 2016. Addressing the yield gap in rainfed crops: a review. Agronomy for Sustainable Development, 36(1): 165-189.

Anghinoni I, Barber S A. 1980. Predicting the most efficient phosphorus placement for corn1. Soil Science Society of America Journal, 44(5): 1016-1020.

Asseng S, Anderson G C, Dunin F X, et al. 1998. Use of the APSIM wheat model to predict yield, drainage, and NO_3^- leaching for a deep sand. Australian Journal of Agricultural Research, 49(3): 363-378.

Asseng S, Ewert F, Martre P, et al. 2015. Rising temperatures reduce global wheat production. Nature Climate Change, 5(2): 143-147.

Asseng S, Ewert F, Rosenzweig C, et al. 2013. Uncertainty in simulating wheat yields under climate change. Nature Climate Change, 3(9): 827-832.

Asseng S, Martre P, Maiorano A, et al. 2019. Climate change impact and adaptation for wheat protein. Global Change Biology, 25(1): 155-173.

Asseng S, Turner N C, Keating B A. 2001. Analysis of water- and nitrogen-use efficiency of wheat in a Mediterranean climate. Plant & Soil, 233(1): 127-143.

Ata-Ul-Karim S T, Yao X, Liu X, et al. 2014. Determination of critical nitrogen dilution curve based on stem dry matter in rice. PLoS One, 9(8): e104540.

Bai H, Tao F. 2017. Sustainable intensification options to improve yield potential and eco-efficiency for rice-wheat rotation system in China. Field Crops Research, 211: 89-105.

Baigorria G A. 2007. Assessing the use of seasonal climate forecasts to support farmers in the Andean highlands//Sivakumar M V K, Hansen J. Climate Prediction and Agriculture: Advances and Challenges. Berlin, Heidelberg: Springer: 99-110.

Baker D N, Lambert J R, Mackinion J M. 1983. GOSSYM: a simulator of cotton crop growth and yield. Agricultural Experiment Station Technical Bulletin, 1089(12): 547-553.

Barber S A. 1995. Soil Nutrient Bioavailability: A Mechanistic Approach. New York: John Wiley and Sons.

Barker R K. 1979. Adoption and production impact of new rice technology: the yield constraints problem. Farm-Level Constraints to High Rice Yields in Asia, IRRI, Philippines.

Battude M, Al Bitar A, Morin D, et al. 2016. Estimating maize biomass and yield over large areas using high spatial and temporal resolution Sentinel-2 like remote sensing data. Remote Sensing of Environment, 184: 668-681.

Bellocchi G, Rivington M, Donatelli M, et al. 2010. Validation of biophysical models: issues and methodologies. A review. Agronomy for Sustainable Development, 30(1): 109-130.

Bergjord A K, Bonesmo H, Skjelvåg A O. 2008. Modelling the course of frost tolerance in winter wheat: I. model development. European Journal of Agronomy, 28(3): 321-330.

Bergjord A K, Bonesmo H, Skjelvåg A O. 2010. Model prediction of frost tolerance as related to winter survival of wheat in Finnish field trials. Agricultural and Food Science, 19(2): 184-192.

Bergjord Olsen A K, Persson T, de Wit A, et al. 2018. Estimating winter survival of winter wheat by simulations of plant frost tolerance. Journal of Agronomy and Crop Science, 204(1): 62-73.

Bongers F J. 2020. Functional-structural plant models to boost understanding of complementarity in light capture and use in mixed-species forests. Basic and Applied Ecology, 48 (2020): 92-101.

Bouman B A M, Laar H H V. 2006. Description and evaluation of the rice growth model ORYZA2000 under nitrogen-limited conditions. Agricultural Systems, 87(3): 249-273.

Bouman B A M, van Keulen H, van Laar H H V, et al. 1996. The 'School of de Wit' crop growth simulation models: A pedigree and historical overview. Agricultural Systems, 52(2): 171-198.

Bouman B A M, Kropff M J, Tuong T P, et al. 2001. ORYZA2000: modeling lowland rice. Manila, Philippines: International Rice Research Institute.

Bu L D, Liu J L, Zhu L, et al. 2014. Attainable yield achieved for plastic film-mulched maize in response to nitrogen deficit. European Journal of Agronomy, 55: 53-62.

Buckley J N, Earquhar G D. 2004. A new analytical model for whole leaf potential electron transport rate. Plant, Cell & Environment, 27(12): 1457-1552.

Cao W X, Liu T M, Luo W H, et al. 2002. Simulating organ growth in wheat based on the organ-weight fraction concept. Plant Production Science, 5(3): 248-256.

Cao W, Moss D N. 1989a. Daylength effect on leaf emergence and phyllochron in wheat and barley. Crop Science, 29: 1021-1025.

Cao W, Moss D N. 1989b. Temperature and daylength interaction on phyllochron in wheat and barley. Crop Science, 29: 1046-1048.

Cao W, Moss D N. 1989c. Temperature effect on leaf emergence and phyllochron in wheat and barley. Crop Science, 29: 1018-1021.

Casanova D, Epema G F, Goudriaan J. 1998. Monitoring rice reflectance at field level for estimating biomass and LAI. Field Crops Research, 55 (1/2): 83-92.

Challinor A J, Wheeler T, Hemming D, et al. 2009. Ensemble yield simulations: crop and climate uncertainties, sensitivity to temperature and genotypic adaptation to climate change. Climate Research, 38(2): 117-127.

Chenu K, Porter J R, Martre P, et al. 2017. Contribution of crop models to adaptation in wheat. Trends in Plant Science, 22(6): 472-490.

Chris F, Shraddhanand S, Wassila M T, et al. 2019. Recognizing the famine early warning systems network: over 30 years of drought early warning science advances and partnerships promoting global food security. Bulletin of the American Meteorological Society, 100(6): 1101-1127.

Christy B, Riffkin P, Richards R, et al. 2020. An allelic based phenological model to predict phasic development of wheat (*Triticum aestivum* L.). Field Crop Research, 249: 107722.

Daly C, Neilson R P, Phillip D L. 1994. A statistical-topographic model for mapping climatological precipitation over mountainous terrain. Applied Meteorology, 33(2): 140-158.

De Datta S K. 1981. Principles and Practices of Rice Production. New York: John Wiley & Sons.

De Wit A J W, Boogaard H L, Van Diepen C A. 2005. Spatial resolution of precipitation and radiation: the effect on regional crop yield forecasts. Agricultural and Forest Meteorology, 135(1-4): 156-168.

de Wit C F. 1965. Photosynthesis of Leaf Canopies. Agricultural Research Reports 663: 53-57. Wageningen: PUDOC.

de Wit C T, Brouwer R, Penning de Vries F W T. 1970. The simulation of photosynthetic systems//Setlik I. Prediction and Management of photosynthetic productivity. Proceedings of the International Biological Program Plant Production Technical Meeting. Trebon, Wageningen, The Netherlands: PUDOC: 47-70.

DeJong R, Cameron D R. 1979. Computer simulation model for predicting soil water content profiles. Soil Science, 128(1): 41-48.

Duncan W G, Loomis R S, Williams W A, et al. 1967. A model for simulating photosynthesis in plant communities. Hilgardia, 38: 181-205.

Ehleringer J, Pearcy R W. 1983. Variation in quantum yield for CO_2 uptake among C_3 and C_4 plants. Plant physiology, 73(3): 555-559.

Espe M B, Cassman K G, Yang H, et al. 2016. Yield gap analysis of US rice production systems shows opportunities for improvement. Field Crops Research, 196: 276-283.

Evans J R, Vogelmann T C. 2003. Profiles of 14C fixation through Spinach leaves in relation to light absorption and photosynthetic capacity. Plant, Cell & Environment, 26(4): 547-560.

Fabio F, Ulrich S. 2013. Future scenarios for plant phenotyping. Annual Review of Plant Biology, 64: 267-291.

Fischer R A. 2015. Definitions and determination of crop yield, yield gaps, and of rates of change. Field Crops Research, 182: 9-18.

Fodor N, Kovács G J. 2005. Sensitivity of crop models to the inaccuracy of meteorological observations. Physics and Chemistry of the Earth, Parts A/B/C, 30(1-3): 53-57.

Folberth C, Elliott J, Mueller C, et al. 2019. Parameterization-induced uncertainties and impacts of crop management harmonization in a global gridded crop model ensemble. PLoS One, 14(9): e0221862.

Fresco L O. 1984. Issues in farming systems research. Netherlands Journal of Agricultural Science, 32: 253-261.

Galloway J N, Townsend A R, Erisman J W, et al. 2008. Transformation of the nitrogen cycle: Recent trends, questions, and potential solutions. Science, 320(5878): 889-892.

Gandhi V P, Zhou Z. 2014. Food demand and the food security challenge with rapid economic growth in the emerging economies of India and China. Food Research International, 63: 108-124.

Gao Y, Wallach D, Liu B, et al. 2020. Comparison of three calibration methods for modeling rice phenology. Agricultural and Forest Meteorology, 280: 107785.

Genesio L, Bacci M, Baron C, et al. 2015. Early warning systems for food security in West Africa: evolution, achievements and challenges. Atmospheric Science Letter, 12(1): 142-148.

Goddard L, Mason S J, Zebiak S E, et al. 2001. Current approaches to seasonal to interannual climate predictions. International Journal of Climatology, 21(9): 1111-1152.

Guo C L, Tang Y N, Lu J, et al. 2019. Predicting wheat productivity: integrating time series of vegetation indices into crop modeling via sequential assimilation. Agricultural and Forest Meteorology, 272-273: 69-80.

Guo C, Zhang L, Zhou X, et al. 2018. Integrating remote sensing information with crop model to monitor wheat growth and yield based on simulation zone partitioning. Precision Agriculture, 19(1): 55-78.

Hajjarpoor A, Soltani A, Zeinali E, et al. 2018. Using boundary line analysis to assess the on-farm crop yield gap of wheat. Field Crops Research, 225: 64-73.

Hampf A C, Carauta M, Latynskiy E, et al. 2018. The biophysical and socio-economic dimension of yield gaps in the southern Amazon – A bio-economic modelling approach. Agricultural Systems, 165: 1-13.

Hansen J W, Jones J W. 2000. Scaling-up crop models for climate variability applications. Agricultural Systems, 65(1): 43-72.

Hasegawa T, Horie T. 1992. Rice leaf photosynthesis as a function of nitrogen content and crop developmental stages. Japanese Journal of Crop Science, 61: 25-26.

Hasegawa T, Horie T. 1996. Leaf nitrogen, plant age and crop dry matter production in rice. Field Crops Research, 47(2-3): 107-116.

He Z Y, Qiu X L, Ata-Ul-Karim S T, et al. 2017. Development of a critical nitrogen dilution curve of double cropping rice in South China. Frontiers in Plant Science, 8: 638.

Hearn A B. 1994. OZCOT: a simulation mode for cotton crop management. Agricultural System, 257-299.

Hendrickson L, Furbank R T, Chow W S. 2004. A simple alternative approach to assessing the fate of absorbed light energy using chlorophyll fluorescence. Photosynthesis Research, 82(1): 73-81.

Horie T, Nakagawa H. 1990. Modelling and prediction of developmental process in rice. I . Structure and method of parameter estimation of a model for simulating developmental process toward heading. Japanese Journal of Crop Science, 59(4): 687-695.

Hossard L, Bregaglio S, Philibert A, et al. 2017. A web application to facilitate crop model comparison in ensemble studies. Environmental Modelling & Software, 97: 259-270.

Hu J C, Cao W X, Zhang J B, et al. 2004. Quantifying responses of winter wheat physiological processes to soil water stress for use in growth simulation modeling. Pedoshere, 14(4): 509-518.

Huang Y, Zhu Y, Li W L, et al. 2013. Assimilating remotely sensed information with the WheatGrow model based on the ensemble square root filter for improving regional wheat yield forecasts. Plant Production Science, 16(4): 352-364.

Iizumi T, Uno F, Nishimori M. 2012. Climate downscaling as a source of uncertainty in projecting local climate change impacts. Journal of the Meteorological Society of Japan, 90(B): 83-90.

Iizumi T, Yokozawa M, Nishimori M. 2009. Parameter estimation and uncertainty analysis of a large-scale crop model for paddy rice: application of a Bayesian approach. Agricultural and

Forest Meteorology, 149(2): 333-348.

IPCC. 2014. Climate Change 2014: Impacts, Adaptation and Vulnerability.Contribution of Working Group II to the Fifth Assessment Report of the Intergovernmental Panel on Climate Change. Cambridge: Cambridge University Press.

Jahan M A H S, Sen R, Ishtiaque S, et al. 2018. Optimizing sowing window for wheat cultivation in Bangladesh using CERES-wheat crop simulation model. Agriculture Ecosystems & Environment, 258: 23-29.

Jamieson P D, Semenov M A. 2000. Modelling nitrogen uptake and redistribution in wheat. Field Crops Research, 68(1): 21-29.

Ji H, Xiao L, Xia Y, et al. 2017. Effects of jointing and booting low temperature stresses on grain yield and yield components in wheat. Agricultural and Forest Meteorology, 243: 33-42.

Jin X L, Kumar L, Li Z H, et al. 2018. A review of data assimilation of remote sensing and crop models. European Journal of Agronomy, 92: 141-152.

Jones C A, Cole C V, Sharpley A N, et al. 1984. A simplified soil and plant phosphorus model: I. Documentation1. Soil Science Society America Journal, 48(4): 800-805.

Jones C A, Kiniry J R, Dyke P. 1986. CERES-Maize: A Simulation Model of Maize Growth and Development. Texas: Texas A & M University Press: 194.

Jones J W, Antle J M, Basso B, et al. 2017. Brief history of agricultural systems modeling. Agricultural Systems, 155: 240-254.

Jones J W, Hoogenboom G, Porter C H, et al. 2003. DSSAT cropping system model. European Journal of Agronomy, 18(3-4): 235-265.

Katsura K, Maeda S, Lubis I, et al. 2008. The high yield of irrigated rice in Yunnan, China—'A cross-location analysis'. Field Crops Research, 107(1): 1-11.

Keating B A, Carberry P S, Hammer G L, et al. 2003. An overview of APSIM, a model designed for farming systems simulation. European Journal of Agronomy, 18(3-4): 267-288.

Keating B A, Thorburn P J. 2018. Modelling crops and cropping systems—Evolving purpose, practice and prospects. European Journal of Agronomy, 100: 163-176.

Kern J S. 1995. Evaluation of soil water retention models based on basic physical properties. Soil Science Society of America Journal, 59(4): 1134-1141.

Labuschagne M T, Elago O, Koen E. 2009. The influence of temperature extremes on some quality and starch characteristics in bread, biscuit and durum wheat. Journal of Cereal Science, 49(2): 184-189.

Leander R, Buishand T A. 2007. Resampling of regional climate model output for the simulation of extreme river flows. Journal of Hydrology, 332(3): 487-496.

Lemaire G, Salette J. 1984a. Relation entre dynamique de croissance et dynamique de prélèvement d'azote pour un peuplement de graminées fourragères. II—etude de la variabilité entre génotypes. Agronomie, 4(5): 431-436.

Lemaire G, Salette J. 1984b. Relation entre dynamique de croissance et dynamique de prélèvement d'azote pour un peuplement de graminées fourragères. I—etude de l'effet du milieu. Agronomie, 4(5): 423-430.

Li H, Shi W, Wang B, et al. 2017. Comparison of the modeled potential yield versus the actual yield of maize in Northeast China and the implications for national food security. Food Security, 9(1): 99-114.

Li X N, Pu H C, Liu F L, et al. 2015. Winter wheat photosynthesis and grain yield responses to spring freeze. Agronomy Journal, 107(3): 1002-1010.

Li X, Cai J, Liu F, et al. 2014. Cold priming drives the sub-cellular antioxidant systems to protect photosynthetic electron transport against subsequent low temperature stress in winter wheat. Plant Physiology and Biochemistry, 82: 34-43.

Licker R, Johnston M, Foley J A, et al. 2010. Mind the gap: how do climate and agricultural management explain the 'yield gap' of croplands around the world?. Global Ecology and Biogeography, 19(6): 769-782.

Lieth H. 1973. Primary production: terrestrial ecosystems. Human Ecology, 1(4): 303-332.

Liu B, Asseng S, Liu L, et al. 2016. Testing the responses of four wheat crop models to heat stress at anthesis and grain filling. Global Change Biology, 22(5): 1890-1903.

Liu B, Asseng S, Wang A, et al. 2017. Modelling the effects of post-heading heat stress on biomass growth of winter wheat. Agricultural and Forest Meteorology, 247: 476-490.

Liu B, Liu L L, Asseng S, et al. 2020. Modeling the effect of post-heading heat stress on biomass partitioning, and grain number and weight of wheat. Journal of Experimental Botany, 71(19): 6015-6031.

Liu B, Liu L, Tian L, et al. 2014. Post-heading heat stress and yield impact in winter wheat of China. Global Change Biology, 20(2): 372-381.

Liu B, Martre P, Ewert F, et al. 2019a. Global wheat production with 1.5 and 2.0℃ above pre-industrial warming. Global Change Biology, 25(4): 1428-1444.

Liu J, Liu Z, Zhu A X, et al. 2019b. Global sensitivity analysis of the APSIM-Oryza rice growth model under different environmental conditions. Science of the Total Environment, 651: 953-968.

Liu L L, Ma J F, Tian L, et al. 2017. Effect of post-anthesis high temperature on grain quality formation for wheat. Agronomy Journal, 109(5): 1970-1980.

Liu L L, Song H, Shi K J, et al. 2019. Response of wheat grain quality to low temperature during jointing and booting stages—on the importance of considering canopy temperature. Agricultural and Forest Meteorology, 278: 107658-107658.

Liu L L, Wang E L, Zhu Y, et al. 2012. Contrasting effects of warming and autonomous breeding on single-rice productivity in China. Agriculture, Ecosystems & Environment, 149: 20-29.

Liu L, Ji H, An J, et al. 2019. Response of biomass accumulation in wheat to low-temperature stress at jointing and booting stages. Environmental and Experimental Botany, 157: 46-57.

Liu L, Wallach D, Li J, et al. 2018. Uncertainty in wheat phenology simulation induced by cultivar parameterization under climate warming. European Journal of Agronomy, 94: 46-53.

Liu L, Zhu Y, Tang L, et al. 2013. Impacts of climate changes, soil nutrients, variety types and management practices on rice yield in East China: a case study in the Taihu region. Field Crops Research, 149(2): 40-48.

Liu Y, Tang L, Qiu X, et al. 2020. Impacts of 1.5 and 2.0℃ global warming on rice production across China. Agricultural and Forest Meteorology, 284: 107900.

Lobell D B, Cassman K G, Field C B. 2009. Crop yield gaps: their importance, magnitudes, and causes. Annual Review of Environment and Resources, 34(1): 179-204.

Lobell D B, Hammer G L, McLean G, et al. 2013. The critical role of extreme heat for maize production in the United States. Nature Climate Change, 3(5): 497-501.

Lobell D B, Ivan Ortiz-Monasterio J, Falcon W P. 2007. Yield uncertainty at the field scale evaluated with multi-year satellite data. Agricultural Systems, 92(1-3): 76-90.

Lobell D B, Sibley A, Ortiz-Monasterio J I. 2012. Extreme heat effects on wheat senescence in India. Nature Climate Change, 2(3): 186-189.

Lv Z F, Liu X J, Cao W X, et al. 2017. A model-based estimate of regional wheat yield gaps and water use efficiency in main winter wheat production regions of China. Scientific Reports, 7(1):

6081.

Lv Z, Liu X, Cao W, et al. 2013. Climate change impacts on regional winter wheat production in main wheat production regions of China. Agricultural & Forest Meteorology, 171-172: 234-248.

Lv Z, Liu X, Tang L, et al. 2016. Estimation of ecotype-specific cultivar parameters in a wheat phenology model and uncertainty analysis. Agricultural and Forest Meteorology, 221: 219-229.

Maharjan G R, Hoffmann H, Webber H, et al. 2019. Effects of input data aggregation on simulated crop yields in temperate and Mediterranean climates. European Journal of Agronomy, 103: 32-46.

Maiorano A, Martre P, Asseng S, et al. 2017. Crop model improvement reduces the uncertainty of the response to temperature of multi-model ensembles. Field Crops Research, 202:5-20.

Malik W, Isla R, Dechmi F. 2019. DSSAT-CERES-maize modelling to improve irrigation and nitrogen management practices under Mediterranean conditions. Agricultural Water Management, 213: 298-308.

Martre P, Wallach D, Asseng S, et al. 2015. Multimodel ensembles of wheat growth: many models are better than one. Global Change Biology, 21(2): 911-925.

Mckinion J M, Baker D N, Whisler F D, et al. 1989. Application of the GOSSYM/COMAX system to cotton crop management. Agricultural Systems, 31(1): 55-65.

Mearns L O, Giorgi F, McDaniel L, et al. 1995. Analysis of daily variability of precipitation in a nested regional climate model: comparison with observations and doubled CO_2 results. Global and Planetary Change, 10(1): 55-78.

Mearns LO, Easterling W, Hays C, et al. 2001. Comparison of agricultural impacts of climate change calculated from high and low resolution climate change scenarios: Part I. The uncertainty due to spatial scale. Climatic Change, 51(2): 131-172.

Nasrallah A, Belhouchette H, Baghdadi N, et al. 2020. Performance of wheat-based cropping systems and economic risk of low relative productivity assessment in a sub-dry Mediterranean environment. European Journal of Agronomy, 113: 125968.

Niu X, Easterling W, Hays C J, et al. 2009. Reliability and input-data induced uncertainty of the EPIC model to estimate climate change impact on sorghum yields in the U.S. Great Plains. Agriculture Ecosystems & Environment, 129(1): 268-276.

Norman J M, Arkebauer T J. 1991. Predicting photosynthesis and light-use efficiency from leaf characteristics. *In*: Boote K, Loomis R. Modeling Crop Photosynthesis: from Biochemistry to Canopy. Madison: ASA Special Publisher: 155-188.

Ogle S M, Breidt F J, Easter M, et al. 2010. Scale and uncertainty in modeled soil organic carbon stock changes for US croplands using a process-based model. Global Change Biology, 16(2): 810-822.

Öquist G. 1983. Effects of low temperature on photosynthesis. Plant, Cell & Environment, 6(4): 281-300.

Osman R, Zhu Y, Ma W, et al. 2020. Comparison of wheat simulation models for impacts of extreme temperature stress on grain quality. Agricultural and Forest Meteorology, 288: 107995.

Pagani V, Stella T, Guarneri T, et al. 2017. Forecasting sugarcane yields using agro-climatic indicators and canegro model: a case study in the main production region in Brazil. Agricultural Systems, 154: 45-52.

Palosuo T, Kersebaum K C, Angulo C, et al. 2011. Simulation of winter wheat yield and its variability in different climates of Europe: A comparison of eight crop growth models. European Journal of Agronomy, 35(3): 103-114.

Pan J, Zhu Y, Cao W X. 2007. Modeling plant carbon flow and grain starch accumulation in wheat.

Field Crops Research, 101(3): 276-284.

Pan J, Zhu Y, Jiang D, et al. 2006. Modeling plant nitrogen uptake and grain nitrogen accumulation in wheat. Field Crops Research, 97(2-3): 322-336.

Pan Y H. 2015. Analysis of concepts and categories of plant phenome and phenomics. Acta Agronomica Sinica, 41(2): 175-186.

Peng S, Buresh R J, Huang J, et al. 2006. Strategies for overcoming low agronomic nitrogen use efficiency in irrigated rice systems in China. Field Crops Research, 96(1): 37-47.

Penning de Vries F W T, Jansen D M, ten Berge H F M, et al. 1989. Simulation of Ecophyiological Processes of Growth in Several Annual Crops. Wageningen: Simulation Monographs, PUDOC: 307.

Penning de Vries F W T, van Laar H H. 1982. Simulation of Plant Growth and Crop Production. Wageningen: Simulation Monographs, PUDOC: 308.

Persson T, Bergjord Olsen A K, Nkurunziza L, et al. 2017. Estimation of crown temperature of winter wheat and the effect on simulation of frost tolerance. Journal of Agronomy and Crop Science, 203(2): 161-176.

Pieruschka R, Poorter H. 2012. Phenotyping plants: genes, phenes and machines. Functional Plant Biology, 39(11): 813-820.

Prusinkiewicz P. 2004. Modeling plant growth and development. Current Opinion in Plant Biology, 7(1): 79-83.

Qi X, Zhong L, Liu L. 2015. A framework for a regional integrated food security early warning system: a case study of Dongting Lake area in China. Agriculture and Human Values, 32(2): 315-329.

Ramirez-Villegas J, Koehler A K, Challinor A J. 2017. Assessing uncertainty and complexity in regional-scale crop model simulations. European Journal of Agronomy, 88: 84-95.

Ran Y, Chen H, Ruan D, et al. 2018. Identification of factors affecting rice yield gap in southwest China: An experimental study. PLoS One, 13(11): e0206479.

Ritchie J T, Gerakis A, Suleiman A. 1999. Simple model to estimate field-measured soil water limits. Trans of the ASAE, 42(6): 1609-1614.

Ritchie J T, Otter S. 1985. Description and performance of CERES-Wheat: A user-oriented wheat yield model. USDA-ARS, ARS-38: 159-175.

Ritchie J T, Godwin D C, Otter-Nache S, et al. 1988. CERES-Wheat. A Simulation Model of Wheat and Development. Texas: Texas A & M University Press, College Station.

Rivington M, Matthews K B, Bellocchi G, et al. 2006. Evaluating uncertainty introduced to process-based simulation model estimates by alternative sources of meteorological data. Agricultural Systems, 88(2): 451-471.

Rosenzweig C, Jones J W, Hatfield J L, et al. 2013. The Agricultural Model Intercomparison and Improvement Project (AgMIP): Protocols and pilot studies. Agricultural and Forest Meteorology, 170(3): 166-182.

Rötter R P, Carter T R, Olesen J E, et al. 2011. Crop-climate models need an overhaul. Nature Climate Change, 1(4): 175-177.

Rötter R P, Hoffmann M P, Koch M, et al. 2018. Progress in modelling agricultural impacts of and adaptations to climate chang. Current Opinion in Plant Biology, 45: 255-261.

Ruimy A, Kergoat L, Bondeau A. 1999. Comparing global models of terrestrial net primary productivity (NPP): analysis of differences in light absorption and light-use efficiency. Global Change Biology, 5(Suppl.1): 56-64.

Savdie I, Whitewood R, Raddatz R L, et al. 1991. Potential for winter wheat production in western

Canada: a CERES model winterkill risk assessment. Canadian Journal of Plant Science, 71(1): 21-30.

Saxton K E, Rawls W J, Romberger J S, et al. 1986. Estimating generalized soil-water characteristics from texture. Soil Science Society of America Journal, 50: 1031-1037.

Shaykewich C F. 1995. An appraisal of cereal crop phenology modeling. Canadian Journal of Plant Science, 75: 329-341.

Shi P H, Tang L, Lin C B, et al. 2015a. Modeling the effects of post-anthesis heat stress on rice phenology. Field Crops Research, 177: 26-36.

Shi P, Tang L, Wang L, et al. 2015b. Post-heading heat stress in rice of South China during 1981-2010. PLoS One, 10(6): e0130642.

Shi P, Zhu Y, Tang L, et al. 2016. Differential effects of temperature and duration of heat stress during anthesis and grain filling stages in rice. Environmental and Experimental Botany, 132: 28-41.

Shin D W, Bellow J G, LaRow T E, et al. 2006. The role of an advanced land model in seasonal dynamical downscaling for crop model application. Journal of Applied Meteorology and Climatology, 45(5): 686-701.

Silva J V, Reidsma P, Laborte A G, et al. 2017. Explaining rice yields and yield gaps in Central Luzon, Philippines: an application of stochastic frontier analysis and crop modelling. European Journal of Agronomy, 82: 223-241.

Singh P K, Singh K K, Bhan S C, et al. 2017. Impact of projected climate change on rice (Oryza sativa L.) yield using CERES-Rice model in different agroclimatic zones of India. Current Science, 112(1): 10-2017.

Sumberg J. 2012. Mind the (yield) gap(s). Food Security, 4(4): 509-518.

Sun T, Hasegawa T, Tang L, et al. 2018. Stage-dependent temperature sensitivity function predicts seed-setting rates under short-term extreme heat stress in rice. Agricultural and Forest Meteorology, 256: 196-206.

Surabol N, Virakul P, Potan N, et al. 1989. Preliminary survey on soybean yield gap analysis in Thailand. CGPRT Centre, Bogor, Indonesia.

Tadaki H. 2005. Development of the Monsi-Saeki Theory on canopy structure and function. Annals of Botany, 95(3): 483-494.

Tang L, Chang R, Basso B, et al. 2018a. Improving the estimation and partitioning of plant nitrogen in the RiceGrow model. The Journal of Agricultural Science, 2018: 1-12.

Tang L, Song W G, Hou T C, et al. 2018b. Collision detection of virtual plant based on bounding volume hierarchy: a case study on virtual wheat. Journal of Integrative Agriculture, 17(2): 306-314.

Tang L, Zhu Y, Hannaway D, et al. 2009. RiceGrow: a rice growth and productivity model. NJAS—Wageningen Journal of life Sciences, 57(1): 83-92.

Tao F, Rotter R P, Palosuo T, et al. 2018. Contribution of crop model structure, parameters and climate projections to uncertainty in climate change impact assessments. Global Change Biology, 24(3): 1291-1307.

Thornley J H M. 1998. Modelling shoot: root relation: the only way forward? . Annals of Botany, 81: 163-175.

Uchijima Z, Seino H. 1985. Agroclimatic evaluation of net primary productivity of natural vegetations. Journal of Agricultural Meteorology, 40(4): 343-352.

Ulrich A. 1952. Physiological bases for assessing the nutritional requirements of plants. Annual Review of Plant Physiology, 3(1): 207-228.

van Ittersum M K, Leffelaar P A, van Keulen H, et al. 2003. On approaches and applications of the Wageningen crop models. European Journal of Agronomy, 18: 201-234.

van Ittersum M K, Rabbinge R. 1997. Concepts in production ecology for analysis and quantification of agricultural input-output combinations. Field Crops Research, 52(3): 197-208.

van Keulen H, Penning de Vries F W T, Drees EM. 1982. A summary model for crop growth//Penning de Vries F W T, van Laar H H. Simulation of Plant Growth and Crop Production. Wageningen: Simulation Monographs, PUDOC: 87-98.

Vanuytrecht E, Raes D, Willems P. 2014. Global sensitivity analysis of yield output from the water productivity model. Environmental Modelling & Software, 51(1): 323-332.

Varella H, Buis S, Launay M, et al. 2012. Global sensitivity analysis for choosing the main soil parameters of a crop model to be determined. Agricultural Sciences, 3(7): 949-961.

Vico G, Hurry V, Weih M. 2014. Snowed in for survival: quantifying the risk of winter damage to overwintering field crops in northern temperate latitudes. Agricultural and Forest Meteorology, 197: 65-75.

Vong N Q, Murata Y. 1979. Studies on the physiological characteristics of C_3 and C_4 crop species: I. The effects of air temperature on the apparent photosynthesis, dark respiration, and nutrient absorption of some crops. Japanese Journal of Crop Science, 46(1): 45-52.

Waalen W M, Tanino K K, Olsen J E, et al. 2011. Freezing tolerance of winter canola cultivars is best revealed by a prolonged freeze test. Crop Science, 51(5): 1988-1996.

Wallach D, Keussayan N, Brun F, et al. 2012. Assessing the uncertainty when using a model to compare irrigation strategies. Agronomy Journal, 104(5): 1274-1283.

Wallach D, Makowski D, Jones J W, et al. 2014. Working with Dynamic Crop Models. 2nd. San Diego: Academic Press: 161-204.

Wallach D, Makowski D, Jones J W, et al. 2019. Working with Dynamic Crop Models. 3rd. Academic Press: 3-43.

Wallach D, Martre P, Liu B, et al. 2018. Multimodel ensembles improve predictions of crop–environment–management interactions. Global Change Biology, 24(11): 5072-5083.

Wallach D, Nissanka S P, Karunaratne A S, et al. 2017. Accounting for both parameter and model structure uncertainty in crop model predictions of phenology: a case study on rice. European Journal of Agronomy, 88: 53-62.

Wallach D, Palosuo T, Thorburn P, et al. 2021. How well do crop modeling groups predict wheat phenology, given calibration data from the target population?. European Journal of Agronomy, 124: 126195.

Wallach D, Thorburn P J. 2017. Estimating uncertainty in crop model predictions: current situation and future prospects. European Journal of Agronomy, 88: A1-A7.

Wallach D, Thorburn P, Asseng S, et al. 2016. Estimating model prediction error: should you treat predictions as fixed or random?. Environmental Modelling & Software, 84: 529-539.

Wang E L, Brown H E, Rebetzke G J, et al. 2019. Improving process-based crop models to better capture genotype × environment × management interactions. Journal of Experimental Botany, 70(9): 2389-2401.

Wang E, Robertson M J, Hammer G L, et al. 2002. Development of a generic crop model template in the cropping system model APSIM. European Journal of Agronomy, 18(1-2): 121-140.

Wang H, Zhu Y, Li W L, et al. 2014. Integrating remotely sensed leaf area index and leaf nitrogen accumulation with RiceGrow model based on particle swarm optimization algorithm for rice grain yield assessment. Journal of Applied Remote Sensing, 8(1): 083674.

Weghorst H, Hooper G, Greenberg D P. 1984. Improved computational methods for ray tracing.

ACM Transactions on Graphics, 3(1): 52-69.

Weir A H, Bragg P L, Porter J R, et al. 1984. A winter wheat crop simulation model without water or nutrient limitations. The Journal of Agricultural Science, 102(02): 371-382.

Whaley J M, Kirby E J M, Spink J H, et al. 2004. Frost damage to winter wheat in the UK: the effect of plant population density. European Journal of Agronomy, 21(1): 105-115.

Wheeler T R, Batts G R, Ellis R H, et al. 1996. Growth and yield of winter wheat (*Triticum aestivum*) crops in response to CO_2 and temperature. The Journal of Agricultural Science, 127(01): 37-48.

White, Jeffrey W , Herndl, et al. 2008. Simulation-based analysis of effects of *Vrn* and *Ppd* loci on flowering in wheat. Crop Science, 48(2): 678-687.

Xiao L, Liu B, Zhang H X, et al. 2021. Modeling the response of winter wheat phenology to low temperature stress at elongation and booting stages. Agricultural and Forest Meteorology, 303: 108376.

Xiao L, Liu L, Asseng S, et al. 2018. Estimating spring frost and its impact on yield across winter wheat in China. Agricultural and Forest Meteorology, 260: 154-164.

Xiong W, Asseng S, Hoogenboom G, et al. 2020. Different uncertainty distribution between high and low latitudes in modelling warming impacts on wheat. Nature Food, 1(1): 63-69.

Xu C, Gertner G. 2007. Extending a global sensitivity analysis technique to models with correlated parameters. Computational Statistics & Data Analysis, 51(12): 5579-5590.

Xu H, Huang F, Zuo W J, et al. 2020. Impacts of spatial zonation schemes on yield potential estimates at the regional scale. Agronomy, 10(5): 631.

Xu S, Li G, Li Z. 2015. China agricultural outlook for 2015–2024 based on China Agricultural Monitoring and Early-warning System (CAMES). Journal of Integrative Agriculture, 14(9): 1889-1902.

Xu X, He P, Zhao S, et al. 2016. Quantification of yield gap and nutrient use efficiency of irrigated rice in China. Field Crops Research, 18(6): 58-65.

Yao X, Ata-Ul-Karim S T, Zhu Y, et al. 2014a. Development of critical nitrogen dilution curve in rice based on leaf dry matter. European Journal of Agronomy, 55: 20-28.

Yao X, Zhao B, Tian Y C, et al. 2014b. Using leaf dry matter to quantify the critical nitrogen dilution curve for winter wheat cultivated in Eastern China. Field Crops Research, 159: 33-42.

Ye Z, Qiu X, Chen J, et al. 2020. Impacts of 1.5℃ and 2.0℃ global warming above pre-industrial on potential winter wheat production of China. European Journal of Agronomy, 120: 126149.

Yin X, Gerard V D L C, Struik P C. 2018. Bringing genetics and biochemistry to crop modelling, and vice versa. European Journal of Agronomy, 100: 132-140.

Yin X, Kropff M J. 1997. A model for photothermal responses of flowering in rice. I Model description and parameterization. Field Crops Research, 52: 39-51.

Yin X, Struik P C, Kropff M J. 2004. Role of crop physiology in predicting gene-to-phenotype relationships. Trends in Plant Science, 9(9): 426-432.

Yue S C, Sun F L, Meng Q F, et al. 2014. Validation of a critical nitrogen curve for summer maize in the North China plain. Pedosphere, 24(1): 76-83.

Yue S, Meng Q, Zhao R, et al. 2012. Critical nitrogen dilution curve for optimizing nitrogen management of winter wheat production in the North China Plain. Agronomy Journal, 104(2): 523.

Žalud MŠA. 1999. Sensitivity analysis of soil hydrologic parameters for two crop growth simulation models. Soil & Tillage Research, 50(3-4): 305-318.

Zhang D, Wang H, Li D, et al. 2019. DSSAT-CERES-Wheat model to optimize plant density and nitrogen best management practices. Nutrient Cycling in Agroecosystems, 114: 19-32

Zhang L, Guo C L, Zhao L Y, et al. 2016b. Estimating wheat yield by integrating the WheatGrow and PROSAIL models. Field Crops Research, 192: 55-66.

Zhang S, Tao F, Zhang Z. 2017. Uncertainty from model structure is larger than that from model parameters in simulating rice phenology in China. European Journal of Agronomy, 87: 30-39.

Zhang W X, Tang L, Yang Y, et al. 2015. A simulation model for predicting canopy structure and light distribution in wheat. European Journal of Agronomy, 67: 1-11.

Zhang X H, Xu H, Jiang L, et al. 2018b. Selection of appropriate spatial resolution for the meteorological data for regional winter wheat potential productivity simulation in China based on WheatGrow model. Agronomy, 8(10): 198.

Zhang X, Jiang, L, Qiu X, et al. 2016a. An improved method of delineating rectangular management zones using a semivariogram-based technique. Computers & Electronics in Agriculture, 121: 74-83.

Zhang X, Zuo W, Zhao S, et al. 2018a. Uncertainty in upscaling in situ soil moisture observations to multiscale pixel estimations with kriging at the field level. ISPRS International Journal of Geo-Information, 7(1): 33.

Zhang XH, Xu H, Jiang L, et al. 2018c. Selection of appropriate spatial resolution for the meteorological data for regional winter wheat potential productivity simulation in China based on WheatGrow model. Agronomy-Basel, 8(10): 18.

Zhang Y H, Tang L, Liu X J, et al. 2014. Modeling morphological dynamics and color characteristics of rice panicle. European Journal of Agronomy, 52: 279-290.

Zhao B, Ata-Ul-Karim S T, Liu Z D, et al. 2017. Development of a critical nitrogen dilution curve based on leaf dry matter for summer maize. Field Crops Research, 208: 60-68.

Zhao H, Dai T B, Jing Q, et al. 2007. Leaf senescence and grain filling affected by post-anthesis high temperatures in two different wheat cultivars. Plant Growth Regulation, 51(2): 149-158.

Zhao J, Yang X G, Sun S. 2018. Constraints on maize yield and yield stability in the main cropping regions in China. European Journal of Agronomy, 99: 106-115.

Zheng D, Yang X, Mínguez M I, et al. 2018. Effect of freezing temperature and duration on winter survival and grain yield of winter wheat. Agricultural and Forest Meteorology, 260-261: 1-8.

Zhu Y, Chang L, Tang L, et al. 2009. Modeling leaf shape dynamics in rice. NJAS-Wageningen Journal of Life Sciences, 57(1): 73-81.